"十二五"江苏省高等学校重点教材(编号：2014-1-033)

21 世纪本科院校电气信息类创新型应用人才培养规划教材

DSP 技术与应用基础(第 2 版)

俞一彪　曹洪龙　邵　雷　编　著

北京大学出版社
PEKING UNIVERSITY PRESS

内 容 简 介

本书介绍 DSP 基本概念与应用系统的基础开发技术，包括 DSP 结构与工作原理、应用程序与硬件电路的设计方法。全书共有 9 章内容：DSP 概述；TMS320C54x 结构与工作原理；CCS 集成开发环境；DSP 程序的调试与分析；基于 DSP/BIOS 的程序设计；汇编语言程序设计；音频信号处理应用程序设计；DSP 硬件系统设计；DSP 嵌入式系统设计实例。本书内容全面，介绍由浅入深、先易后难，从第 3 章开始每章附有实验指导，便于教学。

本书面向 DSP 技术与应用系统设计的初学者，是一本入门性教材，适合各类高等院校电子信息类、电气信息类、电子科学与技术类、自动控制与生物医学工程等本专科专业学生学习，也可以供研究生和相关专业领域的工程师和技术人员参考。

图书在版编目(CIP)数据

DSP 技术与应用基础/俞一彪，曹洪龙，邵雷编著. —2 版. —北京：北京大学出版社，2014.9
(21 世纪本科院校电气信息类创新型应用人才培养规划教材)
ISBN 978-7-301-24777-8

Ⅰ. ①D⋯　Ⅱ. ①俞⋯②曹⋯③邵⋯　Ⅲ. ①数字信号处理—高等学校—教材　Ⅳ. ①TN911.72

中国版本图书馆 CIP 数据核字(2014)第 203110 号

书　　　　名：DSP 技术与应用基础(第 2 版)
著 作 责 任 者：俞一彪　曹洪龙　邵 雷 编著
策 划 编 辑：郑 双
责 任 编 辑：郑 双
标 准 书 号：ISBN 978-7-301-24777-8/TP · 1347
出 版 发 行：北京大学出版社
地　　　　址：北京市海淀区成府路 205 号　　100871
网　　　　址：http://www.pup.cn　新浪官方微博：@北京大学出版社
电 子 信 箱：pup_6@163.com
电　　　　话：邮购部 010-62752015　发行部 010-62750672　编辑部 010-62750667
印　刷　者：北京虎彩文化传播有限公司
经 销 者：新华书店
　　　　　　787 毫米×1092 毫米　16 开本　22.5 印张　519 千字
　　　　　　2009 年 3 月第 1 版
　　　　　　2014 年 9 月第 2 版　　2023 年 7 月第 7 次印刷
定　　　　价：45.00 元

前　言

　　数字信号处理是数字技术与信息处理技术的基础，20 世纪 60 年代以来，在通信、控制、消费电子、广播电视、医疗卫生、国防和司法等各个领域得到了越来越广泛与深入的应用，支撑了整个社会的数字化与信息化发展。随着现代社会的信息化进程，各个领域需要处理的信息量越来越庞大，移动电话等便于携带的终端系统越来越多、功能越来越强，因此，信号处理的实时性和低功耗显得越来越重要和迫切。在这个背景下，数字信号处理器应运而生，这种简称 DSP(Digital Signal Processor)的微处理器具有区别于普通处理器的结构与工作原理，特别适合于大规模复杂数据与信号的实时处理并具有高精度和低功耗特性，目前已经在通信、控制、医疗和消费电子产品等许多领域显示出越来越重要的应用价值。

　　本书在 2009 年第 1 版的基础上，根据编者近年来具体教学实践经验、其他高校使用情况反馈信息以及 DSP 技术的最新发展综合编写而成，主要介绍 DSP 应用系统的基本开发技术，包括 DSP 应用程序与系统的设计与实现。全书共有 9 章内容：第 1 章介绍 DSP 的基本概念与特点，特别对 TI 的 6 个不同系列 DSP 处理器进行了全面的概述；第 2 章介绍 DSP 的结构特点和工作原理，并以 C54x 为例进行分析说明；第 3 章介绍应用程序开发环境 CCS，主要介绍如何在 CCS 环境下建立、编译、链接、下载和运行 DSP 程序；第 4 章介绍 DSP 程序调试工具以及使用方法，通过实例对常用的调试和分析工具进行了说明；第 5 章介绍基于 DSP/BIOS 的程序设计方法，并通过实例分析了这种设计方法的优越性；第 6 章介绍汇编语言程序设计，并以 C54x 为例对 DSP 指令系统进行了说明；第 7 章介绍具有语音保密通信功能的音频信号处理应用程序设计，通过一个具有完整信号处理流程的应用程序实例说明了算法实现、信号 I/O、数据的 FLASH 存储、外部信息显示与程序控制等综合设计方法；第 8 章介绍 DSP 硬件系统的设计，对一些 DSP 应用系统常用的电路设计进行了说明；第 9 章介绍脉象测试分析系统和高清视频采集处理系统两个 DSP 应用系统实例。

　　本书具有如下特点：

　　(1) 以学习进程为导向组织编写内容，由浅入深、先易后难。例如，先介绍 CCS 环境下的 C 语言程序设计，然后介绍汇编语言程序设计，最后硬件系统设计。这样便于读者克服畏难情绪，引发学习兴趣，逐步掌握 DSP 知识和开发技术。

　　(2) 内容基础而全面，不仅介绍了 DSP 的结构与工作原理，同时介绍了应用程序设计方法和硬件系统设计方法，包括基于 DSP/BIOS 的程序设计。但所有内容注重基础性，提供一个入门性的 DSP 知识和开发技能培养。

　　(3) 强调实例分析和实验，从第 3 章开始都附有实验指导，便于教师和学生按照教学内容安排实验，更好地掌握和巩固课堂学习内容。实验设计注重典型性，效果上注重各种设计开发方法的掌握和比较分析。

(4) 设计开发了 FLASH 数据读写 API 程序，便于利用 TMS320C5416 DSK 实验开发平台进行音频信号处理等应用程序设计实验。

本书面向 DSP 技术与应用系统设计的初学者，是一本入门性教材，适合各类高等院校电子信息类、电气信息类、自动控制工程和生物医学工程等本科专业学生在学习"数字信号处理"理论课程之后学习，也可以供研究生和相关专业领域的工程师和技术人员参考。本书的参考教学时数为 42 学时，其中课堂讲授 24 学时，实验 18 学时。教学中应该把重点放在 DSP 应用系统的程序开发和硬件电路的设计介绍上，加强实验环节，通过实验巩固掌握 DSP 应用系统的基本开发技术。DSP 技术与应用发展很快，DSP 微处理器芯片种类也很多，没有一本书能够对现在和将来做到包罗万象。但是，科学的东西是有规律的，因此，本书希望通过对典型 DSP 微处理器及其系统开发方法的分析介绍，使读者能够举一反三地掌握 DSP 的基本概念和基本开发技术。

本书第 1、7 章由俞一彪撰写，第 3、4、5 章和 8.6 节、9.4 节由曹洪龙撰写，第 2、6 和第 8 章前 5 节、第 9 章其余小节由邵雷撰写，全书由俞一彪统稿。写作过程中，东南大学吴镇扬教授、南京航空航天大学周建江教授和苏州大学胡剑凌副教授提供了宝贵意见，苏州大学-美国德州仪器(TI)联合 DSP 实验室提供了实验开发平台，并得到了江苏省重点教材与苏州大学精品教材立项建设经费支持，在此一并表示感谢。同时作者还要感谢解放军信息工程大学周长林老师、重庆理工大学曹阳老师、四川大学张志良老师、天津理工大学刘柳老师等在教材使用过程中所给予的反馈信息。

本书为"十二五"江苏省高等学校重点教材，编号是 2014-1-033。

由于作者水平有限，写作时间较为仓促，书中可能存在不足之处，敬请广大读者批评指正。

俞一彪

yuyb@suda.edu.cn

2014 年 4 月 28 日

目　录

第 **1** 章

DSP 概述

 **本章知识架构**

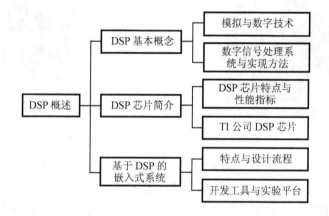

 **内 容 要 点**

- 模拟与数字技术，采用数字技术的好处是什么？
- 数字信号处理系统，为什么 DSP 处理器是实现数字信号处理的最佳选择？
- DSP 处理器及其特点，DSP 处理器与其他处理器的区别在哪里？
- DSP 嵌入式应用系统，设计开发 DSP 系统的流程和工具情况是怎样的？

现代信息社会的一个重要标志是数字化,数字移动电话、数字广播电视、数码相机、MP3 播放器等各种数字化产品越来越多地出现在日常生活中,而这些产品的推出得益于数字信号处理理论和技术的发展与成熟。

20 世纪 80 年代中期开始,人们使用的是被称为"大哥大"的模拟移动电话,如图 1.1(a)所示。这种移动电话只有语音通话功能,不仅话音质量差,而且体积大,功耗也大。从 20 世纪 90 年代中期开始,数字移动电话由于语音质量高,功能强而逐步替代模拟移动电话,并得到了快速的发展。目前的数字移动电话不仅具有通话、收发短信、游戏、照相等多媒体处理功能,而且具有重量轻、体积小、功耗低等特点,如图 1.1(b)所示。

(a) Moto DynaTAC 8000X

(b) 苹果 iPhone 4S

图 1.1 模拟移动电话与数字移动电话

传统的电视系统采用模拟信号作为传输方式进行通信,由于频带带宽的限制,所能传输的电视节目非常有限,除了视频图像之外一般不能传输其他内容,如图 1.2(a)所示。而近几年发展起来的数字电视则由于采用了数字技术进行通信,不仅频道增加了,而且图像清晰、音质高、功能强大,除了提供现有的电视广播节目外,还能提供许多新业务,如视频点播、金融资讯服务、因特网浏览等,节目更加专业化、个性化,如图 1.2(b)所示。

(a) 模拟电视机

(b) 数字电视机

图 1.2 模拟电视与数字电视

在这些数字化产品和应用系统中,数据或信号的处理必须是实时的,也就是信号的处理时间必须在可接受的特定范围之内,系统能对输入信号及时响应。这就提出了实时信号处理的要求,数字信号处理器就是能提供实时信号处理的一种微处理器。

1.1　DSP 基本概念

　　DSP 有两种含义。第一种是解释为"Digital Signal Processing"，即数字信号处理，是指数字信号处理的理论和算法，例如滤波、变换、卷积和频谱分析等；第二种是"Digital Signal Processor"，即数字信号处理器，是指实现数字信号处理算法的微处理器芯片，它为数字信号的实时处理提供一个平台。本书中的 DSP 主要是指数字信号处理器。

1.1.1　模拟技术与数字技术

　　如前所述，早期的移动通信、广播电视系统以及音频播放器等电子消费产品都是模拟的，有关数据和信号的处理部分采用的都是模拟信号处理技术。因为模拟信号处理只能由硬件来完成，所以，由分立元器件和模拟电路构成的系统不仅在功能上无法实现大规模的复杂处理、功能的更新提高困难，并且还存在处理精度低、抗干扰能力差、体积功耗大等缺陷。显然，模拟技术已经越来越不能适应社会发展和人类生活水平日益提高的需要。

　　自从 20 世纪 60 年代中期 Cooley 和 Tukey 提出快速傅里叶(Fourier)变换算法以来，随着信息科学与半导体技术的不断发展，数字信号处理理论和技术逐步丰富和成熟，从而推动了数字技术在通信、控制、消费电子、国防军事、医疗等领域的广泛应用。数字技术采用数字化方式对数据和信号进行处理，这种处理一般由硬件和软件配合实现，软件实现复杂的数据和信号处理，硬件提供一个软件运行的系统平台。数字技术的特点主要表现为以下几个方面。

　　(1) 能实现大规模复杂处理。数字系统可采用软件编程实现具体的处理，因此，使大规模的复杂信号处理成为可能，而且几乎不占用空间。例如，一台数字移动电话可以在不扩大体积的情况下通过软件来增加视频和网络功能。

　　(2) 灵活性强。数字系统的系统参数一般保存在寄存器或存储器中，修改这些参数对系统进行调试和功能选择非常简单。另外，由于采用软件编程来实现具体的处理，修改并下载系统的处理软件从而改变和增强系统功能变得异常容易。

　　(3) 可靠性高。数字器件是逻辑器件，数字信号是由 0 和 1 构成的二进制数表示的，一定范围内的干扰不会引起数字值的变化，因此，数字信号处理系统的抗干扰性能强、可靠性高，数据也能永久稳定地保存。

　　(4) 精度高。模拟器件的数据表示精度低，难以达到 10^{-3} 以上；而数字信号处理器和数字器件目前可以实现 32bit 以上的字长，表达数据的精度可以达到 10^{-10} 以上。

　　数字技术的最大特点是大量复杂的处理都可以用软件来实现，并且这样的软件既可以在计算机上运行，也可以在数字信号处理器上运行。因此，系统功能大幅度增强，体积缩小，可靠性、稳定性提高，调试和改变系统功能变的方便。这些就是移动电话等通信电子产品的功能越来越丰富、性能越来越高，而体积越来越小的原因。

1.1.2 数字信号处理系统的构成

数字技术的核心是数字信号处理，所有的数字系统或数字化产品都可以看成是一个数字信号处理系统。

数字信号处理系统中，一般通过 ADC(模拟-数字)转换器实现模拟信号 $x(t)$ 的采样，将模拟信号转换成离散信号 $x(n) = x(nT)$，并进一步量化形成计算机 CPU、DSP 等数字处理系统能接收和处理的数字信号 $x_d(n)$，由数字处理系统完成特定的数字信号处理，如图 1.3 所示。放大器完成对原始信号 $x_a(t)$ 的放大，使其幅度与 A/D 转换器的输入信号范围相匹配。前置低通滤波器将信号中不需要的高频分量过滤掉，使采样频率能满足采样定理，防止出现频谱混叠失真现象。数字处理系统的输出信号 $y_d(n)$ 经过 DAC(数字-模拟)转换器形成有跳变的模拟信号 $y(t)$，必须通过平滑滤波器将信号变成平滑的连续信号 $y_a(t)$。

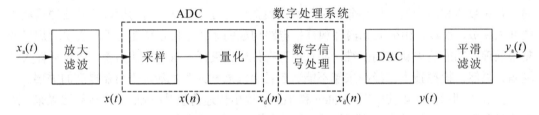

图 1.3　数字信号处理系统的一般构成

实际应用中的数字信号处理系统尽管功能各不相同，但其系统构成保持图 1.3 所示结构不变。系统不同的功能表现为具体的数字信号处理内容的不同，而这些不同一般是由软件编程来体现的。

1.1.3 数字信号处理的实现方法

图 1.3 所示的数字信号处理系统中，数字信号处理部分是核心，一般由软件和微处理器配合实现。这部分的微处理器在具体应用中可以有多种选择，如通用的计算机中央处理器(CPU)、一般的单片机(MCU)、数字信号处理器(DSP)或者专用的集成电路(ASIC)等。但是，不同的处理器所能够实现的处理性能是不一样的，主要区别如下。

(1) 通用的计算机中央处理器(CPU)：优点是软件丰富、编程实现较容易，缺点是不易实时信号处理、无法嵌入式应用。一般来说，计算机的 CPU 的成本高、功耗大，因此只有在系统对体积、功耗和实时性要求不高的情况下采用，并只适用于固定场合中。

(2) 单片机(MCU)：优点是价格低廉和编程简单，缺点是性能差、速度慢。单片机一般应用于控制领域，这些领域的数字处理要求比较简单、数据量小。

(3) 数字信号处理器(DSP)：DSP 是专门针对数字信号处理应用而设计的微处理器，在处理器结构和工作原理上采用乘法累加运算单元(Multiply Accumulation Computation，MAC)、多总线和多流水线作业，使得信号处理更加高效和灵活，并且功耗低、便于嵌入式应用。DSP 的高性价比使其成为当前数字信号处理系统设计中采用的主流处理器。

(4) 专用集成电路(ASIC)：将特定的信号处理算法由一个集成电路来实现，例如 FFT 专用集成电路芯片。这种方法的优点是处理速度快、系统规模化成本低，缺点是功能有限、系统灵活性差、开发成本高。目前，采用专用集成电路的数字系统只适用于处理任务不很复杂而要求大批量生产的情况。

其他的一些方法还有采用 FPGA 等现场可编程门阵列等，但只适用于实现规模较小的简单系统，不便于大量应用。通过以上比较分析可以看出，DSP 对于需要大规模复杂信号处理的嵌入式应用而言是最佳的选择。

1.2 DSP 芯片简介

DSP 是采用 0.25μm 或 0.18μm，甚至 45nm 的 CMOS 工艺设计的超大规模集成电路芯片，一般采用 LQFP 或 BGA 封装。DSP 芯片虽然只有 30 多年的历史，但发展速度却很快，处理速度最快已经可以达到 300 多个 GMACS。全球主要的 DSP 芯片制造商有美国德州仪器(TI)公司、美国飞思卡尔(FreeScale)公司、美国模拟器件(AD)公司以及日本电气(NEC)公司。

1.2.1 DSP 芯片的发展

1979 年，贝尔实验室(Bell Labs)发布了第一个真正意义上的 DSP 芯片 MAC4。1980 年，日本 NEC 公司和 AT&T 公司在 IEEE 召开的国际固态电路会议上分别推出了 μPD7720 和 DSP1，这两款芯片得到了许多研究人员的推崇，在公共电信网方面得到了一定的应用。

美国德州仪器(TI)公司在 1983 年推出了具有里程碑意义的 TMS320C10，取得了相当大的成功。这款 DSP 字长为 16bit，采用哈弗(Harvard)结构，有独立的指令和数据存储器，并且有一个特殊的指令集处理读入累加、乘加等运算，一个乘加运算的时间是 390ns。当时另一个比较成功的 DSP 是 Motorola 的 DSP5600。1984 年，AT&T 公司推出 DSP32，这是早期具备较高性能的浮点 DSP 芯片。

20 世纪 80 年代后期和 90 年代初，DSP 芯片的硬件结构进一步得到完善，使得 DSP 芯片更适合数字信号处理的要求，TI 公司相继推出了 TMS320C20 和 TMS320C30。这些 DSP 芯片采用了 CMOS 制造工艺，其存储容量和运算速度成倍提高，为进行语音、图像这些复杂的信号处理奠定了基础。伴随着 TI 公司的 TMS320C40 和 TMS320C50、Motorola 公司的 DSP9600 和 AT&T 公司的 DSP32 等的不断推出，DSP 运算速度越来越高，其应用领域逐步扩大。

20 世纪末和 21 世纪初，以 TI 公司为首的 DSP 制造商不仅致力于 DSP 信号处理能力的提高和功耗的降低，而且致力于 DSP 应用系统开发的便利性。各种通用外设被集成到 DSP 芯片内，极大地提高了信号处理的综合能力，DSP 的指令周期降低到 10ns 以下。例如，TI 公司的 TMS320C541～549 等芯片采用了 8 条内部总线的哈佛结构，1 个 17×17 位硬件乘法器和 1 个 40 位累加器构成乘法累加运算单元 MAC，还带有 1 个锁相环(PLL)时钟发生器。另外，基于 Windows 的开发工具逐步完善，使用方便，使 DSP 芯片不仅在通信、控制领域得到了广泛的应用，而且逐渐渗透到人们日常消费领域。

进入 21 世纪以来，DSP 在内部结构、运算速度、制造工艺、计算精度和功能集成化方面得到了更加迅速的发展。90～45nm 的 CMOS 工艺得到了普遍应用，体积功耗不断降低。有些 DSP 采用了多核或多处理器结构,如 TI 公司的 TMS320VC5421、TMS320VC5441 采用了多个乘加运算单元 MAC 和算术逻辑运算单元 ALU,OMAP5910 和部分 DaVinci 芯片采用了 DSP 和 ARM 相结合的结构,而最新的 KeyStone 系列则在一个芯片内集成了多个 DSP 和 ARM 处理器,增强了系统的数据处理和数据通信、控制的综合能力。TI 公司 2005 年推出的 DaVinci 芯片集成了基本的音/视频处理模块,使得多媒体处理更加有效。另外,DSP 软件开发工具越来越完善,如 TI 公司的集成开发系统 Code Composer Studio (CCS) 将软件仿真器 Simulator、在线仿真器 Emulator、C 编译链接器等集成在一起,而 Linux 等嵌入式操作系统则极大地方便了基于 DSP+ARM 处理器的软件开发。

总之,DSP 处理器芯片将来的发展趋势是速度越来越快、精度越来越高、功能越来越强、功耗越来越低。

1.2.2 DSP 芯片的特点

DSP 芯片的主要目标是提供实时数字信号处理的运行平台,特别强调处理的高速性,为此在结构、指令系统、指令流程上,均比普通微处理器有了很大的改进,主要特点如下。

(1) 哈佛结构。这种结构使程序和数据空间彼此独立。早期的微处理器内部大多采用冯·诺伊曼(Von Neumann)结构,其片内程序空间和数据空间是合在一起的,取指令和取操作数都是通过一条总线分时进行的,当高速运算时会造成传输通道上的瓶颈现象。而 DSP 内部采用的是程序空间和数据空间分开的哈佛结构,允许同时取指令(来自程序存储器)和取操作数(来自数据存储器)。而且,还允许在程序空间和数据空间之间相互传送数据,即改进的哈佛结构。

(2) 多总线结构。许多 DSP 芯片内部都采用多总线结构,这样可以保证在一个机器周期内可以多次访问程序空间和数据空间。例如 TMS320C5416 内部有 8 条 16 位总线(4 条程序/数据总线和 4 条地址总线),大大提高了 DSP 的运行速度。因此,对 DSP 来说,内部总线是个十分重要的资源。总线越多,可以完成的功能就越复杂。

(3) 支持流水线操作。DSP 执行一条指令,需要通过取指、译码、取操作和执行等几个阶段。在 DSP 中,采用流水线结构,在程序运行过程中使取指、译码和执行等操作可以重叠进行。这样,在执行本条指令的同时,还依次完成了后面指令的取操作数、译码和取指,将指令周期降低到最小值。

(4) 硬件乘法器。DSP 芯片配有硬件乘法器,并与专用累加器一起构成了乘法累加运算单元 MAC,可在一个周期内完成一次乘法和一次累加操作,从而保证在单指令周期内完成数字信号处理中用得最多的乘法累加运算。

(5) 并行执行多个操作。DSP 内部一般都包括有多个处理单元,如算术逻辑运算单元 (ALU)、辅助寄存器运算单元(ARAU)、累加器(ACC)以及硬件乘法器(MUL)等。它们可以在一个指令周期内同时进行运算。例如,当执行一次乘法和累加的同时,辅助寄存器单元已经完成了下一个地址的寻址工作,为下一次乘法和累加运算做好了充分的准备。

(6) 快速的运算速度。TMS320C5416 的指令执行速度可达到 160MMACS,即每秒进行 1.6 亿次乘法累加运算。而 DaVinci 芯片 TMS320DM6446 更是达到了接近 5000MMACS,多核 DSP 处理器 TMS320C6678 可达到 320GMACS。

1.2.3　DSP 芯片的分类

DSP 芯片根据工作时的数据格式划分，可以分为定点 DSP 芯片和浮点 DSP 芯片两大类，如 TI 公司的 TMS320C2000、TMS320C5000、TMS320C62xx、AD 公司的 ADSP21xx、AT&T 公司的 DSP16/16A 和 Motorola 公司的 MC56000 等都是定点 DSP 芯片，TI 公司的 TMS320C67xx、AD 公司的 ADSP21xxx、AT&T 公司的 DSP32/32C 和 Motorola 公司的 MC96002 等都是浮点 DSP 芯片。

1.2.4　DSP 芯片的性能指标

DSP 芯片的综合性能指标除了与芯片的处理能力直接相关外，还与 DSP 芯片片内、片外数据传输能力有关。DSP 芯片的数据处理能力通常用 DSP 芯片的处理速度来衡量；数据传输能力用内部总线和外部总线的配置以及总线或 I/O 口的数据吞吐率来衡量。以下是衡量 DSP 芯片处理性能的一些常用指标。

(1) DSP 芯片的计算速度：一般用 MIPS、MFLOPS 和 MMACS 表示。分别表示每秒执行的指令数、每秒执行的浮点操作数和每秒执行的乘法累加数。大部分 DSP 芯片可在一个指令周期内完成一次乘法累加操作。

(2) DSP 芯片的运算精度：一般由处理器的字长表示。定点 DSP 芯片字长一般为 16 位，少数 24 位。浮点 DSP 芯片的字长一般为 32 位。

(3) DSP 芯片的硬件资源：主要说明 DSP 芯片所提供的硬件资源，如片内 RAM、ROM 的数量，外部可扩展的程序和数据空间，总线接口、I/O 接口等。

(4) DSP 芯片的功耗：主要说明单位时间内电源消耗量。一般移动和便携式 DSP 设备对功耗要求较高，选择 DSP 芯片时一般采用低功耗芯片。

选择 DSP 芯片是设计 DSP 应用系统非常重要的环节。一般来说，定点 DSP 芯片速度快、功耗低，但运算精度稍低。浮点 DSP 芯片的优点是运算精度高，C 语言编程调试方便，但价格稍高，功耗也较大。

1.3　TI 公司 DSP 芯片简介

美国的得克萨斯仪器公司(Texas Instruments，TI)在 20 世纪 80 年代初成功推出第一代 DSP 芯片 TMS320C10 之后，其后相继推出了一系列产品。目前，TI 公司的 DSP 芯片主要有 3 大系列：C2000、C5000 和 C6000。如果进一步细分，则可以进一步划分出 OMAP 系列、DaVinci 系列以及 KeyStone 多核系列。前者是在 TMS320C55x 基础上增加 ARM 处理器(一种 RISC 结构处理器)核构成，后者是在 TMS320C64x 基础上增加 ARM 处理器或者集成多个 DSP 和 ARM 处理器核构成。目前，TI 公司的 DSP 芯片已经成为当今世界上最有影响力的 DSP 芯片，市场占有率超过 50%。输入以下网址就可以看到使用 TI 公司 DSP 芯片的许多手机品牌。

http://focus.ti.com/general/docs/wtbu/wtbugencontent.tsp?templateId=6123&navigationId=11948&contentId=4600

1.3.1 C2000 系列简介

C2000 系列 DSP 又被称为数字信号控制器(Digital Signal Controller，DSC)。该系列 DSP 主要包括 TMS320F28x 定点、TMS320F28x 浮点以及 F28M3x 系列 DSP+ARM 子系列。

(1) F28x 子系列：32 位定点 DSP、60~150MIPS，代表器件是 TMS320F2812。

(2) F282x 子系列：32 位浮点 DSP、200~300MMACS，代表器件是 TMS320F28232。

(3) F28M3x 子系列：32 位浮点 DSP+ARM、90~187MMACS，代表器件是 F28M36P63C2。

C2000 系列 DSP 芯片具有相似的结构，除包含乘法器、算术逻辑运算单元、FLASH 存储器或 ROM 存储器之外，还包含 A/D 转换器、CAN 模块及数字马达控制模块，不同的是具体参数值有所区别。图 1.4 所示是 TMS320F281x 芯片的模块结构。

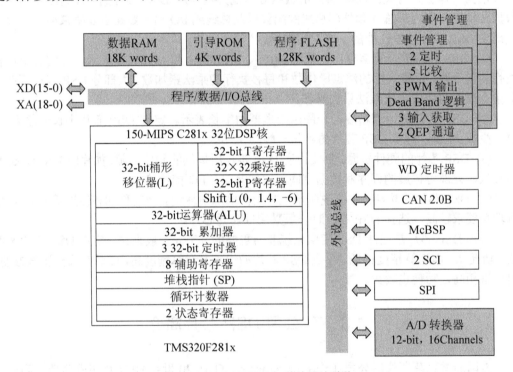

图 1.4 TMS320F281x 芯片模块结构

C2000 系列是一种低价格、高性能的定点 DSP 芯片，适用于控制领域，如工业自动化、汽车电子、电机控制、家用电器和消费电子等领域。TMS320C2000 系列 DSP 芯片具有如下特点。

(1) 处理能力强。指令周期最短为 25ns，运算能力达 40MIPS 以上。

(2) 片内具有较大的 FLASH 存储器或 ROM。以前的 TMS320C20x 是最早使用 FLASH 存储器的 DSP 芯片。FLASH 存储器具有比 ROM 灵活、比 RAM 便宜的特点。利用 FLASH 存储器存储程序不仅降低了成本，减小了体积，同时系统升级也比较方便。

(3) 功耗低。在 3.3V 工作时每 MIPS 消耗 1.1mA 电流，F280x 等系列内核的工作电压只有 1.8V，功耗更低。

(4) 资源配置灵活。具有 A/D 和 CAN 模块，容易与其他设备连接。

最近推出的 C28x(DSP)+M3(ARM)双核系列芯片是 TI 公司最近推出的，以实现太阳能光伏系统等工业应用领域更加精确有效的控制。

1.3.2　C5000 系列简介

C5000 系列 DSP 芯片主要包括了 TMS320C54x 和 TMS320C55x 两大类。这两类芯片软件完全兼容，所不同的是 TMS320C55x 具有更低的功耗和更高的性能。如果进一步区分，则还可以细分 C54x DSP+ARM7 和 C55x DSP+ARM9 的 DSP+ARM 结构双核处理器芯片。其中，TI 将 C55x DSP+ARM9 双核芯片称为 OMAP(Open Multimedia Applications Platform)系列。

(1) C54x 子系列：16 位定点 DSP、100～532MIPS，代表器件是 TMS320VC5402、TMS320VC5416、TMS320VC5441。

(2) C55x 子系列：16 位定点 DSP、300～600MIPS，代表器件是 TMS320VC5510、TMS320VC5509、TMS320VC5502。

(3) C54xDSP＋ARM7 子系列：100MIPS，RISC 频率 47.5MHz，代表器件是 TMS320VC5470、TMS320VC5471。

(4) C55xDSP＋ARM9 子系列：即 OMAP 芯片，代表器件是 OMAP5910。

C5000 系列 DSP 在代码上是完全兼容的，但 C55x 的内部结构相对于 C54x 更加复杂，采用了 1 个 40 位 ALU 和 1 个 16 位 ALU、2 个乘加器(MAC)和 4 个累加器，而 C54x 分别只有 1 个 40 位 ALU、1 个 MAC 和 2 个累加器。另外，C55x 的程序和地址总线也进行了扩展。图 1.5 所示是 TMS320C5416 的内部结构图。

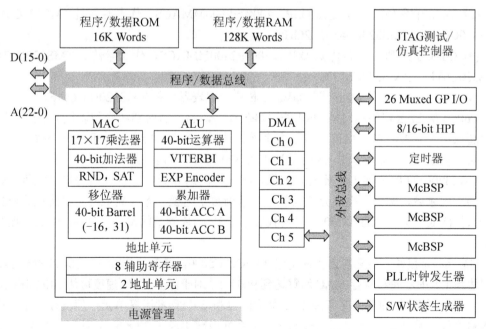

图 1.5　TMS320C5416 内部结构

TMS320C5000 系列 DSP 是为实现低功耗、高性能而专门设计的定点 DSP 芯片，主要应用在无线移动通信基站和移动电话、程控交换机、调制解调器、GPS 和 PDA 等应用系统中。TMS320C5000 的主要特点如下。

(1) 运算速度快，运算速度为 100~600MIPS。

(2) 优化的 CPU 结构。内部有 1 或 2 个 40 位和 16 位的算术逻辑单元(ALU)，2~4 个 40 位的累加器，1~2 个 17×17 位 MAC 和 1 个 40 位的桶形移位器。有 8~12 条内部总线和 2 个地址产生器。此外，内部还集成了 Viterbi 加速器，用于提高 Viterbi 编译码的速度。

(3) 低功耗方式。可在 3.3V、2.5V、1.8V 甚至 1.2V 的低电压下工作，C55x 的待机功耗只有 0.12mW，特别适合无线移动设备。

(4) 智能外设。除了标准的串行口和时分复用(TDM)串行口外，还提供了自动缓冲串行口 BSP(auto-Buffered Serial Port)和与外部处理器通信的 HPI(Host Port Interface)口。

总体而言，相对于 C54x 系列，C55x 系列由于采用了双 MAC 核结构和更多更宽的总线，因此在性能上更加优越，而且功耗更低。当然，有些 C54x 系列芯片也是双 MAC 核结构的，例如 TMS320C5420、TMS320C5441 等。

1.3.3 C6000 系列简介

C6000 系列主要包括 TMS320C62x、TMS320C64x、TMS320C67x 这 3 类，是一种高性能的 DSP 芯片。另外，TI 在 C64x 的基础上结合 ARM9 处理器核形成了 DSP+RISC 双处理器结构的达芬奇(DaVinci)系列。

(1) C62x 子系列：32 位定点 DSP、300~600MMACS，代表器件是 TMS320C6211、TMS320C6201。

(2) C64x 子系列：32 位定点 DSP，4000~9600MMACS，代表器件是 TMS320C6416、TMS320C6424、TMS320C6455(1.2GHz)。

(3) C67x 子系列：32 位浮点 DSP、500~2400MMACS，代表器件是 TMS320C6711、TMS320C6713、TMS320C6727。

(4) C64x+ARM9 子系列：即 DaVinci 芯片，代表器件是 TMS320DM6446。

C6000 是 TI 公司的高性能 DSP 处理器芯片。该芯片的内部结构与以往的 DSP 不同，采用超长指令字(VLIW)，内部集成了多个数据通道、多个功能单元，可在一个时钟周期内同时执行多条 32 位指令。图 1.6 所示为 TMS320C6416 的内部结构图。

TMS320C6000 的推出主要面向图像、视频、网络和无线宽带通信等需要大规模数据处理的应用领域，例如，视频会议系统、高清晰数字电视、无线局域网、安防视频监控和核磁共振(MRI)等。TMS320C6000 目前代表了 DSP 芯片领域的最高性能水平，其主要特点如下。

(1) 运行速度快。运算能力普遍超越 TMS320C5000，最高的 TMS320C6455 处理器时钟频率达到 1.2GHz，每秒执行 MAC 运算达到 9600 个。对于浮点运算，速度可达 2400MFLOPS。例如，C62x 的芯片内部同时集成了 2 个乘法器和 6 个算术运算单元，使得在一个指令周期内最大能支持 8 条 32 位的指令。而 C67x 系列内部集成了 32×32 乘法器，并支持 32 位单精度和 64 位双精度浮点运算。

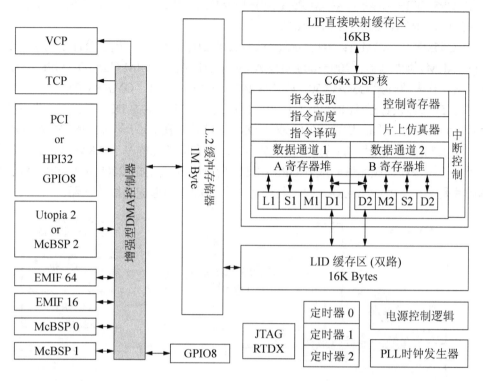

图 1.6　TMS320C6416 内部结构图

(2) 指令集不同。为充分发挥其内部集成的各执行单元的独立运行能力，TI 公司使用了 VelociTI 超长指令字(VLIW)结构。它在一条指令中组合了几个执行单元，结合其独特的内部结构，可在一个时钟周期内并行执行多条指令。

(3) 大容量的片内存储器和大范围的寻址能力。片内最多集成了 512KB 的程序存储器和 512KB 的数据存储器，并拥有 32 位的外部存储器界面。

(4) 智能外设。内部集成了 4～16 个 DMA 接口，两三个多通道缓存串口 McBSP，两个 32 位计时器。

(5) 低廉的使用成本。对于无线基站这样的系统，TMS320C6000 能同时完成 30 路以上的语音编解码，这样就可以把每路的成本降低到 3 美元以下。

C6000 是 20 世纪 90 年代末期发展起来的，到目前为止已经形成了相当丰富的产品线，并在 C64x 的基础上派生出了针对无线音/视频应用和 3G 通信的 DaVinci 系列。

1.3.4　OMAP 系列简介

这类称为开放式媒体应用平台的 OMAP 芯片遵循的理念是，通过 ARM 处理器(适用于协调命令与控制)与 DSP(适合计算密集型信号处理任务)相结合，对具体应用中的实时密集型计算处理及控制功能进行分配，把不同的任务交给适合的处理器来处理，以发挥整个芯片的最佳性能。OMAP 芯片大体上可以分为 C55x DSP+ARM9 结构、C55x DSP+ARM11 结构、ARM+协处理器结构三大类。

(1) C55xDSP+ARM9：400MIPS(DSP)+150MHz(ARM9)，代表器件是 OMAP5910、OMAP5912、OMAP1610、OMAP1612。

(2) C55xDSP +ARM11：440MIPS(DSP)+330MHz(ARM11)，代表器件是 OMAP2420。

(3) ARM+协处理器：200～600MHz(ARM9、ARM11、ARM Cortex)，GPRS/ISP/IVA/PowerVR，代表器件是 OMAP750、OMAP2430、OMAP2431、OMAP3503。

尽管 TI 曾经设计过 TMS320VC5470、TMS320VC5471 这类 DSP+ARM 结构双核处理器芯片，但真正意义上的 DSP+ARM 双核 OMAP 芯片是在 2002 年推出的 OMAP5910，其结构如图 1.7 所示。当然，TI 的 OMAP 系列芯片中有些是纯粹基于 ARM 核的，一般会带有一个用于图像和视频编解码或者 GPRS/GSM 协处理器。例如，2008 年发布的 OMAP35x 系列芯片是基于 ARM CortexA8 的，其带有一个 2D/3D 图形加速协处理器。

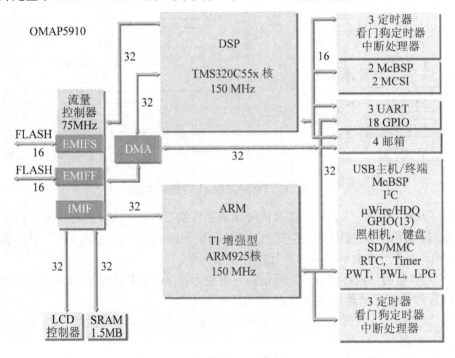

图 1.7　OMAP5910 内部结构图

OMAP 处理器的推出主要针对数字媒体、生物特征识别、定位服务、增强型游戏及远程通信等商业及工业应用领域，并已经在 2.5G/3G 手持无线通信终端及 PDA 市场上表现出强劲的发展势头。其主要特点如下。

(1) 处理效率高。采用 DSP+ARM 双核结构或者带有图像视频协处理器的 RISC 结构，大量的复杂数据运算处理和通信、控制处理得到合理的分配，使整个芯片的处理效率和性能得到了极大提升。

(2) 有效的开发环境。支持 Microsoft Windows CE、Linux、Wind River VxWorks 等领先的操作系统及 TI 的 DSP/BIOS 实时可扩展内核。通过优化的处理器间通信机制，使用熟悉的工具、标准应用编程接口(API)以及无缝的 DSP 接口，设计者可以更快速地向市场推出创新型产品。内置式处理器间的通信机制消除了开发商单独对 DSP 及 RISC 进行编程的必要，极大地缩短了编程时间，同时显著降低了编程的复杂性。

(3) 丰富的外设。配备有多种极佳外设的片上系统功能，包括 192 KB RAM、USB 1.1 主机与客户机、MMC/SD 卡接口、多通道缓冲串行端口、实时时钟、GPIO 与 UART、LCD 接口、SPI 等。

OMAP 系列芯片的发展起步虽然较晚，但作为 2.5G/3G 时代无线多媒体移动终端的主流芯片，其正在快速发展。目前的 OMAP 系列芯片品种较多，最新的是 OMAP35x 子系列，其中包含的 4 个芯片均以 ARM CortexA8 为核心，其中两个芯片 OMAP3525、OMAP3530 还具有 C64x DSP 核，而另外两个 OMAP3503、OMAP3515 则没有。

1.3.5　DaVinci 系列简介

2005 年末，TI 公司首次推出了新一代高性能 DSP 芯片 TMS320DM6443、TMS320DM6446，并命名为达芬奇(DaVinci)数字媒体处理器。该系列的芯片一般采用 C64x DSP+ARM9 的结构设计方案，并在此基础上增加了视频处理子系统 VPSS(Video Processing Sub-System)和视频图像协处理器 VICP(Video Image Co-Processor)以及配套的 RTOS 和音/视频编解码等软件，极大地增强了芯片的处理性能和开发便利性。目前，DaVinci 系列芯片根据不同的应用目的而推出 3 个子系列。

(1) C64x/C643xDSP+VICP：4000 ～ 7200MMACS，代表器件是 TMS320DM647、TMS320DM648、TMS320DM6435、TMS320DM6437。

(2) C644x/C646xDSP+ARM9+VICP：4700 MMACS(DSP)+300MHz(ARM9)，代表器件是 TMS320DM6441、TMS320DM6446、TMS320DM6467。

(3) ARM9+VICP：270MHz，代表器件是 TMS320DM335、TMS320DM355。

DaVinci 系列芯片的 3 个子系列针对不同的应用目标和成本要求。C64x/C643xDSP+VICP 子系列没有采用 ARM 核，能以较低的成本实现音/视频的各种编解码处理。C644x/C646xDSP+ARM9+VICP 子系列是实现高清晰音/视频编解码的最佳选择。而 ARM9+VICP 没有采用通用的 DSP 核，其借助 VICP 实现 MPEG4 和 JPEG 等低成本处理。图 1.8 所示是 TMS320DM6446 的芯片内部结构。

DaVinci 芯片主要针对高清晰度视频处理应用，为设备制造商提供集成的处理器、软件和工具来简化设计流程、加速创新的数字视频应用。低端一些的可应用在车用视觉系统(车道偏离、避免碰撞)以及机器视觉系统、机器人技术、网络摄像机、数码相机等应用领域，而高端的芯片则主要应用在多格式视频安全设备、视频电话、高清数字电视广播通信系统等应用领域。其主要特点如下。

(1) 整体性能高。采用 SOC 技术，将高性能 C64x DSP 与高端 ARM 内核相结合，前者提供强大的音视频数字信号处理能力，后者提供丰富的外设接口，使得芯片的整体处理性能高效和完备。

(2) 音视频信号处理速度快。由于采用高性能的 C64x DSP 和 VPSS、VICP 硬件子系统相结合，图像和视频的缩放、图形字符叠加以及 H.264、MPEG4、H.263、WMV9、VC1、MPEG2、JPEG、AAC、WMA9、WMA8、G.711、G.728、G.723.1、G.729 等各种音视频信号编解码速度很快。

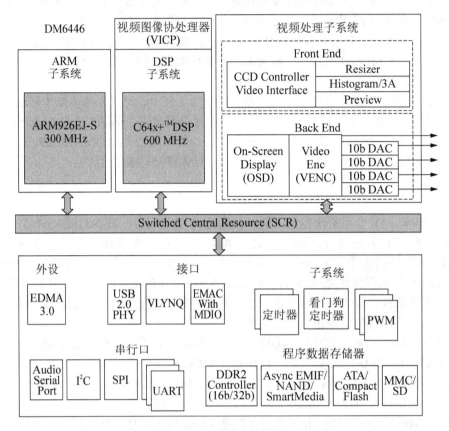

图 1.8　TMS320DM6446 芯片内部结构

(3) 片上外设丰富。除了音视频 I/O 接口外，还具有 10/100 以太网媒体接入控制器 (MAC)、UART、I²C、SPI、GPIO、McBSP 和 PWM 等，使得芯片的外部通信控制能力得到了有力保障。

(4) 丰富的开发工具与环境。DaVinci 芯片的应用软件开发环境有 Linux、WinCE 操作系统、CCS3.2 集成开发环境，而开发工具有 XDS560 仿真器、DVEVM 以及音视频处理 API 等。这些开发环境和工具使得应用系统的开发变得相当容易。

DaVinci 芯片代表着 TI 公司的最新技术，推出的时间并不长，但已经有了针对不同性能和成本要求的三大子系列产品。随着 3G 移动通信时代的到来，高清晰数字广播电视的推广以及各类音/视频手持消费电子产品的不断推出，这系列的产品将会得到更多的应用并体现出其价值。

1.3.6　KeyStone 多核系列简介

近年来，随着云计算以及大数据时代的到来，在医疗、工业和国防等领域需要实时处理的数据量越来越大、计算复杂度越来越高。TI 公司相继推出了两大 KeyStone 系列多核处理器结构芯片以满足实际需要。

(1) C667x/C665x 多核 DSP：采用 1～8 个 C66x 的浮点/定点多核 DSP 芯片，速度为 30~320MMACS，代表性器件有 TMS320C6678、TMS320C6674、TMS320C6657。

(2) 66AK2Ex/66AK2Hx+DSP：采用 1～8 个 C66x 多核 DSP 和 1～4 个 Cortex-A15 ARM 集成的浮点/定点多核多处理器芯片，速度达到 40～352MMACS，代表性器件有 66AK2H14、66AK2E05。

KeyStone 系列 DSP 芯片的两大系列都采用了 C66x 结构 DSP 处理器核，并且都具有浮点运算和定点运算两种类型。最新的 66AK2H14 采用了 4 个 C66x 和 4 个 Cortex-A15 ARM 处理器核，而 TMS320C6678 则采用了 8 个 C66x DSP 核构成，其芯片结构如图 1.9 所示。

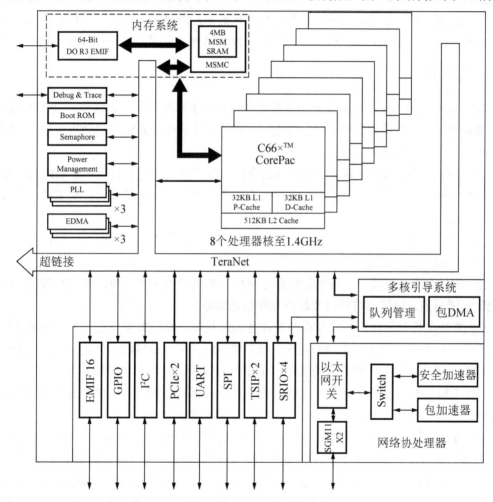

图 1.9　TMS320C6678 芯片内部结构

KeyStone 系列芯片以最低的功率级别和成本提供最高的性能。该多核平台的处理和低功耗能力特别适用于市场上的工业自动化、高性能计算、关键任务、视频基础设施和高端成像等应用，可广泛应用在医学成像、机器视觉、视频通信与国防新型武器装备等需要大规模数据实时处理的领域。

1.4 基于 DSP 的嵌入式系统

嵌入式系统是指应用软件与硬件一体化的系统,具有体积小、软件代码精炼、高度自动化、响应速度快等特点,特别适合于要求实时多任务处理的应用场合。DSP 嵌入式应用系统一般有主从方式和独立运行方式两种类型。前一种方式一般作为一个子处理系统,协助主系统完成一些复杂信号处理任务,后一种方式则完全独立。

在数据采集、通信和控制等许多应用领域,系统必须是可移动的,如手机、数字摄像机和智能机器人等。这些系统不仅需要处理大量数据,而且要求高速、体积小、低功耗和高可靠性,一般的 MCU 已经不适合,而基于 DSP 的嵌入式系统能较好地满足这一要求。

1.4.1 设计流程

DSP 应用系统的设计包括硬件子系统设计和软件子系统设计两大部分。这两部分的设计并非完全独立,而是需要协调综合考虑。一般的设计流程从系统需求分析开始一直到系统集成,主要包含以下 8 个步骤。

(1) 系统需求。通过对具体应用任务的分析,确立系统的设计目标和主要性能指标,包括系统人机交互方式与 I/O 接口、实时性要求等,并形成具体的需求分析文档,进行客观记录和说明。

(2) 可行性分析。主要从技术、成本这两个角度去分析系统实现的可能性,这是系统设计能否继续进行的关键一步。

(3) 信号分析。主要对信号的特征进行分析,如信号的频率分布范围以及带宽、信号的变化幅度范围、信噪比情况以及是否需要预处理等。

(4) 算法分析与设计。算法分析与设计是实现系统功能的重要步骤,主要考虑采用怎样的理论方法来对信号进行有效的处理,以完成系统任务以及算法的优化问题。完成这一设计步骤需要扎实的数字信号理论基础,也需要充分考虑系统的实时性要求。

(5) 资源分析。主要分析系统的数据处理量,从而决定系统的处理速度和存储空间、数据传输率等具体的定量要求,为下一步的硬件设计提供依据。

(6) 硬件结构分析与设计。硬件设计主要确定采用哪个公司的 DSP 芯片以及具体的型号、存储器的分配、数据的 I/O 通道以及 ADC/DAC、电源、显示、时钟和控制电路等。

(7) 软件设计与调试。软件设计考虑如何实现算法,包括采用何种编程语言以及算法的模块划分、人机交互界面等。调试是通过一定的规范化手段对软件进行分析测试、检测软件漏洞的过程,以使系统更加可靠和稳定。目前的 DSP 嵌入式软件一般可以采用 C 语言和汇编指令编写,后者的效率更高,适用于实时性要求高的场合。另一个需要考虑的是,独立运行方式的嵌入式系统应该是自举运行的,即在系统上电启动后程序就开始运行,因此,设计时应该细致地考虑自举进程和 EPROM 或 FLASH 存储器的分配。

(8) 系统集成与综合调试。软件设计调试完成后需要进一步结合硬件进行分析，测试在设计完成的硬件平台上软件是否可以运行，系统的各个功能是否可以得到实现，数据处理的速度精度是否满足要求等。

系统设计的最终目标不仅是实现系统功能，而且要尽量做到结果精确、效率高、资源消耗少。

1.4.2　开发工具与实验平台

DSP 嵌入式系统的开发需要有相应的开发工具和实验平台。开发工具提供系统开发的便利性，可以加快设计开发系统的进程，而实验平台则可以提供一种测试系统的环境。

一般来说，不同公司的 DSP 芯片有不同的开发工具和实验平台，而同一个公司的 DSP 芯片则是相似的。例如，TI 公司的 CCS(Code Composer Studio)工具软件提供了一种 DSP 软件设计调试的集成开发环境。采用 CCS 建立、编译、链接形成 DSP 应用程序，可以通过各种测试分析方法进行分析，从而加快了软件的开发进程。其他一些工具包括方便程序调用的各类库函数、各种格式代码的转换软件、FLASH 存储器代码下载工具等。

为验证 DSP 应用系统程序是否可以在特定的 DSP 芯片上正确实时地运行，TI 公司还推出了针对具体 DSP 芯片的实验开发平台 DSK(DSP Start Kit)，不同 DSP 芯片有不同的 DSK。例如，针对 C5416 的实验开发平台是 TMS320VC5416 DSK，而针对 C5510 的实验开发平台是 TMS320VC5510 DSK。有了这些实验开发平台，设计完成的软件就可以下载到具体的 DSP 芯片中进行实际测试，从而检验软件的性能是否满足要求。国内一些 DSP 公司也推出了一系列实验开发平台，例如合众达公司的 SEED5416 DTK、瑞泰公司的 ICETECK-VC5416 等。

1.4.3　典型 DSP 嵌入式应用系统

随着 DSP 技术的发展，其在通信、控制、医疗、国防以及消费电子等许多领域得到了越来越广泛的应用，基于 DSP 和计算机技术的一个数字化信息化社会正逐步形成。下面给出 DSP 在移动通信、控制和消费电子领域的 3 个典型应用。

1.　移动通信应用

DSP 的一个最重要的应用是通信，包括电信网络和移动通信。随着 3G 网络服务的推出，基于 DSP 的移动通信体系呈现出更大的优势和发展前景。图 1.10 描述了一种基本的移动电话系统结构。

核心处理模块 LoCosto 选择基于 TI 公司的 TCS2000 芯片组或者 OMAP 平台。无论哪一种方式，一般都采用双处理器模式构成。不同的是前者由 C54x 和 ARM7 配合构成，而后者由 C55x 与 ARM9 配合构成。这个核心模块完成基本的 GSM/GPRS 数据处理，包括对 MP3、AAC、MIDI 等各类音频信号的处理，对 MPEG4、H263 标准 QCIFF 视频图像的处理以及 WAP 网络处理功能的支持，另外还包括射频以及相应的模拟处理模块 DRP(Digital Radio frequency Processing)。目前，包括 Nokia、Motorola、Sony Ericsson 和 Samsung 在内的几乎所有的国内外移动电话制造商都有使用这种核心处理模块的产品。

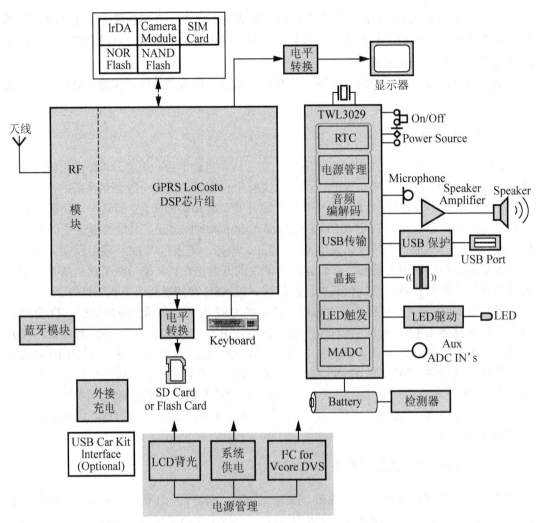

图 1.10 基于 DSP 的无线移动电话系统结构

2. 电机控制应用

一个低电压电机的 DSP 控制系统如图 1.11 所示。其中微控制器采用 TI 公司的 TMS320C2000 系列 DSP,包括低成本的 F28016 或者浮点处理器 TMS320F28335 都是可行 的选择。这些处理器具有足够的性能完成一些先进的算法,例如电机的矢量控制。PWM 控制则选择 DRV10x 系列的芯片实现,ADC 和 DAC 则选择 ADS78x 系列和 DAC77x、 DAC88x 系列的芯片实现多通道模数转换。

3. MP3 播放机应用

基于 DSP 的典型 MP3 播放机系统结构如图 1.12 所示。该系统框架包含了用于对 MP3、 WMA 或 AAC 等格式数据文件进行编解码的 DSP 处理器、实现模拟音频信号和数字音频 信号之间转换的 ADC 和 DAC、用于处理系统级控制和用户界面功能的逻辑控制器以及电 源电路。

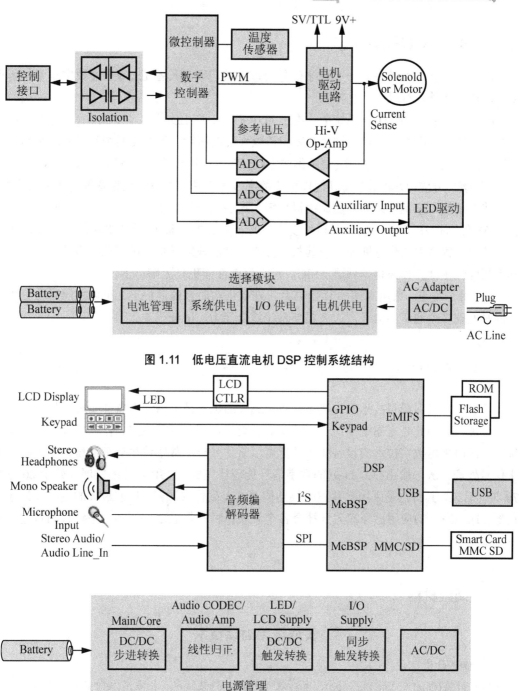

图 1.11　低电压直流电机 DSP 控制系统结构

图 1.12　MP3 播放机系统结构

　　其中的 DSP 处理器选择 TI 公司的 C54x 系列，如 TMS320C5407-120，一般不需要特别高端的芯片。音频编解码器选择 TLV320AIC23 系列芯片实现，而电源部分的转换则选择 TPS62020 或 TPS62220 实现。

1.4.4　DSP 嵌入式系统特点

DSP 嵌入式系统首先是一个数字信号处理系统，因此具备 1.1 节所述数字技术的所有特点，除此之外还有以下一些特点。

(1) 集成度高。在 DSP 系统中，由于 DSP 芯片、CPLD 芯片、FPGA 等都是高集成度的产品，加上采用表面贴封装技术，体积得以大幅度压缩。另外在系统开发完成之后，还可以将产品进一步开发成 ASIC(专用集成电路)芯片，进一步减小体积、降低成本。

(2) 接口方便。DSP 系统与其他以现代数字技术为基础的系统或设备都是相互兼容的，与这些系统接口来实现某种功能比模拟系统与这些系统接口要容易实现。

(3) 保密性好。保密性也是对高科技产品的一个重要要求。由于 DSP 系统中 DSP、CPLD 等器件在保密性上的优越性能，使其与由分立元件组成的模拟系统或简单数字系统相比，具有高度保密性。如果将其做成 ASIC，那么保密性能更是无懈可击。

(4) 时分复用。采用高速的 DSP 芯片，在保证实时性的前提下，可以按照时分复用方式同时处理多个通道的信号，大大提高系统综合能力，降低成本。

小　　结

数字技术相对模拟技术具有诸多优点，最大的优点是可以利用软件实现信号的大规模复杂处理，并由此带来系统功能强、精度高、灵活性强、可靠稳定、体积功耗小等一系列优点。任何采用数字技术的设备或产品都可以看作是一个数字信号处理系统，其核心的数字信号处理任务一般由称为 DSP 的数字信号处理器完成。DSP 芯片的发展开始于 20 世纪 70 年代后期，其特点是采用多总线哈佛结构并具有硬件乘法器，目前最大的生产商为德州仪器(TI)。DSP 的应用已经深入到社会各个领域，特别是通信、控制、医疗和消费电子领域，前景非常广阔。

阅读材料

集成电路封装技术

1. DIP 封装

DIP 封装(Dual In-line Package)，也称双列直插式封装技术，指采用双列直插形式封装的集成电路芯片，绝大多数中小规模集成电路均采用这种封装形式，其引脚数一般不超过 100。DIP 封装的 CPU 芯片有两排引脚，需要插入到具有 DIP 结构的芯片插座上。当然，也可以直接插在有相同焊孔数和几何排列的电路板上进行焊接。DIP 封装的芯片在从芯片插座上插拔时应特别小心，以免损坏引脚。DIP 封装结构形式有多层陶瓷双列直插式 DIP、单层陶瓷双列直插式 DIP、引线框架式 DIP(含玻璃陶瓷封接式、塑料包封结构式、陶瓷低熔玻璃封装式)等。例如，

8086 处理器是 DIP 封装的。DIP 封装具有以下特点：①适合在 PCB(印制电路板)上穿孔焊接，操作方便；②芯片面积与封装面积之间的比值较大，故体积也较大。

英特尔公司最早的 4004、8008、8086、8088 等 CPU 都采用了 DIP 封装，通过其上的两排引脚可插到主板上的插槽或焊接在主板上。

2. QFP 封装

这种技术的中文含义为方形扁平式封装技术(Plastic Quad Flat Package)。该技术实现的 CPU 芯片引脚之间距离很小，引脚很细，一般大规模或超大规模集成电路采用这种封装形式，其引脚数一般都在 100 以上。QFP 封装具有以下特点：①该技术封装 CPU 时操作方便，可靠性高；②其封装外形尺寸较小，寄生参数减小，适合高频应用；③该技术主要适合用 SMT 表面安装技术在 PCB 上安装布线。例如，英特尔公司的 80286 处理器是 QFP 封装的。目前，进一步有薄型 QFP 封装，如 LQFP(Low profile Quad Flat Package)和 TQFP(Thin Quad Flat Package)。

3. PFP 封装

该技术的英文全称为 Plastic Flat Package，中文含义为塑料扁平组件式封装。用这种技术封装的芯片同样也必须采用 SMD 技术将芯片与主板焊接起来。采用 SMD 安装的芯片不必在主板上打孔，一般在主板表面上有设计好的相应引脚的焊盘。将芯片各脚对准相应的焊盘，即可实现与主板的焊接。用这种方法焊上去的芯片，如果不用专用工具，是很难拆卸下来的。PFP 技术与上面的 QFP 技术基本相似，只是外观的封装形状不同而已。例如，英特尔公司的 80386 处理器是 PFP 封装的。

4. PGA 封装

该技术也称插针网格阵列封装技术(Ceramic Pin Grid Arrau Package)，由这种技术封装的芯片内外有多个方阵形的插针，每个方阵形插针沿芯片的四周间隔一定距离排列，根据引脚数目的多少，可以围成 2~5 圈。安装时，将芯片插入专门的 PGA 插座。早先的 80486 和 Pentium、Pentium Pro 等 CPU 均采用 PGA 封装形式。为了使 CPU 能够更方便地安装和拆卸，从 80486 芯片开始，出现了一种称作 ZIF 2 的 CPU 插座，专门用来满足 PGA 封装的 CPU 在安装和拆卸上的要求。该技术一般用于插拔操作比较频繁的场合。

5. BGA 封装

BGA 技术(Ball Grid Array Package)即球栅阵列封装技术。该技术一出现便成为 CPU 等芯片高密度、高性能、多引脚封装的最佳选择。但 BGA 封装占用基板的面积比较大。虽然该技术的 I/O 引脚数增多，但引脚之间的距离远大于 QFP，从而提高了组装成品率。而且该技术采用了可控塌陷芯片法焊接，从而可以改善它的电热性能。另外该技术的组装可用共面焊接，从而能大大提高封装的可靠性，并且由该技术实现封装的 CPU 信号的传输延迟小，适应频率可以很大的提高。

BGA 封装具有以下特点：①I/O 引脚数虽然增多，但引脚之间的距离远大于 QFP 封装方式，提高了成品率；②虽然 BGA 的功耗增加，但由于采用的是可控塌陷芯片法焊接，从而可以改善电热性能；③信号传输延迟小，适应频率可以很大的提高；④组装可用共面焊接，可靠性大大提高。目前 DSP 采用的主要封装技术是 QFP 和 BGA，如图 1.13 所示。

(a) QFP   (b) BGA

图 1.13   目前 DSP 采用的主要封装形式

习　题

1. 数字信号处理与模拟信号处理相比有什么优点？
2. 简述 DSP 系统的组成。
3. DSP 芯片与普通单片机相比有什么特点？
4. 如何根据实际需求选择 DSP 芯片？
5. DSP 芯片有哪些主要特点？
6. 什么是定点 DSP 芯片？什么是浮点 DSP 芯片？它们各有什么优缺点？
7. TI 公司的 DSP 芯片主要有哪几大类？
8. TMS320C5000 系列 DSP 芯片有什么特点？
9. 简述 OMAP 和 DaVinci 芯片的主要特点。
10. 基于 DSP 的应用系统设计步骤主要有哪些？

第 2 章

TMS320C54x 结构与工作原理

本章知识架构

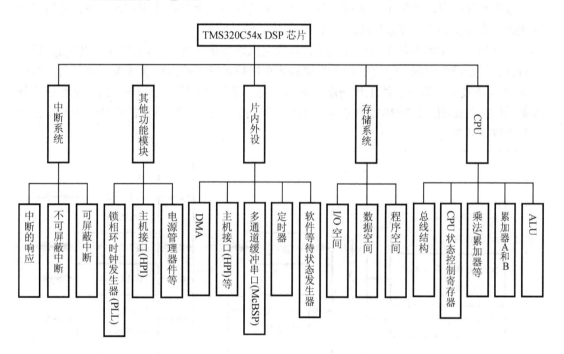

内 容 要 点

- DSP 芯片在结构上具有什么特点?
- 中央处理单元与总线, 硬件乘法器与多总线结构有什么意义?
- 存储器与片内外设, 存储器的寻址方式和外设接口是怎么样的?
- 中断系统, 为什么要设计中断系统?

当用户在进行图像读写时，假设一帧图像的大小为 1024×768×3×8bit，以机器周期为 1μs 的 8 位单片机为例，对这样一帧图像进行一次读或写需要的时间不少于 1024×768×3 个机器周期，即至少需要 1024×768×3×1μs、约 2.3s。若采用 DSP C5416，当其工作在 160MIPS 时，理论上能在 7ms 左右就对 1024×768×3×8 bit 进行一次读或写，显然要比单片机快得多。

上述表明 DSP 的运算速度远远高于单片机，那么 DSP 为什么会有那么优秀的性能呢？其中 DSP 芯片出色的硬件系统起了很大作用。与单片机相比，DSP 集成度更高，中央处理单元(CPU)更快，存储容量更大。DSP 器件采用改进的哈佛结构、多总线结构，具有独立的程序和数据空间，允许同时存取程序和数据。内置高速的硬件乘法器、增强的多级流水线，使 DSP 器件具有高速的数据运算能力。一般 DSP 器件比 16 位单片机单指令执行时间快 8～10 倍，完成一次乘加运算快 16～30 倍。此外，DSP 器件提供 JTAG 接口，具有更先进的开发手段，批量生产测试方便，开发工具可实现全空间透明仿真，不占用用户任何资源。本章主要讲述 TMS320C54x DSP 芯片的硬件结构。

TMS320C54x 系列是 TI 公司推出的 16 位定点数字信号处理器，它使用 CPU 的并行运行特性、特殊硬件逻辑、特定的指令系统和多总线技术等来提高运算速度，并使用高级的 IC 硬件设计技术来提高芯片工作速度及降低功耗。该系列虽然型号很多，但其硬件结构基本是一样的。由图 2.1 TMS320VC5416 芯片框图可以看出 C54x 系列的硬件结构基本上可以分为以下 4 部分。

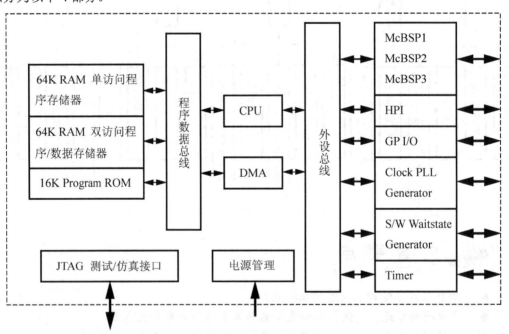

图 2.1　TMS320VC5416 芯片框图

(1) CPU：包括算术逻辑运算单元、乘法器、累加器、移位寄存器、各种专用寄存器、总线等。

(2) 存储器系统：包括片内程序存储器、单访问数据存储器、双访问程序/数据存储器、外部存储器接口等。

(3) 片内外设：包括定时器(Timer)、各种类型的串行口(McBSPx)、主机接口(HPI)、锁相环时钟发生器(PLL)等。

(4) 其他功能模块：DMA、电源管理器件、IEEE 1149.1 标准接口(JTAG)、通用 I/O 口(GP I/O)等。

2.1　中央处理器

C54x 系列 DSP 的运算核心就在 CPU 中。由图 2.2 可见，DSP 中央处理器(CPU)由以下部分组成。

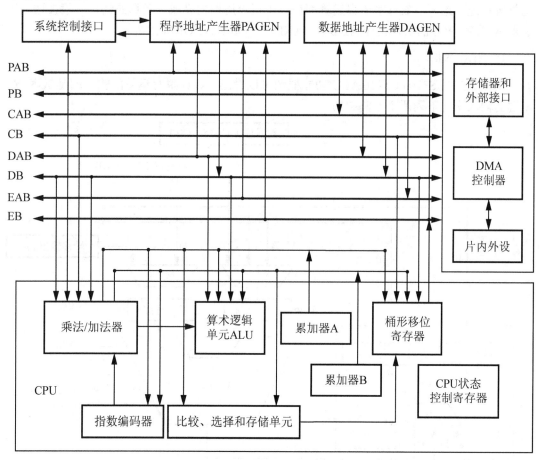

图 2.2　TMS320VC5416 CPU 组成图

(1) 40 位算术逻辑单元 ALU。

(2) 40 位累加器 A 和 B。

(3) 桶形移位寄存器，支持-16～31 移动范围。

(4) 乘法/累加器。

(5) 16 位暂存器 T。

(6) 16 位传输寄存器 TRN。

(7) 比较、选择和存储单元 CSSU。

(8) 指数编码器。

(9) CPU 状态和控制寄存器。

其中，CPU 的寄存器是存储器映射的，可以采用与存储器读/写一致的方式快速保存和读取。

2.1.1 算术逻辑单元

40 位 ALU(Arithmetic Logic Unit)配合累加器 A 和 B，执行算术运算、逻辑运算、布尔运算等功能，绝大多数算术逻辑运算都在一个指令周期内完成。运算的结果一般被送到累加器 A 或 B 中(存储操作指令 ADDM、ANDM、ORM、XORM 除外)。

1. ALU 的输入

由图 2.3 TMS320VC5416 ALU 功能框图可以看出，ALU 执行运算的输入端是 X 和 Y，X 端的输入来自下列两个方向中的一个。

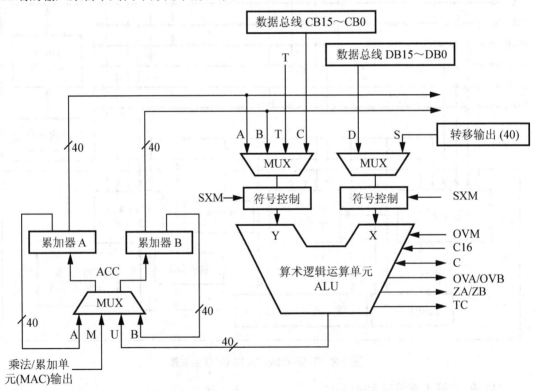

图 2.3　TMS320VC5416 ALU 功能框图

(1) 移位器输出(32 位或 16 位数据存储器操作数或者移位后累加器的值)。

(2) 数据总线 DB 的数据存储器操作数。

Y 端的输入来自下列 3 个方向中的一个。

(1) 累加器 A 或 B。

(2) 数据总线 CB 的数据存储器操作数。

(3) T 寄存器的数据。

ALU 的输入选择是由具体执行指令来决定的，例如：

```
ADD *AR1,A              ;双字节指令，表示 ALU 的两个输入端分别是累加器 A 和移位器
ADD *AR2,*AR3,A         ;双字节指令，表示 ALU 的两个输入端分别是 DB 和 CB
```

2. ALU 的输出

ALU 的输出为 40 位，被送入累加器 A 或 B。

3. ALU 的溢出处理

当发生溢出后，如果 CPU 状态寄存器 ST1 的 OVM=0，则使用没有任何改变的 ALU 结果加载到累加器中；如果 OVM=1，则使用 32 位最大正数 007FFFFFFFH(正向溢出时)或最大负数 FF80000000H(负向溢出时)加载到累加器中。

发生溢出后，溢出标志位 OVA 或 OVB 置位，直到复位或执行溢出条件指令时恢复。

4. ALU 的进位位

ALU 的进位位 C 受大多数算术指令影响(包括循环和移位指令)。进位位可以用来支持扩展精度的算术运算。进位位不受累加器装载、逻辑运算、其他非算术指令或控制指令影响，所以它还可以用来进行溢出管理。

根据进位位的值，可以利用条件操作指令 C 和 NC 来进行分支转移、调用或返回操作，利用指令 RSBX、SSBX 或硬件复位来对进位位置位。

5. 双 16 位算术运算

CPU 状态寄存器 ST1 的 C16 如果处于置位状态，用户就可以让 ALU 在单周期内进行特殊的双 16 位算术运算，即进行两次 16 位加法或两次 16 位减法。

2.1.2　累加器 A 和 B

累加器(Accumulator)A 和 B 都可以配置成乘法器/加法器或 ALU 的目的寄存器。在执行 MIN 和 MAX 指令或者并行指令 LD‖MAC 时，一个累加器执行数据加载，另一个累加器执行运算。

累加器 A 和 B 都可以分成三部分，累加器的结构如图 2.4 所示。

保护位用来放置计算时的数据位余量，以防止如自相关那样的迭代运算的溢出。AG、BG、AH、BH、AL、BL 是存储器映射寄存器，可用 PSHM 或 POPM 指令把这些寄存器压入或弹出堆栈来保存或恢复一些内容。这些寄存器还在其他指令使用存储器映射寄存器 MMR 对 0 页数据存储器寻址时被使用。累加器 A 和 B 的区别主要在于 A 的 31～16 位可

以作为乘法器的一个输入。还有一个需要注意的是,有些针对累加器的指令是区分累加器 A 和 B 的,比如 WRITA、READA 指令。

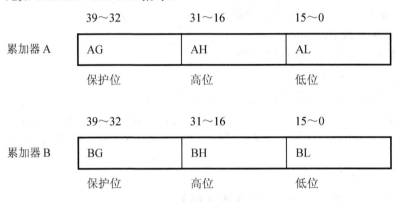

图 2.4 累加器的结构

1. 保存累加器内容

用户可以使用 STH、STL、STLM、SACCD 等指令或并行存储指令将累加器中的内容保存在数据存储器中。可以使用 STH、SACCD 或并行存储指令通过移位等指令把累加器中的高 16 位数据保存在数据存储器中。右移时,AG 和 BG 中的数据分别移到 AH 和 BH。左移时,AL 和 BL 的数据分别移到 AH 和 BH,低位补零。低 16 位数据保存时,使用 STL 指令。例如 A=0xFF43211234H:

```
STH  A,8,TEMP          ;TEMP=2112H
STH  A,-8,TEMP         ;TEMP=FF43H
STL  A,8,TEMP          ;TEMP=3400H
STL  A,-8,TEMP         ;TEMP=2112H
```

需要注意的是在进行累加器内容保存时,其内容会受 CPU 状态寄存器 ST1 中 SXM 位、OVM 位和 CPU 工作模式状态寄存器(PMST)中 SST 位的影响。具体会在 CPU 状态和控制寄存器章节中论述。

2. 累加器移位和循环移位

下列指令可通过进位位对累加器内容进行移位或循环移位。

(1) SFTA(算术移位)。

(2) SFTL(逻辑移位)。

(3) SFTC(条件移位)。

(4) ROL(累加器循环左移)。

(5) ROR(累加器循环右移)。

(6) ROLTC(累加器带 TC 位循环左移)。

执行 SFTA 指令和 SFTL 指令时,移位位数 SHIFT 定义为-16 与 15 之间。SFTA 指令受符号扩展方式位 SXM 影响。当 SXM=1,SHIFT 为负数时,SFTA 进行算术右移,并保持累加器的符号位;当 SXM=0 时,累加器的最高位添 0。SFTL 则不受 SXM 位影响,使用 SFTL 对累加器的 30 至 0 位进行移位时，由移动方向决定将 0 移到最高有效位 MSB 或最低有效位 LSB。

SFTC 是条件移位指令。在使用 SFTC 移位时，当累加器的第 31 位和第 30 位都为 1 或 0 时，累加器左移一位。此指令可以用来对累加器的 32 位数进行归一化处理，以消除多余的符号位。

ROL 是带进位位 C 的循环左移 1 位指令。在使用 ROL 移位时，进位位 C 移到累加器的 LSB，累加器的 MSB 移到进位位，累加器保护位归零。

ROR 是带进位位 C 的循环右移 1 位指令。在使用 ROR 移位时，进位位 C 移到累加器的 MSB，累加器的 LSB 移到进位位，累加器保护位归零。

ROLTC 是带测试控制位 TC 的累加器循环左移指令。在使用 ROLTC 移位时，累加器的 30 至 0 位左移 1 位，累加器的 MSB 移到进位位 C，测试控制位 TC 移到累加器的 LSB，累加器的保护位归零。

3. 饱和处理累加器

在把累加器的数据保存到存储器前，PMST 寄存器的 SST 位决定是否对当前累加器的内容进行饱和处理。饱和处理在移位操作之后进行，执行饱和处理的指令如下。

(1) STH、STL、STLM。

(2) ST‖ADD、ST‖LD、ST‖MACR[R]、ST‖MPY、ST‖SUB。

执行饱和处理的步骤如下。

(1) 根据指令进行累加器 40 位数据移位(左移或右移)。这个移动和 SFTA 指令移动是一样的，同样要依靠 SXM 位的值。

(2) 把累加器 40 位数据饱和处理成 32 位数据。饱和处理依赖 SXM 的值。

当 SXM=0 时，如果累加器 40 位的数据大于或等于 FFFFFFFFH，则生成 32 位数 FFFFFFFFH。

当 SXM=1 时，如果累加器 40 位的数据大于或等于 7FFFFFFFH，则生成 32 位数 7FFFFFFFH；如果累加器 40 位的数据小于 80000000H，则生成 32 位数 80000000H。

(3) 无论是低 16 位、高 16 位或者 32 位数据都根据指令要求存放数据。

(4) 在饱和处理期间，累加器的值保持不变。

4. 专用指令

每个累加器都有一些特殊的指令来执行特殊的操作。如使用 FIRS 指令来执行对称有限冲激响应 FIR 滤波器算法；使用 LMS 指令来执行自适应滤波器算法；使用 SQDST 指令来执行欧几里得距离计算等。

2.1.3 桶形移位寄存器

桶形移位寄存器是用来定标数据的，具体应用如下。

(1) 在 ALU 运算前，对存储器数据或累加器数据进行定标。

(2) 对累加器的值执行逻辑或算术运算。

(3) 归一化累加器的值。

(4) 在把累加器的值存储到存储器前，对累加器的值进行定标。

由图 2.5 桶形移位寄存器的功能框图可见，桶形移位寄存器的输入端连接至：

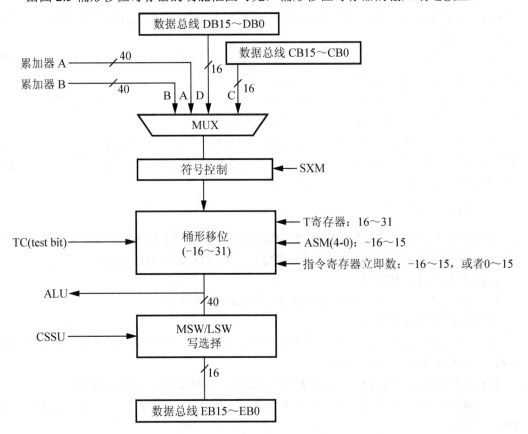

图 2.5 桶形移位寄存器的功能框图

(1) 16 位输入数据，DB。

(2) 32 位输入数据，DB、CB。

(3) 40 位输入数据，累加器 A、B。

输出端连接至：

(1) ALU 的一个输入端。

(2) 经过最高有效字/最低有效字(MSW/LSW)写选择单元至 EB 总线。

SXM 位控制操作数进行带符号位/不带符号位扩展。当 SXM 置位时，执行符号位扩展。有些指令不考虑 SXM 的值，如 LDU、ADDS、SUBS 等认为存储器中的操作数是无符号数。

桶形移位寄存器移位的位数由移位数决定。移位数由二进制补码表示，正值表示左移，负值表示右移。移位的位数一般由以下几种方式决定。

(1) 用一个 4、5 位的立即数来表示-16～15 的移动范围。

ADD A,-4,B	;累加器 A 右移 4 位后加到累加器 B 中

(2) 用状态寄存器 ST1 的累加器移位方式 ASM 表示-16～15 的移动范围。

```
ADD      A,ASM,B                ；累加器 A 按 ASM 指定值移位后加入到累加器 B
```

(3) 用 T 寄存器中的低 6 位表示-16～31 的移动范围。

```
NORM    A                      ；根据 T 的值对累加器进行归一化
```

2.1.4 乘法/累加器

C54x 的 CPU 有一个与 40 位专用加法器匹配的 17×17 位硬件乘法器。乘法/累加器可以在一个流水线状态周期内完成一次乘法累加 MAC 运算，如图 2.6 所示。

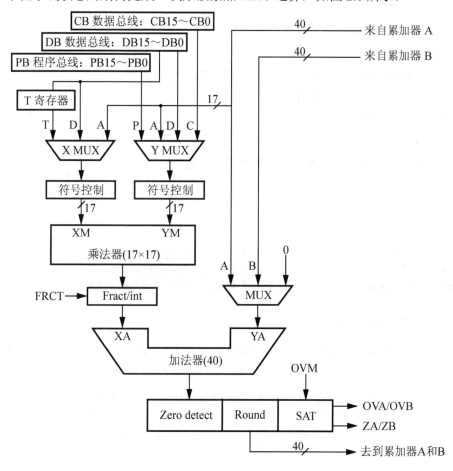

图 2.6 乘法/累加器的功能框图

根据下列条件，乘法/累加器可以执行无符号数、有符号或无符号/有符号数乘法。

(1) 对于有符号数乘法，每个 16 位操作数被认为是符号扩展的 17 位数。

(2) 对于无符号数乘法，每个 16 位操作数最高位前面加零。

(3) 对于无符号/有符号数乘法，无符号数字前面加零，有符号数被认为是符号扩展的 17 位数。

在小数模式下(FRCT 位为 1),两个 16 位二进制补码相乘会产生多余的符号位,乘法器的输出可以左移一位,以去除多余的符号位。

乘法/累加器中的加法器包含一个零检测器(Zero Detector),一个舍入器(二进制补码)和溢出/饱和逻辑电路。舍入器加 2^{15} 到结果中,而后清除目的累加器的低 16 位。在一些操作中,如乘法、乘法/累加(MAC)、乘法/减法(MAS)等指令中若包含后缀 R,会执行舍入处理。LMS 指令也会进行舍入处理,并最小化更新系数的量化误差。

加法器的输入来自乘法器的输出和两个累加器中的一个。任何一个在乘法/累加器中执行的指令,其结果都被送入两个累加器中的一个(A 或 B)。

1. 乘法/累加器的输入

乘法/累加器在 XM 端输入的途径有以下几种。

(1) 临时寄存器 T。

(2) 通过数据总线 DB 的数据存储器中的操作数。

(3) 累加器 A 的 32~16 位数字。

在 YM 端输入的途径有以下几种。

(1) 通过数据总线 CB 的数据存储器中的操作数。

(2) 通过数据总线 DB 的数据存储器中的操作数。

(3) 通过程序总线 PB 的程序存储器中的操作数。

(4) 累加器 A 的 32~16 位数字。

乘法/累加器的输入由具体的指令决定,具体指令如下。

```
MPY    #1234H,A          ;XM 来自于 T,YM 来自于 DB
MPYA   B                 ;XM 来自于 T,YM 来自于 A
MACP   *AR2,pmad,A       ;XM 来自于 DB,YM 来自于 PB
```

2. 乘法/累加指令(MAC)

在 MAC、MAS、MACSU 指令中,数据能通过 CB、DB 在一个单周期内被乘和加。这些操作是数据寻址,都是由辅助寄存器算术单元 ARAU0 和 ARAU1 来完成的。

在 MACD、MACP 指令中,数据能通过 DB、PB 在一个周期内被传送到乘法器,DB 从数据存储器获得数据,PB 从程序存储器获得数据。MACD、MACP 在重复指令(RPT、RPTZ)下,执行单周期的 MAC 操作。此时操作数的寻址由 ARAU0 和程序地址寄存器 PAR 产生。

2.1.5 比较、选择和存储单元

比较、选择和存储单元(Compare、Select and Store Unit,CSSU)是专门用于维特比(Viterbi)算法进行加/比较/选择运算的硬件单元。图 2.7 所示为比较、选择和存储单元功能框图,它被用来和 ALU 一起执行快速 ACS 运算。

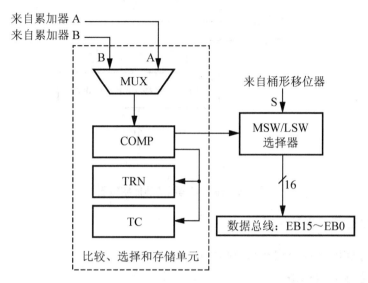

图 2.7 比较、选择和存储单元功能框图

CSSU 支持均衡器和通道译码器使用的各种 Viterbi 算法。Viterbi 算法的加法功能是由 ALU 来完成的。该功能包括两个加法运算(Met1+D1、Met2+D2)。如果 ALU 通过寄存器 ST1 的 C16 位被设置成双 16 位模式，则两次加法可以在一个机器周期内完成。随着 ALU 被设置成双 16 位模式，所有的长字(32 位)指令变成了双 16 位指令。T 被连接到 ALU 的输入端(作为双 16 位操作数)，为了缩短访问存储器的时间，被用作当地存储器。双 16 位 ALU 执行如下。

```
DADST    Lmen,dst      ;Lmem(31～16)+T→dst(39～16),
                       ;Lmem(15～0)-T→dst(15～0)
```

CSSU 通过 CMPS 指令、比较器和 16 位传输寄存器(TRN)来执行比较、选择。该操作比较两个指定累加器的 16 位部分，并把结果移入 TRN 的 0 位。这个结果也可以存储到 ST0 寄存器的 TC 位。根据这个结果，累加器的相应 16 位部分被存储在数据存储器中。

2.1.6 指数编码器

指数编码器是一个在单周期内完成 EXP 指令的专用硬件，其功能结构如图 2.8 所示。该指令获得累加器中的指数值并以二进制补码的形式(-8～31)把它存储到 T 中。为消除多余符号位而将累加器中的数值左移，其左移的位数和累加器指数值冗余符号位-8 有关，当累加器的值超过 32 位时，这个结果为负数。

EXP、NORM 指令可以利用指数编码器高效地对累加器内容归一化。NORM 在单周期内依靠 T 的指定数值移动累加器的值，一个负值在 T 里表示右移累加器的内容，可以归一化在累加器中任何一个超过 32 位的数据。例如归一化累加器 A 的内容可使用以下指令。

```
EXP   A             ;T 把累加器 A 的指数→T
ST    T,EXPONENT    ;保存指数(T)到数据存储区
NORM  A             ;归一化寄存器 A,依靠 T 的值移动累加器 A 的值
```

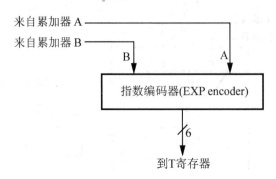

图 2.8 指数编码器的功能结构图

2.1.7 CPU 状态和控制寄存器

C54x 系列 DSP 有 3 个状态和控制寄存器。

(1) 状态寄存器 0(ST0)。

(2) 状态寄存器 1(ST1)。

(3) 处理器工作模式状态寄存器(PMST)。

ST0 和 ST1 包含各种工作条件和模式的状态；PMST 包含存储器设置状态和控制信息。由于 3 个寄存器都是存储器映射的，它们都能存储到数据存储器或从数据存储器中获取。它们也能用子程序或中断服务子程序(ISR)保存或恢复。

1. 状态寄存器(ST0、ST1)

寄存器 ST0、ST1 的每一位一般可以使用 SSBX、RSBX 指令进行置位或者清零。例如，可以使用 SSBX、SXM 指令对符号扩展模式进行设置，或者使用 RSBX、SXM 指令进行复位等。ARP、DP 和 ASM 位可以利用 LD 指令使用短立即操作数进行加载。ASM 和 DP 也可以利用 LD 指令使用数据存储器的值进行加载。

1) 状态寄存器 ST0

ST0 寄存器的组成如图 2.9 所示，表 2-1 所示为 ST0 各个位的功能。

15～13	12	11	10	9	8～0
ARP	TC	C	OVA	OVB	DP

图 2.9 状态寄存器 ST0

表 2-1 ST0 各个位的功能

位	名称	复位值	功　　能
15～13	ARP	0	辅助寄存器指针，在间接寻址单操作数时，这 3 位用来选择辅助寄存器。当 DSP 处于标准模式(CMPT=0)时，ARP 必须要设置成 0

续表

位	名称	复位值	功　能
2	TC	1	测试/控制标志。TC 保存算术逻辑单元 ALU 测试位的操作结果。TC 受 BIT、BITF、BITT、CMPM、CMPR、CMPS、SFTC 指令的影响。TC 被置位或清零的状态决定于条件分支转移指令、子程序调用、返回指令的执行。 如果下列条件是真，则 TC=1。 (1) 一个测试位被 BIT 或 BITT 设置成 1。 (2) 用 CMPM、CMPR、CMPS 比较数据存储器的值和立即操作数之间、AR0 和另一个辅助寄存器之间、累加器高位和累加器低位之间的条件时。 (3) 用 SFTC 指令检测出累加器的 31 位和 30 位有不同的值
11	C	1	当加法产生进位，则进位位 C 被设置成 1；当减法产生借位，则 C 被设置成 0。否则在完成加法后 C 被复位；完成减法后 C 被置位，除了使用 ADD 或 SUB 进行 16 位的移位操作。在移位中 ADD 指令只能对 C 置位，SUB 只能对 C 复位，而且它们不能通过其他方法影响进位位。进位和借位都在 ALU 上运行的发生在 32 位上的结果。移位和循环指令 ROR、ROL、SFTA、SFTL、MIN、MAX、ABS、NEG 等也影响进位位
10	OVA	0	累加器 A 的溢出标志位。当 ALU 或乘法器中的加法器发生溢出并且结果存放在累加器 A 中时，OVA 被设置成 1。发生溢出后，OVA 保持设置不变直到利用 AOV 和 ANOV 条件执行复位、BC[D]、CC[D]、RC[D]、XC 指令。RSBX 指令也可以对 OVA 清零
9	OVB	0	累加器 B 的溢出标志位。当 ALU 或乘法/加法器中的加法器产生溢出并且结果存放在累加器 B 中时，OVB 被设置成 1。发生溢出后，OVB 保持设置不变直到利用 BOV 和 BNOV 条件执行复位、BC[D]、CC[D]、RC[D]、XC 指令。RSBX 指令也可以对 OVB 清零
8~0	DP	0	数据存储器页指针。如果寄存器 ST1 的 CPL=0，则这个 9 位数据和指令字的低 7 位结合在一起形成一个数据存储器的操作数的 16 位直接寻址存储器地址。DP 的值可以被 LD 指令用来自数据存储器的数据或短立即操作数加载

2) 状态寄存器 ST1

ST1 寄存器的组成如图 2.10 所示，表 2-2 所示为 ST1 各个位的功能。

15	14	13	12	11	10	9	8	7	6	5	4~0
BRAF	CPL	XF	HM	INTM	0	OVM	SXM	C16	FRCT	CMPT	ASM

图 2.10　状态寄存器 ST1

表 2-2   ST1 各个位的功能

位	名称	复位值	功　　能
15	BRAF	0	块重复操作标志，BRAF 表示块重复操作是否正在执行。 (1) BRAF=0，块重复操作不在执行，BRAF 在块重复操作计数器(BRC)减少到 0 时被清零。 (2) BRAF=1，块重复操作正在执行，BRAF 在 RPTB 指令被执行时自动被置位
14	CPL	0	编辑模式。CPL 表示直接寻址时使用哪个指针。 (1) CPL=0，直接寻址使用数据页指针 DP。 (2) CPL=1，直接寻址使用堆栈指针 SP
13	XF	1	XF 状态位。XF 表示外部标志管脚 XF 的状态，XF 管脚是一个通用的输出管脚。SSBX 指令能对 XF 管脚置位，RSBX 指令能对管脚复位
12	HM	0	保持模式。当获得一个有效的 HOLD 信号时，HM 决定处理器是否继续进行内部操作。 (1) HM=0，处理器连续执行来自内部程序存储器的内容，把外部接口设置成高阻状态。 (2) HM=1，处理器停止内部操作
11	INTM	1	中断模式。INTM 可以全局屏蔽中断也可以使能中断。 (1) INTM=0，使能所有可屏蔽中断。 (2) INTM=1，屏蔽所有可屏蔽中断。 SSBX 指令可以对 INTM 置位，RSBX 指令可以对 INTM 复位。当复位或一个可屏蔽中断(INTR 或外部中断)被执行时，INTM 被设置成 1。当 RETE 或 RETF 指令(从中断返回)被执行时，INTM 被设置成 0。INTM 不能影响非屏蔽中断(RS 和 NMI)，INTM 不能用存储器写操作来设置
10		0	总是 0
9	OVM	0	溢出模式。当溢出发生时，OVM 决定把什么加载到目的累加器。 (1) OVM=0，把 ALU 或乘法器中的加法器产生的溢出结果正常加载到目的累加器。 (2) OVM=1，当发生溢出时，目的累加器被置成最大正值(007FFFFFFFH)或最大负值(FF80000000H)。 SSBX 指令和 RSBX 指令可以对 OVM 进行置位和复位
8	SXM	1	符号扩展模式。SXM 决定是否进行符号扩展。 (1) SXM=0，禁止符号扩展。 (2) SXM=1，数据被 ALU 使用前进行符号扩展。 SXM 不影响一些指令定义，如 ADDS、LDU、MAC、SUBS 指令无论 SXM 是什么值，都不进行符号扩展。SSBX、RSBX 指令对 SXM 进行置位和复位

位	名称	复位值	功　　能
7	C16	0	双 16 位/双精度算术模式。C16 决定 ALU 的算术运算模式。 (1) C16=0，ALU 执行双精度算术模式。 (2) C16=1，ALU 执行双 16 位算术模式
6	FRCT	0	小数模式。当 FRCT=1 时，乘法器输出被左移 1 位以消去多余的符号位
5	CMPT	0	修正模式。CMPT 决定 ARP 是否可以修正。 (1) CMPT=0，在单个数据存储器操作数间接寻址时，ARP 不更新。DSP 工作在这种模式时，ARP 必须被设置成 0。 (2) CMPT=1，在单个数据存储器操作数间接寻址时，ARP 更新，除了指令正在选择辅助存储器 ARO 外
4～0	ASM	0	累加器移位模式。5 位 ASM 以二进制补码形式指定了一个-16～15 的移动范围。带并行存储和 STH、STL、ADD、SUB、LD 的指令都能使用这个移位功能。能利用 LD 指令使用短立即操作数或者从数据存储器对 ASM 进行加载

2. 处理器工作模式状态寄存器(PMST)

可以利用存储器映射寄存器指令如 STM 对 PMST 寄存器进行加载。PMST 寄存器的组成如图 2.11 所示，表 2-3 所示为 PMST 各个位的功能。

15～7	6	5	4	3	2	1	0
IPTR	MP/MC	OVLY	AVIS	DROM	CLKOFF	SMUL	SST

图 2.11　PMST 寄存器

表 2-3　PMST 各个位的功能

位	名称	复位值	功　　能
15～7	IPTR	1FFH	中断向量指针。9 位 IPTR 指针指向中断向量停留的 128 字程序页位置。在自举操作的情况下，用户可以将中断向量映射到 RAM。复位时，IPTR 都被设置成 1；复位向量总是保存在程序存储空间 FF80H。RESET 指令不影响这个字段
6	MP/MC	MP/MC 管脚状态	微处理器/微计算机模式。MP/MC 允许/禁止片内 ROM 是否在程序存储空间上可寻址。 (1) MP/MC=0，片内 ROM 被使能和可寻址。 (2) MP/MC=1，片内 ROM 不能利用。 在复位时通过采样 MP/MC 管脚上的逻辑电平来设置 MP/MC 位。直到下一次复位，MP/MC 管脚才被再次采样。复位指令不影响 MP/MC 位。可以使用软件方式复位或清零

位	名称	复位值	功　　能
5	OVLY	0	RAM 重复占位位。OVLY 允许片内双访问数据 RAM 块被映射到程序空间。 (1) OVLY=0,片内 RAM 可以在数据空间寻址,不能在程序空间寻址。 (2) OVLY=1,片内 RAM 映射到程序空间和数据空间。数据页 0(地址为 0H～7FH)不能映射到程序空间
4	AVIS	0	地址可见模式。AVIS 允许/禁止内部程序地址在地址管脚上可见。 (1) AVIS=0,外部地址线不随着内部程序地址改变。控制和数据线不被影响,地址线被总线上最后一个地址驱动。 (2) AVIS=1,这种模式允许内部程序地址出现在 C54x 管脚上,以至于内部程序地址可追踪。当中断向量在片内存储器中时,允许中断向量和 IACK 一起译码
3	DROM	0	数据 ROM 位。DROM 允许片内 ROM 被映射到数据空间。注意在 C5416 中,DROM 位允许片内 DARAM4～7 映射到数据空间。 (1) DROM=0,片内 ROM 不能被映射到数据空间。 (2) DROM=1,片内 ROM 的一部分被映射到数据空间
2	CLKOFF	0	CLOCKOUT 关闭位。当 CLKOFF 置 1 时,CLKOUT 输出被关闭,保持一个高电平
1	SMUL ★	N/A	乘法饱和方式位。当 SMUL=1 时,在用 MAC 或 MAS 指令执行累加之前,对乘法结果做饱和处理。仅当 OVM=1 并且 FRCT=1 时,SMUL 位有效
0	SST ★	N/A	饱和存储位。当 SST=1 时,累加器的数据被存储到存储器前被饱和处理。饱和处理在移位操作完成后执行。在存储过程中,饱和处理随着 STH、STL、STLM、DST、ST‖ADD、ST‖LD、ST‖MACR[R]、ST‖MAS[R]、ST‖MPY、ST‖SUB 指令执行

★：仅 LP 器件有此状态位,所有其他器件上此位均为保留位。

2.2　总　线　结　构

C54x 系列 DSP 的总线是由 8 条 16 位总线(4 条程序/数据总线和 4 条地址总线)构成的。后期的 C54x DSP 地址总线的位数会有所增加。

(1) 程序总线 PB:传送来自程序存储器的指令和立即数。

(2) 数据总线 CB、DB、EB:连接各个功能单元,如 CPU、数据地址产生逻辑、程序地址产生逻辑、片内外设和数据存储器。CB、DB 传送来自数据存储器被读取的立即数,EB 传送被写到存储器中去的数据。

(3) 地址总线 PAB、CAB、DAB、EAB 传送执行指令所需要的地址。

C54x 系列 DSP 能利用两个辅助算术(ARAU0、ARAU1)在每个周期内产生两个数据存储器地址。

PB 总线能把程序空间的操作数(如系数表)传送到乘法/累加器进行乘法/累加操作, 或者通过数据转移指令(MVPD、READA)传送到数据空间。包括双操作数读的 PB 总线可以在一个周期内完成 3 个指令, 如 FIRS 指令。

C54x 系列 DSP 还有一条访问片内外设的在片双向总线。这个总线通过 CPU 接口中的交换器连接到 DB 和 EB。由外部设备的结构决定, 利用这个总线进行读/写需要两个或更多的周期。

2.3　存　储　器

2.3.1　普通存储器概念

存储器的结构和空间分配在 C54x 中具有特殊性, 为了便于理解, 在讲述 C54x 存储器之前, 有些名词需要解释。

1. 存储器的分类

半导体存储器一般可以分成两类。一类称为 ROM(Read Only Memory, 只读存储器)。ROM 的信息(数据或程序)被存入后永久保存, 即使存储器掉电, 这些数据也不会丢失。这些信息只能读出, 只有在一定条件下才可以修改。因此 ROM 主要用于存放基本程序和不变数据。随着技术的发展, ROM 出现过如下几种: 掩膜式 ROM、一次可编程式 PROM、紫外光可擦除式 U-EPROM、电可擦除式 EEPROM、FLASH 存储器。

另一类称为 RAM(Random Access Memory, 随机存储器)。数据既可以从 RAM 中读取, 也可以随时对 RAM 写入。当存储器掉电时, 存于其中的数据就会丢失, 并且 RAM 的读写速度也比较快。因此 RAM 一般作为内存使用, 存放正在运行的程序和数据。目前 RAM 的种类主要有: DRAM(Dynamic RAM, 动态随机存取存储器)、SDRAM(Synchronous DRAM, 同步动态随机存取存储器)、DDR SDRAM(Double Data Rate, 二倍速率同步动态随机存取存储器)、CDRAM(CACHED DRAM, 同步缓存动态随机存取存储器)、SRAM(Static RAM, 静态随机存取存储器)、SBSRAM(Synchronous Burst SRAM, 同步爆发式静态随机存取存储器)等。

2. 存储器的容量计算

通常来说, 存储器的容量是和它的地址线和数据线有关的。在地址线、数据线不复用的情况下, 比如 10 根地址线 8 根数据线组成的存储器, 通常的存储容量就是 $2^{10} \times 8\text{bit}$, 即寻址空间为 1024, 存储容量为 1K 字节; 又如 16 根地址线 16 根数据线组成的存储器, 通常的存储容量就是 $2^{16} \times 16\text{bit}$, 即寻址空间为 65536, 存储容量为 64K 字。

2.3.2　存储器空间分配

C54x 系列整个存储空间为 192K 字，它被分为 64K 字程序空间、64K 字数据空间、64K 字 I/O 空间。在部分 C54x 系列器件中，存储器结构可以通过复用和分页来增加存储器空间。

C54x 存储空间物理位置分为片内和片外。C54x 片内 RAM 的双访问能力和并行结构使得 C54x 在一个给定的机器周期内可以执行 4 个有关存储器的操作指令：一个取指令、两个操作数读指令、一个操作数写指令。片内存储器有以下几个优点。

(1) 片内存储器没有等待要求，可以高速执行。

(2) 片内存储器比片外存储器功耗低。

(3) 片内存储器比片外存储器花费小。

片外存储器的优点是空间大。程序空间、数据空间、I/O 空间中的 RAM、ROM、EPROM、EEPROM、存储器映射外设都可以处于片内或片外位置。

程序存储空间存放要被执行的指令和数据。数据存储空间存放指令用到的数据。I/O 存储空间构成外部存储器映射外设的接口，也可以作为外部数据存储空间。

根据芯片型号的不同，片内存储器可以分成几种不同的形式：双访问 RAM(DARAM)、单访问 RAM(SARAM)、双路 RAM、ROM。所有的 RAM 总是映射到数据空间，但也可以被映射到程序空间。ROM 总是被映射到程序空间，但也可以部分被映射到数据空间。表 2-4 显示了不同型号 C54x 系列 DSP 的片内存储器组成。

表 2-4　不同型号 C54x 系列 DSP 的片内存储器组成

	C541	C542	LC543	LC545A	LC546A	LC548	LC549	VC5402	VC5409	VC5410	VC5416	VC5420	VC5421	VC5441
RAM(K) 单访问						24	24			56	64	168	64	256
RAM(K) 双访问	5	10	10	6	6	8	8	16	32	8	64	32	64	128
RAM(K) 双路分享													128	256
ROM(K)	28	2	2	48	48	2	16	4	16	16	16		4	
存储器保护	√	√	√	√	√	√	√	√	√	√	√			

下面以 TMS320VC5416 为例对 C54x DSP 进行详细论述。VC5416 有 64K 字数据存储空间、64K 字程序存储空间、64K 字的 I/O 存储空间，可以采用分页的方式扩展程序存储空间至 8192K 字。其片内有 64K 字单访问 RAM、64K 字双访问 RAM、16K 字 ROM。可以用 CPU 状态寄存器 PMST 中的 MP/MC、OVLY、DROM 位对存储空间进行分配和分页复用。当采用分页复用时，需要用到一个额外的存储器映射寄存器(程序计数器扩展寄存器 XPC)，具体如图 2.12 和图 2.13 所示(XPC 从 4 开始每页程序存储器的 0xXX8000～0xXXFFFF 区域都为外部使用)。

地址	第 0 页程序存储器
0000H	保留 (OVLY=1) 外部使用 (OVLY=0)
007FH	
0080H	
	片内 DARAM0~3 (OVLY=1) 外部使用 (OVLY=0)
7FFFH	
8000H	
	外部使用
0FF7FH	
0FF80H	
	中断(片外)
0FFFFH	

MP/MC=1
微处理器模式

地址	第 0 页程序存储器
0000H	保留 (OVLY=1) 外部 (OVLY=0)
007FH	
0080H	
	片内 DARAM0~3 (OVLY=1) 外部使用 (OVLY=0)
7FFFH	
8000H	外部使用
0BFFFH	
C000H	片内 ROM (4K×16 位)
0FEFFH	
0FF00H	保留
0FF7FH	
0FF80H	中断(片内)
0FFFFH	

MP/MC=0
微计算机模式

地址	数据存储器
0000H	存储器映射寄存器
005FH	
0060H	Scratch-Pad RAM
007FH	
0080H	
	片内 DARAM0~3 (32K×16 位)
7FFFH	
8000H	
	片内 DARAM4~7 (DROM=1) 或者 片外 (DROM=0)
0FFFFH	

图 2.12 TMS320VC5416 片内存储器设置

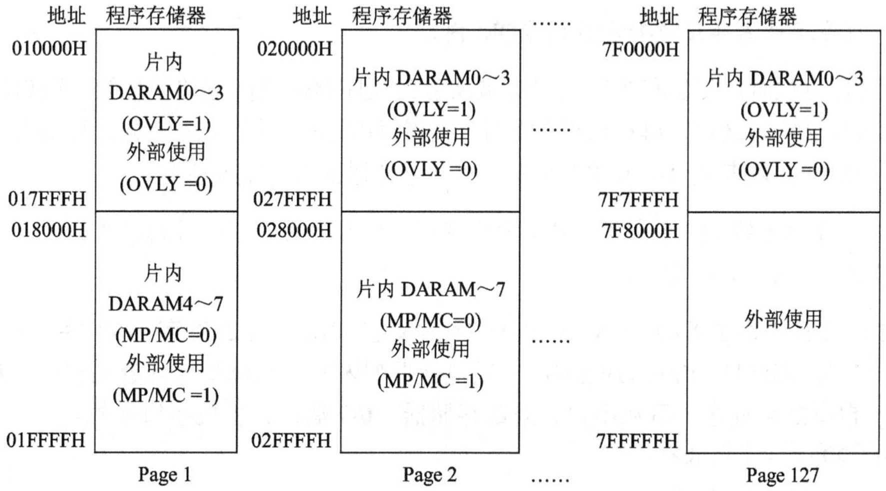

地址	程序存储器
010000H	片内 DARAM0~3 (OVLY=1) 外部使用 (OVLY=0)
017FFFH	
018000H	片内 DARAM4~7 (MP/MC=0) 外部使用 (MP/MC=1)
01FFFFH	

Page 1

地址	程序存储器
020000H	片内 DARAM0~3 (OVLY=1) 外部使用 (OVLY=0)
027FFFH	
028000H	片内 DARAM~7 (MP/MC=0) 外部使用 (MP/MC =1)
02FFFFH	

Page 2

......

地址	程序存储器
7F0000H	片内 DARAM0~3 (OVLY=1) 外部使用 (OVLY=0)
7F7FFFH	
7F8000H	外部使用
7FFFFFH	

Page 127

图 2.13 TMS320VC5416 分页扩展程序存储器

2.3.3 程序存储空间

大多数 C54x 系列器件对外部程序存储器的寻址范围可为 64K 字，片内 ROM、双访问 RAM(DARAM)、单访问 RAM(SARAM)、双路分享 RAM 等都可以通过软件设置映射到程序存储空间。

当存储单元被映射到程序空间时，如果寻址范围在片内存储器中，C54x 器件能自动对片内访问，如果程序地址产生单元(PAGEN)产生的地址在片外，C54x 器件能自动对片外进行访问。

1. 程序存储器的配置

MP/MC、OVLY 位决定哪些片内存储器属于程序空间。

当复位时，MP/MC 管脚的逻辑电平被传送至 PMST 寄存器中的 MP/MC 位。MP/MC 的值决定片内 ROM 的设置。

(1) MP/MC=1，C54x 器件被设置成微处理器模式，片内 ROM 不启动。

(2) MP/MC=0，C54x 器件被设置成微计算机模式，片内 ROM 启动。

MP/MC 管脚的值仅仅在复位时被采样，用户可以通过软件的方式对 PMST 寄存器中的 MP/MC 位进行置位和清零。

2. 片内 ROM 的组成

片内 ROM 是用分块的形式来提高运行效率的。例如用户可以从 ROM 的一个块里去获取指令，而不需要从整个 ROM 中去获取指令。

根据具体器件，ROM 可以被分成 2K 字、4K 字、8K 字大小的块。对于 2K-ROM，典型的 ROM 块为 2K 字；对于 4K-ROM、8K-ROM，典型的 ROM 块是 4K 字；对于 16K-ROM，典型的 ROM 块大小为 8K 字。

3. 程序存储器地址映射和片内 ROM 内容

当器件复位时，复位和中断向量都被映射到程序存储空间起始地址为 FF80H 的 128 字页。而且这些向量可以再被映射到程序存储空间的任何一个 128 字页。利用这个特性，可以方便地把向量表从引导 ROM 移出，根据存储器的映射重新安排。

注意：片内 ROM 的 128 字空间是被芯片保留的，应用代码不可以写到程序空间为 FF00H ~ FF7FH 的 128 字空间。

C54x 器件提供了各种 ROM 尺寸(2K 字、4K 字、16K 字、28K 字、48K 字)。片内 ROM 引导区 2K 字(F800H~FFFFH)范围内一般包含下列内容，具体型号内容见相应芯片文档。

(1) 自举加载程序，可从串口、外部存储器、I/O 端口、主机接口加载。

(2) 256 字 μ 律扩展表。

(3) 256 字 A 律扩展表。

(4) 256 字正弦函数查值表。

(5) 中断向量表。

图 2.14 显示了部分 C54x 器件中这些内容的存放情况。如果 MP/MC=0,则地址 F800H～FFFFH 被映射到片内存储器 ROM 中。

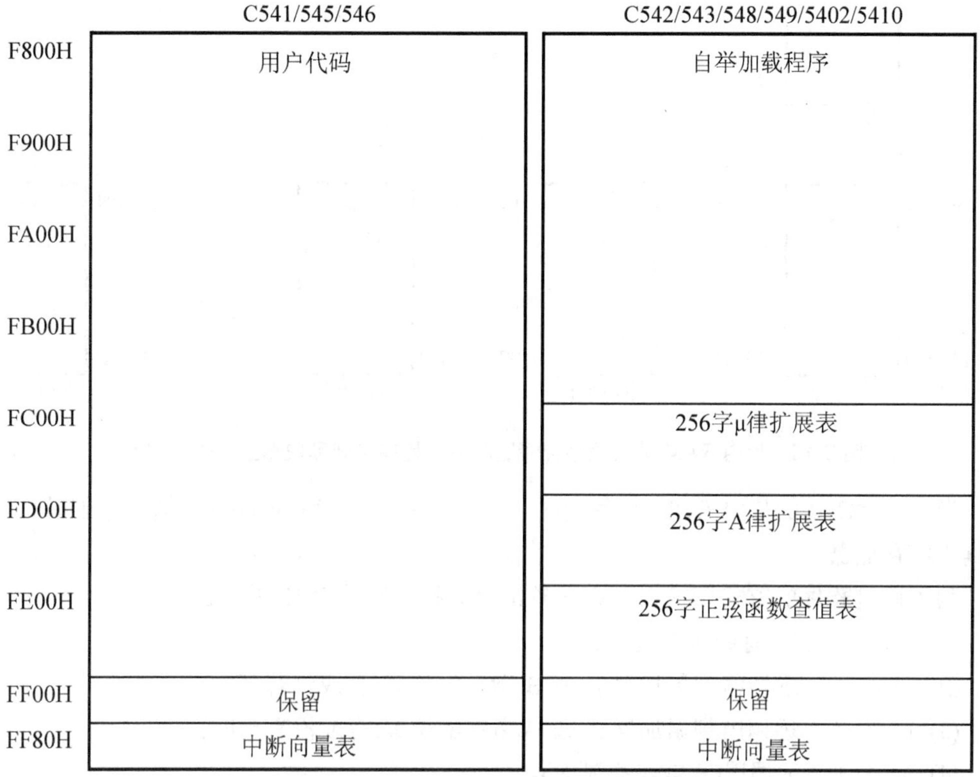

	C541/545/546	C542/543/548/549/5402/5410
F800H	用户代码	自举加载程序
F900H		
FA00H		
FB00H		
FC00H		256字μ律扩展表
FD00H		256字A律扩展表
FE00H		256字正弦函数查值表
FF00H	保留	保留
FF80H	中断向量表	中断向量表

图 2.14　片内 ROM 程序存储器映射内容

4. 程序存储器扩展

C54x 系列的程序存储空间可以使用页来扩展。为了扩展,C54x 器件包含了下列特性。

(1) 23 根地址线替代 16 根地址线。

(2) 一个额外的存储器映射寄存器,程序扩展计数寄存器 XPC。

(3) 6 个对扩展程序空间进行寻址的特殊指令。

XPC 值定义页,这个寄存器被映射到数据空间的 001EH。在硬件复位时,XPC 被初始化为 0。C548、C549、C5402、C5410、C5416、C5420 等芯片的程序存储器可被扩展至 128 页,如图 2.13 所示。

当片内 RAM 被作为程序存储器使用时(OVLY=1),程序存储器的每个页由两部分组成:一个 32K 字的公共块和一个 32K 字的独立块。公共块被所有页分享,每个独立块仅仅由指定的页寻址,具体如图 2.15 所示。

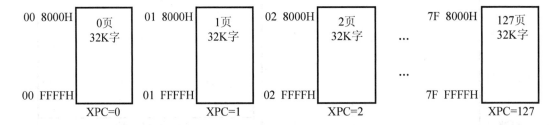

图 2.15　片内 RAM 扩展程序存储器映射至程序空间和数据空间(OVLY=1)

当 MP/MC=0 的片内 ROM 被使用时，只能把 0 页映射到程序存储器，不能映射别的页到程序存储器。

为了通过软件的方式切换页，有 6 条指定的指令影响 XPC 的值。

(1) FB：远转移(有或没有延时)。

(2) FBACC：远转移到累加器 A 或 B 指定的位置(有或没有延时)。

(3) FCALA：远调用到累加器 A 或 B 指定的位置(有或没有延时)。

(4) FCALL：远调用(有或没有延时)。

(5) FRET：远返回(有或没有延时)。

(6) FRETE：带使能的中断远返回(有或没有延时)。

下列指令专用于 23 位地址总线的 C548、C549、C5402、C5410、C5420 芯片中(C5402 为 20 位，C5420 为 18 位)。

(1) READA：读累加器 A 指定的程序存储器并保存在数据存储器中。

(2) WRITA：写累加器 A 指定的程序存储器。

以上指令不能改变 XPC 的值，所有的访问只能访问当前页。

2.3.4　数据存储空间

C54x 的数据存储器容量可达 64K 字。除了双访问 RAM(DARAM)、单访问 RAM(SARAM)外，还可以通过软件设置把片内 ROM 映射到数据空间。表 2-5 显示了 C54x 系列 DSP 片内数据存储器的利用情况。

表 2-5　C54x 系列 DSP 片内数据存储器(字)

器件	C541	C542	C543	C545	C546	C548	C549	C5402	C5410	C5416	C5420
程序/数据 ROM	8K			16K	16K		16K	4K	16K	16K	
DARAM	5K	10K	10K	6K	6K	8K	8K	16K	8K	64K	32K
SARAM						24K	24K		56K	64K	168K

当寻址范围是在片内存储器时，C54x 器件会对 RAM 和数据 ROM(部分 ROM 被设置成数据空间)进行访问。当数据地址产生器产生的寻址范围超出片内存储器范围时，C54x 器件会自动产生一个外部访问。

1. 数据存储空间设置

数据存储空间可以设置成片内的也可以设置成片外的。片内 DARAM 都被映射到数据存储空间。对于一些 C54x 器件，用户可以通过 PMST 寄存器中的 DROM 位把部分片内 ROM 映射到数据空间。这部分片内 ROM 既可以在数据空间(DROM=1)，也可以在程序空间(MP/MC=0)。复位时，处理器将 DROM 清零。

包括 32 位长字操作数在内，对数据 ROM 的单操作数寻址在一个周期内完成。如果两个操作数都在一个存储块里，对双存储器数据的寻址需要两个周期；如果在不同的存储块里，则需要 1 个周期。

2. 片内 RAM 组成

为了提高性能，片内 RAM 也被分为块结构。例如，块结构可以在一个周期内从一个 DARAM 块中获得两个操作数并且写到另一个 DARAM 块。

在所有的 C54x 器件中，DARAM 前 1K 字的内容包括存储器映射 CPU 和外设寄存器、32 字暂存器、896 字的 DARAM。

根据 C54x 不同的型号，RAM 被分成 1K 字、2K 字、8K 字大小的块。对于 5K-RAM，典型情况下把 RAM 分成 1K 字大小的块结构；对于 6K-RAM、10K-RAM，把 RAM 分成 2K 字大小的块结构；对于 16K-RAM，把 RAM 分成 8K 字大小的块结构；其他情况下，可以把 RAM 分成混合大小块结构。

3. 存储器映射寄存器

64K 字数据存储空间包括芯片的存储器映射寄存器，存储器映射寄存器存放在数据 0 页(数据存储空间地址为 0000H～005FH)。数据 0 页的构成如下。

(1) 可无等待访问的 CPU 寄存器。CUP 寄存器见表 2-6。

表 2-6   存储器映射寄存器 CPU 寄存器

地　址	寄存器名称	描　述	地　址	寄存器名称	描　述
0	IMR	中断屏蔽寄存器	12	AR2	辅助寄存器 2
1	IFR	中断标志寄存器	13	AR3	辅助寄存器 3
2～5	保留	用于测试	14	AR4	辅助寄存器 4
6	ST0	状态寄存器 0	15	AR5	辅助寄存器 5
7	ST1	状态寄存器 1	16	AR6	辅助寄存器 6
8	AL	累加器 A 低 16 位	17	AR7	辅助寄存器 7
9	AH	累加器 A 高 16 位	18	SP	堆栈指针
A	AG	累加器 A 保护位	19	BK	循环缓冲区长度寄存器
B	BL	累加器 B 低 16 位	1A	BRC	块重复寄存器
C	BH	累加器 B 高 16 位	1B	RSA	块重复起始地址寄存器
D	BG	累加器 B 保护位	1C	REA	块重复结束地址寄存器
E	T	暂时寄存器	1D	PMST	处理器工作方式状态寄存器
F	TRN	状态转移寄存器	1E	XPC	程序计数扩展寄存器 (仅 C548 以上型号有)
10	AR0	辅助寄存器 0	1F	保留	保留
11	AR1	辅助寄存器 1			

(2) 片内外设的控制和数据寄存器。这些寄存器存放在 0020H～005FH 中，并由双向外设总线连接。

2.3.5 I/O 存储空间

C54x DSP 除了程序存储空间和数据存储空间外，还提供 I/O 存储空间。I/O 存储空间有 64K 字的寻址范围(0000H～FFFFH)，仅仅存在片外。芯片通过两条指令 PORTR、PORTW 来访问这个空间。访问时，读时序和读程序存储空间、读数据存储空间不同，它是访问独立的 I/O 映射设备而不是存储器。

I/O 空间还有两个专用 I/O 管脚 BIO 和 XF。分支转移控制输入引脚 BIO 用来监控外围设备，决定分支转移的去向，以替代中断，不干扰对时间要求苛刻的循环。外部标志输出引脚 XF 可以向外部设备发信号，以控制外部设备工作。

2.4　片内外设与外部引脚

　　TMS320C54x DSP 片内外设特指在芯片内部的独立功能单元。C54x DSP 系列的片内外设大同小异，如 C5416 型号 DSP 的片内外设有以下几部分。

　　(1) 软件可编程等待状态发生器。

　　(2) 可编程分区转换逻辑。

　　(3) 1 个主机接口 HPI。

　　(4) 3 个多通道缓冲串行口 McBSPs。

　　(5) 1 个硬件定时器。

　　(6) 带锁相环的时钟发生器 PLL。

　　(7) DMA 控制器。

2.4.1　软件可编程等待状态发生器

　　软件可编程等待状态发生器可以延长外部总线访问时间到 14 个机器周期。如果器件需要的总线延长时间超过 14 个机器周期，则可通过硬件外部接口的 READY 管脚来处理。当所有的外部访问被设置成 0 等待状态时，连接到等待状态发生器的时钟被自动禁止。禁止等待状态发生的时钟可减少功耗。

　　软件等待状态寄存器 SWWSR 控制软件等待状态发生器的运行。SWWSR 的低 14 位指定器件访问外部存储器 5 个不同地址范围的插入等待时间。对于 5 个地址可以设置不同的等待时间。软件等待状态控制寄存器 SWCR 的软件等待乘法位 SWSM 控制等待时间的乘法因子 1 或者 2。复位时，软件等待状态发生器被初始化，对所有外部存储器访问设置成 7 个等待时间，见表 2-7 和表 2-8。

表 2-7　软件等待状态寄存器 SWSR 功能表

位　数	名　称	复位值	功　能
15	XPA	0	外部程序地址控制位。XPA 被用来指定程序空间等待状态设定的寻址范围
14～12	I/O	111	I/O 空间。设置 I/O 空间地址 0000H～FFFFH 范围访问的等待状态个数基数(0～7)。SWCR 中的 SWSM 位设置这个基数的乘法因子 1 或者 2
11～9	Data	111	高数据空间。设置外部数据空间地址 8000H～FFFFH 范围访问的等待状态基数(0～7)。SWCR 中的 SWSM 位设置这个基数的乘法因子 1 或者 2
8～6	Data	111	低数据空间。设置外部数据空间地址 0000H～7FFFH 范围访问的等待状态个数基数(0～7)。SWCR 中的 SWSM 位设置这个基数的乘法因子 1 或者 2

位　数	名　　称	复位值	功　　能
5～3	Program	111	高程序空间。设置外部程序空间访问的等待状态个数基数(0～7)。程序空间地址设置如下。 (1) XPA=0：XX8000H～XXFFFFH。 (2) XPA=1：400000H～7FFFFFH。 SWCR 中的 SWSM 位设置这个基数的乘法因子 1 或者 2
2～0	Program	111	程序空间。设置外部程序空间访问的等待状态个数基数(0～7)。程序空间地址设置如下。 (1) XPA=0：XX0000H～XX7FFFH。 (2) XPA=1：000000H～3FFFFFH。 SWCR 中的 SWSM 位设置这个基数的乘法因子 1 或者 2

表 2-8　软件等待状态控制寄存器 SWWCR 功能表

位　数	名　　称	复位值	功　　能
15～1	保留	0	保留
0	SWSM	0	软件等待状态乘法位。通过此位来定义在 SWWSR 中的软件等待基数的乘法因子。 (1) SWSM=0：等待状态基数的值不改变(被 1 乘)。 (2) SWSM=1：等待状态基数的值被 2 乘可达到最大 14 个等待周期

2.4.2　可编程分区转换逻辑

可编程分区转换逻辑允许器件在外部存储器分区之间转换时不需要使用额外的等待状态。在程序空间或数据空间内，分区转换逻辑在访问 32K 字存储块边界时，自动插入一个周期。分区转换控制寄存器 BSCR 设置分区转换，其存储器映射地址为 0029H，其功能见表 2-9。

表 2-9　可编程分区转换逻辑功能表

位　数	名　　称	复位值	功　　能
15	CONSEC	1	连续分区转换。指定分区转换模式。 (1) CONSEC=0：仅在 32K 字块边界进行分区转换。在连续存储器读中，如果被要求快速访问，此位被清除。 (2) CONSEC=1：在外部存储器读时连续分区转换。每个读周期由 3 个周期构成。起始周期、读周期、跟随周期
14～13	DIVFCT	11	CLKOUT 输出除法因子。CLKOUT 输出可以被设置成 DSP 时钟除以(DIVFCT+1)。 (1) DIVFCT=00：CLKOUT 不被除。 (2) DIVFCT=01：CLKOUT 为 DSP 时钟的 1/2。 (3) DIVFCT=10：CLKOUT 为 DSP 时钟的 1/3。 (4) DIVFCT=11：CLKOUT 为 DSP 时钟的 1/4

续表

位　　数	名　　称	复位值	功　　能
12	IACKOFF	11	IACK 信号输出关断。控制 IACK 信号输出，在复位时，IACKOFF 被设置成 1。 (1) IACKOFF=0：IACK 信号输出关断功能被禁止。 (2) IACKOFF=1：ICAK 信号输出关断功能被使能
11～3	Rsvd		保留
2	HBH	0	HPI 总线保持。控制 HPI 总线保持，在复位时，HBH 被清零。 (1) HBH=0：总线保持被禁止，除了 HPI16=1 时。 (2) HBH=1：总线保持被使能。当不驱动时，HPI 数据总线 D[7～0] 保持当前值
1	BH	0	总线保持。控制总线保持，在复位时，BH 被清零。 (1) BH=0：总线保持被禁止。 (2) BH=1：总线保持被使能。当不驱动时，数据总线 D[7～0] 保持当前值
0	Rsvd	保留	保留

2.4.3　主机接口 HPI

C54x 系列 DSP 主机接口用来和其他主设备或处理器通信。通信在 C54x DSP 和主设备之间通过 C54x DSP 的片内存储器进行，片内存储器被主机和 C54x DSP 访问。

1. HPI 的工作模式

HPI 的工作模式有两种，即共用访问模式 SAM 和主机访问模式 HOM。

(1) 共用访问模式 SAM。主机和 C54x DSP 都能访问 HPI 存储器。

(2) 主机访问模式 HOM。只有主机可以访问 HPI 存储器，C54x DSP 处于复位或内部和外部时钟都停止的 IDLE2 模式下。因此，主机能在 C54x DSP 最小功耗的状态下访问 RAM。

2. HPI 的种类

HPI 接口分成 3 种：8 位标准型 HPI8、8 位增强型 HPI-8、16 位增强型 HPI-16。C5416 是增强型 HPI8/16，此 HPI 可以连接 8 位或 16 位主机。当 HPI16 管脚被设置成逻辑"1"后，可以对 HPI 接口进行设置，以便 HPI 连接 8 位或 16 位主机。当 HPI16 管脚被连接到逻辑"0"后，HPI 接口被设置成 HPI8。此时 HPI8 是一个与处理器通信的 8 位并行端口。

HPI8/16 的标准特性如下。

(1) 连续访问(自动增加)或随机访问传送。

(2) 主机和 C54x 中断功能。

增强部分特性如下。

(1) 通过 DMA 通道访问整个片内 RAM。

(2) 在仿真期间连续传输的能力。

(3) 16 位双向数据总线。

(4) 多数据检测和控制信号允许无缝连接多种主机。

(5) 在混合模式中使用 18 位地址总线来访问内部存储器(包括内部扩展地址页)。

从机 HPI 能使主机处理器访问片内存储器。主机和 DSP 都可以在任何时候访问片内 RAM,并且主机访问总是和 DSP 时钟同步。如果主机和 DSP 访问同一地址,主机优先,DSP 等待一个周期。

3. HPI 基本功能

在不添加或很少添加逻辑处理的情况下,HPI 接口几乎能连接各种主机设备。主机通过 HPI 的 3 个寄存器实现对 DSP 存储器的访问。HPI 寄存器说明见表 2-10,图 2.16 显示了一个 HPI 和主机设备之间的连接,HPI 管脚说明见表 2-11。

表 2-10 HPI 寄存器说明

名　　称	地　　址	描　　述
HPIA		HPI 地址寄存器,只能由主机直接访问。当前访问发生时,包含 HPI 存储器的地址
HPIC	002CH	HPI 控制寄存器,可以由主机或 C54x DSP 直接访问。包含 HPI 操作的控制和状态位
HPID		HPI 数据寄存器,只能由主机直接访问。如果当前发生一个读操作,寄存器中包含从 HPI 存储器读出的数据;如果当前发生一个写操作,寄存器中包含被写到 HPI 存储器中的数据

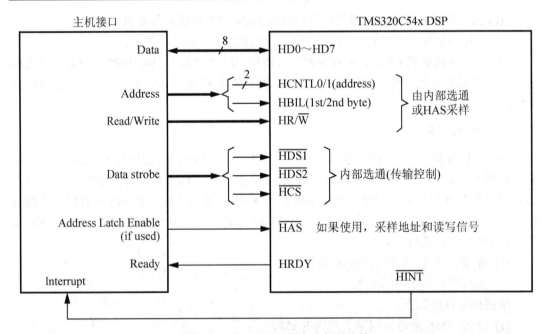

图 2.16 HPI 和主机设备之间的连接

表 2-11　HPI 管脚说明

名　称	描　述
$\overline{\text{HAS}}$	地址选通输入。当地址和数据总线复用时，$\overline{\text{HAS}}$ 和 ALE 相连
HBIL	字节定义输入。表示第一个还是第二个字节被传送
HCNTL0 HCNTL1	主机控制输入。 (1) HCNTL0=0，HCNTL1=0：主机可以读写 HPIC。 (2) HCNTL0=0，HCNTL1=1：主机可以读写 HPI 数据存储器，HPIA 在每次读后自加 1。 (3) HCNTL0=1，HCNTL1=0：主机可以读写 HPIA。 (4) HCNTL0=1，HCNTL1=1：主机可以读写 HPI 数据存储器，HPIA 不变
$\overline{\text{HCS}}$	HPI 片选信号
HD0～HD7	并行双向 3 态数据总线
$\overline{\text{HDS1}}$ $\overline{\text{HDS2}}$	数据选通输入。控制在主机访问周期内数据的传输
$\overline{\text{HINT}}$	主机中断输出。由 HPIC 寄存器 HINT 位控制
HRDY	HPI 准备好输出。当为高电平时，表示 HPI 对传输已经做好了准备；当为低电平时，表示 HPI 忙于处理前面一个传输的内部事务
HR/W	读写输入选通。主机必须驱动 HR/W 为高电平来读 HPI，低电平来写 HPI

2.4.4　串行口

C54x 系列 DSP 都有串行口，C54x 系列串行口分成 4 种：标准同步串行口 SP、带缓冲的串行口 BSP、时分复用串行口 TDM、多通道缓冲串行口 McBSP，不同型号的 C54x DSP 有不同的串行口。如 C541 只有 SP；C542 有 BSP、TDM；C5402 有 2 个 McBSP；C5416 有 3 个 McBSP 等。

1. 标准同步串行口 SP

标准同步串行口是一种全双工同步串行口，用于编码器、A/D 转换等串行设备之间的通信。标准同步串行口具有以下一些特点。

(1) 发送与接收的帧同步和时钟同步信号完全独立。

(2) 独立复位发送和接收部分电路。

(3) 串口的工作时钟来自片外。

(4) 独立的发送和接收数据线。

(5) 具有数据返回方式，便于测试。

(6) 在调试程序时，工作方式可选择。

(7) 可以通过查询或中断的方式工作。

标准同步串行口由发送数据寄存器 DXR、接收数据寄存器 DRR、串口控制寄存器 SPC、接收移位寄存器 RSR、发送移位寄存器 XSR 以及控制电路、管脚组成。标准串行口的组成图如图 2.17 所示。

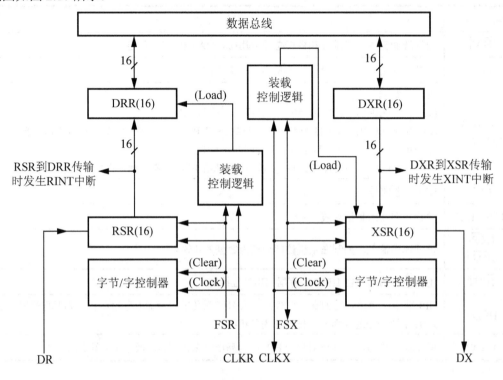

图 2.17　标准串行口的组成图

标准同步串行口共用到 6 个管脚,接收时钟 CLKR、串行数据接收 DR、接收帧同步信号 FSR、发送时钟 CLKX、串行数据发送 DX、发送帧同步信号 FSX。

标准同步串行口在发送数据时,先将要发送的数据写到 DXR。若 XSR 为空,则自动将 DXR 的数据发送到 XSR。在 FSX 和 CLKX 作用下,将 XSR 中的数据通过 DX 管脚发送出去。当 DXR 的数据发送到 XSR 后,串行口控制寄存器 SPC 中的发送准备好 XRDY 位由 0 变为 1,随后产生一个串行口发送中断 XINT 信号,通知 CPU 可以对 DXR 重新加载,此时就可以将新的数据写到 DXR。

接收数据和发送数据的过程相反,来自 DR 管脚的数据在 FSR 和 CLKR 的作用下,移位至 RSR,然后送到 DRR。当 RSR 的数据发送到 DRR 后,SPC 中的接收数据准备好 RRDY 位由 0 变为 1,随后产生一个串行口接收中断 RINT 信号,通知 CPU 从 DRR 中读数据。

2. 带缓冲的串行口 BSP

缓冲串行口在标准同步串行口的基础上增加了一个自动缓冲单元 ABU。它是全双工、双缓冲,可使用 8、10、12、16 位连续通信流数据包,为发送和接收数据提供帧同步脉冲以及一个可编程频率的串行时钟。

BSP 由数据接收寄存器 BDRR、数据发送寄存器 BDXR、控制寄存器 BSPC、控制扩展寄存器 BSPCE、数据接收移位寄存器 BRSR、数据发送移位寄存器 BXSR 控制工作。

ABU 利用独立于 CPU 的专用总线，让串行口直接读/写 C54x 的片内存储器。这样可以使串行口处理事务的开销最小，并能提高效率。BSP 有两种工作方式：非缓冲方式和自动缓冲方式。当工作在非缓冲方式下时，其数据传输和标准同步串行口一样；当工作在自动缓冲方式下时，串行口直接与 C54x 片内存储器进行 16 位数据传输。

3. 时分复用串行口 TDM

时分复用串行口是一个允许数据时分多路的同步串行口，它将时间间隔分成若干个子间隔，按事先规定，每个子间隔表示一个通信通道。

TDM 将时间分成时间段，按时间段顺序周期性地与不同器件通信。每个器件占用各自的通信段，循环传送数据，各通道的发送或接收相互独立。C54x DSP 的 TDM 最多有 8 个 TDM 通道，工作方式受 8 个存储映射寄存器影响：数据接收寄存器 TRCV、数据发送寄存器 TDXR、控制发送寄存器 TSPC、通道选择寄存器 TCSR、发送/接收地址寄存器 TRTA、接收地址寄存器 TRAD、数据接收移位寄存器 TRSR、数据发送移位寄存器 TXSR。外部管脚有数据发送管脚 TDX、数据接收管脚 TDR、数据发送帧同步信号 TFSX、数据接收帧同步信号 TFSR、数据发送时钟 TCLKX、数据接收时钟 TCLKR。TDM 的 1 个通道和 7 个外部器件连接如图 2.18 所示。

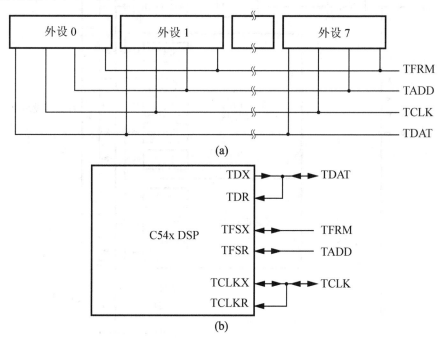

图 2.18　时分复用串行口连接图

4. 多通道缓冲串行口 McBSP

多通道缓冲串行口 McBSP 是基于标准同步串行口的，允许直接与 C54x/LC54x 器件、编码设备或其他设备相连，它具有如下特点。

(1) 全双工通信。

(2) 双缓冲数据寄存器，允许连续数据流。

(3) 独立地接收/发送时钟和帧信号。

(4) 支持 T1/E1、MVIP、ST-BUS、IOM-2、AC97、IIS、SPI 和一般的串行外设。

(5) 高达 128 个通道的多通道传输。

(6) 包括 8、12、16、20、24、32 位的宽范围数据位选择。

(7) μ 律和 A 律压缩。

(8) 对发送/接收数据时钟和帧同步信号极性可编程。

(9) 内部时钟和帧信号可编程。

多通道缓冲串行口 McBSP 结构框图如图 2.19 所示，外部管脚有数据接收管脚 DR、数据发送管脚 DX、数据发送时钟 CLKX、数据接收时钟 CLKR、数据发送帧同步信号 FSX、数据接收帧同步信号 FSR、外部时钟管脚 CLKS。控制其运行的寄存器非常多，本文不一一列举，感兴趣的读者可以参看 TI 公司的说明手册。

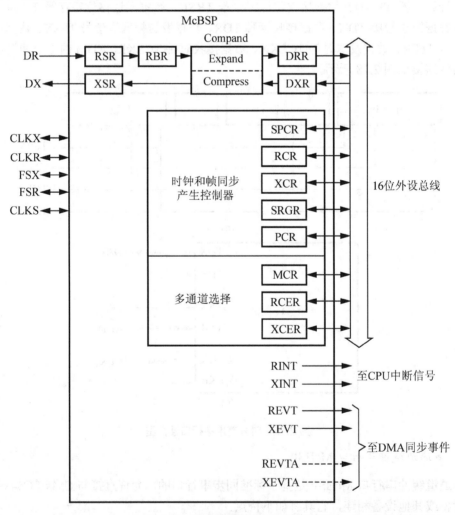

图 2.19　多通道缓冲串行口 McBSP 结构框图

2.4.5　定时器

C54x 片内 16 位定时器是根据每个时钟自减，当定时器的计数器自减到 0 时，一个定时中断就产生了。定时器能被停止、重新启动、复位，或通过指定状态位禁止运行。

1. 定时器寄存器组成

C54x 定时器是一个包含 3 个寄存器、能周期性产生中断的软件可编程定时器。定时器计时周期是由处理器的 CPU 时钟决定的。3 个控制寄存器分别如下。

(1) 定时器寄存器 TIM：此寄存器被 PRD 寄存器的值加载，并随计数减少。

(2) 定时器周期寄存器 PRD：此寄存器提供 TIM 数据加载。

(3) 定时器控制寄存器 TCR：此寄存器是定时器的控制和状态寄存器，具体见表 2-12。

表 2-12　定时器控制寄存器

位	名　　称	复 位 值	功　　能
15～12	Reserved	—	保留，总是 0
11	Soft	0	Soft 和 Free 一起决定在调试中遇到断点时，定时器的状态。
10	Free	0	(1) Soft=0,Free=0：定时器立即停止。 (2) Soft=1,Free=0：定时器在计数器减到 0 时停止工作。 (3) Soft=x,Free=1：定时器无视 Soft 位，继续工作
9～6	PSC	—	定时器预定标计数器值。当 PSC 的值减少到 0 后，TDDR 中的数据加载到 PSC，TIM 减 1
5	TRB	—	定时器重新加载控制位。当 TRB 为 1 时，TIM 重新装载 PRD 的值，PSC 重新装载 TDDR 的值。TRB 总是读作 0
4	TSS	0	定时器停止位。T 为 0 时，启动定时器；T 为 1 时，停止定时器
3～0	TDDR	0000	当 PSC 被减少到 0 后，PSC 被 TDDR 的值装载

2. 定时器工作过程

定时器的功能框图如图 2.20 所示。定时器工作模块主要由两个部分组成，即主定时器模块(PRD、TIM)和预标定器模块(TCR 中的 TDDR 和 PSC)。

预标定器 PSC 根据 CPU 提供的时钟，每来一个时钟自减 1，当 PSC 的值减少到 0 时，TDDR 的内容加载到 PSC(当系统复位(RESET 输入信号有效)或定时器单独复位(TRB 有效)时，TDDR 的内容也加载到 PSC)；TIM 根据预标定器 PSC 提供的时钟，每来一个预标定，PSC 的输出时钟减 1，当 TIM 减到 0 后，PRD 中的内容自动加载到 TIM(当系统复位或定时器单独复位时，PRD 的内容也加载到 TIM 中)，同时 TIM 会产生一个定时器中断 TINE 信号，该信号被送到 CPU 和定时器输出管脚 TOUT。

由此，定时器的中断周期 $T_{\text{CLK}} \times (T_{\text{TDDR}} + 1) \times (T_{\text{PRD}} + 1)$。

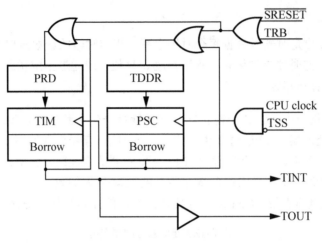

图 2.20　定时器的功能框图

通过读 TIM，可以读取定时器的当前值；通过 TCR 可以读 PSC。由于读这两个寄存器需要两条指令，在两次读之间会因为计数器减而发生读数变化。因此，在需要精确定时，应该在读值前先停止定时器工作，读完后再进行计数。定时器使用的例子见第 6 章。

2.4.6　时钟发生器 PLL

C54x 时钟发生器由内部振荡器和锁相环电路构成，可通过晶振或外部时钟驱动。锁相环具有频率放大和时钟信号提纯的作用。利用 PLL 可以对时钟频率进行锁定、为芯片提供高稳定度的时钟信号，对外部时钟可以进行倍频，使外部时钟的周期低于 CPU 机器周期，以降低因高速开关时钟引起的高频噪声。

当前锁相环电路有两种不同的配置方式，一些器件使用硬件配置 PLL 电路，另外一些采用软件编程的方式进行配置。

1. 硬件配置 PLL

这种配置方式是由外部管脚 CLKMD1、CLKMD2、CLKMD3 决定的。上电复位时，器件根据这 3 个管脚的电平来决定 PLL 的工作状态，见表 2-13。表中时钟方式的选择是针对不同 C54x 芯片的。对于不同的芯片，所对应的选择方案是不同的，其选择的工作频率也不同。进行硬件配置时，其工作频率是固定的。若不使用 PLL，则对内部或外部时钟分频，CPU 的时钟频率等于内部振荡器频率或外部时钟频率的 1/2；若使用 PLL，则 CPU 的时钟频率等于内部振荡器频率或外部时钟频率的 N 倍。

在使用硬件配置 PLL 时，要根据具体的芯片型号来选择正确的管脚状态。表中的停止方式等效于 IDLE3 省电方式。在 DSP 正常工作时，不能重新改变和配置 DSP 的时钟方式。

表 2-13　硬件时钟配置

模式选择管脚			时钟模式	
CLKMD1	CLKMD2	CLKMD3	选择 1	选择 2
0	0	0	外部时钟源，PLL×3	外部时钟源，PLL×5
1	1	0	外部时钟源，PLL×2	外部时钟源，PLL×4
1	0	0	内部振荡器，PLL×3	内部振荡器，PLL×5
0	1	0	外部时钟源，PLL×1.5	外部时钟源，PLL×4.5
0	0	1	外部时钟源，频率除以 2	外部时钟源，频率除以 2
1	1	1	内部振荡器，频率除以 2	内部振荡器，频率除以 2
1	0	1	外部时钟源，PLL×1	外部时钟源，PLL×1
0	1	1	停止模式	停止模式

2. 软件配置 PLL

软件可编程 PLL 非常灵活，它包括提供时钟的各种乘法系数，能够直接使能和禁止 PLL。它可以锁定定时器，用来延迟转换 PLL 的时钟方式，直到锁定为止。软件可编程 PLL 可以通过两种模式来配置时钟输出。

(1) PLL 模式：输入时钟 CLKIN 以 31 个系数倍频，倍频范围为 0.25～15。

(2) DIV 模式：输入时钟被分频，分频范围为 2 或 4。当采用 DIV 模式时，所有的模拟电路，包括 PLL 电路是被禁止的，从而达到减少功耗的目的。

软件可编程 PLL 受时钟模式寄存器 CLKMD 控制，CLKMD 寄存器各位功能见表 2-14。

表 2-14　时钟模式寄存器 CLKMD 各位功能表

位	名　称	功　能
15～12	PLLMUL	PLL 乘法器。和 PLLDIV、PLLNDIV 一起定义 PLL 的乘法因子
11	PLLDIV	PLL 除法器。和 PLLMUL、PLLNDIV 一起定义 PLL 的乘法因子
10～3	PLLCOUNT	PLL 计数器值。能确保处理器不被锁定直到 PLL 锁定，以便只有有用的时钟信号被送入器件
2	PLLON/OFF	PLL 开关。和 PLLNDIV 一起使能或禁止时钟发生器的 PLL 部分。 (1) PLLON/OFF=0, PLLNDIV=0：关 PLL。 (2) PLLON/OFF=1, PLLNDIV=0：开 PLL。 (3) PLLON/OFF=X, PLLNDIV=1：开 PLL。

位	名 称	功 能
1	PLLNDIV	PLL 时钟发生器选择。决定时钟发生器是工作在 PLL 模式还是工作在 DIV 模式，然后和 PLLMUL、PLLDIV 一起定义频率的乘法因子。 (1) PLLNDIV=0：采用 DIV 模式。 (2) PLLNDIV=1：采用 PLL 模式
0	PLLSTATUS	PLL 状态。表示时钟发生器正在使用的模式。 (1) PLLSTATUS=0：表示当前使用 DIV 模式。 (2) PLLSTATUS=1：表示当前使用 PLL 模式

表 2-15 表示 PLLNDIV、PLLDIV、PLLMUL 相互作用形成的 PLL 乘法因子。根据 PLLNDIV、PLLDIV、PLLMUL 不同的组合，可以得出 31 个时钟发生器乘法因子来产生需要的时钟信号。

如果要改变 PLL 的倍频，必须先将 PLL 工作从倍频模式切换到分频模式，然后再切换到新的倍频模式。不能从一种倍频模式直接切换到另一种倍频模式。2 分频和 4 分频之间也不能直接切换，必须先切换到倍频模式，然后再切换到新的分频模式。PLL 的使用例子见第 6 章。

表 2-15 PLLNDIV、PLLDIV、PLLMUL 确定的 PLL 乘法因子

PLLNDIV	PLLDIV	PLLMUL	乘法因子
0	×	0～14	0.5
0	×	15	0.25
1	0	0～14	PLLMUL+1
1	0	15	1
1	1	0 或偶数	(PLLMUL+1)÷2
1	1	奇数	PLLMUL÷2

2.4.7 DMA 控制器

器件直接内存访问(The Device Direct Memory Access，DMA)控制器可以在 CPU 不干涉的情况下直接进行存储器映射内的两点间的直接传输。DMA 允许在 CPU 运行的情况下在内部存储器、片内外设、外部器件之间进行数据移动。它有 6 个独立的可编程通道，允许 6 个不同的内容进行 DMA 操作。DMA 控制器也提供来自主机接口(HPI-8、HPI-16)需求的利用 DMA 总线的服务。C54x DSP 的 DMA 一般具有如下特点。

(1) 后台执行：DMA 操作独立于 CPU。

(2) 6 通道：DMA 能保持 6 个独立的块传输。

(3) 主机接口访问：DMA 支持主机接口访问，可以在 CPU 不参与的情况下，允许主机接口访问大存储空间(包括整个片内存储器)。

(4) 多路传输：每个块传输能包含多种可编程尺寸的帧数。

(5) 优先级可编程：每个通道能独立确定其优先级的高低。

(6) 可编程地址发生器：每个通道的源地址和目的地址寄存器可以在每个读/写传输中设置。地址可以进行保持、递增、递减或者被程序纠正。

(7) 全地址范围：DMA 能访问片上的所有扩展地址，还包括片内存储器、片内外设、扩展存储器。

(8) 传输宽度可编程：每个通道都可以被独立地配置成单字节(16bit)模式、双字节(32bit)模式传输。

(9) 自动初始化：一旦一个块传输结束，DMA 通道可以自动对下一个块传输自动进行初始化。

(10) 事件同步：每个传输单元都可以由一个定好的事件触发。

(11) 中断触发：在每个帧传输或块传输结束时，DMA 通道能发送一个中断信号给CPU。

要掌握 DMA 操作过程，一般要理解以下几个概念。

(1) 读传输(Read Transfer)：DMA 从源地址读数据单元，这个源地址可以是存储器或者是外部设备，也可以是程序空间、数据空间或 I/O 空间。

(2) 写传输(Write Transfer)：DMA 在进行一个读传输时，把读到的数据单元写入它的目的存储位置。目的存储位置可以是存储器或者是外部设备，也可以是程序空间、数据空间或者 I/O 空间。

(3) 单元传输(Element Transfer)：对于单个数据单元的读和写传输的总称。

(4) 帧传输(Frame Transfer)：每个 DMA 通道都可对一帧的单元个数独立可编程。在整个一帧传输中，DMA 把所有的单元定义为一个帧。

(5) 块传输(Block Transfer)：每个 DMA 通道都可对每一块的帧的个数独立可编程。在整个一块传输中，DMA 把所有的帧定义为一个块。

DMA 的设置和操作是由设置大量的存储器映射控制寄存器来完成的。有兴趣的读者可以参看 TI 公司关于 DMA 的说明文档。

2.4.8 外部引脚

C54x DSP 型号不同，其功能不同，管脚也不同，下面以 C5416 为例说明 DSP 的外部管脚。C5416 的封装有 BGA 或 LQFP 两种形式，它们都是 144 脚，其功能见表 2-16。

表 2-16　C5416 管脚说明

管脚名称	I/O	说　　明
数据信号		
A22(MSB)、A21～ A0(LSB)	I/O/Z	并行地址总线。A0～A15 是复用总线，可以对外部存储器(程序、数据)或者 I/O 寻址。A16～A22 用于外部程序存储寻址。在保持模式下，A0～A22 处于高阻状态

管脚名称	I/O	说　明
数据信号		
D15(MSB)、D14~D0(LSB)	I/O/Z	并行数据总线。D0~D15 用在核心 CPU、外部数据/程序存储器、I/O 设备、HPI(工作在 HPI16 模式)之间进行数据传输。当没有输出数据或 RS 有效或 HOLD 有效时，D0~D15 处于高阻状态
初始化，中断和复位		
IACK	O/Z	中断获取信号。IACK 表示接收到一个中断，程序计数器获得由 A15~A0 设定的中断向量。当 OFF 是低电平时，IACK 也成为高阻态
INT0、INT1、INT2、INT3	I	外部用户中断输入。INT0~INT3 可以由中断屏蔽寄存器 IMR 屏蔽和设定优先级。INT0~INT3 可由中断标志寄存器 IFR 检测和复位
NMI	I	非屏蔽中断。NMI 是不能被 IMR 屏蔽的外部中断。当 NMI 有效时，处理器进入中断
RS	I	复位。RS 导致 DSP 中断执行并强制程序计数器为 0FF80H。当 RS 被置成高电平时，DSP 从程序地址 0FF80H 开始执行。RS 影响所有的寄存器和状态位
MP/MC	I	微处理器/微计算机模式选择。在复位时，如果其为低电平，选择微计算机模式，并且内部程序 ROM 被映射到程序存储空间的高 16K 字。如果其在复位时为高电平，选择微处理器模式，片内 ROM 从程序空间移开。此管脚仅仅在复位时被采样。处理器模式状态寄存器 PMST 的 PM/MC 位可以修改此管脚在复位时确定的模式
多处理信号		
BIO	I	分支转移控制管脚。当 BIO 有效时，一个分支转移可以有条件地执行。如果其为低电平，处理器执行这个条件指令。使用 BIO 的指令中，有条件执行指令 XC 在流水线译码阶段对 BIO 进行采样，而所有其他条件指令均在流水线的读阶段对 BIO 进行采样
XF	O/Z	外部标志输出管脚。XF 可以由 SSBX 指令设成高电平，由 RSBX 指令或 ST1 设成低电平
存储控制信号		
DS、PS、IS	O/Z	数据、程序、I/O 空间选择信号。DS、PS、IS 总是为高，除非和外部空间通信被驱动为低。在保持状态或 OFF 为低，DS、PS、IS 为高阻态
MSTRB	O/Z	存储触发信号。MSTRB 总是为高，除非表示对外部数据或程序存储进行总线访问而被置为低。在保持状态或 OFF 为低，MSTRB 为高阻态
READY	I	数据准备好。READY 表示一个外部设备对一个总线传输准备工作的完成。如果设备没准备好(READY 为低)，处理器等待一个周期并再次检测 READY 管脚

续表

管脚名称	I/O	说　明
存储控制信号		
R/W	O/Z	读/写信号。R/W 表示在和外部设备通信时的传输方向。R/W 通常在读模式(高电平)，除非当 DSP 执行一个写操作，它才被设置成低电平。在保持模式或 OFF 为低电平时，R/W 被设置成高阻态
IOSTRB	O/Z	I/O 触发信号。IOSTRB 总是为高电平，除了在表示对 I/O 设备进行外部总线访问时。在保持模式或 OFF 为低电平时，IOSTRB 被设置成高阻态
HOLD	I	保持输入。其管脚有效使处理器进入保持状态
HOLDA	O/Z	保持获取。HOLDA 通知外部电路，处理器正处于保持状态并且地址、数据、控制线处于高阻抗状态
MSC	O/Z	微状态结束。MSC 表明所有软件等待状态结束
IAQ	O/Z	指令捕获信号。一个指令地址在地址总线上 IAQ 有效。在保持模式或 OFF 为低时，IAQ 被设置成高阻态
时钟信号		
CLKOUT	O/Z	时钟输出信号。CLKOUT 能表示出由控制寄存器 BSCR 设置的，CPU 对机器周期 1、1/2、1/4、1/8 倍的时钟输出
CLKMD1、CLKMD2、CLKMD3	I	时钟模式选择管脚
X2/CLKIN	I	时钟/振荡器输入端
X1	O	针对晶振的内部振荡器输出端。如果内部振荡器不用，X1 将不连
TOUT	O/Z	定时器输出
多通道缓冲串口 0、1、2 信号		
BCLKR0、BCLKR1、BCLKR2	I/O/Z	数据接收时钟。可以被配置成输入或输出
BDR0、BDR1、BDR2	I	串行数据接收端
BFSR0、BFSR1、BFSR2	I/O/Z	接收帧同步脉冲输入端。可以被配置成输入或输出
BCLKX0、BCLKX1、BCLKX2	I/O/Z	数据发送时钟。可以被配置成输入或输出
BDX0、BDX2、BDX2	O/Z	串行数据发送端
BFSX0、BFSX1、BFSX2	I/O/Z	数据发送帧同步脉冲。可以被配置成输入或输出
主机接口信号		
HD0～HD7	I/O/Z	并行双向数据总线。HPI 数据总线被用于主机和 HPI 寄存器的信息交换
HCNTL0、HCNTL1	I	控制输入。HCNTL0、HCNTL1 选择主机访问 3 个 HPI 寄存器中的一个

管脚名称	I/O	说　明
主机接口信号		
HBIL	I	字节定义。HBIL 定义了传输的第一个或第二个字节
HCS	I	芯片选择。HCS 是 HPI 的选择输入端口,并且只能在访问期间被驱动
HDS1、HDS2	I	数据触发
HAS	I	地址触发
HR/W	I	读/写管脚
HRDY	O/Z	准备好输出管脚。当 HPI 准备好了下一次输出,此管脚通知主机
HINT	O/Z	中断输出
HPIENA	I	HPI 模式选择
HPI16	I	HPI16 模式选择
电源管脚		
CV_{SS}	S	接地端,核心 CPU 接地端
CV_{DD}	S	电源端,核心 CPU 电源端
DVSS	S	接地端,I/O 管脚接地端
DV_{DD}	S	电源端,I/O 管脚电源端
测试管脚		
TCK	I	IEEE 标准 1149.1 测试时钟
TDI	I	IEEE 标准 1149.1 测试数据输入端
TDO	O/Z	IEEE 标准 1149.1 测试数据输出端
TMS	I	IEEE 标准 1149.1 测试模式选择端
TRST	I	IEEE 标准 1149.1 测试复位端
EMU0	I/O/Z	仿真 0 管脚
EMU1/OFF	I/O/Z	仿真 1 管脚/禁止所有输出

注: 在 I/O/Z 中, I 表示输入、O 表示输出、Z 表示高阻态。

2.5　中　断　系　统

由软件或硬件驱动导致 C54x DSP 暂停当前主程序操作,转而执行中断服务子程序 ISR 的过程称为中断。典型的中断是由需要发送数据或获取数据的(如 ADC、DAC 或其他处理器)硬件设备驱动的。中断也被用来表明一个特定的事件发生(如定时器)。C54x DSP 支持硬件和软件中断。

(1) 由程序指令 INTR、TRAP、RESET 引起的软件中断。

(2) 由外部硬件中断引起的触发外部中断端口或由片内外设触发内部硬件中断的硬件中断。

当多个硬件中断同时被触发时，C54x DSP 将根据它们的优先级进行处理。

2.5.1　中断分类

C54x DSP 的中断可以分成两大类：可屏蔽中断和非屏蔽中断。

1. 可屏蔽中断

可屏蔽中断是可以用软件来屏蔽或开放的软/硬件中断。C54x DSP 最多支持 16 个用户可屏蔽中断(SINT15～SINT0)，视具体的型号而定。如 C5416 包括外部用户中断 INT0～INT3、McBSP0～McBSP2 的接收和发送中断、定时器中断等。

2. 非屏蔽中断

非屏蔽中断是不能被屏蔽的，CPU 总是响应非屏蔽中断。C54x DSP 的非屏蔽中断包括所有的软件中断、复位 RS 中断和 NMI 中断。

C54x DSP 所有中断表，见表 2-17(以 C5416 为例)。

表 2-17　C5416 中断源

名　称	中断号	中断向量地址	优先级	功　能
RS、SINTR	0	00	1	复位(硬件和软件复位)
NMI、SINT16	1	04	2	非屏蔽中断
SINT17	2	08	—	软件中断 17
SINT18	3	0C	—	软件中断 18
SINT19	4	10	—	软件中断 19
SINT20	5	14	—	软件中断 20
SINT21	6	18	—	软件中断 21
SINT22	7	1C	—	软件中断 22
SINT23	8	20	—	软件中断 23
SINT24	9	24	—	软件中断 24
SINT25	10	28	—	软件中断 25
SINT26	11	2C	—	软件中断 26
SINT27	12	30	—	软件中断 27
SINT28	13	34	—	软件中断 28
SINT29	14	38	—	软件中断 29
SINT30	15	3C	—	软件中断 30

续表

名　称	中 断 号	中断向量地址	优 先 级	功　能
INT0、SINT0	16	40	3	外部用户中断 0
INT1、SINT1	17	44	4	外部用户中断 1
INT2、SINT2	18	48	5	外部用户中断 2
TINT、SINT3	19	4C	6	定时器中断
RINT0、SINT4	20	50	7	McBSP0 接收中断(默认)
XINT0、SINT5	21	54	8	McBSP0 发送中断(默认)
RINT2、SINT6	22	58	9	McBSP2 接收中断(默认)
XINT2、SINT7	23	5C	10	McBSP2 发送中断(默认)
INT3、SINT8	24	60	11	外部用户中断 3
HINT、SINT9	25	64	12	HPI 中断
RINT1、SINT10	26	68	13	McBSP1 接收中断(默认)
XINT1、SINT11	27	6C	14	McBSP1 发送中断(默认)
DMAC4、SINT12	28	70	15	DMA 通道 4(默认)
DMAC5、SINT13	29	74	16	DMA 通道 5(默认)
保留	30～31	78～7F	—	保留

2.5.2　中断寄存器

C54x DSP 响应中断一般和两个寄存器有关，一个是中断标志寄存器 IFR，一个是中断屏蔽寄存器 IMR。

1. 中断标志寄存器 IFR

中断标志寄存器是一个存储器映射寄存器。当一个中断出现时，IFR 中相应的中断标志位置 1，直到此中断被 CPU 处理，其组成如图 2.21 所示。下列任何事件都可以清除 IFR 中的中断标志。

(1) C54x DSP 被硬件复位。

(2) 中断触发被响应。

(3) 一个 1 被写入相应的尚未处理的 IFR 中断标志位。

(4) 相应中断号的 INTR 指令被执行。

IFR 中的任何位如果为 1 表示一个未处理的中断发生了。要清除这个中断，可以写一个 1 到相应的中断标志位。当把当前的 IFR 值回写入 IFR 时，将清除所有的未处理中断。

2. 中断屏蔽寄存器 IMR

中断屏蔽寄存器主要是用来屏蔽外部或内部中断。如果 CPU 状态寄存器中的 INTM

位为 0 且 IMR 寄存器中有一位为 1，就开放 IMR 寄存器中的那一位中断。RS 和 NMI 都不能被 IMR 屏蔽。用户可以读写 IMR 寄存器。IMR 寄存器如图 2.21 所示。

15～14		13	12	11	10	9	8
Resved		DMAC5	DMAC4	XINT1	RINT1	RINT	INT3

7	6	5	4	3	2	1	0
XINT2	RINT2	XINT0	RINT0	TINT	INT2	INT1	INT0

图 2.21　C5416 中断标志寄存器 IFR/中断屏蔽寄存器 IMR

2.5.3　中断处理步骤

C54x DSP 处理中断分为 3 个步骤。

1. 接受中断请求

通过软件(程序代码)或硬件(管脚或片内外设)请求挂起主程序。如果中断源是一个可屏蔽中断，则中断标志寄存器 IFR 中的相应位被置成 1，等待 CPU 处理。

软件中断请求都是由程序中的指令 INTR、TRAP、RESET 产生的。

软件指令 INTR K，可以用来执行任何一个中断服务程序。此指令中的操作数 K 表示 CPU 转移到的中断向量地址，当执行 INTR 中断时，INTM 位置 1，屏蔽其他可屏蔽中断。

软件指令 TRAP K，其功能和指令 INTR 相同，两者的区别在于执行 TRAP 软件中断时，不影响 INTM 位。

软件复位指令 RESET 可以在任何时候将 C54x DSP 转到复位状态。它影响处理器状态寄存器 ST0、ST1，但不影响处理器工作方式状态寄存器 PMST。

2. 应答中断

如果请求的中断是可屏蔽的，预定义条件满足 C54x DSP 的响应要求，则 C54x DSP 必须处理此中断请求。对于非屏蔽中断或软件中断，响应是立即的。屏蔽中断要被 CPU 响应，必须满足以下条件。

(1) 优先级最高。当同时有多个中断发生时，C54x DSP 根据优先级来确定响应对象。

(2) CPU 状态寄存器 ST1 中的 INTM 位为 0。

(3) 中断屏蔽寄存器 IMR 中的相应屏蔽位为 1。

3. 执行中断服务程序 ISR

一旦中断被响应，C54x DSP 执行中断向量所指向的分支转移指令，并执行中断服务程序 ISR。具体过程为：在响应中断后，当前 PC 值存到数据存储器堆栈的栈顶；将中断向量的地址加载到 C；在中断向量地址上取指，执行分支转移指令，转到中断服务程序 ISR；执行中断服务程序 ISR；中断返回，从堆栈中取出被保存的地址加载到 PC 中；继续执行被中断的程序。

中断向量地址是由 PMST 寄存器中的 IPRT 和左移两位后的中断向量序号所组成的。如 INT0 的中断向量号为 16(10H)，左移 2 位为 40H，若 IPTR 为 0001H，则其中断向量地址为 00C0H。复位时,IPTR 为 1FFH、复位中断号为 0,所以硬件复位后,程序总是从 0FF80H 开始执行的。只要改变 IPTR 的值,就可以重新安排中断向量的地址。例如,用 0001H 作为 IPTR 的值,那么中断向量就被保存在从 0080H 单元开始的程序存储空间中。

小　结

本章讲述了 TMS320C54x DSP 芯片的硬件结构,重点介绍了芯片的中央处理器 CPU、总线结构、存储器、片内外设和中断系统等。由于 C54x DSP 硬件结构复杂,相关组成部分较多,因此对于初学者来说,在学习的时候会觉得特别困难。

学习是个循序渐进的过程,在开始学习 DSP 硬件结构的时候,并不需要一下子完全理解所有的内容。其实在开始学习的时候只需要理解基本概念就可以,知道 DSP 硬件各部分各有什么特性,可以完成什么功能即可。在此基础上,如果实际使用时要用到 DSP 硬件的某个部分,就详细研究这部分,直到研究透彻。这样既省时间,又能学好、学精。

比如初学者经过基础学习后需要在实验板上用查询法编写简单的串行口程序,那么这个初学者就应该重点关注 CPU、总线结构、存储器、串行口等,尤其是串行口部分内容,甚至要参阅这些部分的 TI 技术文档。接下来初学者可能要用中断法编写串行口程序,那么这个初学者就可以在前面的基础上继续关注中断系统部分的内容。这样能缓解 DSP 初学者的学习困难,还能很好地提高学习热情和效率。

 阅读材料

嵌入式处理器分类

嵌入式系统的核心部件是各种类型的嵌入式处理器,目前据不完全统计,全世界嵌入式处理器的品种总量已经超过 1000 多种,流行体系结构有 30 多个系列。其中生产 8051 单片机的半导体厂家就有 20 多个,共 350 多种衍生产品。现在几乎每个半导体制造商都生产嵌入式处理器,越来越多的公司有自己的处理器设计部门。根据其现状,嵌入式处理器可以分成下面几类。

1. 嵌入式微处理器(Embedded Microprocessor Unit,EMPU)

嵌入式微处理器的基础是通用计算机中的 CPU。在应用中,将微处理器装配在专门设计的电路板上,只保留和嵌入式应用有关的母版功能,这样可以大幅度减小系统体积和功耗。为了满足嵌入式应用的特殊要求,嵌入式微处理器虽然在功能上和标准微处理器基本是一样的,但在工作温度、抗电磁干扰、可靠性等方面都做了增强处理。

和工业控制计算机相比,嵌入式微处理器具有体积小、重量轻、成本低、可靠性高的优点,但是在电路板上有 ROM、RAM、总线接口、各种外设器件,从而降低了系统的可靠性,技术保密性也较差。嵌入式微处理器及其存储器、总线、外设等安装在一块电路板上,称为单板计算机。如 STD-BUS、PC104 等。近年来,德国、日本的一些公司又开发出了类似"火柴盒"式名片大小的嵌入式计算机系列 OEM 产品。

嵌入式微处理器目前主要有 Am186/88、386EX、SC-400、Power PC、68000、MIPS、ARM 系列等。

2. 嵌入式微控制器(Microcontroller Unit，MCU)

嵌入式微控制器又称单片机，顾名思义，就是将整个计算机系统集成到一块芯片中，ARM 也可以认为是一种特殊的单片机。嵌入式微控制器一般以某一种微处理器内核为核心，芯片内部集成 ROM/EPROM、RAM、总线、总线逻辑、定时器/计数器、WatchDog、I/O、串行口、脉宽调制输出、A/D、D/A、FLASH RAM、EEPROM 等各种必要的功能和外设。为适应不同的应用需求，一般一个系列的单片机具有多种衍生产品，每种衍生产品的处理器内核都是一样的，不同的是存储器和外设的配置及封装。这样可以使单片机最大限度地和应用需求相匹配，功能不多不少，从而减少功耗和成本。

和嵌入式微处理器相比，微控制器的最大特点是单片化，体积大大减小，从而使功耗和成本下降、可靠性提高。微控制器是目前嵌入式系统工业的主流。微控制器的片上外设资源一般比较丰富，适合于控制，因此称为微控制器。

目前嵌入式微控制器的品种和数量最多，比较有代表性的通用系列包括 8051、P51XA、MCS-251、MCS-96/196/296、C166/167、MC68HC05/11/12/16、68300 等。另外还有许多半通用系列如：支持 USB 接口的 MCU 8XC930/931、C540、C541；支持 I^2C、CAN-Bus、LCD 及众多专用 MCU 和兼容系列。目前 MCU 占嵌入式系统约 70%的市场份额。

3. 嵌入式 DSP 处理器(Embedded Digital Signal Processor，EDSP)

DSP 处理器对系统结构和指令进行了特殊设计，使其适合于执行 DSP 算法，编译效率较高，指令执行速度也较高。在数字滤波、FFT、谱分析等方面 DSP 算法正在大量进入嵌入式领域，DSP 应用正从在通用单片机中以普通指令实现 DSP 功能，过渡到采用嵌入式 DSP 处理器。嵌入式 DSP 处理器有两个发展来源，一是 DSP 处理器经过单片化、EMC 改造、增加片上外设成为嵌入式 DSP 处理器，TI 的 TMS320C2000 /C5000 等属于此范畴；二是在通用单片机或 SOC 中增加 DSP 协处理器，例如 Intel 的 MCS-296 和 Infineon(Siemens)的 TriCore。

推动嵌入式 DSP 处理器发展的另一个因素是嵌入式系统的智能化，例如各种带有智能逻辑的消费类产品，生物信息识别终端，带有加解密算法的键盘，ADSL 接入、实时语音压解系统，虚拟现实显示等。这类智能化算法一般运算量较大，特别是向量运算、指针线性寻址等较多，而这些正是 DSP 处理器的优势所在。

嵌入式 DSP 比较有代表性的产品是 Texas Instruments 的 TMS320 系列和 Motorola 的 DSP56000 系列。TMS320 系列处理器包括用于控制的 C2000 系列，移动通信的 C5000 系列，以及性能更高的 C6000 系列。DSP56000 目前已经发展成为 DSP56000、DSP56100、DSP56200 和 DSP56300 等几个不同系列的处理器。另外 Philips 公司也推出了基于可重置嵌入式 DSP 结构低成本、低功耗技术制造的 R. E. A. L DSP 处理器，特点是具备双 Harvard 结构和双乘/累加单元，应用目标是大批量消费类产品。

4. 嵌入式片上系统(System On Chip)

随着 EDI 的推广和 VLSI 设计的普及化，及半导体工艺的迅速发展，在一个硅片上实现一个更为复杂的系统的时代已来临，这就是 System On Chip(SOC)。各种通用处理器内核将作为 SOC 设计公司的标准库，和许多其他嵌入式系统外设一样，成为 VLSI 设计中一种标准的器件，用标准的 VHDL 等语言描述，存储在器件库中。用户只需定义出其整个应用系统，仿真通过后就可以将设计图交给半导体工厂制作样品。这样除个别无法集成的器件以外,整个嵌入式系统大部分均可集成到一块或几块芯片中去,应用系统电路板将变得很简洁,对于减小体积和功耗、提高可靠性非常有利。

SOC 可以分为通用和专用两类。通用系列包括 Infineon 的 TriCore,Motorola 的 M-Core,某些 ARM 系列器件,Echelon 和 Motorola 联合研制的 Neuron 芯片等。专用 SOC 一般专用于某个或某类系统中,不为一般用户所知。一个有代表性的产品是 Philips 的 Smart XA,它将 XA 单片机内核和支持超过 2048 位复杂 RSA 算法的 CCU 单元制作在一块硅片上,形成一个可加载 Java 或 C 语言的专用的 SOC,可用于公众互联网如 Internet 安全方面。

5. ARM、FPGA 和 DSP 的区别

一般来说,ARM 具有比较强的事务管理功能,可以用来运行界面以及应用程序等,其优势主要体现在控制方面,而 DSP 主要是用来计算的,比如进行加密解密、调制解调等,优势是强大的数据处理能力和较高的运行速度。另外 FPGA 是用硬件描述语言 VHDL 或 VerilogHDL 来编程,灵活性强。由于能够进行编程、除错、再编程和重复操作,因此可以充分地进行设计开发和验证。当电路有少量改动时,更能显示出 FPGA 的优势,其现场编程能力可以延长产品在市场上的寿命,而这种能力可以用来进行系统升级或除错。

目前,高端的 DSP 芯片会把 DSP 和 ARM 核集合在一个芯片里,做成双核芯片,这样能更好地发挥出 DSP 和 ARM 的特点。

习　　题

1. TMS320C54x DSP 的组成是什么?
2. TMS320C54x DSP 的 CPU 的组成是什么?
3. TMS320C54x DSP 的片内外设有哪些?
4. C54x DSP 的定时器的定时周期如何计算?
5. C54x DSP 的 DMA 有什么作用?
6. C54x DSP 的主机接口有什么作用?
7. C54x DSP 有哪些存储空间?
8. C54x DSP 中断分为哪几类?
9. C54x DSP 的可屏蔽中断在什么情况下可以被 CPU 响应?
10. C54x DSP 的中断向量地址如何计算?

第 **3** 章

CCS 集成开发环境

 本章知识架构

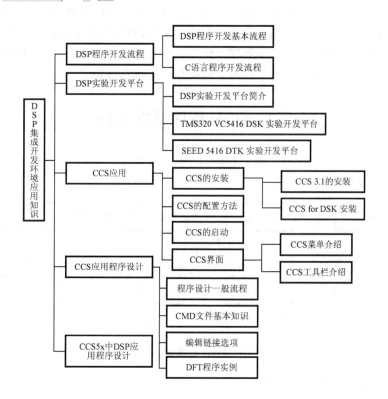

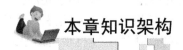 **内 容 要 点**

- DSP 应用系统的程序开发流程是怎样的？
- DSP 实验开发平台的作用是什么？
- 如何利用 CCS 进行 DSP 程序设计？
- 如何在 DSP 上实现离散傅里叶变换频谱分析？

本章主要介绍 TI 公司的 DSP 程序集成开发环境(Code Composer Studio，CCS)的基本应用方法。在基于 DSP 的嵌入式系统开发过程中，软件开发与测试是其中的一个重要环节，做好需求分析，选择合适的开发工具和测试平台可以提高软件开发的效率。本章首先分析了 DSP 程序开发流程，重点介绍了利用 C 语言进行 DSP 程序开发的流程，以及开发流程中使用的编辑器、编译器等主要工具。DSP 程序开发流程显示，为了检验测试 DSP 程序在目标 DSP 中的运行情况，需要选用合适的实验开发平台。本章介绍了几种 DSP 实验开发平台，其中，重点介绍了 TMS320VC5416 DSK 的基本性能指标和 SEED5416 DTK 实验开发平台。

　　为提高 DSP 软件开发效率，TI 公司为其系列 DSP 芯片的程序设计推出了集成开发环境 CCS。CCS 软件采用 Windows 风格界面，将 DSP 源代码编辑器、C/C++语言编译器、汇编器、链接器、代码调试工具、分析工具集成在同一个开发环境中，支持使用汇编语言、C/C++语言、代数语言的 DSP 程序编写。本章简要介绍了 CCS 的安装、配置以及 CCS 的应用程序界面及其基本操作，通过具体实例说明了如何利用 CCS 进行 DSP 程序开发。其中，以数字信号处理领域常用的离散傅里叶变换算法(Discrete Fourier Transform，DFT)为例，在实验开发平台上具体实现了对离散时间信号的频谱分析。

3.1　DSP 程序开发流程

　　DSP 程序开发流程主要包含需求分析、开发工具选择、源程序设计、DSP 调试等几个部分，如图 3.1 所示。

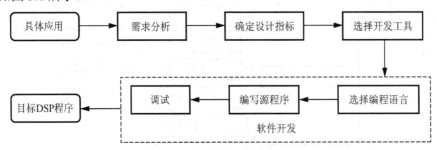

图 3.1　DSP 程序的开发流程

3.1.1　DSP 程序开发的基本流程

　　首先，在设计 DSP 系统之前必须根据应用系统的目标进行需求分析，确定系统的性能指标、信号处理要求。然后根据需求分析结果，确定设计指标，包括 DSP 程序的执行顺序、信号处理算法等。

　　其次，根据选择的目标 DSP 选择合适的开发工具，可以提高 DSP 程序开发效率。举例来说，如果选用 C54x 系列 DSP 设计应用系统，可以选用 CCS 作为开发工具。CCS 采用 Windows 风格用户界面，将 DSP 源代码编辑器、C/C++语言编译器、汇编器、链接器、代码调试工具、分析工具集成在同一个集成开发环境中，操作简便。而且 CCS 支持汇编语言、C/C++语言、代数语言等编程语言，可以有效地提高 DSP 程序编写效率。

选择开发工具后，需要选择合适的编程语言进行 DSP 程序开发。一般在 DSP 程序的开发过程中，可以选用 C 语言或者汇编语言，前者代码可读性、重用性好，而后者的执行效率更高，适合于实时性要求更高的场合。在实际应用中，可以根据算法复杂度、实时性等要求选择汇编语言或 C 语言编写程序，也可以使用两者进行混合编程。选定编程语言后，根据设计指标编写源程序、调试代码，生成目标 DSP 程序。

DSP 程序设计是一个需要反复进行的过程，例如算法运算量大不能在硬件上实时运行时，必须重新修改或简化算法。为提高软件开发效率、降低软件开发难度、提升软件代码的可移植性等，在 DSP 软件开发过程中越来越多地采用 C/C++语言作为主编程语言。

3.1.2　C 语言程序开发流程

采用 C 语言为主编程语言设计一个 DSP 程序时，首先编写 C 源程序文件，编译器编译生成对应的汇编源文件，然后通过汇编器生成目标文件，该目标文件格式(Common Object File Format，COFF)称为公共目标文件格式。最后，生成的 COFF 文件和支持库文件一起经链接器链接生成可执行的 COFF 文件。这个可执行的 COFF 文件可以通过仿真器下载到 DSP 芯片的程序空间运行。在 C 语言软件开发流程中使用的主要工具如下所述。

(1) C 编辑器(C Editer)：用于编辑 C 源文件。

(2) C 编译器(C Compiler)：将 C 源程序文件(*.c)编译成为对应的汇编语言源程序文件(*.asm)。

(3) 汇编器(Assembler)：将汇编语言源程序文件(*.asm)汇编成为对应的机器语言目标文件(*.obj)，该文件采用 COFF 目标文件格式。

(4) 链接器(Linker)：将汇编生成的 COFF 文件与运行支持库程序一同进行链接，产生一个可执行的 COFF 目标文件，即扩展名为.out 的文件。

(5) 运行时支持库(Runtime-support Library)：CCS 提供标准的运行时支持库(rts.lib、rts_ext.lib)，包括 ISO(Internet Standard Organization)标准的运行时支持库、编译器公用函数、浮点运算函数以及编译器所支持的 C 语言输入输出函数。该标准的运行时支持库文件源代码可通过 rts.src 进行查看，同时 CCS 支持用户自定义的支持库文件。

这些工具均被集成在 CCS 中，简化了 C 语言编写 DSP 程序的复杂度。CCS 采用良好的 Windows 图形窗口界面，提供多个代码生成、调试命令，例如一个 Build All 命令，包括了 C 语言源文件编译、汇编以及链接的全部过程，实现了从源程序到可执行的 out 文件之间的转换。该命令简化了对编译器、汇编器和链接器的调用过程，方便用户使用。

3.2　DSP 实验开发平台

DSP 程序设计完成后，是否可以达到应用要求需要进行验证，可以选择 DSP 实验开发平台对 DSP 程序进行调试、分析，评估 DSP 程序的有效性。在实际 DSP 程序开发过程中，用户可以根据实际情况选择以下几种形式的 DSP 实验开发平台。

(1) DSP 软件仿真器(Simulator)：是集成在 CCS 中的一个工具，主要利用计算机的中央处理器(Central Processing Unit，CPU)来模拟用户配置的某一系列或某一具体的 DSP 芯片，可以进行 DSP 程序算法仿真等工作，但功能有限，例如不支持 DSP/BIOS，不能进行引脚的 I/O 操作等。

(2) 评估板(Evaluation Module，EVM)：以 DSP 芯片为处理器的实验开发平台，在 EVM 中以 DSP 芯片为中心，配以一定的存储器资源、A/D、D/A 资源，可以用于该 DSP 芯片性能评估以及 DSP 程序的调试、分析。例如合众达公司推出的 SEED5416 DTK 开发平台，采用双 DSP 结构构建，可以用于 DSP 程序设计的学习、调试、分析。

(3) 初学者套件(DSP Start Kit，DSK)：是为 TI 系列 DSP 芯片的初学者设计的一种开发板。例如 TMS320VC5416 DSK，是一个比较完整的 DSP 应用系统，包括实时信号处理所必要的硬件和软件支持工具，并提供子板扩展插槽可用于某一特定功能应用的二次开发，适合用于学习 DSP 程序设计、调试与分析。

3.2.1　TMS320VC5416 DSK 实验开发平台

TMS320VC5416 DSK 是一款由 Spectrum Digital 公司推出的基于 TMS320VC5416 芯片的实验开发平台，用户可以通过这款 DSK 掌握 TMS320VC5416 DSP 芯片的特性，进行 DSP 程序的设计、调试、分析。该款 DSK 允许 VC5416 DSP 芯片代码全速运行分析，板上集成 64K 字的 RAM、256K 字的 FLASH ROM 以及一个 PCM3002 立体声编解码器，可以进行基于 DSP 的音频处理程序设计。此外，板上预留了 3 个扩展接口，可用来连接外部子系统，扩展 DSK 的功能。

1. TMS320VC5416 DSK 性能指标

(1) TMS320VC5416 DSP 芯片，运行速度为 16～160MHz，是整个 DSK 的核心器件。

(2) 一个 DSK 板上集成的 Emulator，通过 USB 接口和计算机进行通信，实现 DSK 的在线仿真。

(3) 板上 JTAG(符合 IEEE 1149.1 标准)仿真调试插座，可外接 XDS510 等仿真器和计算机进行通信实现在线仿真，由于 DSK 板上集成 Emulator 一般不使用。

(4) 板上扩展有 64K×16bit SRAM，用于外部扩展存储空间。

(5) 板上扩展有 256K×16bit 闪存 ROM(FLASH ROM)，存储 DSK 的启动程序，即当 DSK 上电后整个系统运行的程序。

(6) 3 个扩展接口插座，分别用于存储器扩展、外设扩展，以及主机接口通信。

(7) PCM3002 立体声编解码器，包括编码器和解码器，编码器用于采集输入的模拟音频并转化为数字音频，而解码器用于将数字音频转化为模拟音频输出。在 DSK 上 DSP 芯片通过 McBSP2 和 PCM3002 进行通信，可用于音频处理。

(8) 可编程 CPLD 芯片，是 DSK 上 DSP 芯片与各个部件连接的逻辑器件，共有 8 个 CPLD 寄存器，可用于配置 DSK 上的板级参数，合理配置可以充分利用 DSK 的全部功能。

(9) +5V 工作电压，DSK 配有一个输入为民用照明电，输出为 5V、3A 的适配器，DSK 配有电压转换芯片，可为低压器件提供 3.3V 和 1.6V 的电压。

(10) 4 个 DIP 用户开关和 4 个 LED 指示，用于用户编写的 DSP 程序的交互，即可以通过 DIP 开关获取用户输入，输出通过 4 个 LED 进行显示。

2. TMS320VC5416 DSK 实物图

TMS320VC5416 DSK 的实物图如图 3.2 所示。图 3.2 简要标示了 DSK 的模块构成。

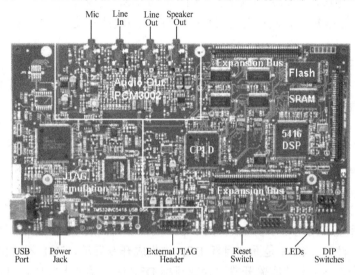

图 3.2　TMS320VC5416 DSK 的实物图

3.2.2　SEED5416 DTK 实验开发平台

SEED5416 DTK 实验开发平台是合众达公司推出的一套双 DSP 结构的实验开发平台，具有强大的 DSP 主板功能和丰富的外围实验电路，可以满足 DSP 程序的实验开发，实物图如图 3.3 所示。该实验开发平台采用模块化的设计方法，各模块具有丰富的资源并公开了底层函数，提供实验开发的可扩展性，可以最大化地满足实验开发要求。

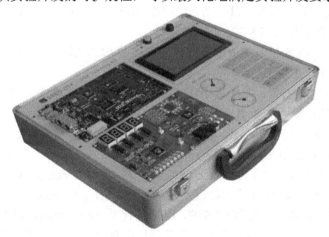

图 3.3　SEED5416 DTK 实验开发平台

3.3　CCS 集成开发环境

在 DSP 程序开发过程中，不同的芯片厂商根据该公司的 DSP 芯片，都推出了相应的集成化软件开发环境，例如美国 AD 公司的 Visual DSP 集成开发环境、TI 公司的 CCS 集成开发环境等，这些集成开发环境为用户的 DSP 程序软件开发、调试、评估等工作提供强有力的支持。

其中，CCS 采用 Windows 风格界面，将 DSP 源代码编辑器、C/C++语言编译器、汇编器、链接器、代码调试工具、分析工具等集成在一个平台上，支持使用汇编语言、C/C++语言、代数语言的 DSP 程序编写，可以简化 DSP 程序设计、调试、分析、目标代码生成的整个流程。CCS 有 CCS1.x、CCS2.x、CCS3.x、CCS4.x 和 CCS5.x 等不同时期的版本，其中 CCS1.x 和 CCS2.x 等版本的 CCS 软件，针对不同系列的 DSP 芯片分为 For C5000、For C6000 和 For C2000 等不同的软件，各个版本的软件环境基本一致，用于支持不同的目标 DSP。CCS3.x 以后版本将针对不同目标 DSP 的软件集成到一起，用户可以根据需要安装、配置 CCS 以面向特定的目标 DSP。CCS5.x 是基于原版的 Eclipse 开源软件框架的最新版集成化开发环境，用户可以自由地将 Eclipse 插件加入到现有的 Eclipse 环境，享受其最新的改进功能。注意，CCS 是面向目标 DSP 的集成开发环境，DSP 程序的设计、分析和调试等工作必须在 3.2 节的实验开发平台或目标 DSP 应用系统上完成。目前 CCS3.x 等先前版本是面向 TI 54x 系列 DSP 最常用的开发软件，本书主要以 CCS for DSK5416 版本为例介绍如何利用 CCS 开发和调试 DSP 程序，并给出利用 CCS5.x 设计 TI 54x DSP 的基本方法。

3.3.1　CCS 的安装

1. CCS3.x 软件安装

将 CCS 安装光盘放入到光盘驱动器中，在 Windows 环境下运行 CCS 的安装程序，CCS3.1 安装时支持 3 种安装形式。

(1) 典型安装。CCS 推荐的安装模式，将安装的 CCS 基本上支持 TI 公司现有的处理器作为目标芯片进行软件开发。

(2) 调试版本软件安装。属于最小化安装，安装的 CCS 集成开发环境可以对现有的 DSP 程序进行调试，推荐高级用户使用。

(3) 自定义安装。推荐高级用户使用，用户可以根据实际需要自定义 CCS 安装。当选择自定义安装时，弹出图 3.4 所示的窗口，可以对 CCS 功能进行自定义。

安装完成后,将在桌面上出现 Setup CCStudio v3.1 和 CCStudio 3.1 两个快捷方式图标，其中 CCStudio 3.1 快捷方式图标对应 CCS 应用程序，Setup CCStudio v3.1 快捷方式图标对应 CCS 的配置程序。第一次使用 CCS 前，必须运行 Setup CCStudio v3.1 程序对 CCS 进行配置，选择需要使用的 DSP 开发平台。若需要使用新的 DSP 开发平台时，可以重新运行 Setup CCStudio v3.1 对 CCS 进行相应的配置。一个 CCS 软件中可以配置多个开发平台，具体应用方法见 3.3.2 小节。

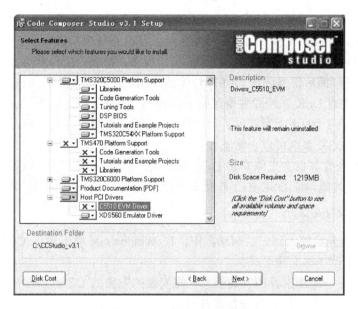

图 3.4 CCS3.1 自定义安装界面

2. CCS for C5416DSK 软件安装

当用户购买了 TMS320VC5416 DSK 时,随 DSK 的附件光盘中包含 CCS for C5416DSK 软件,该软件是 CCS 专为 DSK 进行改进的版本,不具备 Simulator 功能仅供配合 DSK 进行开发调试应用,并对计算机系统 USB 口进行预配置,用于与 DSK 通过 USB 进行通信。安装时,将 DSK 附带光盘插入光盘驱动器后,将出现安装画面,选择 Code Composer Studio 单击即可安装该版本的 CCS。安装完成后,桌面上将出现 5416 DSK Diagnostics Utility 和 C5416 DSK CCS 两个快捷方式图标,其中 C5416 DSK CCS 快捷方式图标用于启动 CCS 软件,而 C5416 DSK Diagnostics Utility 快捷方式图标用于诊断 DSK 是否工作正常,运行界面如图 3.5 所示,诊断步骤如下。

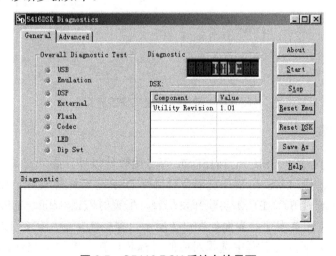

图 3.5 C5416 DSK 系统自检界面

(1) 双击 C5416 DSK Diagnostics Utility 快捷方式图标，进入 DSK 系统检查。

(2) 单击 Start 按钮，C5416 DSK 开始系统自检。系统自检的内容包括：USB 通信、DSK 板级仿真器工作状态、DSP 内核 CPU 工作状态、扩展口工作状态、闪存 FLASH 通信、PCM3002 音频编解码器测试、LED 灯测试、DIP 开关状态测试。

(3) 自检程序对 DSK 系统硬件资源按顺序检测，检测无误时，则图 3.5 中对应项的指示灯点亮呈绿色，否则 LED 为红色。待 DSK 板上硬件资源检查完毕后，所有的指示灯均显示绿色，表明 DSK 系统可以正常工作。

注意，必须在计算机上正确安装 DSK 的驱动，通过 DSK 附带的 USB 线连接计算机和 DSK，上电后才能诊断 DSK 的工作状态，或者启动 CCS for C5416DSK 软件。

3. CCS5.x 软件安装

将 CCS 安装光盘放入到光盘驱动器中，在 Windows 环境下运行 CCS 的安装程序，CCS5.x 安装时支持 2 种安装形式。

(1) 完全安装。CCS 推荐的安装模式，将安装的完整的 CCS5.x IDE，基本上支持 TI 公司现有的处理器作为目标芯片进行软件开发。

(2) 自定义安装。推荐高级用户使用，用户可以根据实际需要自定义 CCS 安装。图 3.6 所示为自定义安装界面，用户可以根据需求对 CCS 进行自定义安装。

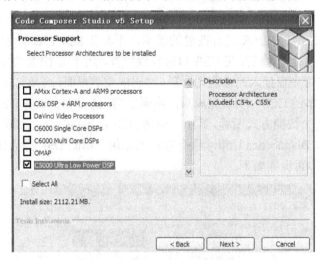

图 3.6　CCS5.x 自定义安装界面

3.3.2　CCS 的配置

当使用 CCS 时，除 CCS for C5416DSK 等专用软件以外，必须对 CCS 进行 DSP 开发平台配置，才可以利用 CCS 在该开发平台对目标 DSP 进行程序设计、调试及运行。CCS 配置支持 Simulator、DSK、EVM 实验开发平台，配置时双击 Setup CCStudio v3.1 快捷方式图标，启动 CCS 配置程序，界面如图 3.7 所示。根据实际应用确定 DSP 开发平台后，在该软件的 Family 下拉列表框中选择对应的目标芯片族，例如 C54xx、C67xx 等，通过 Platform 下拉列表框选择开发平台，例如 Simulator、xds510 Emulator、xds560 Emulator、 dsk 等，在 Available Factory Boards 的列表中选择需要的配置，双击或拖动到左侧 System Configuration 系统配置区域即可。图 3.7 中显示目前已经为 CCS 配置了两个 DSP 开发平台。

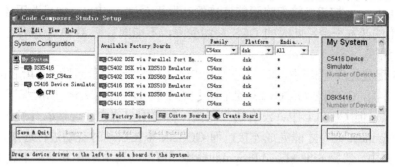

图 3.7　Setup CCStudio v3.1 运行界面

(1) Simulator 配置。如果没有硬件开发平台，初学者可以配置软件仿真器 Simulator，用于 CCS 软件学习，以及 DSP 程序算法仿真。

(2) TMS320VC5416 DSK 配置。DSK 也可以通过板上的 Emulator 和通用的 CCS 软件进行连接工作，在 DSK 的附带光盘中有 C5416DSK patch to CCStudio V2.1 安装程序，安装后可以在 CCS2.1 的配置工具中配置 DSK，从而利用 CCS2.1 对 DSK 进行 DSP 程序开发、调试、运行。注意，需要设置配置文件的连接属性中"I/O Port"为 0x540。在 CCS3.1 中，需要到 www.spectrumdigital.com 上免费下载 CCS3.1 版本的驱动，安装后即可用于配置 DSK，图 3.7 中显示了安装后配置程序的效果，选用 C5416 DSK-USB，默认"I/O Port"为 0x540，CCS3.1 即可利用 DSK 板进行 DSP 程序设计、分析和调试。

在 CCS5.x 中不再使用"Setup CCS"配置目标平台，具体配置方法见本章第 3.6 节 CCS5.x 中 DSP 应用程序设计。

3.3.3　CCS 的启动及用户界面

CCS 配置程序配置好 DSP 开发平台后，当退出该程序时，软件将询问是否进入 CCS 开发环境，单击"是"按钮即可运行 CCS，也可通过双击 CCS 快捷方式图标运行 CCS 应用程序。CCS 程序运行时，首先检测在 CCS 配置程序中配置的 DSP 开发平台是否已经准备好，如果 DSP 开发平台没有和计算机正确连接或上电，将弹出图 3.8 所示的对话框进行提示。

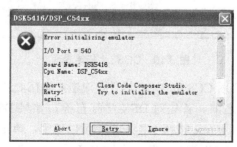

图 3.8　CCS 检测目标开发平台出错时的对话框

(1) 单击 Retry 按钮，可以重新检测已配置的 DSP 开发平台。

(2) 单击 Abort 按钮，可以终止运行 CCS。

(3) 单击 Ignore 按钮，将忽略不能连接的开发平台进入 CCS。如果选用该开发平台作为 CCS 应用的开发平台，此时的 CCS 功能受限，不能向目标 DSP 下载程序，不能进行 DSP 程序的调试。

当 CCS 配置程序配置两个以上开发平台时，CCS 启动后显示图 3.9 所示的 CCS 并行调试管理器界面，CCS3.1 与 CCS2.x 的不同之处在于虽然 Emulator、DSK 等开发平台已经检测正确连接，但 CCS3.1 中并没有建立连接，需要用户选中要连接的开发平台，然后选择 Debug→Connect 命令才能完成连接，而 CCS2.x 将在启动时自动进行连接。在 CCS 并行调试管理器中，选择 File→Load Program 命令，可以向选中的开发平台下载 DSP 程序并运行，从而可对该 DSP 程序进行调试。

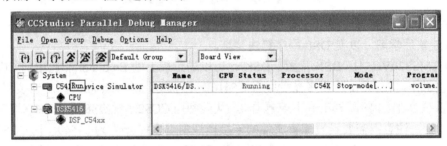

图 3.9　CCS 并行调试管理器界面

在 CCS 并行调试管理器中选择 Open 菜单，选择需要运行的开发平台，如 DSK5416/DSP_C54x，可进入面向该开发平台的 CCS，如图 3.10 所示。如果没有连接开发平台，将在 CCS 窗口标题栏和窗口左下脚显示没有连接，可以通过选择 Debug→Connect 命令来实现连接，CCS2.x 自动实现与开发平台的连接。

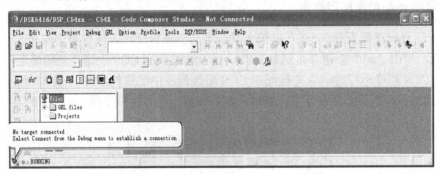

图 3.10　CCS3.1 初始界面

使用 DSK 时，推荐使用 CCS for DSK 软件，双击 C5416 DSK CCS 快捷方式图标可以运行 CCS。在 CCS 启动之前，首先对 DSK 进行自检，如果 DSK 不能正常工作将弹出图 3.8 所示的对话框，Diagnostic 按钮不再灰显并可以使用，单击该按钮将启动 DSK 诊断程序。推荐使用该程序对 DSK 进行诊断，查找 DSK 不能正常工作的原因。如果 DSK 工作正常，将进入 CCS for DSK 集成开发环境，其界面如图 3.11 所示，与 CCS3.1 界面图 3.10

相比几乎完全一致，本书后续对 CCS 介绍将以 CCS for DSK 为例，兼容 CCS2.x 和 CCS3.x 的应用。

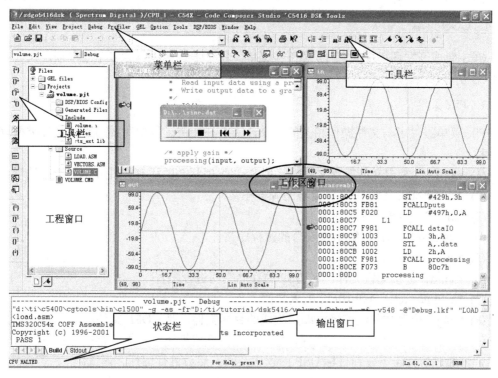

图 3.11　CCS 界面

在图 3.11 中，CCS 界面包括菜单栏、工具栏、工程窗口、工作区窗口、输出窗口、状态栏等几个部分，具体功能介绍如下。

(1) 菜单栏：CCS 的主菜单共有 12 项，CCS 所有操作都可以在这些菜单中找到对应项。在 CCS 活动窗口中右击，会弹出与此窗口内容相关的右键菜单，或称快捷菜单，该菜单中菜单项与主菜单中对此窗口可用的菜单项相关联。在实际应用中，灵活使用右键菜单可以快速调用 CCS 功能。

(2) 工具栏：CCS 的常用工具栏由一些常用命令组成，用户可以直接单击工具栏上的图标按钮调用相应的 CCS 命令。

(3) 工作区：顾名思义是用户的主要工作区域，是 CCS 进行源代码显示、源代码编辑、图形分析窗口显示等工作的区域。

(4) 工程窗口：CCS 对 DSP 程序采用工程进行集成管理，方便对 DSP 程序的开发和调试。工程窗口主要显示已经打开的所有工程，但当前仅有一个活动工程。所谓活动工程，即当前可以用 CCS 进行编译、链接工作的工程，在工程窗口中活动工程名采用粗黑体显示。每个工程呈树形结构，单击各节点可以显示该工程包含的所有文件，双击选中的文件将在工作区显示该文件。

(5) 输出窗口：CCS 信息输出窗口，该窗口采用分窗口显示方法，在窗口下边包括窗口切换按钮，用于显示编译、链接、DSP 程序输出等信息。

(6) 状态栏：显示 CCS 当前工作状态信息，可以通过 View 菜单的 Status Bar 命令开关。

3.3.4 CCS 菜单

CCS 集成开发环境中共有 12 项下拉菜单，每个下拉菜单包含多个菜单项，执行相应的 CCS 功能命令。

1. File 菜单

File 菜单提供了与文件操作相关的命令，CCS 在使用过程中所要用到的文件类型有以下几种。

(1) *.pjt：CCS 定义的工程文件，管理 DSP 程序相关的所有文件和编译链接选项。

(2) *.c 或*.cpp：C/C++语言编写的源程序文件。

(3) *.h：C/C++语言中的头文件。

(4) *.asm 或*.s54：汇编语言编写的源程序文件。

(5) *.lib：库文件。

(6) *.cmd：链接配置文件，对 DSP 的存储空间进行配置。

(7) *.cdb 或*.tcf：DSP/BIOS 配置文件。

(8) *.obj：由源文件经编译汇编后生成的目标文件，是 COFF 文件。

(9) *.out：可执行的 COFF 文件，即一个工程完成编译、汇编、链接后所生成的 DSP 程序，可通过仿真器下载到目标 DSP 的程序空间，然后进行运行、调试。

(10) *.wks：工作区文件，可用来保存 CCS 用户界面的当前信息。

File 菜单主要的菜单项命令如下。

(1) New→Source File：建立一个新的源文件，包括扩展名为 *.c、*.asm、*.cmd、*.gel、*.txt 等文件。

(2) New→DSP/BIOS Configuration：建立一个新的 DSP/BIOS 配置文件。

(3) New→ActiveX Document：用于在 CCS 工作区新建支持 ActiveX 技术的文档，如 Word 文档、Excel 文档等。

(4) Load Program：将 DSP 可执行的 COFF 文件(*.out)载入目标 DSP。

(5) Reload Program：重新下载可执行的 COFF 文件。如果程序未做更改，则该命令只下载该 DSP 程序的代码，而不下载符号表。

(6) Load Symbol：在调试状态下，仅仅下载符号表而不下载 DSP 程序代码。

(7) Load GEL：下载通用扩展语言文件到 CCS 中。在调用 GEL 函数之前，应将包含该函数的 GEL 文件加入 CCS 中，从而将 GEL 函数先调入内存。

(8) Data→Load：将主机文件数据下载到开发平台的存储器中，可以指定存放的数据长度和地址。

(9) Data→Save：将开发平台存储器中的数据保存到主机上的文件中，该命令和 Data →Load 是一个相反的过程。

(10) File I/O：允许 CCS 在主机文件和开发平台之间传送数据。一方面可以从主机文件中读取数据写入到目标 DSP，另一方面也可以将目标 DSP 的数据保存在主机文件中。File I/O 功能主要与 Probe Point 配合使用，Probe Point 将通知调试器何时在目标 DSP 和主机文件间传输数据。

2. Edit 菜单

Edit 菜单提供的是与编辑相关的命令，除了 Undo、Redo、Cut、Copy、Find 和 Paste 等常用的文件编辑命令外，还有如下一些编辑命令。

(1) Go To：能够快速定位并跳转到源文件中的某一指定的行或书签处。

(2) Memory→Edit：编辑存储器的某一存储单元。

(3) Memory→Copy：能将某一存储块的数据复制到另一存储块。

(4) Memory→Fill：将某一存储块全部填入一固定的值。

(5) Memory→Patch Asm：可以在不重新编译程序的情况下直接修改目标 DSP 中可执行程序指定地址的汇编代码。

(6) Register：可用于编辑指定寄存器的值，包括 CPU 的寄存器和外设寄存器中的值。由于 Simulator 只能进行软件仿真，不支持外围寄存器，故不能在 Simulator 中编辑外设寄存器的内容。

(7) Variable：修改某一变量的值。

3. View 菜单

在 View 菜单中，可以选择是否显示各种工具栏和各种窗口，View 的菜单在 DSP 程序调试过程中，常用命令如下。

(1) View 的菜单中从 Standard Toolbar 命令至 Plug-in Toolbars 命令，若选择某个命令，则此项前端标记 "√"，表示在 CCS 界面显示该工具栏，否则不显示该工具栏。

(2) Disassembly：当下载 DSP 程序后，CCS 将自动打开一个反汇编窗口，显示相应的反汇编指令和符号信息，可以通过选择该命令显示或关闭反汇编窗口。

(3) Memory：显示指定的存储器中的内容。

(4) CPU Registers→CPU Registers：显示 CPU 寄存器中的值，当 CPU 寄存器中的值发生变化时，显示窗口中对应项变成红色。

(5) CPU Registers→Peripheral Registers：显示外设寄存器的值，当寄存器中的值发生变化时，显示窗口中对应项变成红色。

(6) Graph→Time/Frequency：打开图形分析窗口在时域或频域显示信号。

(7) Graph→Constellation：打开图形分析窗口，使用星座图显示信号。输入信号被分解为 x、y 两个分量采用笛卡儿坐标显示波形。

(8) Graph→Eye Diagram：打开图形分析窗口，使用眼图来量化信号失真度。在指定的显示范围内，输入信号被连续叠加，显示为类似眼睛的形状。

(9) Graph→Image：打开图形分析窗口，用于显示图像数据，图像数据可是 RGB 或 YUV 数据流格式。

(10) Watch Window：打开观察窗口，通过该窗口显示、编辑 C 语言表达式、数组、结构体变量、指针、变量的值，可以用不同的格式显示数据。

(11) Quick Watch：打开一个快速观察窗口，是 Watch Window 的简化窗口。

(12) Mixed Source/ASM：选择该命令，CCS 同时显示 C 语言代码及与之对应的汇编代码。

4. Project 菜单

CCS 使用工程来管理整个设计过程，一个工程包括建立一个 DSP 程序的全部信息，包括源程序文件、COFF 文件、库文件以及这些文件的关联文件等，也包括工程的编译链接选项信息。所有与工程有关的操作命令都可以在 Project 菜单中找到。Project 的菜单主要命令如下。

(1) New：建立新的工程。

(2) Open：打开已有的工程文件。

(3) Add Files to Project：将文件加入到当前活动的工程中。

(4) Compile File：编译 C 语言源代码文件。

(5) Build：编译、汇编、链接 C 语言或汇编语言源代码文件。

(6) Rebuild All：工程中所有文件重新编译，并链接生成 DSP 可执行的 COFF 格式的文件。

(7) Build Options：用来设定编译器、汇编器和链接器的参数。

(8) Scan All Dependencies：扫描当前活动工程中的关联文件，并显示在工程窗口中当前工程树形列表中，例如 C 语言的头文件是不能通过 Add Files to Project 命令加入工程的，但可通过此命令显示已加入工程。当编译链接当前活动工程时，所有关联文件会自动显示在当前工程中。

5. Debug 菜单

Debug 菜单中包含常用的调试命令，主要调试命令应用参见 4.2 节。

(1) Run Free：从当前程序计数器(PC)处开始执行 DSP 程序，将忽略所有的断点和探测点。该命令在 Simulator 下无效。使用 JTAG 接口仿真器时，该命令将断开与开发平台的连接，因此可以移走 JTAG 电缆。

(2) Run to Cursor：程序执行到光标处，光标所在行必须为有效的代码行。

(3) Multiple Operation：设置单步执行的次数。

(4) Reset CPU：终止程序的执行，复位 DSP 程序，初始化所有的寄存器。

(5) Restart：将程序计数器(PC)的值恢复到程序的入口，但该命令不开始程序的执行。

(6) Go Main：在程序 main 符号处设置一个临时断点，该命令仅在调试 C 语言源代码时起作用。

6. Tools 菜单

Tools 菜单中提供了扩展 CCS 功能的一些工具，常用工具如下。

(1) FlashBurn：CCS 专为 DSK 提供的工具，可以将 DSP 程序烧写入 DSK 上的 Flash ROM 中，具体参见 8.6 节。

(2) Data Converter Support：用于快捷地开发连接到 DSP 芯片的数据转换器件。

(3) C54xx McBSP：用于观察、编辑 McBSP 寄存器内容。

(4) C54xx Emulator Analysis：用于设置或监测各种当前事件，包括 CPU 时钟周期、流水线、中断等。

(5) C54xx DMA：用于观察、编辑 DMA 寄存器内容。

(6) Command Window：在该工具窗口中，可以使用 Debug 命令进行程序调试。

(7) Symbol Browser：在该工具窗口中，显示当前下载的 DSP 程序中函数、全局变量等信息。

(8) Linker Configuration：用于选择连接器的形式，包括可视化连接器(Visual Linker) 和文本连接器(Text Linker)，默认使用文本连接器。

(9) Pin Connect：用于仿真来自外部的中断信号，仅用于 Simulator。

(10) Port Connect：用于对一个内部存储地址或端口地址读写文件数据。

(11) RTDX：用于在不打断程序运行的情况下实时分析 DSP 程序的运行。

7. Profiler 菜单

剖析(Profiling)是 CCS 的一个重要的功能，它可以在调试程序时，统计某一块程序执行所需要的 CPU 时钟周期数、程序分支数、子程序被调用数和中断发生次数等统计信息。Profile Point 和 Profile Clock 作为统计代码执行的两种机制，常常一起配合使用。

(1) Enable Clock：为了获得指令的周期及其他事件的统计数据，必须使能剖析时钟。

(2) Clock Setup：时钟设置，时钟记数方式、复位设置等。

(3) View Clock：打开 Clock 窗口显示时钟变量(CLK)值，双击 Clock 窗口的内容可直接复位 CLK 变量(即 CLK＝0)。

8. GEL 菜单

CCS 软件在配置开发平台时，常常会同时设置一个初始的 GEL 文件，在启动 CCS 集成开发环境时该 GEL 文件自动下载。选择 DSK 为开发平台时，自动下载 C5416_DSK.gel 文件，在 GEL 菜单中包括 CPU_Reset 和 C54x_Init 命令。

(1) C54l6 CPU_Reset：复位目标 DSP，复位存储器映射(禁止存储器映射)，初始化寄存器。

(2) C5416_Init：复位目标 DSP，与 CPU_Reset 命令不同的是，该命令使能存储器映射，同时复位外设和初始化寄存器。

9. Option 菜单

Option 菜单用于设置 CCS 集成开发环境的选项，包括字体、反汇编选项、存储空间映射模式以及自定义 CCS 命令窗口等功能。

(1) Font：设置 CCS 编辑、显示环境的字体、字形、大小。

(2) Disassembly Style：定义反汇编窗口的显示形式。

(3) Memory Map：定义调试时哪些存储空间可以访问，哪些存储空间不可以访问，对于不同的 DSP 程序会由于对应 CMD 文件不同而发生变化。

(4) Customize：打开自定义对话框，通过该对话框可以对 CCS 默认的环境设置进行修改，要修改某类环境设置，按 Tab 键或单击切换到该页即可。

10. DSP/BIOS 菜单

DSP/BIOS 菜单提供利用 TI 准实时操作系统 DSP/BIOS 开发 DSP 程序时进行调试分析的工具,具体使用详见第 5 章基于 DSP/BIOS 的程序设计。

11. Help 菜单

Help 菜单即帮助菜单,用户可以通过该菜单调用帮助文档,便于解决一些在 CCS 中的常见问题。

(1) Contents:将打开 CCS 随软件附带的帮助,介绍了 CCS 集成开发环境的所有操作。

(2) User Manuals:打开一个网页,页面上包括 TI 公司与 CCS 相关的所有用户手册,在 CCS 安装时需要选择安装用户手册。

(3) Tutorial:打开一个 CHM 文件,介绍 CCS 的特点和怎样使用 CCS 集成开发环境,在该文件中包括 CCS 应用介绍的视频动画。

(4) CCS on the Web:可以选择 CCS 帮助信息的 Internet 网址,通过 Internet 查看帮助信息。

12. Window 菜单

和所有的 Windows 应用程序一样,Window 菜单用于管理所有打开的文档窗口,可以采用层叠、平铺方式在工作区显示各个窗口,也可以直接选择某个窗口作为当前活动窗口。

3.3.5 CCS 工具栏

CCS 工具栏包括一些命令的工具图标,利用工具栏上的工具图标可以快速地调用 CCS 的相应操作命令,通过 View 菜单可以显示、关闭各个工具栏。

1. 标准工具栏

标准工具栏(Standard Toolbar)是 CCS 默认显示的工具栏之一,集合了 CCS 中用户最常使用的一些操作命令,各工具图标功能如下。

新建一个文档。

弹出一个打开文件对话框,默认文档类型为*.c 文件类型,可以选择路径、文件类型。

保存当前文档,如果是第一次保存新文档将弹出一个保存文件对话框,可以设置保存路径、文件名和文件类型,默认*.c 类型。

剪切、复制、粘贴命令。

撤销最近的编辑操作。

显示撤销命令历史,可以直接选择回到撤销历史中显示的编辑操作。

重做,恢复前一次撤销的编辑操作。

显示重做历史,可以直接选择回到重做历史中显示的编辑操作。

查找命令,用于查找输入的文本。

弹出打印对话框,用于打印当前文档。

单击该工具图标后,鼠标光标变为"?",在某位置单击,弹出与之相关的帮助文档。

2. 工程工具栏

工程工具栏(Project Toolbar)提供 CCS 中对工程进行设置、编译链接、设置断点、以及探针点的工具图标，如图 3.12 所示。

　　　　　　选择当前的活动工程　　　　　选择当前活动工程的配置形式

图 3.12　工程工具栏

工程工具栏中第一个下拉列表框用于选择当前活动工程，CCS 可以同时打开几个工程，但有且仅有一个活动工程，CCS 可以对该工程进行编译链接，生成可执行程序。第二个下拉列表框用于选择当前工程的配置形式，默认有 Debug 和 Release 两种形式。Debug 形式用于工程调试，编译链接后，将在当前工程文件夹下生成一个 Debug 文件夹，用于存放生成的可执行 COFF 文件。Release 形式用于工程最终目标代码输出，屏蔽调试命令，编译链接后将在当前工程文件夹下生成一个 Release 文件夹，用于存放生成的可执行 COFF 文件，一般来说，这个 COFF 文件所占字节要少。其他的工具图标介绍如下。

🔘 编译当前工程。

🔘 增量编译链接当前工程，即仅编译修改过的文件，再链接生成可执行文件。

🔘 重新编译链接当前工程，生成可执行文件。

🔘 停止编译链接当前工程操作。

🔘 在鼠标当前位置设置断点。

🔘 清除所有断点。

🔘 在当前位置设置探测点，常常和 File I/O 操作命令配合使用。

🔘 清除所有的探测点。

3. 调试工具栏

调试工具栏(Debug Toolbar)为用户提供了常用的调试命令的工具图标，用户可以方便快捷地选择相应的工具图标对当前运行的 DSP 程序进行调试。

🔘 设置光标在源程序中的位置，单击该工具图标后程序运行到光标所在位置暂停。

🔘 单步运行指令。

🔘 单步运行，当遇到函数调用时跳过函数调用过程，程序暂停在函数调用的下一条源程序。

🔘 跳出函数调用命令，执行该命令，程序完成当前函数调用返回后暂停。

🔘 运行命令，执行当前下载的程序，遇到断点暂停。

🔘 终止执行当前运行的程序。

🔘 动画运行，当遇到断点时暂停，更新相关没有和探测点关联的窗口后，自动向下运行。

打开 CPU 寄存器窗口。

显示存储器窗口。

显示堆栈信息窗口。

显示反汇编窗口。

4. 编辑工具栏

编辑工具栏(Edit Toolbar)提供一些常用编辑命令和书签应用的工具图标，用户可以方便地调用这些命令。

选中一个括号"("或"{"，单击该工具图标，将找到对应的括号，并选中其间文本。

查找当前鼠标处的下一个括号对，并选中其间文本，如果选中文本中还包括括号对，可以继续单击该工具图标，选中内部的括号对。

查找选中的括号所对应的括号并选中。

查找光标处下一个左括号。

将所选中的文本向左移动一个 Tab 键定义的宽度。

将所选中的文本向右移动一个 Tab 键定义的宽度。

在光标处定义或取消一个书签。

查找当前书签处下一个书签。

查找当前书签处上一个书签。

打开书签管理对话框，可以进行定位、编辑书签等操作。

设置是否启用外部编辑器，当没有设置外部编辑器时，该工具图标灰显，不能使用。

5. 汇编/源代码调试工具栏

汇编/源代码调试工具栏(Assembly/Source Debug Toolbar)提供一些汇编与源代码调试常用命令工具图标，用户可以方便地调用这些工具图标，执行相应的调试命令。

单步执行命令，每次执行一条汇编指令后暂停。

在汇编模式下执行单步运行指令，如果遇到调用子程序指令，则调用子程序后暂停在下一条指令处。在源文件模式下，由于一条源代码可能代表多条汇编指令，所以该命令可能不会立刻移动鼠标到下一条源代码指令处。

在 C 或者汇编源代码中单步执行指令，然后暂停。

在 C 或者汇编源代码中单步执行指令然后暂停，当遇到调用子程序指令或函数调用时，则在调用结束后暂停在下一条源代码处。

设置程序指针到当前光标处。

6. GEL 工具栏

GEL 工具栏(GEL Toolbar)提供了执行 GEL 命令的快捷方式,可以在文本框中输入 CCS 内嵌的 GEL 命令，也可以用于执行自己定义的已经下载的 GEL 函数，具体应用如下。

(1) 在 GEL 工具栏中输入 CCS 内嵌 GEL 命令：GEL_Run()。

(2) 单击 GEL 工具栏中的运行按钮。

(3) CCS 将执行 GEL_Run( ) 函数，运行当前下载的可执行程序。

7. DSP/BIOS 工具栏

DSP/BIOS 工具栏(DSP/BIOS Toolbar)提供 DSP/BIOS 工具访问的快捷方式，具体每个工具的应用可参见第 5 章基于 DSP/BIOS 的程序设计。

8. 多步操作工具栏

多步操作工具栏(Multiple Operations Toolbar)中，在下拉列表框中提供多个常用汇编/源程序调试命令，命令功能可以参看汇编/源代码工具栏、Debug 工具栏的命令项，其最大不同之处在于可以设置每次运行调试时执行的指令数，默认为 1，可以修改为更大的数，单击多步运行工具图标，将按命令功能执行设置的执行次数后暂停。

9. 观察窗口工具栏

观察窗口工具栏(Watch Toolbar)提供 Watch Window、Quick Watch 两个工具按钮，对应 View 菜单的 Watch Window、Quick Watch 命令，提供观察窗口用于查看变量、表达式等的值。

3.4　CCS 应用程序设计初步

CCS 的主要功用是在选用的开发平台上集成化地开发、调试 DSP 程序，采用 CCS 开发设计 DSP 程序的一般流程如图 3.13 所示，主要包括建立工程、设计源文件、设计 CMD 文件、编译、链接和生成 DSP 程序等过程。注意，CCS 中如果采用 DSP/BIOS 进行目标程序设计，流程和图 3.13 稍有区别，具体见本书第 5 章基于 DSP/BIOS 的程序设计。

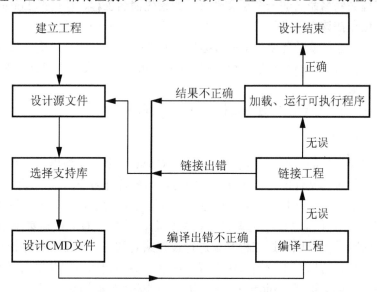

图 3.13　CCS 程序设计一般流程

3.4.1 CCS 中的工程

CCS 和 Visual C++、Delphi 等常用开发软件一样,采用工程对 DSP 程序设计过程中的相关文件和编译链接选项设置进行管理,便于用户对设计任务进行管理、调试。在 CCS 中一个工程包括源文件、支持库文件、链接配置文件、编译链接选项等信息,工程编译链接后将生成可执行的 COFF 文件,该可执行的 COFF 文件是扩展名为.out 的文件。

1. 建立工程

选择 Project→New 命令,将出现图 3.14 所示的对话框,采取如下操作。

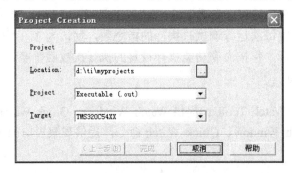

图 3.14 "建立工程"对话框

(1) 首先应确定工程要保存的位置,单击 Location 文本框后的"浏览"按钮打开路径选择对话框,可以选择目标路径,其选定的路径出现在 Location 的文本框中,也可以直接在文本框中输入工程要保存的路径,如果路径不存在将自动创建。

(2) 在 Project 项后的文本框中输入工程名,要求采用英文字母和数字组合命名且命名要符合规范,即以英文字母开头并由字母、数字、下划线组成,此时会在 Location 的位置自动加上以工程文件名命名的一个子文件夹。如果先命名工程,再选择 Location 位置,则工程文件直接保存在该文件夹下。

(3) Project 项进行编译链接后工程目标形式的选择,包括两种形式:可执行文件形式(Executable)和库文件(library)形式。默认可执行文件形式,如果要生成支持库文件(*.lib),可以选择库文件形式。

(4) 在 Target 下拉列表框中进行目标 DSP 的选择。

2. 工程打开和关闭

若要打开已经建立的工程,可选择 Project→Open 命令,在弹出的"打开工程"对话框中选择要打开的工程文件即可。在 CCS 中可以同时打开多个工程,而刚打开的工程为活动工程。所谓活动工程是指 CCS 可以进行编译、链接的工程。如果要设置某个工程为活动工程,可以先在工程窗口中选择该工程文件名,然后在右键快捷菜单中选择 Set as Active Project 命令,也可以通过工程菜单进行设置或者利用工程工具栏进行设置。

若要关闭工程,可以在工程窗口中选择工程名,然后调用右键菜单选择 Close 命令来关闭工程。注意,如果选择 Project→Close 命令,则关闭当前活动工程。

3. 工程中文件的加入和移除

当一个文件保存或者复制到工程文件夹时，该文件还不是工程的一部分，需要用户主动地把该文件加入到工程，方法是在工程窗口中选择要加入文件的工程名，然后在右键菜单中选择 Add Files 命令，弹出"选择文件"对话框，选择需要添加的文件。用户也可以选择 Project→Add Files to Project 命令，将选择的文件加入到当前活动工程中。

若要从工程中移除一个文件，可以在工程窗口中选中该文件，调用右键快捷菜单选择 Remove from Project 命令即可，该命令仅仅是把该文件从工程中移除，并不删除存储器上的该文件。

实际上工程文件是一个文本文件，用户可以通过文本文件编辑器对工程文件的一些设置进行修改。选择要编辑的工程文件名，调用右键快捷菜单中的 Open for Editing 命令，即可以采用文本方式查看工程文件的设置。

3.4.2　源程序文件建立

DSP 程序设计的一个关键是源程序文件的设计，用户可以利用 C 语言或汇编语言进行设计。CCS 支持多种形式的源程序文件开发，选择 File→New→Source File 命令，打开新文档设计窗口，也可以单击标准工具栏上的 图标或者按快捷键 Ctrl+N 完成。新建立的文档在默认情况下没有扩展名，故无法对输入语句根据某个语法进行颜色划分。建议先保存该文档为源程序文件(例如*.c)，这样，不仅可以在编辑时对输入语句按语法进行颜色划分，而且可使用 CodeMaestro 技术。CodeMaestro 技术编辑源文件时具有以下功能。

(1) 自动完成单词。在编辑过程中，输入一个单词足够多字符后，编辑器会自动向用户推荐要输入的单词，此时按 Tab 键可以选择该推荐单词。用户也可以在输入一个单词的前几个字符后，按 Tab 键将显示一个推荐单词的列表，用户可以选择要输入的单词，选中后可以按 Tab 键、Enter 键或空格键来完成该单词的输入，若使用空格键将会在单词后输入一个空格。

(2) 显示函数信息。如果输入 C 语言的一个函数，当输入"("后，编辑器将自动显示函数说明信息，此时函数的第一个参数高亮显示。如果输入一个","则下一个参数高亮显示。

(3) 自动列出成员。当输入一个结构体变量或类实例名后再输入个"."，将自动列出其成员，可以直接选择成员完成输入。

(4) 自动纠正大小写功能。在 C 语言中是区分大小写的，当采用自动完成单词、自动列出成员等功能时，编辑器将自动纠正大小写错误，完成关键字的正确书写。

CCS 默认启用 CodeMaestro 功能，可以通过 Option→Customs 命令打开对话框，在该对话框中选择 CodeMaestro 选项卡进行设置，可禁止、启用或配置该功能。源文件编写完成后，推荐保存到建立的工程文件夹中，并需要把该文件主动地加入到工程中。

3.4.3　支持库文件

采用 C 语言进行 DSP 程序设计时，必须使用运行时支持库。CCS 提供两个标准的运行时支持库：rts.lib 和 rts_ext.lib，位置在 CCS 安装目录\C5400\cgtools\lib 文件夹下，同目录下的 rts.src 文件是 rts.lib 的源代码文件。运行时支持库文件包括一个 boot.obj 模块，DSP 程序必须包含该模块，并在运行时首先运行该模块，该模块用于初始化运行环境，其入口点是 c_int00 函数，主要完成以下工作。

(1) 初始化系统堆栈指针。

(2) 初始化全局变量，即用.cinit 段中的初始化表初始化.bss 段中的变量。

(3) 调用 C 语言入口函数 main()函数，执行用户定义的功能。

要使用支持库文件必须把 rts.lib 或 rts_ext.lib 链接到工程中，并且设置链接选项为"-c"。CCS 最早只提供 rts.lib，在推出 C548 芯片以后增加了 rts_ext.lib，两者区别是使用 rts_ext.lib 函数采用远调用方式，目标地址不受 16 位限制，可以超出 64K 字范围，在编译时必须加入编译选项 "-mf"，而且目标 DSP 必须在 C548 以上。在使用 TMS320VC5416 芯片时，可以使用 rts_ext.lib 运行时支持库文件。

3.4.4　链接配置文件

链接配置文件(CMD 文件)是将链接的信息放在一个文件(*.cmd)中，CCS 将源代码(.c 或.asm)编译汇编后生成的.obj 文件转换为.out 文件的转换过程中，系统要求必须有一个链接配置文件。链接配置文件在链接过程中，定义 DSP 的程序和数据空间，然后将程序中的各个段分配到相应的物理存储空间，即对存储空间起配置作用。在 DSP 程序中引入了段的概念，链接时对各个段进行存储空间配置，一个完整的链接配置文件示例如下。

```
-heap 0x400           /* 创建堆的大小，可省略*/
-stack 0x400          /* 创建栈的大小，可省略*/
MEMORY
{
   PAGE 0: P_DARAM03:  origin = 0x100,    len = 0x2700
           P_CODE:     origin = 0x2800,   len = 0x2800
           VECT:       origin = 0x80,     len = 0x80
   PAGE 1: D_DARAM03:  origin = 0x5000,   len = 0x2000
           D_MYDATA:   origin = 0x7000,   len = 0x1000
           D_DARAM47:  origin = 0x8000,   len = 0x8000
}
SECTIONS
{
   .text:             {} > P_DARAM03   PAGE 0
   .myCodeSeciton:    {} > P_CODE      PAGE 0
   .myDataSection:    {} > D_MYDATA    PAGE 1
   .cinit:            {} > P_DARAM03   PAGE 0
   .bss:              {} > D_DARAM03   PAGE 1
   .const:            {} > D_DARAM03   PAGE 1
   .switch:           {} > D_DARAM03   PAGE 1
   .sysmem:           {} > D_DARAM03   PAGE 1
   .stack:            {} > D_DARAM03   PAGE 1
   .cio               {} > D_DARAM03   PAGE 1
}
```

1. 链接配置文件的结构

链接配置文件的结构可分为以下 3 部分。

第一部分称为链接指示部分，对输入输出文件的选择、链接选项等进行设置。这一部分的功能基本上可以使用 lnk500 链接器选项代替，配置文件中可以没有这一部分。

第二部分称为存储空间指示部分，是对目标 DSP 储存空间的说明。在这一部分用户可以配置存储程序和数据空间的起始地址、长度、名称等说明。

第三部分称为段指示部分，是对 DSP 程序中段的配置说明，也就是将程序中所用到的段配置到用户在存储空间指示部分所定义的程序或数据空间的存储区域中。

对于 DSP 程序中所涉及的段的概念，可将所有的段分为两类：已初始化段和未初始化段。C 语言经编译后生成 4 个已初始化段，3 个未初始化段。

(1) 4 个已初始化段.text 段、.cinit 段、.const 段和.switch 段，放置数据表和可执行代码。其中.text 段中包含所有可执行的代码以及常量；.cinit 段中包含未用 const 声明的外部或静态数据表；.const 段中则包含已用 const 声明的外部或静态数据表以及字符串常量。.switch 段仅在 C 程序使用 switch 语句时产生，用于存储多分支选择结构入口条件值。

(2) 3 个未初始化段.bss 段、.stack 段和.sysmem 段，在存储器(通常为 RAM)中分配空间，用于 DSP 程序运行时创建和存储变量。其中，.bss 段用于为全局和静态变量分配空间，在 DSP 程序开始执行时，由引导程序将.cinit 段中的已初始化数据复制到.bss 段中；.stack 段用作程序的系统堆栈，向被调函数传递参数并为局部变量分配空间，大小可用-stack 来定义；.sysmem 段用作堆的存储空间，当 C 语言中采用 malloc、calloc、realloc 等命令动态申请存储空间时，在.sysmem 段中分配，大小可用-heap 来定义。

在上述 C 语言产生的 7 个常用段中，.text 段和.cinit 段被固定链接至程序空间，存储器类型可以是 ROM 或 RAM；.bss 段和.stack 段被固定链接至数据空间，存储器类型只能是 RAM；而.const 段的使用则较为灵活，它被固定链接至数据空间，但存储器类型可以是 ROM 或 RAM，这有别于.cinit 段；.cinit 段被链接至程序空间，程序执行时再被复制到数据空间的.bss 段中。

在 C 语言中也可以利用宏自定义段，将指定的函数或变量存放于该段，并在链接配置文件中配置到具体的存储空间。

(1) #pragma DATA_SECTION(in,".myDataSection")宏表示将 in 变量链接进入数据空间的.myDataSection 段。

(2) #pragma CODE_SECTION(DFT,".myCodeSeciton")宏表示将 DFT 函数链接进入程序空间的.myCodeSection 段。

2. 链接配置文件的编写

链接配置文件的编写涉及对 DSP 芯片存储空间的管理，下面将以 C5416 为例对存储空间配置进行说明。TI C54x DSP 芯片一般都有 ROM 和 RAM 物理存储器，其 ROM 为掩模 ROM，一般不能存储用户程序。如果用户需要将程序存储到掩膜 ROM，必须向 TI 公司申请，要求在生产芯片时将用户程序存储到掩膜 ROM 中，费用较高。但是该 ROM 中带有一些 TI 公司固化的程序，例如 BOOTLOAD 程序和中断矢量表，用户可以直接选用。C5416 最多可以扩展到 128 页存储空间，DSP 程序中使用的存储空间都需要在配置文件中进行定义。

1) 链接指示部分

主要定义输出文件信息、链接选项设置等内容，由于可以利用 CCS Project 菜单中的 Build Option 命令进行定义，可以省略。为了定义 DSP 程序中堆和栈的大小，一般保留-heap 和-stack 项，该项后的数字代表定义的堆和栈的大小。

2) 存储空间指示部分

链接器需要确定输出各段放在存储空间中的位置。要达到这个目的，首先应当定义目标 DSP 的存储器模型，MEMORY 伪指令就是用来规定目标 DSP 的存储器模型，用于指定 DSP 程序可以使用的程序空间和数据空间的寻址范围。MEMORY 伪指令在链接配置文件中的书写方式为：以大写 MEMORY 开始后面跟着由大括号括起来的一系列存储区间说明。每一个存储区间具有一个名称、起始地址以及存储器的长度。

MEMORY 伪指令的一般语法如下。

```
MEMORY
{
PAGE 0:
Name0[attr]: origin = constant, len = constant,[fill=constant]
PAGE 1:
Name1[attr]: origin = constant, len = constant,[fill=constant]
}
```

说明：

(1) PAGE：对一个存储空间加以标记，通常 PAGE 0 为程序空间，PAGE 1 为数据空间。

(2) Name：对一个存储区间命名。一个存储器名字最多可以包含 8 个字符，由"A~Z、a~z、$、_"构成。对链接器来说，这个名字并没有什么特殊的含义，仅用于标记存储区间寻址范围。由于存储区间名字都是内部记号，因此，不需要保留在输出文件或者符号表中。不同 PAGE 上的存储区间可以取相同的名字，但在同一 PAGE 内的名字不能相同，且各个存储区间不允许重叠。

(3) attr：这是一个任选项，为命名区规定 1~4 个属性。如果有选项应写在括号内，属性一共有如下 4 项。

① R：规定可以对存储器执行读操作。

② W：规定可以对存储器执行写操作。

③ X：规定存储器可以装入可执行的程序代码。

④ I：规定可以对存储器进行初始化。

任何一个没有规定属性的存储空间都有全部 4 项属性。

(4) origin：规定一个存储区间的起始地址。以 origin、org 或 o 表示，这个值可以用十进制数、八进制数或十六进制数表示。

(5) len：规定一个存储区间的长度，以 length、len 或 l 表示，可以用十进制数、八进制数或十六进制数表示。

(6) fill：为存储器区间指定一个填充属性，以 fill 或 f 表示。该值可以用十进制数、八进制数或十六进制数表示。fill 值用来填充没有分配给段的存储器区间。

3) SECTIONS

SETIONS 指令的任务有：说明如何将输入段组合成输出段；在可执行程序中定义输出段；指定输出段在存储空间中的存放位置，包括各段的相互关系以及在整个存储空间中的位置；允许重新命名输出段。SECTIONS 指令的一般语法格式如下。

```
SECTIONS{
.vectors: {} > VECT PAGE 0
.text: {} > P_DARAM03 PAGE 0
.bss: {} > D_DARAM03 PAGE 1
}
```

说明：

(1) .text:{} > P_DARAM03 PAGE 0，表示将程序中的 .text 段放在 PAGE 0 的 P_DARAM03 程序空间中。

(2) .bss:{} > D_DARAM03 PAGE 1，表示将未定义的数据段放在 PAGE 1 的 D_DARAM03 数据空间中。

注意： 链接配置文件仅对程序空间和数据空间起配置作用，DSP 程序的各个段具体存储于哪些物理存储器中取决于 PMST 的 MP/MC 位、OVLY 位和 DROM 位决定的存储空间映射情况。实际的开发平台具有实际的物理存储器 RAM 和 ROM，应根据系统存储空间映射情况进行相应的配置。

编写好链接配置文件后，保存在当前工程目录下，然后需要将链接配置文件加入到工程中，这样才能被工程管理，在链接时使用。以本节开始的示例链接配置文件为例，其存储空间配置情况如图 3.15 所示，链接生成的 DSP 程序段按 CMD 文件指示配置至对应寻址范围。当 DSP 程序初始化后，若 PMST 寄存器的 MP/MC=0、OVLY=1、DROM=1，根据存储空间映射关系，DSP 程序的各个段应设至 TMS320VC5416 的 DARAM 对应地址中。其中，Register 是 DARAM 的保留区域，为内部寄存器存储区域。

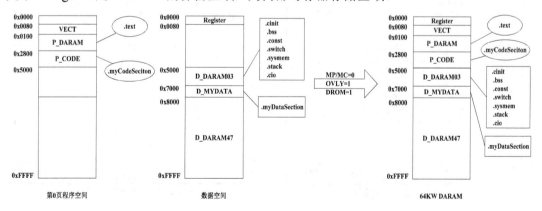

图 3.15　示例程序的存储空间配置和映射

3.4.5 编译与链接

CCS 中通过编译器、汇编器、链接器的操作,生成可执行的目标程序(*.out),其中编译器、汇编器操作由编译指令一并完成,生成 DSP 程序的过程可以简称编译链接过程。编译链接可以采用以下方法。

(1) 选择 Project→Compile File 命令或单击 Project 工具栏上的 █ 按钮,可以编译、汇编当前工程中活动的源文件(例如*.c 和*.asm 文件),每个文件被编译汇编成 COFF 格式的扩展名为.obj 的文件,该命令并不执行链接命令,不生成 out 文件。

(2) 选择 Project→Build 命令或单击 Project 工具栏上的 █ 按钮,CCS 将比较每个源文件和对应的 obj 文件的时间戳,如果源文件的时间戳大于 obj 文件,则对该文件进行编译,否则不处理。然后比较每个 obj 文件和可执行的 out 文件的时间戳,如果有 obj 文件时间戳大于 out 文件的时间戳,则重新链接生成新的 out 文件。为了减少增量编译时间,CCS 保存工程文件时,产生一个编译链接信息文件(扩展名为.paf),利用该文件记录的编译链接信息可以决定是否重新编译链接工程,该文件在每次编译链接后自动更新。

(3) 选择 Project→Build All 命令或单击 Project 工具栏上的 █ 按钮,立刻重新编译链接当前工程,重新生成可执行的 out 文件。

在执行编译链接过程中必须设置编译链接选项,CCS 已经对编译链接选项做了默认配置,用户可以利用这些默认选项完成工程的编译链接,但很多情况下需要用户根据需要进行修改定制。用户可以通过选择 Project→Build Options 命令,或在工程窗口中选择工程文件名后调用右键菜单的 Options 命令,调出"编译链接选项"对话框进行相应设置,其中"编译链接选项"对话框如图 3.16 所示,图中最上部文本框中显示编译、链接的信息,支持手动输入编译链接选项字符串,推荐利用图中下部的提示选项生成该字符串。

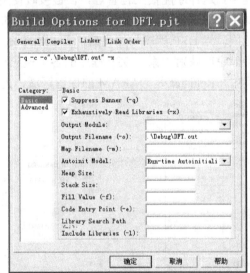

(a) "编译选项"对话框   (b) "链接选项"对话框

图 3.16 Build Options 对话框

(1) 在图 3.16(a)所示的"编译选项"对话框中，主要定义 8 类选项页：Basic、Advanced、Feedback、Files、Assembly、Parser、Preprocessor、Diagnostics，各类选项页主要功能如下。

　　① Basic 选项页，可以设置基本的编译选项，主要选项如下。

　　Processor Version：指定处理器类型，可以输入 541、542、543、545、545lp、546lp、548、549 等。一般不用填写，需要可在文本框输入 548 等，将在上部显示的编译选项字符串中加入-v548 字符串。

　　Opt Level：定义优化方式，Debug 版本时默认 None 项，Release 版本时默认 Function 项，具体选项功能如下。

　　(a) None：不进行优化。

　　(b) Register(-o0)：将变量分配到寄存器实现优化。

　　(c) Local(-o1)：使用-o0 优化外，执行去除未使用的赋值等优化。

　　(d) Function(-o2)：使用-o1 优化外，执行循环优化、去除全局未使用的赋值等优化。

　　(e) File(-o3)：使用-o2 优化外，执行去除未调用函数等优化。

　　Program Level Opt：定义程序级的优化方式，Debug 版本和 Release 版本都默认是 None 项，各选项功能如下。

　　(a) None：不执行程序级优化。

　　(b) No External Refs：没有从外部可调用的函数和变量。

　　(c) No External Func Refs：有从外部可以修改的变量，没有从外部可调用的函数。

　　(d) No External Var Refs：没有从外部可以修改的变量，有从外部可调用的函数。

　　(e) External Func/Var Refs：有外部可调用的函数和变量。

　　② Advanced 选项页，可以设置一些高级的编译选项，主要选项如下。

　　RTS Modifications 具有 3 种模式。

　　(a) Defns no RTS Funcs：用户源文件中不能声明或改变运行时支持库中的函数。

　　(b) Contains RTS Funcs：通知优化器用户文件声明了一个与标准库函数同名的函数。

　　(c) Alters RTS Funcs：通知优化器用户文件改变一个标准库函数。

　　Auto Inlining Threshold (-oi)：文本框中填写一个数字，该数字指定一个门限，编译器将长度小于该门限的函数认作内联函数。编译时，编译器将调用内联函数的语句用该内联函数的函数体直接代替，执行可以减少调用时间，本质上是用存储空间来换取执行时间的方法。

　　Optimize for Space (-ms)：选中则优化代码空间。

　　Use Far Calls (-mf) (C548 and higher)：使用远调用，当使用 rts_ext.lib 时必须选中。

　　Use Near Calls (no -mf)：默认选项，使用 rts.lib 时选中，不支持远调用。

　　③ Assembly 选项页，设置汇编选项，主要选项如下。

　　Keep generated .asm Files (-k)：选中后，可以保留编译器产生的汇编文件，否则在汇编完成后自动删除汇编文件。

　　Generate Assembly Listing Files (-al)：选中后，编译器产生一个汇编列表文件，扩展名为.lst。

　　Keep Labels as Symbols (-as)：选中后，编译器将标号放入符号表中。

Make case insensitive in asm source (-ac)：选中后，汇编时对汇编源文件中大小写不敏感。

Algebraic assembly (-amg)：选中后，汇编源文件中用代数语言指令。

Pre-Define NAME (-ad)：在文本框中设置符号名，相当于在汇编文件开始插入 name .set [value]，若 value 默认，则置为 1。

Undefine NAME (-au)：取消预定义的常量名。

copy File (-ahc)：汇编器将指定的文件复制到汇编模块。

include File (-ahi)：汇编器将指定的文件包含到汇编模块。

④ Preprocessor 选项页，设置预处理的相关选项，主要选项如下。

Include Search Path (-i)：指定包含文件的路径，设置多个路径时要用分号分隔。当包含文件没有在当前路径找到时，编译器开始从这些路径以从左到右的顺序搜索该文件。如果还没有寻找到该文件，编译器到 C_DIR 环境变量定义的路径继续进行搜索。

Define Symbols (-d)：为预处理器定义指定的常量，这等价于在 C 源文件开始处用 #define 宏指令定义的常量。

Undefine Symbols (-u)：取消指定的预定义常量。

⑤ Diagnostics 选项页，用于设置诊断信息的相关选项，主要选项如下。

Output Diagnostics to .err File (-pdf)：选中后，编译器将诊断信息输出到一个扩展名为.err 的文件。

Display Diagnostic Identifiers (-pden)：选中后，输出显示诊断的数字标识符及文本信息。

Warn on Pipeline Conflicts：选中后，可以显示流水线冲突信息。

(2) 在图 3.16(b)所示的"链接选项"对话框中，主要定义两类选项页：Basic、Advanced，各类选项页的主要功能如下。

Output Filename (-o)：指定输出文件名称，默认使用工程文件名。

Map Filename (-m)：指定 map 文件名称，默认使用工程文件名。

Heap Size：指定堆的大小。

Stack Size：指定栈的大小。

Fill Value (-f)：指定输出文件中空余处的填充值。

Include Libraries (-l)：指定链接时要使用的库文件，用 C 语言编写 DSP 程序时可在此处填写运行时支持库 rts.lib 或 rts_ext.lib。

3.4.6　下载并运行 out 文件

如果一个工程编译链接无误，将生成一个默认和工程名一致的可执行的文件(.out 文件)，可以选择 File→Load Program 命令将该 out 文件下载进入开发平台的程序空间，即可运行 DSP 程序并观察运行结果。如果结果不符合要求，需要对程序进行调试，调试方法参见第 4 章，而调试后重新编译链接生成的 DSP 程序可以通过选择 File→Reload Program 命令直接下载。

3.5　信号频谱分析的 DSP 实现

在数字信号处理应用中，主要采用时域分析处理和频域分析处理两种方法，其中频域是区别于时域的另一种数据域。一般实际信号都可以表示成各种正弦波的叠加形式，其中有些谐波成分的能量较大，有些则较小。频域分析的目的是获取信号的正弦谐波分布范围以及各谐波的能量大小和延迟信息，从而更加全面地分析信号的特征，为进一步地处理、传输和分类识别等提供基础。

在数字信号处理频域分析处理方法中，采用的主要手段是离散傅里叶变换(Discrete Fourier Transform，DFT)方法，离散时间信号通过离散傅里叶变换得到的频谱(Spectrum)是周期性频谱，是相应连续时间信号频谱的一种周期性延拓，并具有对称性。离散傅里叶变换得到的频谱是一个复数值，由实部和虚部构成。频谱可以用幅度和相位表示，分别称作幅度谱(Magnitude Spectrum)和相位谱(Phase Spectrum)。实际应用中大部分情况下感兴趣的是幅度谱，因为其中包含了信号频域的主要特征信息，如频谱峰值和谷点等。

3.5.1　离散信号傅里叶变换的定义

N 点离散信号 $x(n)$ 的离散傅里叶变换定义式(3-1)：

$$X(k) = \sum_{n=0}^{N-1} x(n) \mathrm{e}^{-\mathrm{j}\frac{2\pi}{N}nk} \qquad 0 \leqslant k \leqslant N-1 \tag{3-1}$$

通过离散傅里叶变换 DFT，时域信号 $x(n)$ 被转化为频域分布信号 $X(k)$，$X(k)$ 是一个随频率变化的复数。信号 $x(n)$ 的离散傅里叶变换 $X(k)$ 在实际应用中的一个通常叫法是频谱，即一系列随频率而变化的值，反映了信号的频域分布和变化规律。将离散时间傅里叶变换 $X(k)$ 用复数表示成式(3-2)或相应的极坐标形式(3-3)，它们的关系可以由式(3-4)和式(3-5)表示。

$$X(k) = \mathrm{Re}[X(k)] + \mathrm{j}\mathrm{Im}[X(k)] = X_{\mathrm{r}}(k) + \mathrm{j}X_{\mathrm{i}}(k) \tag{3-2}$$

$$X(k) = |X(k)| \mathrm{e}^{\mathrm{j}\theta_X(k)} \tag{3-3}$$

$$|X(k)| = \sqrt{X_{\mathrm{r}}^2(k) + X_{\mathrm{i}}^2(k)} \tag{3-4}$$

$$\theta_X(k) = \arctan\left\{\frac{X_{\mathrm{i}}(k)}{X_{\mathrm{r}}(k)}\right\} \tag{3-5}$$

式(3-4)的 $|X(k)|$ 是信号 $x(n)$ 的频率响应幅度谱，而式(3-5)的 $\theta_X(k)$ 为相位谱，它们都是随频率点 k 离散分布的。幅度谱的值随频率的变化不会小于零，相位谱的主值随频率可以在 $(-\pi，+\pi)$ 之间变化。实际应用中，幅度谱包含了信号频域的主要特征信息，被广泛应用。幅度谱是一个对称谱，即频率点 m 点和 $N-m$ 点的幅度谱是相等的。频谱的频率分辨率为 $\dfrac{f_s}{N}$，若频率点坐标为 m，则其对应的频率值由式(3-6)计算得到。

$$f = \frac{f_s}{N} \times m \tag{3-6}$$

3.5.2 DFT 程序设计示例

根据 N 点信号 DFT 幅度谱计算式(3-1)、式(3-4)，编写实现 DFT 频谱分析的 DSP 程序，进行如下操作。

(1) 选择 Project→New 命令，设置保存路径、工程名(如 DFT)，建立一个工程。

(2) 建立 dft.c 源代码文件，保存到当前工程所在的文件夹，然后选择该工程，调用右键菜单 Add Files to Project 命令，将源文件加入到工程中。在文件中构造一个由采样频率 f_s、频率 f_1 和 f_2 两个正弦信号叠加而成的输入信号，注意需要满足采样定理要求。程序完成 N 点 DFT 运算对输入信号进行频谱分析功能。

dft.c 源代码文件内容如下。

```
#include <stdio.h>
#include <math.h>
typedef struct {float re,imag;}COMPLEX;
#define pi 3.1415926
#define N 32
#define F1 4
#define F2 6
#define FS 32
#pragma DATA_SECTION(in,".myDataSection")
#pragma DATA_SECTION(out,".myDataSection")
#pragma CODE_SECTION(DFT,".myCodeSeciton")
void DFT(int *p_in,int *p_out,int n);
int in[N];
int out[N];
main()
{
    int i;
    for (i=0;i<N;i++)
        in[i]=(3.0*sin(2.0*pi*i*F1/FS)+sin(2.0*pi*i*F2/FS))*1024;
    puts("DFT 开始");
    DFT(in,out,N);
    puts("输出结果");
    for (i=0;i<N;i++)
        printf("out[%i]=%i\n",i,out[i]);
    while(1);
}
void DFT(int *p_in,int *p_out,int n)
{
    COMPLEX dft1;
    int i,j;
    float arg;
    for (i=0;i<n;i++)
    {
        dft1.re=0;
        dft1.imag=0;
        for(j=0;j<n;j++)
```

```
        {
            arg=-2*pi*i*j/n;
            dft1.re  += p_in[j]*cos(arg);
            dft1.imag += p_in[j]*sin(arg);
        }
        p_out[i]=(sqrt(dft1.re*dft1.re+dft1.imag*dft1.imag))/512;
    }
}
```

(3) 由于选择 C 语言进行程序开发，必须选用运行时支持库，可以在图 3.16(b)Build Option 对话框 Linker 页的 Include Libraries (-l)项输入 rts.lib。

(4) 编写链接配置文件，可参照 3.4.4 节 CMD 文件示例进行编写，保存到当前工程所在的文件夹，并加入到工程中。

(5) 根据需要调用 Build Options 对话框，对工程的编译、链接选项进行相应的设置，特别注意若选用运行时支持库 rts_ext.lib，必须在 Compiler 选项卡的 Advanced 页中选择远调用(-mf)。本例选用 rts.lib，选用默认的近调用，因此不用对此项进行处理。

(6) 对当前工程进行编译、链接。如果有错误需要对程序进行调试，具体调试方法参见第 4 章内容。如果无误，程序设计完成。

(7) 选择 File→Load Program 命令，选择生成的.out 文件，下载到开发平台中并运行，分析运行结果。观察输出结果中峰值点所在的位置，峰值点 $m=4$ 和 $m=20$、$m=6$ 和 $m=18$ 是对称频谱，按式(3-6)计算可知两个峰值点 $m=4$、$m=6$ 对应的频率值分别为 f_1、f_2。

3.6　CCS5.x 中 DSP 应用程序设计

CCS5.x 是 TI 最新的集成开发环境，目前版本达到CCS5.4。CCS5.x 与 CCS2.x 和 CCS3.x 不同，是基于 Eclipse 开源环境研发的开发环境，可以在 Windows 或 Linux 系统上运行，支持 C6000 多核 DSP 程序的研发和调试。由于 CCS5.x 是基于 Eclipse 的，其软件界面与 CCS3.x 不同，DSP 程序设计方法也有所变化。

3.6.1　DSP 目标平台设置

利用 CCS 研发和调试 DSP 程序离不开目标平台，CCS5.x 也不例外。在 CCS5.1 中选择 File→New→Target Configuration File 命令将弹出一个对话框用于定义目标配置文件名(例如 My5416.ccxml)，确定后进入图 3.17 所示窗口，可按图示选择 DSK5416 作为目标平台。单击 Save 按钮，可以保存配置文件。用户可以选择以下两种方法使用配置文件。

(1) 将配置文件(如 My5416.ccxml)保存在一个工程文件夹下，当该工程被选为当前工程时，选择调试该 DSP 程序时，配置文件将自动启用。

(2) 利用 View→Target Configurations 命令打开 Target Configurations 管理窗口，用户可以利用该窗口提供的 🖼 按钮添加用户自定义的配置文件到管理窗口。选择该配置文件并利用右键快捷菜单选择 Launch Selected Configuration 命令，将启用该文件配置的目标平台并进入 CCS Debug 窗口模式，用户可以根据需要选择 DSP 程序下载，进行调试分析。

图 3.17　DSP 目标平台配置窗口

3.6.2　利用 CCS5.x 实现信号频谱分析

CCS5.x 具有编辑和调试两种窗口界面，可以利用 Edit View 和 Debug View 按钮进行切换，分别用于 DSP 程序编辑和 DSP 程序调试两种情况。根据信号频谱分析的需求，在 CCS5.x 中可以采用如下步骤完成 DSP 程序设计和调试运行。

(1) 启动 CCS 进入 Edit View 模式界面，选择 Project→New CCS Project 命令，设置工程名称(如 DFT)、保存路径、目标芯片、要连接的目标平台等，建立一个工程。其中目标平台选择后，在创建工程同时产生一个目标配置文件(如 TMS320C5416.ccxml)，被默认为该工程的调试用的默认配置。用户可以不选择要连接的目标平台，采用 3.6.1 节方法自主的创建工程使用的目标配置文件。在新建工程界面上，如图 3.18 所示，提供高级设置选项，可选用 CCS 提供的链接配置文件和运行时支持库。如果链接配置文件处选择<none>用户需要编写 CMD 文件。

(2) 建立 3.5 节所示 dft.c 源代码文件，保存到当前工程所在目录。注意，在 CCS5.x 中保存到工程所在目录的源文件自动加入工程。如果源程序文件已经存在，可以采用 Project→Add files…命令利用文件对话框一次选择多个文件加入到当前工程。此时会弹出图 3.19 所示的对话框，询问用户是采用复制方式还是链接方式加入文件到工程。

(3) 建立链接配置文件，使用 3.4.4 节 CMD 文件示例，并保存到工程所在目录。

(4) 采用 3.6.1 节方法建立目标配置文件，并保存到工程所在目录。可以采用 Project→Add files…命令将已存在的目标配置文件加入到工程。

(5) 选择 Project→Properties 命令，将弹出工程属性对话框，可用于工程的编译、链接选项，也可以重新设置目标平台、链接配置文件和选择运行时支持库。

(6) 单击工具栏的 按钮编译、链接生成可执行程序。

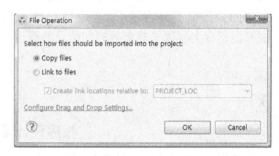

图 3.18　CCS5.x 新建工程界面　　　**图 3.19　加入文件到工程时加入方式选择对话框**

(7) 单击工具栏的 ✿ 按钮，将切换到 CCS 的 Debug View 模式界面并链接配置的目标平台，将当前工程生成的 DSP 程序下载到目标平台。选择 Run 命令，运行该 DSP 程序，其结果如图 3.20 所示，图中峰值点所在的位置与 3.5 节相同，符合 DFT 理论分析结果。

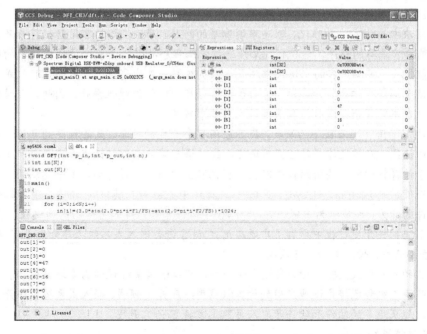

图 3.20　CCS5.x Debug View 界面中 DSP 程序运行结果

小　　结

本章主要介绍 TI 公司的 DSP 程序集成开发环境 CCS(Code Composer Studio)的基本应用方法。首先介绍 CCS 使用的实验开发平台，包括软件仿真器 Simulator、用户评估板、DSK 等，进行安装以及开发平台的连接设置。然后以 TMS320VC5416 DSK 为例，介绍 CCS 的用户界面，包括菜单、工具栏和窗口组成等，以及 DSP 程序开发流程，重点介绍了 CCS 工程中运行时支持库文件的作用、链接配置文件的作用、设计原理，以及在程序编译链接过程中各个编译链接选项的作用。最后以数字信号处理领域的频域分析方法离散傅里叶变换(DFT)为例，具体讲述了如何利用 CCS 来完成 DFT 算法应用，利用 CCS 编写 DSP 程序在开发平台上实现了对离散时间信号的频谱分析。

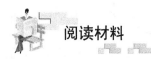

阅读材料

程序设计语言的发展

最早的编程语言是机器语言，程序设计人员采用二进制机器代码编写程序控制计算机系统或嵌入式系统的执行规定的操作。机器语言的特点是可以直接反映计算机系统或嵌入式系统的硬件结构，编写的程序不需要任何处理就可以直接运行。但使用机器语言编写程序对程序设计人员要求较高，需要熟悉大量的机器指令，而且编写的程序难于阅读、难于修改。此外，机器语言是完全针对对应机器的，不同的机器具有不同的机器指令系统，因此，可移植性差。总体来说，机器语言不利于程序开发的普及化。

为了解决机器语言难学难记、程序难读难写的问题，产生汇编语言用助记符号来表示机器语言。汇编语言编写的程序不能执行，必须通过汇编程序将其各个指令翻译成对应的机器指令程序后才能执行。汇编语言的出现使程序设计人员编写程序变得简单，目前在嵌入式系统开发中依然保留汇编语言作为其开发语言。由于汇编语言对硬件依赖性很强，因此，可移植性依然不好，而且在编写复杂程序时对程序设计人员要求较高。

为解决汇编语言编写程序的缺点，提高应用程序开发的效率，改善程序的可读性和可移植性，人们意识到，应该设计一种这样的语言，这种语言接近于数学语言或人的自然语言，同时又不依赖于计算机硬件，编出的程序能在所有机器上通用。经过努力，多个高级语言出现，包括现在广泛使用的 Fortran、BASIC、C/C++、Java、Pascal 等。其中 C 语言具有汇编语言的存取底层硬件的能力，也被称为中级语言，即结合高级语言和汇编语言的功能的编程语言，因此，在嵌入式系统软件开发过程中得到了广泛应用。C 语言进行嵌入式系统程序开发具有以下优点。

1. 语言简洁、使用灵活、普及面广

C 语言的书写形式比较自由，表达方法简洁，可以根据实际逻辑需要编写出相当复杂的程序。目前 C 语言编程已经广泛地应用到计算机应用程序开发领域、嵌入式系统程序开发领域等多个领域，越来越多的软件和硬件开发人员熟悉掌握 C 语言开发。

2. 可移植性好

采用 C 语言编写嵌入式系统应用程序，由于 C 语言对硬件依赖性很弱，同时程序容易理解，将大大提高移植效率。

3. 结构化程序设计

C 语言采用结构化程序设计方法，以函数作为程序设计的基本单位，任何的 C 语言程序都是由若干个函数构成的，这些函数相当于汇编语言中的子程序。在嵌入式系统程序设计中采用结构化的设计方法，有利于多个开发人员的分工合作。

4. 生成的目标代码执行效率高

一般来说，汇编语言程序经汇编后转换成机器语言，生成的目标代码执行效率是最高的。但随着技术的发展，C 语言编写的程序经编译后生成的目标代码执行效率目前已经相当高，达到汇编语言编写程序的 90%以上。因此，采用 C 语言进行嵌入式系统程序开发越来越广泛，当然在一些地方，如要求执行效率极高且 C 语言编写程序无法满足要求时，依然需要采用汇编程序来提高效率。

习　题

1. CCS 软件支持哪些开发平台？开发平台在开发过程中起什么作用？
2. CCS 用户界面一般由几部分构成？各个组成部分的功能是什么？
3. 在 CCS 软件中如何配置一个开发平台，使用户可以应用该开发平台进行 DSP 程序设计？一个 CCS 仅能配置一个开发平台吗？
4. 简述工程文件的作用，不利用 DSP/BIOS 时，用 C 语言设计一个 DSP 程序时，一个工程文件应包含哪些文件？
5. 运行时支持库的作用，CCS 提供了哪些运行时支持库？在使用过程中应注意哪些问题？
6. 链接配置文件的作用是什么？在开发过程中可以不用该文件吗？
7. 在 CCS 中可以设置编译、链接选项，如何设置？选项中设置-mf 的功能是什么？
8. 快速傅里叶变换是离散傅里叶变换的快速算法，试用 FFT 算法对一个信号进行频谱分析。

实验一　DFT 频谱分析

1. 实验目的

(1) 熟悉 CCS 集成开发环境，掌握工程的建立、编译、链接等方法。
(2) 掌握 DFT 的算法原理。
(3) 掌握离散傅里叶变换的 DSP 实现方法。

2. 实验内容

(1) 编写 DFT 函数。
(2) 编写源程序，构造输入信号，调用 DFT 函数，实现输入信号的频谱分析。

(3) 分析输出结果，查看是否和构造的输入信号频率成分相对应。

3. 实验原理

(1) 输入信号的构造方法。

离散时间信号可以由若干个幅值不同的正弦信号叠加而成，单个正弦信号的离散时间表示方式为 $x(n) = \sin(n \times 2\pi \times \dfrac{f}{f_s})$，其中 f 表示信号频率，f_s 表示采样频率。

(2) 离散傅里叶变换公式。

$$X(k) = \sum_{n=0}^{N-1} x(n) \cdot W_N^{kn} \qquad (W_N^{kn} = \mathrm{e}^{-j\frac{2\pi}{N}kn}, \ 0 \leqslant k \leqslant N-1)$$

离散傅里叶变换的目的是把信号由时域变换到频域，在频域分析信号特征，是数字信号处理领域常用的方法。

4. 实验设备

(1) PC 一台。
(2) TMS320VC5416 DSK 一套。

5. 实验步骤

(1) 选择 Project→New 命令，设置保存路径、工程名(如 DFT)，建立一个工程。

(2) 选择 File→New→Source File 命令，建立源代码文件，编写 DFT 函数源代码。

(3) 在源文件中构造一个由采样频率 f_s、频率为 f_1 和 f_2 两个正弦信号叠加而成的输入信号，注意需要满足采样定理要求。

(4) 保存源文件到当前工程所在文件夹，然后在工程窗口选择当前工程，调用右键菜单，选择 Add Files to Project 命令打开一个文件选择对话框，选择刚保存的源文件加入到工程中。

(5)选择 Project→Build Options 命令，打开 Build Options 对话框，在 Linker 选项卡的 Include Libraries (-l)项输入 rts.lib 选用运行时支持库，rts.lib 在编译时使用近调用。

(6) 编写链接配置文件，可参照 3.4.4 节所示的 CMD 文件，保存到当前工程所在的文件夹，并加入到工程中。

(7) 对当前工程进行编译、链接，生成可执行程序。

(8) 选择 File→Load Program 命令，选择生成的.out 文件下载到开发平台中并运行，分析运行结果。观察输出结果峰值点所在的位置，比对构造的输入信号频率，分析设计的 DFT 算法是否正确。

(9) 保存工作区。

6. 实验要求

(1) 提交完整的程序源代码。
(2) 提交实验分析测试数据。
(3) 提交完整的实验报告。

第 **4** 章
DSP 程序的调试与分析

 **本章知识架构**

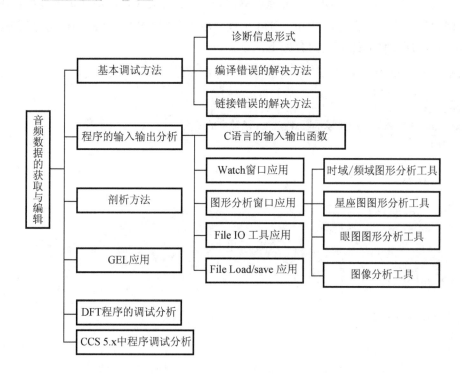

 内 容 要 点

- 哪些是 DSP 程序的基本调试方法？
- DSP 程序可以采用哪些输入/输出分析方法？
- 如何测试分析代码的执行时间？
- 什么是 GEL 以及怎样应用？
- 在 CCS5.x 中如何进行 DSP 程序的调试和分析？

本章介绍 DSP 程序的调试和分析方法。一般来说，CCS 在编译、链接过程中会对工程中的各个源文件、库文件、链接配置文件进行诊断并输出诊断信息(即问题信息)，同时程序运行过程中也会出现输出不符合要求等问题。因此，常常把程序设计过程遇到的问题分为 3 类：编译警告和错误、链接警告和错误、运行结果错误。如何快速有效地查找到问题出处并修正这些问题，是达到研发要求的关键。其中，编译警告和错误、链接警告和错误常常具有共性问题，可以采用基本调试方法进行定位解决，但运行结果错误则需要具体问题具体分析。

为判断运行结果是否符合要求，常用方法是输入一个已知信号，然后分析输出信号是否符合要求。CCS 提供相应的输入/输出工具，如 File I/O、GEL 等技术可以模拟实际应用信号的输入，对采用算法处理后的结果进行输出分析。CCS 还提供图形分析工具，可以显示输入/输出信号的图形，使用户直观地观察信号。本章在第 3 章离散傅里叶变换程序的基础上，修改其源程序文件后建立 dft_CH4 工程，用于介绍 DSP 程序的调试与分析方法。

dft.c 源程序文件修改后的内容如下。

```c
#include <stdio.h>
#include <math.h>
#include "dft.h"
#define FILEIO   //可以屏蔽 dataIn 函数中的赋值
main()
{
    while(1)
    {
        dataIn() ;
        processing(in);
    }
}
void dataIn()
{
#ifndef FILEIO
int i;
for (i=0;i<N;i++)
in[i]=(3.0*sin(2.0*pi*i*F1/FS)+sin(2.0*pi*i*F2/FS))*1024;
#endif
}
void DFT(int *p_in,int *p_out,int n)
{
    COMPLEX dft1;   int i,j;    float arg;
    for (i=0;i<n;i++)
    {
        dft1.re=0;       dft1.imag=0;
        for(j=0;j<n;j++)
        {
```

```
            arg=-2*pi*i*j/n;
            dft1.re += p_in[j]*cos(arg);
            dft1.imag += p_in[j]*sin(arg);
        }
        p_out[i]=sqrt(dft1.re*dft1.re+dft1.imag*dft1.imag)/512;
    }
}
void processing(int *input)
{
 int n=N, x;
 while(n--) {
    x=*input*gain;
    *input++=x;
    }
 DFT(in,out,N);
}
```

新增 dft.h 头文件的内容如下。

```
typedef struct {float re,imag;}COMPLEX;
#define pi 3.1415926
#define N 32
#define F1 4
#define F2 6
#define FS 32
#pragma DATA_SECTION(in,".myDataSection")
#pragma DATA_SECTION(out,".myDataSection")
#pragma CODE_SECTION(DFT,".myCodeSeciton")
void DFT(int *p_in,int *p_out,int n);
void dataIn();
void processing(int *input);
int in[N],out[N];
int gain=1;
```

调试和分析过程中，可以采用 File I/O 等工具将计算机存储的信号数据输入到 DSP 的目的存储区域，并读取 DSP 的输出结果进行对比分析，验证算法的有效性。

在 DSP 实际开发过程中，应用程序的处理速度也是需要考虑的问题。CCS 提供一个 Profiler 工具，可以分析一条指令、一段指令、一个函数等的指令周期数等指标，借助该工具可以分析程序的耗时，在程序设计时就把处理速度问题考虑进去。

此外，CCS 为增强调试功能还提供 GEL(General Extension Language，通用扩展语言)应用。GEL 可以用来扩展 CCS 的功能，配置 CCS 连接的实验开发平台中 DSP 的存储器等。用户可以自定义 GEL 文件，也可以调用自定义的 GEL 函数或 CCS 自带的 GEL 函数，方便程序调试。

4.1 DSP 程序的基本调试方法

在第 3 章信号频谱分析程序设计中，理想情况下可以一次编译链接通过，生成的目标程序运行后可以看到信号频谱分析的结果。但通常情况下，在编译链接过程中或多或少会遇到问题，快速地解决这些编译链接中遇到的问题，可以提高 DSP 程序开发效率。实际应用中问题常常可以分为 3 类：编译警告和错误、链接警告和错误、运行结果错误。在程序基本调试方法中，主要介绍编译链接中问题的一些常用分析解决方法，可以用于快速地定位、分析、解决实际问题。

4.1.1 诊断信息形式

在 CCS 中对一个工程进行编译时，CCS 会对整个工程中包含的文件进行诊断，如果存在问题将输出诊断信息。当编译器检测到一个警告或错误可疑信息时，会显示如下格式的诊断信息。

```
"dft.c", line n: diagnostic severity: diagnostic message
```

(1) "dft.c"是涉及的源文件名，line n 指出诊断信息出自源文件中的第几行。

(2) diagnostic severity：诊断信息严重程度描述，分为以下几个级别。

① fatal error：问题非常严重以致编译器不能继续进行编译。如果有多个源文件进行编译时，位于此文件之后要编译的文件将不被编译。产生这种错误的原因有命令行错误、内部错误或找不到包含文件等。

② error：指出源程序语法错误，编译器会继续编译但不会生成目标代码。

③ warning：警告，表示内容合法但存在可疑性，编译继续进行，可生成目标代码。

④ remark：比警告级别还低，表示内容合法、可能是需要的，但需要检查。编译继续执行并生成可执行代码。默认情况下 remark 不输出，需要使用-pdr 编译选项来使能 remark 输出。

(3) diagnostic message：诊断消息，即问题的描述。例如在 ""dft.c", line 5: error: a break statement may only be used within a loop or switch" 诊断信息中，其诊断消息表明是 break 语句使用出错，它仅能用于循环或 switch 语句中。如果在源文件中一行存在多个诊断信息，输出窗口将依次显示各个诊断信息且每次都显示确切的行信息。

4.1.2 编译警告和错误及其解决方法

在 DSP 程序编译过程中，编译器将对工程中各个源文件进行诊断，输出诊断信息。图 4.1 显示了编译过程中常见的一些问题的诊断信息。

```
Output                                                          ×
----------------------- DFT.pjt - Debug ----------------------- ▲
"d:\ti\c5400\cgtools\bin\cl500" -g -q -fr"D:/mydsp/DFT2/Debug" -d"_DEBU
[dft.c]
"dft.c", line 3: fatal error: could not open source file "dft.h"
1 fatal error detected in the compilation of "dft.c".
Compilation terminated.

Build Complete,
  1 Errors, 0 Warnings, 0 Remarks.                              ▼
◄◄ ◄ ► ►►  Build /         ◄ ►
```

(a) 头文件出错

```
Output                                                          ×
----------------------- DFT.pjt - Debug ----------------------- ▲
"d:\ti\c5400\cgtools\bin\cl500" -g -q -fr"D:/mydsp/DFT2/Debug" -d"_DEBUG" -mf -v548
[dft.c]
"dft.c", line 9: error: expected a ";"
"dft.c", line 16: error: identifier "n" is undefined
"dft.c", line 35: error: declaration may not appear after executable statement in b
"dft.c", line 35: error: expected a "}"
4 errors detected in the compilation of "dft.c".               ▼
◄◄ ◄ ► ►►  Build /         ◄ ►
```

(b) 语法错误

```
Output                                                          ×
------------ DFT.pjt - Debug ------------                       ▲
ols\bin\cl500" -g -q -fr"D:/mydsp/DFT2/Debug" -d"_DEBUG" -mf -v548 -@"Debug.lkf" "d

 error: declaration is incompatible with previous "processing" (declared at line 9)
in the compilation of "dft.c".                                 ▼
◄◄ ◄ ► ►►  Build /         ◄ ►
```

(c) 函数调用规则问题

图 4.1　DSP 应用程序编译过程常见错误

在图 4.1(a)中，CCS 输出窗口用红色显示"could not open source file "dft.h""诊断信息，该错误是一个"fatal error"，在该行红色错误提示上双击，光标会自动移动到该诊断信息对应的语句。所有的编译警告、错误都可以采用双击方法进行源程序快速定位。诊断信息提供出现问题的文件及其源代码行数，用户也可以自己查找。本例中双击该错误提示行，光标将定位在"#include "dft.h""语句，该条语句是 C 语言中的宏语句，用于在预编译时将 dft.h 内容代替源程序中该语句，该语句的文件搜索顺序如下。

(1) 搜索 dft.c 所在文件夹。

(2) 如果没有找到，搜索 CCS 定义的默认路径。

该头文件由用户自己定义，应该选择保存在工程所在文件夹下。如果没有保存该文件且保存位置不在 CCS 的搜索路径内，会产生该错误，致使 CCS 中断编译。

在图 4.1(b)中，显示的是 4 个语法错误。在输出窗口第 1 个错误提示语句上双击，可定位在"processing(in)"语句处。编译系统对错误的诊断依据上下文来完成，该错误信息是缺少分号，需要在上一行末加上分号。双击第 2 个错误提示信息，光标定位在 dataIn 函数体中的"for (i=0;i<n;i++)"，错误信息是 n 没有定义，这里需要用户查看程序逻辑，不能仅是简单地对 n 进行定义，实际上这里应使用 dft.h 头文件中进行宏定义的 N。双击第 3、第 4 个错误提示信息，都会定位在"void processing(int *input)"处，关键错误信息是缺少一个"}"，可以利用编辑工具栏的 ◥、◥、◨、◨ 工具图标来进行匹配查找工作，在正确的位置加上"}"。

图 4.1(c)显示"declaration is incompatible with previous "processing" (declared at line 9)",这是一个函数声明与调用之间的问题。C 语言规定函数必须先声明后调用,当 processing 函数定义在 main 函数之后时,必须在 main 函数前声明该 processing 函数。解决方法有以下两种。

(1) 把 processing 函数定义放在 main 函数之前。

(2) 在 main 函数之前加入 procesingg 函数的函数原型声明,即在 main 函数之前加入"void processing(int *input);"语句。

在编译过程中,如果在工程中没有加入 CMD 文件,编译器将在输出窗口输出警告信息"warning: The project has no cmd file while the Text Linker is selected"。用户必须在工程中加入 CMD 文件,否则虽然可以生成可执行的 out 文件,但由于没有 CMD 文件指定编译链接生成的各个段的存储空间分配方式,使用 Load Program 命令下载该 out 文件后,该DSP 程序在实验开发平台不能正常运行。

此外,当出现""dft.c", line 22: warning: variable "t" was declared but never referenced"诊断信息时,该警告通知一个变量被声明但没有使用,一般来说这不会影响程序的运行。但由于 DSP 程序中的变量在目标 DSP 中都要分配空间,而 DSP 的空间不像计算机有很大空余,因此,建议删除该变量定义以节省空间。

4.1.3 链接警告和错误及其解决方法

编译通过之后,CCS 将把工程中的 COFF 文件(obj 文件)、库文件(lib 文件)、链接配置文件(CMD 文件)进行链接,生成可执行的 COFF 文件(out 文件)。在链接过程中 CCS 将进行诊断,如果有问题会输出诊断信息,即链接警告或错误信息,常见问题如图 4.2 所示。

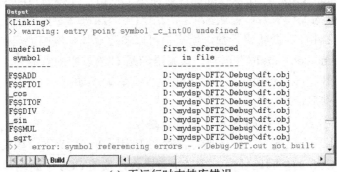

(a) 无运行时支持库错误

(b) 使用 rts_ext.lib 没有采用远调用警告

图 4.2　链接警告或错误信息

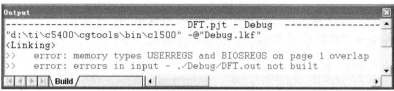

(c) 链接配置文件出错错误信息

图 4.2　链接警告或错误信息(续)

在图 4.2(a)中，输出的红色诊断信息 "warning：entry point symbol _c_int00 undefined" 显示工程没有入口函数 c_int00 定义，可判定当前工程没有运行时支持库支持，需要将运行时支持库(rts.lib 或 rts_ext.lib)链接到工程。通过整个错误信息可知，运行时支持库具有以下两个重要功能。

(1) 提供入口函数 c_int00 函数。

(2) 定义 C 语言中调用的函数，如 sin 函数、cos 函数、sqrt 函数等。

在图 4.2(b)中，显示有多个警告信息，每个信息均提示没有使用编译选项-mf，这是工程需要采用远调用模式调用 rts_ext.lib 作为运行时支持库文件的缘故。

在图 4.2(c)中，显示链接配置文件中定义的两个存储器块 USERREGS 和 BIOSREGS 在存储空间上产生重叠，需要重新调整它们的起始地址和长度，使之不再重叠。为充分使用存储空间，一般设计时定义各个存储器空间相连续但不越界。

此外，还有一些 CMD 文件编写错误，例如 ".text: {} > P_DARAM03 PAGE 0" 写作 "text: {} = P_DARAM03 PAGE 0" 造成的链接错误，显示类似 "D:\mydsp\DFT2\link.cmd, line 14: error: syntax error" 的诊断信息。

4.2　CCS 的常用调试工具和命令

CCS 提供常用的调试工具和命令，可以提高 DSP 程序调试和分析的效率。下载 DSP 程序后，可以通过 Debug 菜单或 Debug 工具栏选择调试工具和命令，对程序进行各种调试分析。

4.2.1　常用调试工具

1. Breakpoints：断点

在调试 DSP 程序时，可以在源程序的某条指令前加入断点，在该指令前显示为一个红色圆点。当 DSP 程序运行到断点时，将暂停运行。单击 按钮，DSP 程序从断点处开始继续运行，遇到下一个断点时暂停。DSP 暂停时可以检查程序的运行状态，查看并修改变量、存储器和寄存器的值等，也可以查看堆栈。

设置和清除断点的方法有以下几种。

(1) 选择 Debug→Breakpoints 命令，将在源文件光标当前所在行设置或清除一个断点。

(2) 在 Project 工具栏单击 按钮，将在源文件光标当前所在行设置或清除一个断点。

(3) 按 F9 键，将在源文件光标当前所在行设置或清除一个断点。

(4) 在 Project 工具栏单击 ⊠ 按钮，将清除所有的断点。

2. Probe Points: 探测点

在调试 DSP 程序时，可以在源程序的某条指令前加入探测点，在该指令前显示为一个青绿色菱形点。当程序运行到探测点时暂停，更新与该探测点绑定的窗口，然后自动继续向下运行 DSP 程序。

设置和清除探测点的方法有以下几种。

(1) 选择 Debug→Probe Points 命令，将在源文件光标所在行设置或清除一个探测点。

(2) 在 Project 工具栏单击 ⊠ 按钮，将在源文件光标所在行设置或清除一个探测点。

(3) 在 Project 工具栏单击 ⊠ 按钮，将清除所有的探测点。

其中选择 Debug→Probe Points 命令，将弹出探测点设置窗口，可以设置每个探测点与 File I/O、Watch、图形分析等命令窗口进行绑定。例如设置探测点与 File I/O 工具绑定后，当程序运行到探测点时暂停，可以将主机文件的数据输入到目标 DSP 的存储器，或将目标 DSP 的数据读取到主机上的文件中，然后自动继续向下运行 DSP 程序。

注意：在 CCS3.3 中不提供探测点工具，探测点的功能合并进入断点中。如果在 CCS3.3 中进行 File I/O 时，采用断点代替探测点进行绑定。具体方法是在需要进行 File I/O 的位置定义断点，然后选择 Debug→Breakpoints…命令，在弹出的断点管理窗口中选择该断点并单击 Action 列，即可选择 Read data from file 进行 File input 操作。

4.2.2 常用调试命令

CCS 通过 Debug 菜单和 Debug 工具栏，可以使用下列调试命令。

(1) Run to Cursor 命令或 ⊕ 按钮，程序运行到光标所在位置暂停。

(2) Step Into 命令或 ⊕ 按钮，程序执行当前一条语句后暂停，如果当前语句为函数调用语句，则进入函数体内部单步执行程序。利用该调试命令，可以逐条语句地顺序执行程序，有利于程序运行顺序的分析。

(3) Step Over 命令或 ⊕ 按钮，单步执行程序，当遇到函数调用时跳过函数调用过程，程序暂停在函数调用的下一条语句。

(4) Sept Out 命令或 ⊕ 按钮，跳出函数调用命令，执行该命令程序将立刻完成当前函数调用，返回后暂停在函数调用的下一条语句。

(5) Run 命令或 ⊗ 按钮，运行命令，运行当前下载的程序，遇到断点暂停，更新 CCS 中图形分析工具等窗口。

(6) Halt 命令或 ⊗ 按钮，终止运行当前正在运行的程序。

(7) Animate 命令或 ⊗ 按钮，动画运行命令，当遇到断点时暂停，更新 CCS 中图形分析工具等窗口后，自动向下运行。

4.3　DSP 程序的输入/输出分析

在 DSP 程序开发过程中，常常分模块多人协同工作，为验证某一模块运行结果是否符合要求，常常采用标准的信号数据作为输入，然后通过判断输出信号数据来评估该模块设计是否符合要求。CCS 为 DSP 程序的输入/输出分析提供了多个工具，可以提高程序的调试和分析效率。

4.3.1　C 语言的输入/输出语句

在第 3 章的 DFT 工程中，dft.c 中采用 C 语言的 puts、printf 函数实现数据的输出，其工作方式是在 CCS 中进行调试时由计算机在 CCS 的输出窗口输出信息。若使用 scanf、getchar 等输入函数时，会在 CCS 窗口中弹出图 4.3 所示的标准输入对话框，可以按照要求输入数据。这些函数可以在 DSP 程序调试过程中使用，但由于最终系统不再和计算机相连，为减少代码量和降低 CPU 负担，在最终程序中应删除这些函数。

Standard Input Dialog Box
Please enter your input :
OK

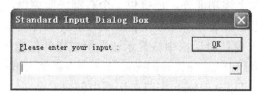

图 4.3　标准输入对话框

4.3.2　Watch 窗口的应用

在本章的 dft.c 源程序中没有采用 C 的输出函数来输出结果，可以利用 CCS 提供的 Watch 观察窗口进行查看。使用 Watch 窗口对话框的方法，首先运行该程序，然后通过选择 View→Watch Window 命令调用图 4.4 所示的 Watch 窗口对话框。

Watch Window
Name
Value
Type
Radix
in
0x00CA
int[64
hex
out
0x010A
int[64
dft1
identifier not found: dft1
none
gain
1
int
hex
dec
bin
oct
char
float
Watch Locals
Watch 1

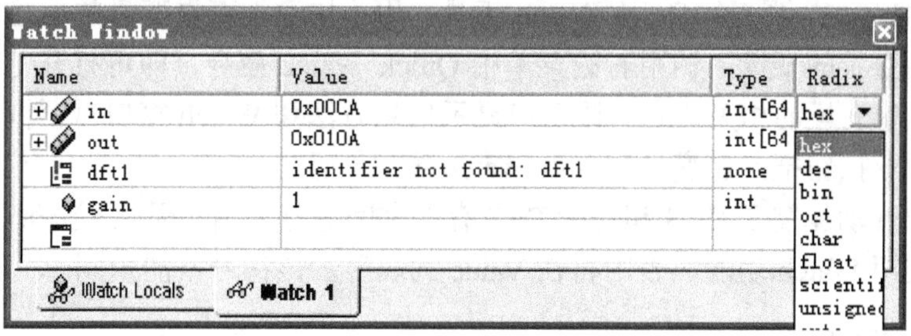

图 4.4　Watch 窗口对话框

在 Watch 窗口对话框中，切换到 watch 1 TAB 页，可以在 Name 列表中输入要观察的变量，如数组 in、out 等，Value 列表中显示变量的值、Type 列表指定变量的类型，Radix 列表显示变量值的类型。在某个值的 Radix 项单击，将显示图 4.4 中的下拉列表，可以选择某一类型，对应 Value 列表中的值会自动更正。如果要修改所有变量值的显示类型，可以在 Radix 列表表头处单击，根据显示类型菜单进行选择。在 Name 列表中像数组、结构体等符号前显示"＋"，可以单击该符号显示其成员的值信息。例如查看输出结果 out 数组的各个元素的值时，可以在 Watch 窗口对话框展开 out 数组，显示 out[4]、out[6]、out[26]、out[28]达到峰值，换算出的峰值点对应频率符合输入信号设置。

在图 4.4 中显示的 dft1 尽管在 DFT 子函数中已经定义，但在 Value 列表中显示为无法识别的标识符，这是由于 dft1 变量是 DFT 子函数的局部变量，其作用域仅在其定义开始到 DFT 函数结束为止，超出作用域则该符号没有意义。所以如果要查看某个局部变量的值，需要在其作用域内设置断点使程序暂停，更新 Watch 窗口对话框。Watch 窗口对话框专门提供一个观察局部变量的 TAB 窗口"Watch Locals"，当程序暂停时该窗口将自动列出当前的局部变量及对应值。

在 Watch 窗口对话框中，可以查看并修改全局变量的值。例如在图 4.4 中"gain"的 Value 列表中输入 2，CCS 将把输入的值写入 gain 在目标 DSP 中对应的存储地址，程序下次调用 gain 时，将使用 2 作为 gain 的值。在 CCS 的 Watch 窗口对话框中修改全局变量值的过程不需要程序停止运行或重新编译，体现了 JTAG 接口在线仿真的功能。

Watch 窗口对话框除上述功能外，还提供一个右键快捷菜单，主要具有以下功能。

(1) 定义显示的数组成员数目，利用 Expand As Array 命令可以指定指针或数组变量显示的下标范围，在 Watch 窗口对话框中将显示该数组或指针指定下标范围的成员信息。如果要显示所有成员，需要用 Remove Array Expansion 命令撤销 Expand As Array 命令的设定。

(2) 在程序调试时，可以在 Watch 窗口对话框中创建多个 TAB 窗口，每个不同的 TAB 窗口用于显示一组相关变量。

(3) 刷新窗口对话框作用，一般 CCS 在程序暂停时自动刷新 Watch 窗口对话框。即当使用单步运行等命令或程序遇到一个断点时，程序暂停并刷新 Watch 窗口对话框。使用 Refresh 命令可以立刻读取 Watch 窗口对话框中变量的值，实现 Watch 窗口对话框刷新。

(4) 冻结当前 Watch 窗口对话框显示，即 CCS 使用 Freeze Window 命令后，CCS 停止刷新 Watch 窗口对话框。

此外，CCS 还提供一个 Quick Watch 工具，用于快速地查看变量的信息。方法是在源文件中选择要查看的变量，调用右键菜单中 Quick Watch 命令，即可打开 Quick Watch 窗口，并显示选中变量的相关信息。该窗口显示信息方法和 Watch 窗口对话框一致，可以单击 Add to Watch 按钮把当前变量加入到 Watch 窗口对话框中。

由于 Watch 功能需要 CCS 和目标 DSP 存储空间进行通信，因此，必须下载 DSP 程序后才能正常使用 Watch 功能，否则将在 Value 列表显示该符号不能识别。

4.3.3　图形分析窗口

在输入输出信号分析过程中，Watch 窗口对话框采用数值方式进行显示，显示效果不够直观。CCS 提供一个信号图形分析工具，可以对输入/输出信号进行直观的图形显示，是开发通信、信号处理、图像处理等 DSP 程序时常用的分析工具。

图 4.5 显示了 dft_CH4 工程中在输入/输出信号的图形分析时，图形分析工具的设置方法和图形显示结果。设置时，首先下载可执行的 out 文件并运行程序。然后调用 View→Graph→

Time/Frequency 命令，弹出如图 4.5(a)所示的对话框，根据源程序内容进行相应的设置。本例中可参照划线位置进行设置，确定后即显示输入信号存储数组 in 的图形，如图 4.5(b)所示。

为了刷新图形分析窗口显示，可选择在 main 函数中的"processing(in);"前加入断点，当程序运行遇到该断点时暂停并自动刷新图形分析窗口。按图 4.5(c)进行设置，可以显示输出信号数组 out 的图形。由于第一次运行到断点时还未进行 processing(in)函数调用，因此，此时将显示 out 数组初始值。继续运行程序调用 processing(in)函数，再次遇到断点时暂停，可以得到图 4.5(d)所示图形。在图 4.5(d)中，显示的是输入信号的有效频谱及其镜像频谱，可以把设置中"Display Data Size"项调整为目前数字的一半，仅显示其有效频谱。在图 4.5(d)窗口中单击可以选取峰值点(将显示一条绿线)，该窗口的左下角将显示选取点的坐标，可用于计算对应的频率。在图形分析工具中，可以直接对选取信号进行频域分析。图 4.5(e)显示频域分析的图形分析工具设置方法，单击 OK 按钮后，CCS 将先对信号进行快速傅里叶变换(Fast Forier Translate，FFT)，然后显示其频谱，图 4.5(f)显示输入信号数组 in 的频域图形。

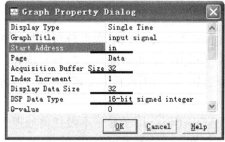

(a) 输入信号图形设置对话框

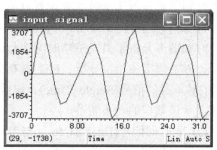

(b) 输入信号图形显示

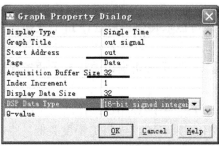

(c) 输出信号图形设置对话框

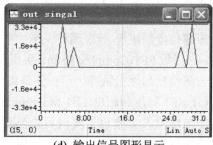

(d) 输出信号图形显示

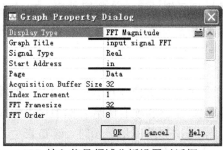

(e) 输入信号频域分析设置对话框

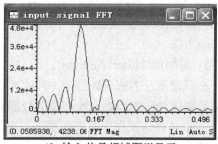

(f) 输入信号频域图形显示

图 4.5　图像显示及其设置对话框

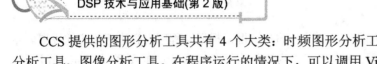

CCS 提供的图形分析工具共有 4 个大类: 时频图形分析工具、星座图分析工具、眼图分析工具、图像分析工具。在程序运行的情况下, 可以调用 View→Graph 命令的各个子项命令, 将弹出相应的对话框, 图 4.5(a)、图 4.5(c)、图 4.5(e)所示是时频图形分析工具对应的设置对话框。不同的图形分析工具设置对话框的内容不同, 可以根据需要选择相应的图形分析工具并进行合理设置。

1. 时频/频域图形分析工具

利用时频/频域图形分析工具(Time/Frequency)显示数据的时域和频域图形。图形分析的关键是两个缓冲区: 获取数据缓冲区(Acquisition Buffer)和显示缓冲区(Display Buffer)。获取数据缓冲区位于实验开发平台, 存储要显示的数据; 显示缓冲区则位于使用的计算机上, 是图形显示数据的来源。当 CCS 更新图形窗口时, CCS 读取获取缓冲区的数据, 并存储于显示缓冲区, 然后对显示缓冲区中数据进行图形显示。当进行频域分析时, 显示缓冲区的数据由 CCS 内部提供的 FFT 工具进行处理转换成频域信号后, 再用于图形显示。使用时频图形分析工具时主要设置以下选项。

1) 显示类型选项(Display Type)

时频图形分析工具支持单时间信号分析、双时间信号分析、FFT 幅度分析、复数 FFT 分析、FFT 幅度和相位分析、FFT 瀑布分析等多种分析方法, 可以通过此项进行选择。

(1) 单时间信号(Single Time)。该选项对显示缓冲区数据不做任何处理, 以幅度-时间形式显示该数据的一条轨迹。

(2) 双时间信号(Dual Time)。与单时间信号类型相类似, 用于显示不做任何处理的显示缓冲区数据的轨迹, 采用幅度-时间形式。不同之处在于, 该类型允许在同一个图形分析显示窗口中同时显示两条信号的时间轨迹。

(3) FFT 幅度(FFT Magnitude)。该选项从显示缓冲区取得数据后进行 FFT 变换, 然后在图形窗口绘制幅度-频率图。

(4) 复数 FFT(Complex FFT)。采用复数 FFT 选项, 图形分析窗口中将显示两条数据轨迹, 一条是实部数据轨迹, 另一条是虚部数据轨迹。

(5) FFT 幅度和相位(FFT Magnitude and Phase)。FFT 幅度和相位图在同一个图形显示窗口中显示输入信号 FFT 变换后的幅度-频率图和相位-频率图。与 FFT 幅度类似, 差别在于除在图形显示窗口中显示 FFT 幅频图外, 在下部还显示相频图。

(6) FFT 瀑布(FFT Waterfall)。FFT 瀑布类型是把显示缓冲区中的数据进行 FFT 变换后生成的幅频图作为一帧图像, 按时间顺序把这些帧图像叠加起来, 由于形似瀑布, 故称为 FFT 瀑布图。

2) 起始地址(Start Address)

在开发平台中获取数据缓冲区的起始地址, 当程序暂停更新图形分析窗口时, 计算机将从数据缓冲区的起始地址起读取数据到显示缓冲区。在该选项右侧输入框中可以输入任何有效的 C 表达式作为获取数据缓冲区的起始地址, 每次更新图形显示时, 该 C 表达式自动转换为开发平台中对应的存储位置。如果被分析信号被存储为一个数组, 则可在该输入区域输入数组名。在 C 语言中, 数组名代表着数组首地址, CCS 会自动把数组名符号和数组元素存储地址对应起来，dft_CH4 工程中的图形分析即采用数组名作为数据获取区域的起始地址。

3) 获取数据缓冲区大小(Acquisition Buffer Size)

定义在开发平台中的获取数据缓冲区大小，该选项需要根据被分析数据进行设置。例如，要显示的数据是一个随时间变化的单个采样样本，可以为该项赋值为 1，使能左移数据显示(Left-Shift Data)。如果输入数据一次是一帧，此时要设置该项值为帧的大小作为获取数据缓冲区大小和显示缓冲区大小，禁用左移数据显示选项。当图形要求更新时，计算机定位到获取数据缓冲区的起始地址，然后按缓冲区大小读取数据进入显示缓冲区，图形分析工具利用显示缓冲区中的数据更新图形显示。该项可以直接输入数据，也可以输入 C 表达式。使用表达式时，在图形窗口更新时将计算表达式的值。

4) 显示缓冲区大小(Display Data Size)

定义显示缓冲区的大小，该项决定最终显示在图形窗口中的数据。通常显示缓冲区要比数据获取缓冲区大，获取数据缓冲区的数据左移进入显示缓冲区。由于显示缓冲区在计算机上由 CCS 管理，因此可以保留历史数据并进行图形显示。在频域分析(FFT 幅度、复数 FFT、FFT 幅度和相位、FFT 瀑布)时，显示缓冲区大小被 FFT 帧大小(FFT Framesize)代替，数据需要进行 FFT 变换后进行显示。该项和获取数据缓冲区一样，支持使用 C 表达式。

5) DSP 数据类型(DSP Data Type)

该项用于指定要显示数据的数据类型，下拉列表中含以下几种数据类型。

(1) 32 位有符号整数(32-bit signed integer)。

(2) 32 位无符号整数(32-bit unsigned integer)。

(3) 32 位浮点数(32-bit floating point)。

(4) 32 位 IEEE 格式浮点数(32-bit IEEE floating point)。

(5) 16 位有符号整数(16-bit signed integer)。

(6) 16 位无符号整数(16-bit unsigned integer)。

(7) 8 位有符号整数(8-bit signed integer)。

(8) 8 位无符号整数(8-bit unsigned integer)。

可以用有符号整数类型和定义的 Q 值来标识定点数值。该项的另一个作用是与起始地址、获取数据缓冲区大小一起决定获取数据缓冲区所占存储空间。

6) Q 值(Q-value)

C54x 系列 DSP 芯片是定点 DSP 芯片，只支持定点运算，浮点运算中的浮点数必须转化为定点数才能完成。C5416 是 16 位的定点 DSP 芯片，表示整数范围是-32768～32767，精度是 1。在实际应用中，很多情况下数学运算不一定是整数，而且动态范围也不定。为了解决这个问题，人为地假设将小数点放到 16 位数据中的不同位置来表示不同大小、精度的数据，称为数的定标。数的定标有 Q 法和 S 法两种：在 Q 法中，Q 代表(Quantity of Fractional Bits)小数部分位数，或小数点位于第 Q 位之后，例如，Q15 表示小数点右共有 15 位。在 S 法中，S 则代表整数部分位数。浮点数 A 转换成定点数 B 的方法见式(4-1)。此处若输入非 0 整数，显示缓冲区中数据 A 经式(4-1)计算得到 B，用于图形显示，该值默认为 0。

$$B = A \times 2^Q \tag{4-1}$$

7) 采样率(Sampling Rate)

该项设置数据获取缓冲区的采样频率，该采样率可以用来计算在图形显示中坐标轴的刻度，默认为 1。在时域分析中，坐标轴刻度是从 0 到 $\dfrac{\text{Display Data Size}}{\text{Sampling Rate}}$，在频域分析中，坐标轴刻度是从 0 到 $\dfrac{\text{Sampling Rate}}{2}$。如果在图 4.5(e)中此项设置为 32，在图 4.5(f)中的峰值点横坐标值即为输入信号的一个频率成分。

2. 星座图分析工具

选择 View→Graph→Constellation 命令，将弹出星座图分析对话框，进行有效设置后，单击 OK 按钮可以显示其星座图。星座图可以用来分析输入信号中抽取信息的有效程度。输入信号包括两个部分，对应数据成为星座在直角坐标系中 X 轴和 Y 轴坐标。

星座图设置中与时频分析设置相类似，数据来源主要是两个缓冲区：数据获取缓冲区和显示缓冲区，不同之处在于显示缓冲区大小(Display Buffer Size)被星座点数(Constellation Points)代替。当图形显示窗口更新时显示缓冲区的数据左移，新数据加入到显示缓冲区的最右侧，显示缓冲区记录了历史数据信息，这对处理串行数据是非常有利的。在星座图设置对话框中，可参照时频图形分析的设置对话框进行设置。

3. 眼图分析工具

选择 View→Graph→Eye Diagram 命令，将弹出眼图分析对话框，进行有效设置后，单击 OK 按钮可以显示对应眼图。所谓眼图，是输入信号连续叠加而形成的图形，形似眼睛形状，故称眼图，主要用于衡量信号的保真度。一般眼睛睁得越大，保真度越好。绘制数据时遇到过 0 点或达到窗口长度时折回显示。所谓过 0，是指输入信号与过 0 参考值进行比较，若前后两个样本位于参考值两侧，则产生一个过 0 点。在眼图设置对话框中，可参照时频图形分析的设置对话框进行设置。

4. 图像分析工具

选择 View→Graph→Image 命令，将弹出图像分析对话框，进行有效设置后，单击 OK 按钮可以显示 RGB 数据流或 YUV 数据流的图像。同时频图形分析工具一样，图像分析工具也是利用数据获取缓冲区和显示缓冲区进行图像更新显示的。图像分析中主要有以下几个重要选项。

(1) 颜色空间(Color Space)：CCS 的图像分析工具支持两种颜色空间 RGB(红绿蓝三基色)和 YUV(一个亮度信号 Y 和两个色差信号 U、V)，默认 YUV。

选择 YUV 空间时，需要指定 Y 信号源、U 信号源、V 信号源，并设置 YUV 采样比(YUV Ratio)，可选 4 : 1 : 1、4 : 2 : 2、4 : 2 : 0。

选择 RGB 空间时，需要指定 R 信号源、G 信号源、B 信号源，同时要设置每像素点位数(bits of Pixel)，决定图像颜色效果，可选 8 位(256 色调色板)、16 位(5 位表示红色、5 位表示蓝色、6 位表示绿色)、24 位(真彩色)、32 位(占用 4 个字节，最高字节保留，每种颜色和 24 位一样用 8 位表示)。

(2) 每屏显示行数(Lines Per Display)：设定整幅图像的高度，即图像有多少行像素。

(3) 每行像素数(Pixels Per Line)：设定每行的像素数，与每屏显示行数一起决定图像的大小。

5. 图形分析窗口的右键菜单

CCS 为图形分析窗口提供一个右键快捷菜单，合理使用将有助于图形分析工作，该右键菜单随使用的图形分析工具不同会有所变化，下面列出一些通用的菜单命令。

(1) 刷新(Refresh)：刷新图形显示窗口，此时计算机从数据获取缓冲区读数据到显示缓冲区并更新图形或图像显示。

(2) 属性(Properties)：可以用来调出设置对话框。

(3) 关闭(Close)：关闭图形显示窗口。

(4) 在主窗体中浮动(Float in Main Window)，选择此命令，则图像显示窗口是一个窗体，在 CCS 主窗口中可以浮动。不选择此命令，该窗口将停靠在主窗口的工作区中。

4.3.4 File I/O 应用

在 dft_CH4 工程中，输入信号由 dataIn 函数自动产生，该信号可以用于评估算法的有效性。但在具体 DSP 程序开发过程中，常常需要使用目标信号来评估算法，CCS 允许读取数据文件信息输入到开发平台的指定存储空间。反之，也可以读取开发平台中的内容写入到计算机的一个文件中，选择 File→File I/O 命令可以实现这些操作。File I/O 命令需要有探测点配合，当程序运行到探测点时会暂停，执行和探测点绑定在一起的 File I/O 命令，然后程序将自动向下运行。由于执行 File I/O 命令时程序要暂停，因此该命令不支持实时数据传输。以 dft_CH4 工程为例，File I/O 应用可按照下面步骤进行。

(1) 准备用于测试的输入数据，存储为 CCS 的 File I/O 支持的格式。

File I/O 使用的文件必须符合一定的格式，通常支持两种文件格式：COFF 二进制文件格式和 CCS 文本数据文件格式。

① COFF 二进制文件格式，顾名思义是二进制的 COFF 文件格式(扩展名为.out)，是在计算机上存储大块数据的最紧凑格式。

② CCS 文本数据文件格式，是一种 CCS 支持的特殊文本文件格式(扩展名为.dat)，该文件要求有一个文件头用于定义相关信息，然后利用每行存储一个数据样本。数据样本可以采用十六进制数据、整数、长整数或浮点数，如图 4.6 所示。

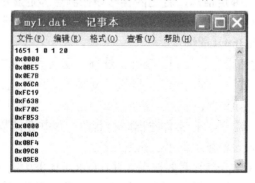

图 4.6 CCS 文本数据文件格式

在图 4.6 中，第一行为 CCS 文本数据文件的文件头，该文件头采用语法为 Magic Number、Format、Starting Address、Page Num、Length，每个部分的含义如下。

① Magic Number：固定为 1651。

② Format：指明文件中样本数据的数据格式，取值为 1、2、3、4，分别代表样本数据格式为十六进制数据、整数、长整数或浮点数，该例使用十六进制数据。

③ Starting Address：数据块被存储的起始地址。

④ PageNum：数据块取自的存储页号。

⑤ Length：存储样本的个数，该例存储 32 个数据(文件头数据 CCS 一律认为是十六进制数据)。

需要注意的是，CCS 文本数据文件文件头中定义的数据页、起始地址和数据长度仅作为默认数据，当选择 File→File I/O 命令从一个数据文件读取数据时，CCS 将根据在 File I/O 设置对话框中的信息进行 File I/O 操作。因此，构造一个输入数据的 CCS 文本数据文件格式时，可以把文件头统一定义为"1651 1 0 0 0"即可。

(2) 修改源文件 dft.c。为使用 File I/O 功能，需要去除 dft.c 文件中 dataIn 函数中数组 in 的赋值语句。可以选取两种办法，一种是直接删除该部分语句，使 dataIn 函数体为空；另一种是使用预编译指令在 dft.c 头部加入"#define FILEIO"宏定义，则在预编译时 dataIn 中"#ifndef FILEIO"判断条件不成立，数组 in 赋值语句部分不被编译。

(3) 编译、链接工程，将生成的.out 文件下载进入开发平台。

在 dft2 工程中选择在 main 函数中的 dataIn 函数调用语句之前加入探测点，运行程序时可在该探测点处进行 File I/O 操作。

(4) 选择 File→File I/O 命令，该命令有两种使用方法：文件输入(File Input)和文件输出(File Output)，可用于 CCS 和 DSP 开发平台之间交互数据。

文件输入对话框如图 4.7(a)所示，单击 Add File 按钮，弹出文件打开对话框，默认文件格式为扩展名为.dat 的文件，选择准备好 CCS 文本数据文件。本例中选择 TI 公司随 CCS 例子提供的一个文本数据文件 sine.dat 文件，位于 CCS 安装目录\tutorial\dsk5416\volume1\sine.dat。该文件存储一个正弦信号的采样，也可以使用图 4.6 所示数据文件。要把该文件数据输入到 DSP 程序，必须与探测点绑定，在 Probe 项后显示"Connected"。如未绑定，单击 Add Probe Poin 按钮，弹出图 4.7(b)所示对话框。该对话框下部的列表框中将列出目前已经定义的探测点及其绑定信息，若无内容与该探测点绑定显示"No Connection"。选中定义的未绑定的探测点，在 Connect 下拉列表中选择 File Input 选项，单击 Replace 按钮，即可完成该探测点和 File Input 的绑定。

在图 4.7(a)所示的对话框中打开 File Output 选项卡切换到图 4.7(c)所示的文件输出设置对话框，单击 Add File 按钮，弹出一个文件选择对话框。可以选择一个已有的 CCS 数据文件作为输出文件(将覆盖原文件内容)，也可以直接输入一个文件名作为输出文件(无默认扩展名，建议使用.dat 扩展名)，在文件输出时将新建文件并存储数据。和文件输入一样，必须与探测点绑定使 Probe 项显示为"Connected"。

(5) 探测点和 File I/O 绑定后，需要在图 4.7(a)所示对话框中的 Address 文本框输入 File I/O 操作时数据在开发平台中的存储空间地址，可以使用 C 表达式。本例中输入数组名 in(C

语言中数组名代表数组存储的起始位置)。在 Length 文本框输入读取数据的长度，即传输多少个样本到开发平台，从 Address 文本框定义的起始地址开始依次存储，本例输入为 32 和数组大小相等。

若使用文件输出设置，在图 4.7(c)中则需要设置读取数据的存储器页(数据页、程序页、I/O 页)，默认数据页。Address 项输入从开发平台读取数据的起始地址，可以使用 C 语言表达式，本例中使用 out 数组名，Length 设置读取的长度，本例采用数组长度 32。

注意：在文件输入或输出对话框中填写 Address 文本框的输入 C 表达式，例如 in 时，有时会提示"identifier not found:in"，这是由于没有下载程序，CCS 无法识别数组名 in，即由无法确定文件输入时对应的开发平台中的目的地址而引起的。

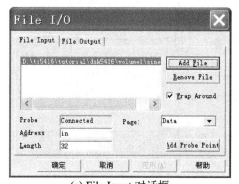

(a) File Input 对话框

(b) Add Probe 对话框

(c) File Output 对话框

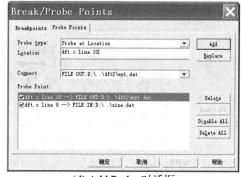

(d) Add Probe 对话框

图 4.7　File I/O 应用设置对话框

(6) 选中图 4.7(a)所示对话框中的 Wrap Around 复选框。当读取数据到达文件末尾时，文件指针自动转到文件中数据起始位置，可以模拟一个信号的周期性连续输入。如果不选中该项，当读取数据到达文件末尾时将弹出一个信息窗口进行提醒，此时程序暂停。

(7) 设置图形分析工具，采用时频分析类型，分析输入信号 in 数组，输出信号 out 数组，具体设置方法见 4.3.3 节。

(8) 设置断点。由于程序运行到探测点暂停时，仅仅进行与之绑定的 File I/O 命令操作，然后继续向下运行，不会更新图形分析窗口，因而无法观察输入输出信号图形。在探测点处可设置一个断点，程序遇到该断点暂停。此时，CCS 将更新图形显示窗口，从而可以观察输入输出信号时域图形或频域图形。

(9) 运行程序观看运行结果。图 4.8 显示了 File I/O 操作时的运行界面，中间位置显示了 File I/O 控制面板，该控制面板具有以下控件。

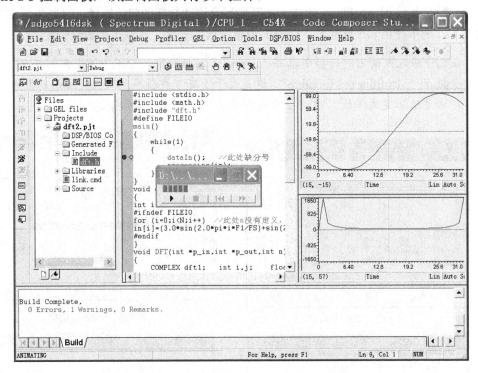

图 4.8　File I/O 应用时 CCS 窗口显示效果图

① File I/O 进度条：显示 File I/O 的进度。当进行文件输入时，显示为一个进度条，表示已经从文件中读取并写入到目的地址的数据百分比。当进行文件输出时，显示一个数字，用于表示写入到文件中的数据数量。

② 播放按钮：暂停 File I/O 后，恢复文件输入或输出功能的按钮。

③ 停止按钮：常用来临时暂停 File I/O 功能。

④ 返回起点按钮：复位文件指针。单击该按钮后，对于文件输入功能读取的下一个样本将是该文件的第一个样本数据。而对于文件输出功能，当前文件中的样本数据将被全部清除，从文件数据区域起始位置开始重新写入样本。

⑤ 快速 File I/O 按钮：当单击该按钮时相当于在当前指令处加入一个探测点，程序立刻暂停，进行相应的文件输入或输出。

运行程序时一般使用 Debug→Run 命令，或按快捷键 F5，或单击 Debug 工具栏的 ☎ 按钮，当程序遇到断点处暂停更新图形显示窗口。若要继续运行，必须重新调用上述命令。此处可以选用动画运行命令，单击 Debug 工具栏的 ☎ 按钮，程序运行到断点处仍然暂停并更新窗口。与 Run 命令不同之处在于，Animate 命令遇到断点暂停更新显示窗口后会自动恢复程序运行。本例使用 Animate 命令，可以看到输入信号不停地变化。单击 Debug 工

具栏的 按钮，可以停止 Animate 命令。

(10) 选择 File→Workspace→Save Workspace 命令，保存当前工作区。一般来说，使用打开工程命令，可以重新打开一个已有的工程，但曾经设置的断点、探测点、图形分析窗口等信息在工程文件中并没有记录，因此需要重新设置。如果使用 File→Workspace→Load Workspace 命令打开一个已经保存的工作区，不仅把保存该工作区时的工程打开，同时把 CCS 窗口恢复为保存工作区时的状态。

4.3.5 数据的下载与保存

CCS 不仅提供 File I/O 工具，还提供数据的下载与保存命令(Data Load/Save)，用于实现计算机和开发平台之间的数据传输。其中数据下载命令可以把一个 CCS 的数据文件内容直接写入目标 DSP 存储地址中，而数据保存则可以读取目标 DSP 地址中规定长度的数据，并写入数据文件中。以 dft_CH4 工程为例，数据的下载与保存应用可按照下面的步骤进行。

(1) 参照 4.3.4 节 File I/O 应用实例中的第(1)、(2)、(3)步，对 dft_CH4 工程进行编译链接，然后下载可执行的.out 文件进入开发平台中，运行程序。

(2) 设置图形分析窗口。对输入信号 in 数组和输出信号 out 数组进行图形分析。设置断点，可选在 main 函数的 dataIn 函数调用处，目前未对 in 数据赋值，输入/输出显示具有随机性。

(3) 选择 File→Data→Load 命令，下载 CCS 支持的数据文件进入开发平台的存储空间中，该命令调用后弹出一个打开文件对话框。选择要下载的 CCS 支持的数据文件后，显示图 4.9(a)所示对话框。选择 File→Data→Save 命令，准备把开发平台存储空间中的数据存储进入到 CCS 的数据文件中。该命令首先弹出一个文件保存对话框，要求定义要保存的文件名，然后显示图 4.9(b)所示的对话框。

① Address 文本框，输入开发平台中存储空间起始地址，可以使用 C 表达式。本例在文件下载面板图 4.9(a)中输入数组名 in，在文件保存面板图 4.9(b)中输入数组名 out。当切换到其他选项时，数据名会自动转换为在开发平台中对应的存储空间地址。

② Length 文本框，输入开发平台中存储空间的长度，即以 Address 文本框定义的起始地址开始存储或读取多少个 16 位(TM320VC5416 是 16 位处理器)，本例中输入均为 32，将自动转换为十六进制数。

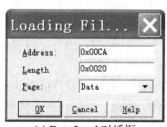

(a) Data Load 对话框

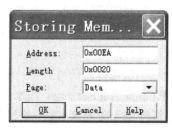

(b) Data Save 对话框

图 4.9　数据下载与保存应用面板

③ Page 下拉列表，定义存取 DSP 开发平台中的哪个存储页，默认数据页，可选项为数据页、程序页、I/O 页。

单击 OK 按钮，完成操作。由于 DSP 开发平台是通过 JTAG 接口实现在线仿真的，CCS 与开发平台之间进行数据传输不影响程序的运行。此时，设置断点更新图形显示窗口，可以查看输入信号和输出信号形式。若单击 Cancel 按钮，则放弃数据下载或保存操作。若单击 Help 按钮，可弹出 Data Load/Save 帮助文档。

4.4 剖 析 方 法

4.4.1 时钟剖析

剖析时钟可以计算程序运行时的指令周期及其他事件的统计数据。使用剖析时钟时，需要进行剖析时钟的设置、使能剖析时钟、观察时钟计数等操作。

1. 时钟设置

选择 Profiler→Clock Setup 命令，将弹出图 4.10 所示的时钟设置对话框，通过该对话框可以对剖析时钟进行工作方式的设置，单击 OK 按钮完成设置。

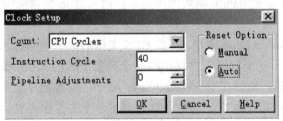

图 4.10 时钟设置

(1) Count：可在该下拉列表中选择剖析时钟计数方法，默认时钟周期。例如，可选中断次数、子程序、中断返回次数、分支数或子程序调用次数等计数。

(2) Instruction Cycle：在该文本框中，可以输入执行一条指令的时间或频率，该项用于把剖析区域的指令周期数转换为时间或频率。

(3) Reset Option：利用该项指定如何复位时钟。如果选中 Manual 单选按钮，时钟计数在程序运行时将不断累加。需要复位时，必须手动复位，方法是在时钟观察窗口双击，时钟计数将复位为 0。如果选中 Auto 单选按钮，当程序暂停时，时钟观察窗口显示当前时钟数；当程序开始继续运行时，CCS 会自动复位时钟进行重新计数，因此，时钟计数器只能记录最近一次运行时的时钟数。默认情况下选中 Manual 单选按钮。

(4) Pipeline Adjustments：流水线补偿时钟计数。当程序遇到断点暂停或单步运行程序暂停时，将清空当前的流水线，继续运行时将重建流水线。因此，将引入由于清空流水线、重建流水线引入的误差，利用此项可以定义一个时钟计数来补偿该项引入的误差。

2. 使能时钟

为了获得指令的周期及其他事件的统计数据，必须使能剖析时钟。选择 Profiler→Enable Clock 命令，将在该命令前标记"√"，表示剖析时钟使能。再次选择该项命令可以清除标记"√"，禁止剖析时钟，默认情况下禁止使用剖析时钟。

3. 观察时钟

剖析时钟计数器采用一个符号变量 CLK 记录剖析时钟计数，可以通过时钟观察窗口进行访问。选择 Profiler→View Clock 命令，将弹出时钟观察窗口，显示数字为当前时钟计数值。也可以在 Watch 窗口对话框中观察 CLK 变量查看时钟，注意大小写。

复位时钟时可以采用以下方法。

(1) 剖析时钟需要手动复位时，在时钟显示窗口双击，复位时钟计数为 0。

(2) 在 Watch 窗口对话框中输入 CLK，然后修改其值为 0。

(3) 选择 Edit→Edit Variable 命令，在编辑变量对话框中的 Variable 项输入 CLK，值修改为 0，单击 OK 按钮即可。

使用剖析时钟进行剖析时，需要确定要剖析的代码区域，并在该区域前后设置断点，当程序运行到首位置断点时暂停，此时复位时钟，然后继续运行程序到下一个断点，此时 CLK 值即为两个断点间指令运行的时钟数。如果在第一个断点处不进行时钟复位，则需要将两个断点程序暂停时的 CLK 值作差得到两个断点间指令运行的时钟数。

4. 剖析时钟的精确方法

在程序运行时，剖析时钟可以精确地计数，包括等待周期和流水线冲突的指令周期，但从开发平台中读取剖析的时钟计数则必须暂停程序运行，此时会引起几种测量误差，如流水线清空引入的误差、丢失流水线冲突等。当 CPU 停止运行时，流水线被清空，这导致额外指令周期的引入造成误差。而且流水线清空时，避免了流水线冲突产生，这也会引起剖析时的时钟计数误差。

在剖析时钟设置中设置 Pipeline Adjustments 参数不能完全补偿上述测量误差。一般来说，程序暂停次数越多，剖析结果的精确度越低。同样，程序运行遇到的断点或探测点越多，剖析的结果精确度也越低。要获得比较精确的剖析时钟计数，例如要剖析 A 点到 B 点的指令周期，可以采用以下步骤进行。

(1) 在程序中 B 点后至少 4 个指令周期处选一点 C，在 C 处设置一个断点。

(2) 在 A 点处设置一个断点，运行程序到该断点处。

(3) 复位剖析时钟计数，同时移除 A 点处的断点。

(4) 运行程序，程序在 C 点处暂停，记录此时的剖析时钟计数(CLK 变量值)，该值代表从 A 点到 C 点的指令周期，记作 CLK1。

(5) 在 B 点设置一个断点，以 B 点代替 A 点重复执行第(2)～(4)步，得到从 B 点到 C 点的剖析时钟计数 CLK2，要求剖析时程序运行状态和剖析 A 点到 C 点时完全一样。

(6) A 点到 B 点的指令周期数则为 CLK1～CLK2，这样将消除 C 点处程序暂停时引入的剖析误差。

4.4.2 剖析会话

CCS 提供一种剖析会话工具，可以显示剖析过程中的各种统计信息。当下载一个程序后，选择 Profiler→Starting New Session 命令，在弹出的对话框中输入会话的名称单击 OK 按钮后，将显示图 4.11 所示的剖析会话窗口，用于剖析该程序的运行信息。在图 4.20 所示的剖析会话窗口中，左侧一列是剖析工具栏，主窗口区域由 Files、Functions、Ranges 和 Setup 这 4 个 TAB 页窗口构成，每个 TAB 页窗口显示相应的统计信息列表。

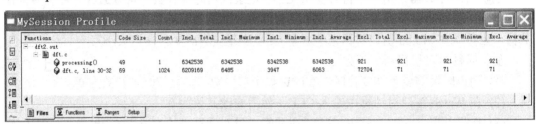

图 4.11　剖析会话窗口

1. 统计信息列表

在剖析会话的窗口中，列出了所有的剖析统计信息。双击统计信息列表头，可以使各统计项按大小进行排列，各个统计项的具体含义如下。

(1) Functions：列表第一项，用于描述剖析对象。

(2) Code Size：剖析区域的目标代码大小，单位是一个基本地址单元。

(3) Count：程序运行期间剖析区域运行次数。

(4) Incl. Total：剖析区域总的执行指令周期数，包括剖析区域子程序调用消耗的指令周期。

(5) Incl. Maximum：剖析区域执行一次的最大指令周期，包含该剖析区域子程序调用消耗的指令周期。

(6) Incl. Minimum：剖析区域执行一次的最小指令周期，包含该剖析区域子程序调用消耗的指令周期。

(7) Incl. Average：剖析区域执行一次的平均指令周期，包含该剖析区域子程序调用消耗的指令周期。

(8) Excl. Total：剖析区域总的执行指令周期数，去除该剖析区域子程序调用消耗的指令周期。

(9) Excl. Maximum：剖析区域执行一次的最大指令周期，去除该剖析区域子程序调用消耗的指令周期。

(10) Excl. Minimum：剖析区域执行一次的最小指令周期，去除该剖析区域子程序调用消耗的指令周期。

(11) Excl. Average：剖析区域执行一次的平均指令周期，去除该剖析区域子程序调用消耗的指令周期。

2.　剖析工具栏

(1) 开启当前剖析会话按钮，单击该按钮可以开启当前剖析会话。当一个目标程序下载时，将自动打开当前剖析会话和使能剖析时钟。

(2) 关闭当前剖析会话按钮，单击该按钮可以关闭当前剖析会话。当剖析会话关闭时，将不再记录程序运行时的剖析统计数据。

(3) 剖析所有函数按钮，单击该按钮将把所有函数作为剖析区域，程序运行时，将记录所有函数的剖析统计数据。

(4) 创建一个剖析区域按钮，单击该按钮可以把选定区域作为剖析区域，当程序运行时，将记录该剖析程序执行的剖析统计数据。

(5) 创建一个不连续剖析区域起始点按钮，单击该按钮将在鼠标当前位置加入一个剖析点，作为不连续区域剖析记录信息的起始点。

(6) 创建一个不连续剖析区域终点按钮，单击该按钮将在鼠标当前位置加入一个剖析点，程序运行到该点时停止不连续区域剖析工作。

(7) 使能剖析区域按钮，单击该按钮将使能选中的当前被禁止的剖析区域。

(8) 禁止剖析区域按钮，单击该按钮将禁止剖析选中的剖析区域。

(9) 创建剖析统计信息列表按钮，单击该按钮，将弹出一个对话框，选择定义列表文件后，将把当前剖析统计信息存储到列表文件中。

3.　剖析函数方法

如果要剖析当前下载程序的某个函数的调用统计信息，首先需要打开源文件，然后把鼠标定位在源文件中要剖析的函数定义区域，右击弹出快捷菜单，选择 Profile Function→in session 命令，即可把该函数加入到指定的剖析会话窗口中。当程序运行时，该函数的剖析统计信息将显示在该剖析会话窗口中。

可以使用鼠标拖动的方法把一个函数加入到剖析会话窗口中，首先要在源文件中选择函数定义部分的一行或多行，然后按住鼠标左键拖动到剖析会话窗口的 Files TAB 页窗口或 Functions TAB 页窗口中，即可把该函数加入到当前的剖析会话窗口中。

如果单击剖析会话窗口中剖析工具栏上的剖析所有函数按钮，将把当前下载的程序中的所有函数加入到剖析会话窗口，当程序运行时对所有函数进行剖析，记录执行的统计信息。

4.　剖析连续程序代码区域

如果需要剖析当前程序的某个代码区域的执行信息，可以先在源文件中选中要剖析的程序代码区域，然后右击弹出快捷菜单，选择 Profile Range→in_session 命令，即可把选中区域加入到指定的剖析会话窗口中。也可以在选中区域后，单击剖析会话窗口中剖析工具栏上的创建一个剖析区域按钮，将把选中代码区域加入到剖析会话窗口。当程序运行时，该区域指令的剖析统计信息将显示在剖析会话窗口中。

同样可以使用鼠标拖动的方法把一个代码区域加入到剖析会话窗口中，首先要在源文件中选择要剖析的代码区域，然后按住鼠标左键拖动到剖析会话窗口的 Ranges TAB 页窗口，即可把选中的代码区域加入到当前的剖析会话窗口中。

5. 剖析不连续的代码区域

如果一段代码中有部分代码不需要剖析，这样将形成一个不连续代码区域。对不连续代码区域进行整体剖析时，假设需要剖析的不连续区域依执行次序为 A 点到 B 点以及 C 点到 D 点区域，首先定位鼠标到 A 点处，选择剖析工具栏上创建不连续剖析区域起始点按钮，在该处创建一个剖析起始点，同样操作在 C 点处也创建一个剖析起始点。然后定位鼠标到 B 点处，选择剖析工具栏上创建不连续剖析区域终点按钮，在该处创建一个剖析终点，同样操作在 D 点处也创建一个剖析终点。程序运行时，当遇到 A 点处剖析起始点时，开始统计剖析信息，到 B 点时停止统计，而当执行遇到 C 点剖析起始点时，在前面的基础上继续统计剖析信息，直到再次遇到 D 点处剖析终点停止。在上述方法的基础上，可以剖析多个不连续的代码区域，给出总的剖析统计数据。

6. 剖析会话窗口的右键快捷菜单

在剖析会话窗口右击，将弹出快捷菜单，主要含有以下命令。

(1) Property Page：用于设置剖析时的计数单位。

(2) Clear Selected：将当前选中的剖析请求的剖析统计数据复位。

(3) Clear All：将当前剖析会话窗口中的所有剖析请求的剖析统计数据复位。

4.4.3 剖析应用示例

(1) 参照 4.3.4 节 File I/O 应用实例中的第(2)、(3)步，对 dft_CH4 工程进行编译链接，然后下载可执行的.out 文件进入到开发平台中。

(2) 选用 File I/O 方法或 Data Load 等方法，为 DSP 程序提供模拟输入信号。

(3) 采用剖析时钟的方法，dft 函数调用语句前后设置断点，准备剖析 dft 函数的耗用指令周期数。

(4) 运行程序，通过观察 CLK 值得到剖析结果。

(5) 启用一个剖析会话窗口，把 dft 函数、processing 函数以及 dft 函数中内循环体的 3 条程序语句作为剖析对象，添加进入剖析会话窗口。

(6) 重新运行程序，观察剖析窗口中各个剖析请求的剖析统计信息，理解各个剖析统计项的含义。

4.5   通用扩展语言

GEL(General Extention Language，通用扩展语言)是一种与 C 语言相似的解释性语言，用其编写的 GEL 文件(扩展名为.gel)以 GEL 函数为基本单元，主要用于自动测试、客户化工作区等。用户可以自定义 GEL 文件来扩展 CCS 集成开发环境的功能，可以利用 GEL 文件访问开发平台的存储空间，也可以向 CCS 的 GEL 菜单添加菜单项，方便程序调试。

在 DSP 程序调试和分析过程中，可以采用 GEL 语言编写相应的 GEL 函数文件，以方便 DSP 程序的调试。以本章 dft_CH4 工程为例，利用 GEL 文件可以完成输入信号的模拟、增益 gain 的调节等功能，可编写如下 dft.gel 文件。本节以 dft.gel 文件为例，介绍如何编写、使用 GEL 文件。

```
#define Num_init 32
menuitem "DFT Control"
dialog data_input(parm1 "0 方波  非 0 锯齿波",parm2 "Num")
{       if (parm1==0)
        call_data_rect(parm2);
      else
        call_data_delta(parm2);
}
slider Gain(0, 10 ,1, 1, gainParm)
{ gain = gainParm; }

hotmenu gain_reset()
{ gain=1;    }
call_data_delta(Num)
{   int i,k=0;
    for(i=0; i<Num;i++)
        {    if(i%4==0)k=!k;
              in[i]=k*5*1024;
          k++;
        }
}
call_data_rect(Num)
{
    int i,k=0;
    for(i=0; i<Num;i++)
        {
          if(i%4==0)
              k=!k;
          in[i]=k*5*1024;
        }
}
```

4.5.1　GEL 的语法

GEL 实际上是 C 语言的一个子集，基本使用 C 语言的语法。GEL 文件与 C 语言文件一样，是由若干个函数构成的。函数是 GEL 文件的基本单元，而变量和语句是构成函数的组成部分。

1. 变量

GEL 函数中变量分为两种，一种是局部变量，在函数体中声明，dft.gel 中 call_data_rect 函数中的 i、k 变量即为局部变量，该变量的生存周期仅在函数调用过程中，局部变量的命名规则和声明方法与 C 语言一致。另一种变量是 DSP 程序中的全局符号变量，不用在 GEL

文件中声明而直接使用，例如 dft.gel 中使用的 gain、in 等变量。在 GEL 文件使用 DSP 程序中的全局符号变量时，实际上是访问该全局符号变量在目标 DSP 中对应的存储地址，因此，GEL 文件使用全局变量时，必须下载含有全局变量的 DSP 程序。

2. 语句

GEL 的语句和 C 语言语句一样，书写比较自由，可以把多个语句放到一个程序行中，语句与语句之间利用分号 ";" 进行分隔，单独一个分号 ";" 即为一条空语句。GEL 语言同样支持复合语句，利用一对大括号 "{ }" 围起来的语句构成一条复合语句。GEL 中注释语句使用方法和 C 语言一致，单行注释可以用 "//"，即从 "//" 开始到此行末尾为注释。利用 "/*" 和 "*/"，则在两符号间的内容全部成为注释内容，在编译时不被考虑。

3. 预编译语句

GEL 文件中也可以使用预编译语句，但仅支持标准的 "#define" 预处理关键字，dft.gel 中 "#define Num_init 32" 语句即是一个预编译语句。当 GEL 文件被下载时，预处理系统将把 GEL 文件中所有的宏定义符号 Num_init 用预处理语句中 Num_init 后的字符串 32 代替，因此，预处理语句和程序语句的不同之处在于不需要分号分隔，如果在该语句后加入分号，则分号成为宏定义符号的替代字符串的组成部分。

4. GEL 程序设计结构

GEL 文件由函数组成，而函数是变量和语句按照一定的结构构成的。GEL 文件设计过程中，函数可以采用的程序结构主要有 3 种：顺序结构、选择结构、循环结构。

1) 顺序结构

顺序结构是最简单、最常用的基本结构，在该结构中，语句按顺序书写，在运行时则按书写顺序依次运行。

2) 选择结构

在程序编写过程中，常常需要对给定条件进行分析、比较和判断，然后根据判断结果采取相应的操作。GEL 文件中采用选择结构，根据所给的条件是否成立有选择地运行相关语句。GEL 采用标准 C 中的 if-else 语句完成分支结构。如 dft.gel 中在函数 data_input 中用选择结构运行时，表示如果变量 parm1 的值是 0，调用 call_data_rect(parm2)语句，否则调用 call_data_delta(parm2)语句。下面是 if-else 语句的语法格式。

```
if (parm1==0)
    <语句 1>
else
    <语句 2>
```

在分支结构中，<语句 1>和<语句 2>必须是一条简单语句或一条复合语句，其中 else 语句可以省略。

3) 循环结构

在 GEL 文件的设计过程中，如果有一段语句需要有规律地反复运行，可以采用循环结构来完成，其中反复运行的程序块称为循环体，循环体必须是一条简单语句或一条复合语句。dft.gel 中 call_data_rect 和 call_data_delta 函数中均使用了循环结构。GEL 中可以采用 3 种形式构建循环结构，分别成为 for 循环、while 循环和 do-while 循环。

for 循环语法为

```
for ( expression1; expression2; expression3 )
    <循环体语句>
```

执行到该语句时，首先执行循环初始语句 expression1 并判断循环条件语句 expression2 是否成立。如果成立，则执行循环体语句，然后执行 expression3 语句，重新判断 expression2 是否成立；若条件不成立，则跳过循环语句，跳转到 for 循环后的下一条语句。

while 循环语法为

```
while ( expression )
    <循环体语句>
```

执行 while 循环时，首先判断循环条件 expression 是否成立。若成立，执行循环体后再次判断循环条件 expression 是否成立；若不成立，则跳过循环体，直接执行 while 语句后的下一条语句。

do-while 循环语法为

```
do <循环体语句>
while ( expression )
```

执行 do-while 循环时，首先执行一次循环体，然后再判断循环条件 expression 是否成立。若成立，执行循环体后再次判断循环条件 expression 是否成立；若不成立，则跳过循环体，直接执行 while 语句后的下一条语句。与 while 循环的区别在于不管循环条件是否成立，循环体至少执行一次。

5. 函数

函数是 GEL 文件的基本单元，可以利用 GEL 文件中的函数来完成 CCS 集成开发环境功能的扩展、存储空间访问等。GEL 文件中函数声明的方法如下。

```
funcName ( [parameter1 [, parameter2 ... [, parameter6 ] ] ] )
{ 函数体 }
```

其中，funcName 是 GEL 函数名，用户利用函数名实现对函数的调用，函数体部分是由一对 "{ }" 包围的语句段。根据功能需要，该函数体部分语句由顺序结构、循环结构、选择结构构成，而在函数名后的 parameter1、parameter2 等是函数的传入参数，命名时该参数可以为空，也可以定义多个参数，这些参数不需要定义参数类型，由传入参数的类型决定，例如 dft.gel 中 data_input 函数的定义。调用时传入参数可以是数值、表达式、字符串或者 DSP 程序中的全局符号变量。

注意：GEL 函数不需要定义函数的返回值类型，而且虽然可以使用 return 语句返回一个函数值，但很少使用。

6. 在 GEL 菜单中添加 GEL 函数

CCS 支持根据需要把一些 GEL 函数加入到 GEL 菜单中，通过 GEL 菜单中的菜单命令可以反复地调用这些 GEL 函数。要把 GEL 函数添加到 GEL 菜单中，首先要用 menuitem 关键字定义一个 GEL 菜单的下拉菜单项，然后需要利用 hotmenu、dialog 或 slider 关键字声明函数作为该下拉菜单项的子菜单项，最后要下载该 GEL 文件。下载 dft.gel 文件后，图 4.12 显示 dft.gel 添加的 GEL 菜单项，该菜单具有 3 个子菜单命令：data_input、Gain、gain_reset。

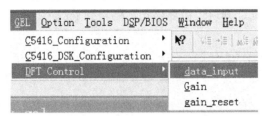

图 4.12　加入 GEL 菜单的菜单项

1) hotmenu 关键字

当一个 GEL 函数不需要输入参数时，可以在函数声明前加入 hotmenu 关键字，该函数即成为当前由 menuitem 关键字命名的 GEL 菜单项的子菜单项。在 CCS 中选择该菜单项则立刻执行该函数，在 dft.gel 中声明的 gain_reset 函数在 GEL 菜单中选择后，立刻将 DSP 程序中的全局符号变量 gain 的值修改为 1。

2) dialog 关键字

如果一个函数需要输入参数时，可以选择 dialog 关键字，选择该菜单项时将弹出一个对话框，可以输入要求的输入参数。在函数定义时加入提示信息，即在每个参数后跟一个可选的字符串用来描述参数的使用，如 dft.gel 中 data_input 函数定义。在 GEL 菜单中调用该菜单项，弹出如图 4.13(a)所示的对话框，输入参数后单击 Execute 按钮执行对应函数，单击 Done 按钮关闭对话框但不执行对应函数，单击 Help 按钮弹出对应的帮助文档。

3) slider 关键字

使用 slider 关键字也可以把 GEL 函数添加进入 GEL 菜单。例如 dft.gel 中的 Gain 函数。当选择该关键字命名的菜单项时，将显示图 4.13(b)所示的滑动条，用鼠标拖动滑动条可以控制对应函数的输入参数，每次滑动滑动条后将利用当前滑块指示的数据作为输入参数调用该菜单对应函数。slider 关键字命名的 GEL 函数格式如下。

```
slider param_definition( minVal, maxVal, increment, pageIncrement,
    paramName )
    { 函数体 }
```

minVal:一个数值常数，指定滑块滑到最低处时对应的输入参数值。
maxVal:一个数值常数，指定滑块滑到最高处时对应的输入参数值。
increment:一个数值常数，指定滑块每移动一下，对应输入参数值增加或减少的值。
pageIncrement:一个数值常数，指定按 PageUp 或 PageDown 键移动滑块一下，对应输入参数增加或减少的值。

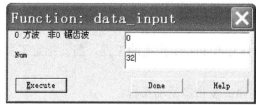

(a) dialog 声明的函数运行效果

(b) slider 声明的函数运行效果

图 4.13　用户添加的 GEL 菜单项运行效果

7. 自动运行 GEL 函数

下载一个 GEL 文件后，GEL 函数的调用一般可以采用以下几种方式。

(1) 把 GEL 函数加入到 GEL 菜单中，选择 GEL 菜单中的子菜单项，可以调用该子菜单项对应的 GEL 函数。

(2) 利用 GEL 工具栏，在 GEL 工具栏中输入函数调用语句，单击执行按钮后调用输入的函数。

(3) 在 Watch 窗口对话框中输入 GEL 函数调用语句，当程序运行遇到断点暂停刷新 Watch 窗口对话框时将调用在该窗口对话框中输入的 GEL 函数。

用户可以定义函数在 GEL 文件下载时自动运行。当下载一个 GEL 文件时，首先检查该 GEL 文件中是否定义了 StartUp 函数。如果发现该 GEL 文件中定义了 StartUp 函数，将自动调用执行 StartUp 函数。因此，如果希望一些函数在 GEL 文件下载时运行，可以将这些函数的调用语句加入到 StartUp 函数的函数体，这样函数体中的语句将在该 GEL 文件下载时自动运行。

8. GEL 内建函数

CCS 为了便于 DSP 程序的调试和分析，提供内建的 GEL 函数，用于控制目标开发平台的状态、访问开发平台的存储空间以及在 GEL 输出窗口输出结果。为区别用户自定义的 GEL 函数，所有的内建函数都以"GEL_"开头。在自定义的 GEL 函数中可以调用内建 GEL 函数，例如在 dft.gel 中 StartUp 函数调用 GEL_TextOut 函数，用于在 GEL 输出窗口中输出信息。内建 GEL 函数可以使用和自定义 GEL 函数一样的调用方法。

常用的 GEL 内建函数功能简单介绍如下。

(1) GEL_Animate( )：动画运行当前下载的可执行的.out 文件。

(2) GEL_Go(address)：运行当前下载的程序到 address 指定地址。

(3) GEL_Halt( )：停止当前程序运行。

(4) GEL_Load("fileName.out")：下载 filename.out 文件，需要指定目录位置。

(5) GEL_LoadGel("fileName.gel")：下载一个 filename.gel 文件，需要指定目录位置。

(6) GEL_MemoryLoad( )：下载指定文件内容到存储空间中的指定位置的一块空间。

(7) GEL_MemorySave( )：把指定位置、大小的存储空间内容存储到指定文件中。

(8) GEL_ProjectBuild( )：增量编译链接当前活动工程。

(9) GEL_ProjectClose("fileName")：关闭 filename 指定的工程，需要指定工程文件路径。

(10) GEL_ProjectLoad("fileName")：打开 filename 指定的工程，需要指定工程文件路径。

(11) GEL_ProjectRebuildAll( )：重新编译链接当前活动工程。

(12) GEL_ProjectSetActive("fileName")：设置 filename 指定的工程为当前活动工程，需要指定工程文件路径。

(13) GEL_Reset( )：复位目标开发平台。

(14) GEL_Restart( ) 重设当前下载的程序的程序指针到程序入口点。

(15) GEL_Run(["Condition"]：运行当前下载的程序，当评估条件["Condition"]不成立或遇到断点时程序暂停。

(16) GEL_TextOut("string")：在 GEL 输出窗口中输出 string 字符串。

(17) GEL_RunF( )：自由运行。

(18) GEL_UnloadGel("fileName")：卸载 filename 指定的 GEL 文件，需要指定文件路径。

(19) GEL_WatchAdd("expression")：加 expression 表达式到 Watch 窗口对话框。

(20) GEL_WatchReset( )：清空 Watch 窗口对话框中的内容。

4.5.2 下载/卸载 GEL 文件

在 GEL 文件下载到 CCS 集成开发环境后，才能调用其中定义的 GEL 函数。下载后，GEL 文件中的 GEL 函数驻留在 CCS 的存储空间中，随时可以调用。当不需要使用某个 GEL 文件中的 GEL 函数时，可以卸载该 GEL 文件，释放其占用的存储空间。当 GEL 文件进行修改后，必须重新下载该 GEL 文件，修改的内容才会生效。

在下载 GEL 文件的过程中，CCS 将检查 GEL 文件中是否存在语法错误，如果存在语法错误，CCS 将放弃下载该 GEL 文件。在下载检查语法错误过程中不会检查变量是否被定义，因此，可以在下载对应 COFF 文件前下载 GEL 文件。调用 GEL 函数时，如果用到 DSP 程序的符号变量，则必须先下载 DSP 程序，因此，建议先下载 DSP 程序，再下载与之相关的 GEL 文件。下载 GEL 文件时，将检查 GEL 文件中是否有 StartUp( )函数，如果有，CCS 自动执行该函数。

1. 下载一个 GEL 文件的方法

(1) 在 CCS SetUp 中为 CCS 启动配置一个 GEL 文件，当 CCS 启动时将自动下载该 GEL 文件。

(2) 选择 CCS 的 File→Load GEL 命令，可以下载 GEL 文件到 CCS。

(3) 在工程窗口中，选中 GEL files 项调用右键快捷菜单选择 Load GEL 命令，可以下载选择的 GEL 文件到 CCS。

(4) 修改一个已经下载的 GEL 文件后，可以在工程窗口 GEL files 项列表中选中该 GEL 文件，调用右键快捷菜单选择 Reload 命令，可以重新下载当前选中的 GEL 文件。

2. 卸载一个 GEL 文件的方法

卸载一个 GEL 文件时，首先在工程窗口 GEL files 项列表中选中该 GEL 文件，然后调用右键快捷菜单，选择 Remove 命令，可以卸载当前选中的 GEL 文件。

4.5.3　GEL 文件应用示例

(1) 参照 4.3.4 节 File I/O 应用实例中的第(2)、(3)步，对 dft_CH4.pjt 进行编译链接，然后下载 DSP 程序到开发平台中，运行程序。

(2) 设置图形分析工具，采用时频分析类型，分析输入信号 in 数组，输出信号 out 数组，由于目前还没有有效输入信号，显示图形具有随机性。

(3) 编写 GEL 文件，内容同 dft.gel。

(4) 下载 GEL 文件，此时 StartUp 运行，将在 GEL 输出窗口输出文本信息，同时调用 call_data_rect 函数，设置存储输入信号的数据 in 中存储方波信号。此时，刷新分析输入信号 in 的图形窗口，将显示方波信号。

(5) 继续运行程序，调用 processing 函数后可以查看输入方波信号 DFT 变换后输出频域信号 out 的图形分析结果。

(6) 打开一个 Watch 观察窗口对话框，查看当前符号变量 gain 的值。

(7) 选择 GEL→DFT Controls→Gain 命令，将显示一个滑动条，移动滑块可以改变 gain 的值，刷新 Watch 观察窗口，可见 gain 值的变化，刷新图形分析窗口，输入信号的幅值发生相应变化。选择 GEL→DFT Controls→gain_reset 命令，可把 gain 值设置为 1。

(8) 选择 GEL→DFT Controls→data_input 命令，弹出图 4.13(a)所示的对话框。根据提示填写输入参数后，将向输入信号存储地址 in 中写入数据(方波信号或锯齿波信号)，刷新图形分析窗口查看输入信号和输出信号的图形显示效果。注意，必须单击 Execute 按钮，才能调用该菜单项对应的 GEL 函数。

(9) 选择 File→Workspace→Save Workspace 命令，保存当前工作区，以供下次调用时使用。

4.6　CCS5.x 中 DSP 程序调试分析方法

CCS5.x 是以 Eclipse 开源软件框架为基础的集成开发环境，与 CCS2.x 和 CCS3.x 相比界面完全不同，分为 Edit View 和 Debug View 两种界面。在启用 CCS 的 Debug View 进行 DSP 程序调试分析时操作界面与 CCS3.x 以前版本相比也有所不同。以本章开始部分 dft.c 源程序文件为例，可以采用如下方法在 CCS5.x 中对 DSP 程序进行调试分析。

1. DSP 程序设计

启动 CCS 进入 Edit View 模式界面，选择 Project→New CCS Project 命令，按 3.6.2 节方法创建工程、源程序文件(选用 4.3.4 节使用的 dft.c 源程序)、链接配置文件，并设置编译链接选项和目标平台，编译链接生成 DSP 程序。单击工具栏的 按钮，将当前工程生成的 DSP 程序下载到配置的目标平台。选择 Run 命令，运行该 DSP 程序。

2. 利用 File I/O 模拟输入信号

与 CCS3.x 一样,CCS5.x 采用断点配合 File I/O 工具实现文件和 DSP 程序的数据通信。首先在 main 函数中的 dataIn 函数调用语句前加入断点,然后选择 View→Breakpoints 命令打开断点管理窗口。在断点管理窗口中选择刚设置的断点并右击选择快捷菜单中的 Breakpoint Properties…命令,按图 4.14 设置,在程序运行遇到该断点时将从 sine.dat 文件中读取 32 字写入 DSP 程序数据空间的 in 为起始地址的 32 字存储区域中。

图 4.14　断点属性设置界面

3. 利用图形分析工具分析输入输出信号

利用图形分析工具可以可视化的分析信号,在 CCS5.x Debug View 中可以利用 Tools→Graph→Single Time 命令显示时域,利用 Graph→FFT Magnitude 命令显示一个时域信号的幅度谱。图 4.15 所示为利用图形分析工具查看输入信号 in 数组的时域、频域图,以及输出信号 out 数组的时域图(即 DFT 变换后的频谱)。

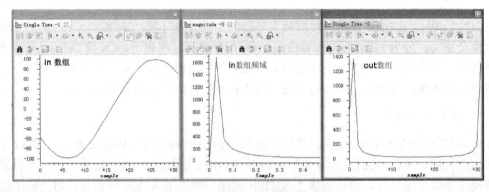

图 4.15　图形分析工具显示界面

4. 利用 Load Memory 方法模拟输入信号

通过修改断点属性去除 File IO 操作后，与 CCS3.x 版本的 Data Load 命令一样可以使用 Tools→Load memory 命令将一个数据文件内容一次性的写入到 DSP 程序数据空间的 in 为起始地址的 32 字存储区域中。

5. 剖析方法

CCS5.x 继承旧版本 CCS 中计算程序执行过程中函数消耗指令周期的剖析工具，具有剖析时钟和剖析会话两种方式。

1) 剖析时钟

在 Debug View 界面选择 Run→Clock 命令，可以选择对剖析时钟进行配置、显示、使能、复位等操作。当选择显示时钟命令时时钟显示在 CCS 的状态栏中，当程序遇到断点时将更新时钟计数。

2) 剖析会话

首先下载 DSP 程序到目标 DSP 进入 CCS Debug View 界面；选择 Tools→Profile→Setup Profile Data Collection 命令用于进行剖析会话配置，然后运行 DSP 程序，通过选择 Tools →Profile→View Function Profile Results 命令查看剖析数据。

6. 利用 GEL 文件调试 DSP 程序

在 Debug View 界面选择 Tools→GEL Files 命令打开 GEL 文件管理窗口，在右侧 GEL 文件显示区域右击选择快捷菜单中的 Load GEL...命令，选择 4.5 节的 dft.gel 文件用于调试 DSP 程序，其定义的 GEL 菜单项将显示在 Scripts 菜单中。具体调试操作可参考 4.5 节 GEL 文件应用方法。

小　　结

任何应用程序的开发都不可能一步到位，必然经过反复的分析和调试过程，DSP 程序开发也不例外。在 DSP 程序开发过程中，对 DSP 程序进行调试与分析，才能保证 DSP 程序的正确生成以及功能有效。实际上，在程序设计过程中常常遇到的问题可大致分为 3 类：编译警告和错误、链接警告和错误、运行结果错误。如何快速有效地查找到问题出处并修正这些问题是本章的主要内容。

本章以 dft_CH4 工程为例，首先介绍编译警告和错误信息、链接警告和错误信息的常见形式，对于具体问题给出解决方法，其中包括很多错误，例如语法错误、编译链接选项错误等，解决方法具有一般性，可以推广用于快速有效地定位、修正错误。

运行结果错误即运行结果不符合设计要求的错误，是程序设计逻辑、算法等方面不符合要求而出现的问题，这种问题难于发现、难于解决。在 DSP 程序调试过程中，为验证程序运行结果是否正确，需要利用已知信号的数据文件模拟信号的输入进行 DSP 程序运行结果的验证。在 CCS 中可以采用 File I/O 工具配合探测点在主机和目标 DSP 间传输数据，也可以在 CCS 集成开发环境中选择 File→Data→Load/Save 命令在主机和目标 DSP 间传输数据，可以实现 DSP 程序的输入输出。CCS 集成开发环境为有效地评估信号特性，提供了一个图形分析工具，可以对信号进行时频图、眼图、星座图或图像显示分析，是 DSP 程序调试过程中最常用的分析和调试工具。

GEL 是一种与 C 语言相似的解释性语言，可用于编写 GEL 文件，用于自动测试、客户化工作区、扩展 CCS 集成开发环境的功能等。GEL 文件以 GEL 函数为基本单元，可以自定义。利用 GEL 文件可以访问目标开发平台的存储空间，可以向 CCS 的 GEL 菜单添加菜单项，以方便程序调试。

在 DSP 程序开发过程中，在 CCS 中可以使用 Profiler 工具获取 DSP 程序中的某个函数、某段代码的剖析数据，用以分析 DSP 程序的运行情况。在使用剖析工具进行剖析时，需要注意剖析的准确性和精度。

由于 CCS5.x 的界面与 CCS2.x 和 CCS3.x 完全不同，在 CCS5.x 进行 DSP 程序调试分析时操作也有所不同。在 CCS5.x 中可以使用 File I/O、Data→Load/Save 等命令在主机和目标 DSP 间传输数据，可以实现 DSP 程序的输入输出，也可以使用图形分析工具进行信号的图形化分析，并可以采用 Profiler 剖析函数或一段代码的执行时间，同时 CCS5.x 支持 GEL 文件应用。

 阅读材料

MATLAB 语言与编程

MATLAB 软件于 1984 年由美国 Mathworks 公司正式推出，取名源自 Matrix Laboratory，是指以矩阵的方式来处理计算机数据。MATLAB 软件采用可视化的集成环境，提供友好的用户界面，具有数值计算、图形图像处理、语音信号处理、神经网络等功能，是目前最成功的科学计算软件之一。MATLAB 提供大量的工具箱，含许多实用程序，可广泛地应用于数值分析、矩阵运算、数字信号处理、控制等多个领域。

MATLAB 语言是解释执行，算法运行速度较慢，一般用于算法的仿真和评估，能直接应用于嵌入式系统。为了把 MATLAB 软件和基于 DSP 的嵌入式系统开发结合起来，Mathworks 公司和 TI 公司联合开发了 CCSLink 工具包，实现 MATLAB、CCS 和目标 DSP 之间相互交换数据和发送指令。

MATLAB 可以在仿真的基础上，简化 DSP 程序的设计。例如有限冲击响应(Finite Pulse Response，FIR)滤波器设计，可以利用 MATLAB 软件根据滤波器设计参数仿真设计 FIR 滤波器系数，并直接按照 DSP 支持的格式输出，可直接用于嵌入式系统 FIR 滤波器的设计。MATLAB 提供多种 FIR 滤波器设计软件，其中，FDA Tool(Filter Design & Analysis Tool)工具是 MATLAB 信号处理工具箱专用的滤波器设计分析工具，可以根据滤波器设计需求方便快捷地设计滤波器。打开 MATLAB 界面，在 MATLAB 命令窗口，键入 FDAtool 命令，将弹出 FDA Tool 滤波器设计分析窗口，其界面如图 4.16 所示。FDA Tool 界面可分两大区域，界面的下半部分是滤波器设计区域，用来设置滤波器的设计参数，界面的上半部分是特性区，用来显示滤波器的各种特性信息。滤波器设计部分主要包括以下几个选项。

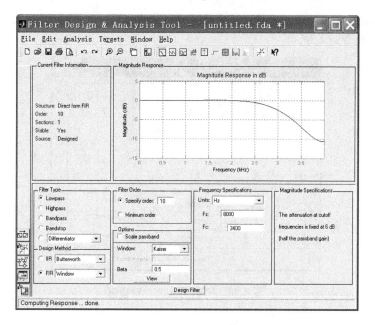

图 4.16　FDA Tool 用户界面

(1) Filter Type 选项，可以选择低通(Lowpass)、高通(Highpass)、带通(Bandpass)、带阻(Bandstop)和特殊的 FIR 滤波器。

(2) Design Method 选项：包括 IIR 滤波器的巴特沃斯(Butterworth)法、切比雪夫 I 型(Chebyshev Type I)法、切比雪夫 II 型(Chebyshev Type II)法、椭圆滤波器(Elliptic)法和 FIR 滤波器的等波纹(Equiripple)法、最小乘方(Least-Squares)法、窗函数(Window)法。

(3) Filter Order 选项：定义滤波器的阶数，在 Specify Order 中填入所要设计的滤波器的阶数 N-1，表示为 N 阶滤波器。如果选中 Minimum order 单选按钮，则 MATLAB 根据所选择的滤波器类型自动选用最小阶数。

(4) Frenquency Specifications 选项，可以详细定义频带的各参数，包括采样频率 F_s 和频带的截止频率。它的具体选项由 Filter Type 选项和 Design Method 选项决定，例如带通滤波器需要定义下阻带截止频率、通带下限截止频率、通带上限截止频率、上阻带截止频率，而低通滤波器只需要定义阻带下限截止频率、通带上限截至频率。采用窗函数法设计滤波器时，由于过渡带是由窗函数的类型和阶数所决定的，所以只需要定义通带截止频率，而不必定义阻带参数。

(5) Magnitude Specifications 选项，可以定义幅值衰减的情况。当采用窗函数设计时，通带截止频率处的幅值衰减固定为 6dB。

(6) Window Specifications 选项：当选取采用窗函数法设计时，该选项可定义，具有多种窗函数选项。

分析滤波器设计需求后在滤波器设计区域合理设置各个选项，然后单击 Design Filter 按钮将在图 4.16 界面上得到滤波器的仿真结果。利用 FDA Tool 提供的工具按钮可以查看设计的滤波器的幅频特性、相频特性、零极点等图形显示信息。对照参数要求和仿真结果，可以调整滤波器参数选项直至其符合设计要求。然后可以导出设计好的 FIR 滤波器系数，方法是在 FDA Tool 工具上选择 Targets→Export to Code Composer Studio(tm)IDE 命令，弹出图 4.17 所示的

Export to C Header File 对话框，进行滤波器系数导出的设置，详细信息可参照 MATLAB 软件关于 FDA Tool 的帮助文档。

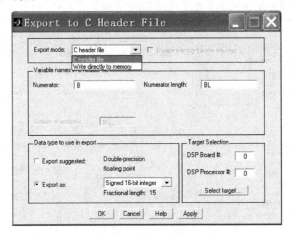

图 4.17　FDA 导出文件对话框

习　　题

1. 简述探测点的作用及其与断点的区别。

2. 简述 Run 命令和 Animate 命令的区别。

3. 当一个 DSP 程序运行时，是否可以在不进行工程的重新编译、链接，不重新下载运行 DSP 程序的前提下，修改 DSP 中一个全局变量的值？若可以，在 CCS 中可以选用什么命令来完成该项工作？

4. 在 CCS 中可以利用时频图形分析工具显示一个信号(一组占用连续存储空间的数据)，当需要采用"FFT 幅度"形式进行频域图形分析时，如何设置图形分析工具属性以及判断计算该信号的频率成分？

5. 简述剖析工具的作用以及在剖析源程序文件中 A 点到 B 点代码时，如何提高剖析精度。

6. 简述 GEL 文件及其作用。编写一个 GEL 文件时，如何使一个函数在下载该 GEL 文件后立刻运行，如何使函数出现在 CCS 的 GEL 菜单中。

7. 如何在 CCS 中将主机上的数据(或数据文件)输入目标 DSP，用于模拟一个输入信号？

实验二　DFT 频谱分析——调试与剖析

1. 实验目的

(1) 熟悉 CCS 集成开发环境，掌握工程的建立、编译、链接等方法。

(2) 掌握 DSP 程序调试的基本方法。

(3) 利用 DSP 实现 DFT 算法对离散信号进行频谱分析。

2．实验内容

(1) 输入信号的模拟。

(2) 输出信号的图形显示和分析。

(3) 对 DSP 程序进行剖析。

3．实验原理

(1) 输入信号的构造方法。离散时间信号可以用若干个幅值不同的正弦信号叠加而成，单个正弦信号的离散时间表示方式为 $x(n) = \sin(n \times 2\pi \times \dfrac{f}{f_\mathrm{s}})$，其中，$f$ 表示信号频率，f_s 表示采样频率。

(2) 离散傅里叶变换公式。

$$X(k) = \sum_{n=0}^{N-1} x(n) \cdot W_N^{kn} \;;\; 其中，\; W_N^{kn} = \mathrm{e}^{-\mathrm{j}\frac{2\pi}{N}kn}, \; 0 \leqslant k \leqslant N-1。$$

离散傅里叶变换的目的是把信号由时域变换到频域，在频域分析信号特征，是数字信号处理领域常用的方法。

4．实验设备

(1) PC 一台。

(2) TMS320VC5416 DSK 一套。

5．实验步骤

(1) 选择 Project→New 命令，设置保存路径、工程名(如 DFT)，建立一个工程。

(2) 选择 File→New→Source File 命令，建立源代码文件，编写 DFT 函数源代码。

(3) 保存源文件到当前工程所在的文件夹，然后在工程窗口选择当前工程，调用右键菜单，选择 Add Files to Project 命令，打开一个文件选择对话框，选择刚保存的源文件加入到工程中。

(4) 选择 Project→Build Options 命令，打开 Build Options 对话框，在 Linker 选项卡的 Include Libraries (-l)项输入 rts.lib 选用运行时支持库，rts.lib 在编译时使用近调用。

(5) 编写链接配置文件，可参照 3.4.4 节所示 CMD 文件，保存到当前工程所在的文件夹，并加入到工程中。

(6) 对当前工程进行编译、链接，生成可执行程序。

(7) 选择 File→Load Program 命令，选择生成的.out 文件下载到开发平台中并运行。

(8) 定义探测点，利用 File I/O 工具将准备好的数据文件输入到输入信号存储数组。

(9) 在 CCS 中利用图形分析工具显示输入信号、输出信号，并分析输出信号是否符合 DFT 算法输出。可以修改输入信号的图形分析类别为 "FFT Magnitude"，根据输入信号的频谱图与输出信号比较，可以判断 DFT 算法编写是否正确。

(10) 选择 File→Data→Load/Save 命令，对输入信号数据输入模拟信号，并将输出信号写入主机上的一个数据文件，然后刷新 CCS 中的图形显示窗口。注意，可以在第 3 章的实验中对输入信号数组使用 File→Data→Save 命令，存储的数据文件作为本实验的输入数据。

(11) 编写 GEL 文件，利用 GEL 文件修改 DSP 程序中的全局变量以及模拟输入信号，然后刷新 CCS 中图形分析窗口。

(12) 对 DFT 函数进行剖析，分析剖析结果。

(13) 保存工作区。

6. 实验要求

(1) 提交完整的程序源代码。

(2) 提交实验分析测试数据。

(3) 提交完整的实验报告。

第 **5** 章

基于 DSP/BIOS 的程序设计

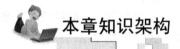
本章知识架构

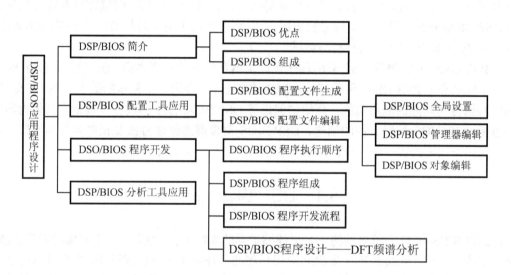

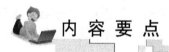
内容要点

- 什么是 DSP/BIOS？
- DSP/BIOS 应用程序的执行顺序是怎样的？
- 如何使用 DSP/BIOS 配置工具？
- 如何基于 DSP/BIOS 设计 DFT 频谱分析应用程序？
- 如何使用 DSP/BIOS 分析工具？

本章主要介绍利用 DSP/BIOS 进行 DSP 应用程序设计的方法。DSP/BIOS 是集成在 CCS 集成开发环境中的实时内核，相当于一个准实时操作系统。利用 DSP/BIOS 可以对目标应用系统的各项操作任务线程进行基于优先级的实时调度，可以用于实现复杂任务调度应用的 DSP 嵌入式系统设计开发。DSP/BIOS 实时内核由多个功能模块构成，当这些模块被 DSP/BIOS 应用程序直接或间接调用时，该模块代码才被打包进入 DSP 应用程序，从而有效地节约目标代码量。因此，DSP/BIOS 实时内核特别适合于嵌入式系统应用程序的设计开发。

DSP/BIOS 由 3 部分组成：DSP/BIOS API、DSP/BIOS 配置工具以及 DSP/BIOS 分析工具。其中 DSP/BIOS API 采用汇编语言编写，代码短小，可固化在目标芯片中，主要为嵌入式应用程序提供基本的实时服务，包括线程的调度、输入/输出处理、实时捕捉信息数据等操作。DSP/BIOS 配置工具是类似 Windows 资源管理器形式的可视化窗口软件，可以完成 DSP/BIOS 的全局属性配置和对象创建等操作，生成 DSP/BIOS 配置文件及相关文件。而 DSP/BIOS 分析工具是一系列主机应用程序，可以实现主机与目标 DSP 之间的数据通信，用于 DSP/BIOS 应用程序的分析与调试。

利用 DSP/BIOS 进行 DSP 应用程序设计是本章学习的主要内容，在掌握 DSP/BIOS 应用程序组成和 DSP/BIOS 应用程序执行顺序的基础上，围绕一个基本的数据采集、预处理、DFT 频谱分析功能的应用实例，介绍如何进行 DSP/BIOS 程序的设计与调试。具体内容主要包括 DSP/BIOS 配置文件的创建、DSP/BIOS 对象静态创建方法及相关属性的设置、各个功能操作线程的实时调度设计，以及利用 DSP/BIOS 分析工具的分析方法。

5.1 DSP/BIOS 简介

DSP/BIOS 是 TI 公司提供的一个可伸缩扩展的实时内核，相当于一个准实时操作系统，具有多线程特性，可以用来完成 DSP 应用程序的各任务实时调度和同步、主机和目标系统之间的通信以及实时监测等功能。DSP/BIOS 为了减少目标代码量，被打包成多个模块，当一个 DSP 应用程序直接或间接调用 DSP/BIOS 的某个模块时，该模块才被链接进入目标应用程序。DSP/BIOS 应用程序还可以通过配置工具禁用不用的功能来优化目标代码的代码量和速度，在运行时可以进行实时隐式的跟踪和监视。

5.1.1 DSP/BIOS 优点

使用 DSP/BIOS 进行应用程序开发具有以下几个优点。

(1) DSP/BIOS 提供系统级服务，包括存储空间管理、通信机制、中断处理等功能服务，可以使用户专注于开发程序，不必去开发或维护系统内核，从而提高开发效率。

(2) 可以对应用程序进行高效的实时分析。所谓实时分析是指在程序运行的同时，实时地捕捉和显示系统级的诊断和检测数据。DSP/BIOS 提供在尽可能不干扰程序运行的情况下实时地获取、传输和显示需要数据的机制，例如 DSP/BIOS 分析工具与目标 DSP 之间的通信是在后台空闲处理程序运行时完成的，这确保了通信不会影响 DSP/BIOS 应用程序的执行，实现实时数据分析。如果其他任务线程一直占用 DSP 芯片的 CPU，DSP/BIOS 分

析工具会暂停从目标 DSP 中获取数据,直到 CPU 执行空闲处理程序时,再次开始从目标
DSP 中获取数据。

(3) 创建的 DSP/BIOS 应用程序具有鲁棒性。DSP/BIOS 是一种具有伸缩性和扩展性
的实时内核,已经在应用领域被验证并广泛应用,在其基础上创建的 DSP 应用程序具有鲁
棒性。

(4) DSP/BIOS 的 API 函数采用模块化设计,仅在被 DSP/BIOS 应用程序调用的情况下
包含该 API 的模块才被加入到目标代码,有利于减少目标代码量。

(5) 所有的 DSP/BIOS 对象都可以使用 DSP/BIOS 配置工具静态创建,并在 DSP/BIOS
应用程序中调用,这样可以减少目标代码量,而且可以优化目标代码的内部数据结构。

(6) 可以减少应用程序维护费用。DSP/BIOS 提供标准的应用程序接口函数(Appliction
Programming Interface,API),开发的软件符合标准化软件标准,代码具有重用性,有利于
由于系统级需求变化而引起的软件升级。

5.1.2 DSP/BIOS 组成

如图 5.1 所示,在 CCS 集成环境下的 DSP/BIOS 由 3 个部分组成:DSP/BIOS API、
DSP/BIOS 配置工具、DSP/BIOS 分析工具。

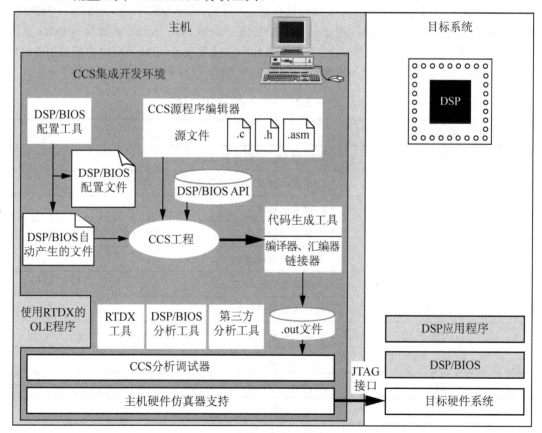

图 5.1 CCS 环境下 DSP/BIOS 组成

在 CCS 中用户可以使用 C 语言或汇编语言调用 DSP/BIOS 提供的 API 函数开发 DSP/BIOS 应用程序，并可以使用 DSP/BIOS 配置工具可视化地定义 DSP/BIOS 的全局属性和对象。然后对编译、汇编、链接生成的可执行的目标应用程序进行下载并运行，可以利用 DSP/BIOS 分析工具对运行的 DSP/BIOS 应用程序进行实时监测，包括 CPU 负荷、线程执行等。所谓线程，是指程序执行时的一个独立的指令流，包括硬件中断、软件中断、任务处理、空闲处理和周期调用函数等。

1. DSP/BIOS API

DSP/BIOS 利用代码短小、可固化在目标 DSP 芯片中的 DSP/BIOS API，为设计开发基于 DSP 的嵌入式应用程序提供基本的实时服务，包括线程的调度、输入/输出处理等操作。为了节省存储空间和执行时间，DSP/BIOS API 主要采用汇编语言编写。在利用 DSP/BIOS 进行 DSP 程序开发时，可以利用汇编语言或 C 语言对 DSP/BIOS API 进行调用。调用 DSP/BIOS API 时必须把定义声明 DSP/BIOS API 的头文件包含进入源程序文件。

为了尽可能减少目标代码量，DSP/BIOS API 被分成若干个模块，每个模块中的函数被直接或间接调用时，该模块才被集成到目标代码中。由于不同的 DSP/BIOS 应用程序配置使用的模块不同，生成的 DSP/BIOS 应用程序中 DSP/BIOS 代码量从 200 字到 2000 字不等。DSP/BIOS 中对每个模块进行了唯一的命名，有利于区分 DSP/BIOS API 的各个模块，并且该模块名被用作每个模块中对象、函数的前缀，例如 LOG_printf 函数就是 LOG 模块中的一个可调用函数。DSP/BIOS API 各模块名称和描述见表 5-1，每个模块中的 DSP/BIOS 提供的对象、函数都以表中模块名称加下划线作为前缀。

表 5-1 DSP/BIOS API 各模块名称及描述

模块名称	描　　述
ATM	汇编语言编写的原子函数
C54	C54 系列 DSP 芯片特有函数
CLK	时钟管理模块
DEV	设备驱动接口
GBL	全局设置管理模块
HST	主机通道管理模块
HWI	硬件中断管理模块
IDL	空闲函数管理模块
LCK	资源锁管理模块
LOG	事件日志管理模块
MBX	邮箱管理模块
MEM	存储器段管理模块

模块名称	描　　述
PIP	带缓冲的通道管理模块
PRD	周期函数管理模块
QUE	元队列管理模块
RTDX	实时数据交互设置模块
SEM	信号量管理模块
SIO	流输入/输出管理模块
STS	统计对象管理模块
SWI	软件中断管理模块
SYS	系统服务管理模块
TRC	程序跟踪管理模块
TSK	多任务管理模块

2. DSP/BIOS 配置工具

DSO/BIOS 配置工具是一个类似于 Windows 资源管理器形式的可视化窗口软件，详细应用见 5.2 节，该配置工具具有以下两个功能。

(1) 可以设置 DSP/BIOS 运行时使用的参数。

(2) 可以用作一个可视化编辑器，创建 DSP/BIOS 对象。这些对象包括软件中断、任务(TSK 对象)、输入/输出流和事件日志等，也可以使用该可视化编辑器设置这些对象的属性。

3. DSP/BIOS 分析工具

DSP/BIOS 通过对支持 DSP/BIOS 的目标程序进行实时分析扩展 CCS 集成开发环境的功能，可以在几乎不影响 DSP/BIOS 应用程序运行的情况下，直观地进行监测。和传统调试方法(调试程序与应用程序相互独立)不同，采用 DSP/BIOS 分析工具对 DSP 程序进行实时分析时，必须在 DSP 程序中包含提供实时分析服务的代码。通过 DSP/BIOS API 函数和对象的使用，可以利用 DSP/BIOS 分析工具收集 DSP/BIOS 应用程序运行时捕捉的信息。

DSP/BIOS 主要提供以下几种实时程序分析功能。

(1) 程序跟踪功能：可以显示写入目标日志文件中的信息，反映在程序执行期间动态的控制流。

(2) 性能监测功能：跟踪显示反映 DSP/BIOS 应用程序资源使用的简明统计信息，例如 CPU 运行程序时的负荷及计时功能。

(3) 文件流功能：可以绑定 DSP/BIOS 应用程序中驻留的输入/输出对象到主机的一个文件。

DSP/BIOS 分析工具可以和传统调试方法一起使用，但传统调试方法仅当 DSP/BIOS 程序暂停时才可以分析，而 DSP/BIOS 分析工具可以在程序运行时实时进行，而且当程序暂停时，该分析工具还可以获取程序运行的历史信息，可以分析 DSP/BIOS 应用程序运行到当前点之前的事件执行顺序。因此，当分析 DSP/BIOS 应用程序的时序冲突等问题时，DSP/BIOS 分析工具可以被用作替代硬件逻辑分析仪的虚拟仪器。

DSP/BIOS 分析工具包括 RTA 控制面板、日志观察工具、统计观察窗口、执行图观察窗口、CPU 负荷图观察窗口、内核/对象观察窗口及主机通道控制窗口，可以通过 DSP/BIOS 分析工具栏或 DSP/BIOS 菜单进行调用，DSP/BIOS 分析工具的具体使用方法参见 5.5 节。

5.2 DSP/BIOS 配置工具的应用

DSP/BIOS 配置工具为使用 DSP/BIOS 实时内核提供一个图形化工具，如图 5.2 所示。在图 5.2 中 DSP/BIOS 配置工具窗口分为 4 个部分，从上到下依次是菜单栏、工具栏、工作区窗口和状态栏。其中工作区窗口分为左右两个部分，左侧树形列表窗口显示 DSP/BIOS 中可以应用的 DSP/BIOS 对象及其管理器，选中树形列表中某个节点，例如 DSP/BIOS 对象或管理器等，在右侧窗口将显示该节点相应的信息。

利用 DSP/BIOS 配置工具可以配置 DSP/BIOS 实时内核运行参数，并且可以静态地创建 DSP/BIOS 对象并设置对象的属性，方便用户在程序设计过程中调用。实际上也可以在 DSP/BIOS 应用程序运行时动态创建 DSP/BIOS 对象，但采用 DSP/BIOS 配置工具静态创建 DSP/BIOS 对象，可以在程序编译之前通过验证对象属性来检错，而且可以优化 DSP/BIOS 应用程序内部数据结构，减少目标代码量。

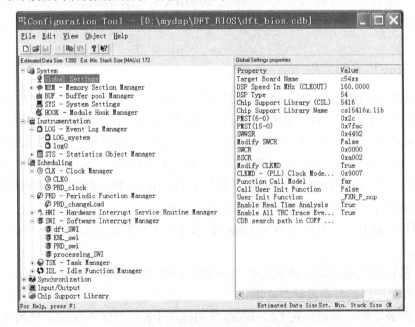

图 5.2　DSP/BIOS 配置工具界面

5.2.1 创建、打开、保存 DSP/BIOS 配置文件

1. 创建 DSP/BIOS 配置文件

在 CCS 集成开发环境中，选择 File→New→DSP/BIOS Configuration 命令，将弹出类似图 5.3 所示的新建 DSP/BIOS 配置文件的模板选择界面，根据 DSP/BIOS 应用程序使用的目标 DSP 不同选择图 5.3 中显示的对应的选项卡，然后在该窗口中选择合适的 DSP/BIOS 配置文件模板。选择一个模板时，该模板的描述信息将显示在窗口右侧的"Description"区域。在使用 TMS320C5416 DSK 进行开发时，推荐选择"dsk5416.cdb"模板。最后单击 OK 按钮，将打开一个 DSP/BIOS 配置工具窗口，在该窗口中可以进行 DSP/BIOS 实时核全局属性设置、修改 DSP/BIOS 模块管理器属性、添加用户自定义的 BIOS 对象并修改其属性等工作。

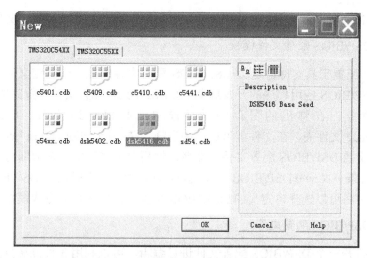

图 5.3 DSP/BIOS 配置文件新建时模板选择界面

2. 保存 DSP/BIOS 配置文件

在新建、修改 DSP/BIOS 配置文件后，必须对 DSP/BIOS 配置文件进行保存，可以选择 File→Save 命令或者单击标准工具栏上的 ▤ 按钮对 DSP/BIOS 配置文件进行保存，DSP/BIOS 配置文件的文件扩展名为 cdb。如果是第一次保存该 DSP/BIOS 配置文件，将弹出保存文件对话框，要求选择文件保存位置并输入 DSP/BIOS 配置文件名。DSP/BIOS 规定一个工程中使用的 DSP/BIOS 配置文件名必须和该工程输出的可执行文件文件名相同，即当一个工程的输出可执行文件为 myproject.out，则 DSP/BIOS 配置文件应保存为 myproject.cdb(CCS3.x 以后版本默认保存为 myprojec.tcf)，而且保存地址应选择需要使用该 DSP/BIOS 配置文件的工程所在文件夹。

假定保存一个 DSP/BIOS 配置文件为 myproject.cdb，配置工具将为该 DSP/BIOS 配置文件自动生成多个相关文件，命名规则基本为 DSP/BIOS 配置文件名+cfg+扩展名的形式，具体文件如下。

(1) myproject.cdb 文件。DSP/BIOS 配置文件，存储 DSP/BIOS 的配置信息。

(2) myprojectcfg_c.c 文件。DSP/BIOS 配置文件自动产生的 C 语言源文件，命名规则稍有不同，存储用户在 DSP/BIOS 配置工具中定义产生的 DSP 片级支持库(Chip Support Library，CSL)的相关代码，包括 CSL 数据结构和属性设置。

(3) myprojectcfg.s54 文件。DSP/BIOS 配置文件自动产生的汇编语言源文件，存储 DSP/BIOS 配置。

(4) myprojectcfg.h. 文件。DSP/BIOS 配置文件自动产生的 C 语言头文件，包含 DSP/BIOS 静态创建的对象外部引用声明和用到的 DSP/BIOS 各模块对应的头文件。在用户编写的 C 语言源程序文件中必须在文件头部包含该头文件，才可以使用 DSP/BIOS 配置工具中静态创建的对象。

(5) myprojectcfg.h54 文件。DSP/BIOS 配置文件自动产生的包含在 myprojectcfg.s54 中的汇编语言头文件。

(6) myprojectcfg.cmd 文件。DSP/BIOS 配置文件自动产生的链接配置文件。

3. 创建 DSP/BIOS 配置文件模板

DSP/BIOS 配置工具支持自定义 DSP/BIOS 配置文件模板，一次定义后可多次使用，有利于缩短 DSP/BIOS 应用程序的开发周期。在 DSP/BIOS 配置文件设置完成后，选择 File → Save As 命令，在弹出的另存为对话框中选择保存地址为：CCS 安装目录 \C5400\bios\inlude 文件夹，在文件类型选项中选择"Configuration Files(*.cdb 或*.tcf)"类型，输入自定义的 DSP/BIOS 配置文件模板名，然后单击"确定"按钮即可。

此后使用 File→New→DSP/BIOS Configuration 命令时，在弹出的 DSP/BIOS 配置文件模板选择窗口中将可以选择自定义的 DSP/BIOS 配置文件模板作为生成模板。

4. 打开 DSP/BIOS 配置文件

如果需要打开一个 DSP/BIOS 配置文件进行编辑，可以利用 3 种方法打开一个已经存在的 DSP/BIOS 配置文件。

(1) 在 CCS 集成开发环境中选择 File→Open 命令。

(2) 在 CCS 集成开发环境中标准工具栏中单击 按钮。

(3) 在独立运行 DSP/BIOS 配置工具窗口中选择 File→Open 命令或在工具栏上单击 按钮。

弹出文件打开对话框，选择文件类型为 DSP/BIOS 配置文件类型(*.cdb 或*.tcf)或者所有文件(*.*)，然后选择相应的 DSP/BIOS 配置文件名，单击"确定"按钮即可打开该 DSP/BIOS 配置文件。

如果 DSP/BIOS 配置文件已经加入到一个 DSP 工程中，还可以在工程窗口中该工程的 Configuration File 节点下选择 DSP/BIOS 配置文件，双击将打开该 DSP/BIOS 配置文件。

5.2.2 编辑 DSP/BIOS 配置文件

利用 DSP/BIOS 配置文件模板可以缩短自定义的 DSP/BIOS 配置文件的开发时间，但该模板不可能完全满足需求，因此需要编辑 DSP/BIOS 配置文件，主要包括 4 方面内容：

编辑 DSP/BIOS 全局属性设置、修改 DSP/BIOS 各个管理器的属性设置、创建 DSP/BIOS
对象、设置 DSP/BIOS 对象属性。

1. 编辑 DSP/BIOS 全局属性设置

在设计一个 DSP/BIOS 配置文件或配置文件模板时，必须确定 DSP/BIOS 的全局设置
符合实际的开发系统情况。在 DSP/BIOS 配置工具工作区的左侧树形结构中展开 System
节点，选择 Global Settiings 项，可以选择 Object→Properties 命令，或者在右键快捷菜单中
选择 Properties 命令，也可以直接按快捷键 Alt + Enter，将弹出图 5.4 所示的 DSP/BIOS 全
局属性设置窗口，在该窗口中可以自定义 DSP/BIOS 的全局属性，主要设置项的具体含义
如下。

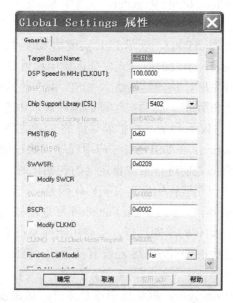

图 5.4　DSP/BIOS 全局属性设置窗口

(1) Target Board Name：输入目标 DSP 芯片的开发板类型，例如本例默认 c5416x。

(2) DSP Speed In MHz(CLKOUT)：输入数字，用于指定 DSP 处理器每秒可运行的指
令数，单位 MHz，需要根据 DSP 芯片的实际运行速度填写。该值用于 CLK 管理器中计算
在片时钟定时器寄存器的值。

(3) DSP Type：目标 DSP 芯片的族(C2000 系列、C5000 系列等)，该项不能直接修改，
受片级支持库(CSL)属性设置控制。当 CSL 发生改变时，DSP Type 自动更正。

(4) Chip Support Library (CSL)：通过下拉列表框可以选择特定的 DSP 芯片类型，如
5416、5402 等。该项影响 Chip Support Library Name 项和 DSP Type 项的设置。

(5) Chip Support Library Name：指定 DSP/BIOS 应用程序链接时使用的 CSL 库文件名
称，该项仅显示信息，由 Chip Support Library (CSL) 项内容控制，不能直接修改。

(6) PMST(6-0)：设置 PMST 低 7 位(由高到低依次为 MP/MC、OVLY、AVIS、DROM、
CLKOFF、SMUL、SST)的值，其中 MP/MC、OVLY、DROM 位决定 DSP 存储空间映射。

PMST 寄存器中仅此 7 位可以修改，高 9 位(IPTR)由 VECT 段的起始地址自动计算得到。

(7) PMST(15-0)：整个 PMST 寄存器值，该项不能直接修改，其中，PMST(6-0)值由 PMST(6-0)项指定，而 PMST(15-7)由 VECT 段的起始地址自动计算得到。

(8) SWWSR：设置软件等待周期寄存器的值，用于控制可编程的软件等待周期发生器，该寄存器通过 BIOS_init 子程序在 main 函数调用之前进行初始化。

(9) BSCR：设置分区转换控制寄存器的值，允许在外部存储块之间切换时不需要额外的等待周期，该寄存器通过 BIOS_init 子程序在 main 函数调用之前进行初始化。

(10) Modify CLKMD：选中该复选框后，可以修改锁相环(Phase-Locked Loop，PLL)时钟模式寄存器，实现对 PLL 的分频或倍频设置。

(11) CLKMD - (PLL) Clock Mode Register：当选中 Modify CLKMD 复选框时，可以设置 PLL 时钟模式寄存器的值，该寄存器通过 BIOS_init 子程序在 main 函数调用之前进行初始化。图 5.4 中该项的值为 0x9007，表示 PLL 实现输入时钟信号的 10 倍频。

(12) Function Call Model：函数调用模式，分远调用和近调用两种，对应选项 near 或 far，在利用 C 语言进行开发时，决定链接进入 DSP 程序的运行时支持库(rtsbios.a54 或 rtsbios.a54f)。当选择 far(远调用)时，必须在工程的编译选项中选择远调用，即在编译选项中加入 "-mf"。仅当类似 C54x 系列的支持扩展寻址的 DSP 芯片才可以使用远调用。

(13) Call User Init Function：在 DSP/BIOS 应用程序初始过程中，如果需要在处理.cinit 段之后并且在 main 函数调用之前进行某些自定义的初始化时，可以选中该复选框。选中后在 User Init Function 项指定要运行的自定义初始化函数。

(14) User Init Function：当 Call User Init Function 复选框被选中时，输入自定义的初始化函数名。该函数在程序初始化的早期运行，主要用于需要在 DSP/BIOS 初始化前进行的硬件设置。由于在该函数运行时 DSP/BIOS 还没有初始化，该函数不能调用 DSP/BIOS API 函数。

(15) Enable Real Time Analysis：默认选中该复选框。如果没有选中，将在 DSP/BIOS 应用程序中删除 DSP/BIOS 中隐式的实时分析代码(包括实时分析工具支持代码和 LOG、STS、TRC 模块的 API)，这将优化 DSP 程序和减少代码量，但不再支持实时分析。建议程序开发初期选用该项，当开发完成时可以考虑去除该项精减代码。

(16) Enable All TRC Trace Event Classes：默认选中该复选框，如果没有选中，在目标程序下载时将所有类型的跟踪(TRC)对象初始状态设置为禁止使用。但在程序运行时可以使用 RTA 控制面板工具或 TRC_enable 函数使能跟踪分析。

(17) CDB Path Relative to .out：指定主机上相对于目标可执行程序(.out 文件)的 DSP/BIOS 配置文件(.cdb 文件)的相对路径。使用反斜杠(\)或斜杠(/)作为路径的分隔符，但不能用反斜杠作为路径的最后字符，例如可以使用 "..\.configs" 或 "../configs" 作为相对路径，该路径用于 DSP/BIOS 分析工具定位该 DSP/BIOS 配置文件，获取该文件中定义的静态 DSP/BIOS 对象。如果该路径没有特别指定，分析工具默认查找 DSP/BIOS 配置文件的路径为.out 文件当前路径和.out 文件的上一级路径。

2. DSP/BIOS 对象管理器的属性设置

在 DSP/BIOS 配置工具中，为每个 DSP/BIOS 对象(如 CLK 对象、TSK 对象、PRD 对象等)配有管理器，利用 DSP/BIOS 对象管理器可以对 DSP/BIOS 对象的共有属性进行统一定义，当新建一个 DSP/BIOS 对象时将继承管理器中设置的属性。在 DSP/BIOS 配置工具中主要有以下几个 DSP/BIOS 对象管理器。

1) DSP/BIOS 存储(MEM)管理器

DSP/BIOS 存储管理器用于管理 DSP/BIOS 应用程序中各个数据、代码存储的对应存储块(Memory Segment)。所谓存储块是指在目标 DSP 系统中已被命名的存储器分区，例如 IDATA、VECT 等。在 DSP/BIOS 配置工具工作区树形结构中的 MEM 管理器节点，提供 DSP/BIOS 默认的存储块(即 MEM 对象)，每个 MEM 对象在存储器中已经定义起始地址和大小，且随着支持的目标 DSP 芯片不同而变化。此外，一些动态的堆(Heaps)可以在一些 MEM 对象中进行配置。注意，与存储块相似的存储段(Memory Section)，例如.text、.data 和.bios 等存储段，是目标可执行文件的一部分，存储段必须被映射到存储块中。和编辑 DSP/BIOS 全局设置方法一样，在 DSP/BIOS 配置工具工作区树形结构的“MEM - Memory Section Manager”节点上，按快捷键 Alt + Enter 或使用右键快捷菜单选择 Properties 命令将弹出图 5.5 所示的 MEM 管理器属性对话框，该 MEM 管理器对话框共分 5 个选项卡主要选项如下。

图 5.5　MEM 管理器属性对话框

Gerneral 选项卡，该选项卡中的选项和内容如下。

(1) Stack Size〔MAUs〕：全局堆栈的大小，单位是 MAU(Minimum Addressable Data Unit，CPU 读/写操作的最小数据存储单元)，对于 C54x 系列 DSP 芯片而言是 16 位(word)。在 DSP/BIOS 配置工具窗口工作区的左上角用十进制数显示估算的整个 DSP/BIOS 应用程序最小的堆栈大小。

(2) No Dynamic Memory Heaps：如果选中该复选框，将完全禁止动态分配存储空间和动态创建或删除 DSP/BIOS 对象，即在应用程序中不能调用动态分配存储空间的函数如 MEM_alloc、MEM_valloc、MEM_callo、malloc 等函数，也不能使用 XXX_create 函数(XXX

代表 DSP/BIOS 模块名)创建 DSP/BIOS 对象，而且 Segment For DSP/BIOS Objects 项和 Segment for malloc( )/free( )项全部被设置为 MEM_NULL。

(3) Segment For DSP/BIOS Objects：指定存放 XXX_creat 函数(XXX 代表 DSP/BIOS 模块名)动态创建的 DSP/BIOS 对象默认的存储块。如果该项选择 MEM_NULL，在 DSP/BIOS 应用程序运行时将禁止使用 XXX_create 函数动态创建 DSP/BIOS 对象。

(4) Segment For malloc( ) / free( )：指定利用 malloc 函数动态申请存储空间或调用 free 函数释放存储空间时使用的存储块。如果该项选择 MEM_NULL，将禁止在程序运行时动态地申请存储空间。

2) 时钟(CLK)管理器

时钟管理器用于对 DSP/BIOS 应用程序中 CLK 模块的全局属性进行设置，和编辑 MEM 管理器属性方法一样，在 DSP/BIOS 配置工具工作区树形显示区域的“CLK - Clock Manager”节点上，按快捷键 Alt + Enter 或使用右键快捷菜单选择 Properties 命令将弹出图 5.6 所示的 CLK 管理器属性对话框，该 CLK 管理器具有以下几个主要选项。

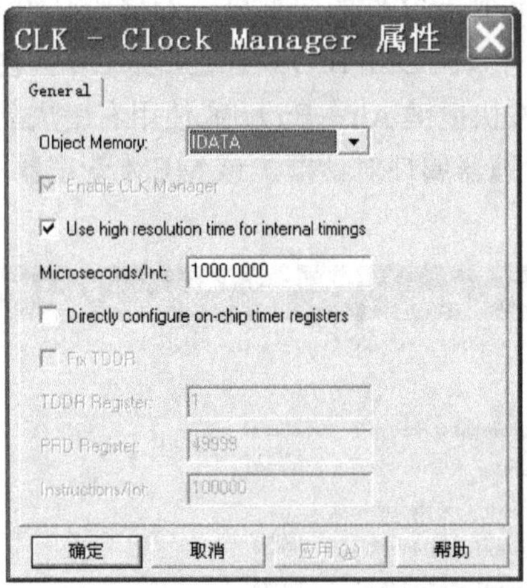

图 5.6　时钟(CLK)管理器属性对话框

(1) Enable CLK Manager：如果选中该复选框，则利用 DSP 片上时钟定时器驱动高精度或低精度时钟定时器，以及触发 CLK 对象处理函数。

(2) Use high resolution time for internal timings：如果选中该复选框，使用高精度定时器监测内部周期，否则采用低精度时钟定时器。

(3) Microseconds/Int：用于输入时钟定时器的时钟中断周期，单位微秒，时钟定时器寄存器将被自动设置以尽可能获得用户输入的时钟中断周期。

(4) Directly configure on-chip timer registers：如果选中该复选框，时钟定时器的 PRD 寄存器和 TDDR 寄存器可以直接输入需要的值，此时 Microseconds/Int 项的值将由 PRD 寄存器的值、TDDR 寄存器的值以及 CPU 时钟周期自动计算得到并设置。

(5) Fix TDDR：如果选中该复选框，当 Microseconds/Int 项值发生变化时，TDDR Register 项设置的值不发生变化，即 TDDR 寄存器值固定。

(6) TDDR Register：设置并显示 TDDR 寄存器值。

(7) PRD Register：设置并显示 PRD 寄存器值。

(8) Instructions/Int：用于显示上面定义的时钟定时器中断周期对应的指令周期数。

3) 周期函数(PRD)管理器

DSP/BIOS 周期函数管理器用于设置周期(PRD)对象的全局属性。在 PRD 管理器中允许创建任意数量的 PRD 对象，每个 PRD 对象对应一个最多可有两个传递参数的周期函数。PRD 对象的周期函数将被周期性调用，其调用周期用刻度(tick)表示，连续两个 PRD_tick 函数调用间隔记作一个刻度。和编辑 MEM 管理器属性方法一样，在 DSP/BIOS 配置工具工作区树形显示区域的“PRD - Periodic Function Manager”节点上，按快捷键 Alt + Enter 或使用右键快捷菜单选择 Properties 命令将弹出 PRD 管理器属性对话框，可以对目标应用程序中 PRD 模块的全局属性进行设置，该 PRD 管理器具有以下选项。

(1) Use CLK Manager to drive PRD：如果选中该复选框，由 CLK 对象管理的在片硬件时钟定时器驱动 PRD 对象，即利用在片时钟定时器进行刻度计数；如果没有选中，DSP/BIOS 应用程序中必须周期性调用 PRD_tick 函数进行刻度计数。

(2) Microseconds/Tick.：指定相邻两个刻度之间的时间间隔，单位微秒。如果上边的 Use CLK Manager to drive PRD 复选框被选中，该项值由 CLK 模块自动设置，否则需要用户自定义。

4) 任务(TSK)管理器

TSK 管理器可以设置所有 TSK 对象的全局属性，在 TSK 管理器中可以创建多个 TSK 对象，每个 TSK 对象对应一个处理函数，当 TSK 对象抢占 CPU 时将运行该处理函数。在 DSP/BIOS 配置工具工作区树形显示区域的“TSK - Task Manager”节点上，按快捷键 Alt + Enter 或使用右键快捷菜单选择 Properties 命令将弹出图 5.7 所示的 TSK 管理器属性对话框，通过 TSK 管理器可以设置 TSK 模块的公共属性，主要有下列几个选项。

图 5.7　任务(TSK)管理器属性对话框

(1) Enable TSK Manager：如果在应用程序中除默认的 TSK_idle 对象外不使用任何 TSK 对象，可以通过取消选中此复选框来优化应用程序目标代码，此时应用程序不能利用 DSP/BIOS 配置工具静态创建 TSK 对象，也不能在运行时利用 TSK_creat 宏动态创建 TSK

对象,但 TSK_idle 对象的空闲循环处理程序继续运行,使用系统堆栈作为 TSK 对象堆栈。

(2) Default stack size [MAUs]:该项用于输入 TSK 对象默认的堆栈大小,单位 MAU(C54x 系列为 16 位),利用 DSP/BIOS 配置工具静态创建 TSK 对象或利用 TSK_create 函数动态创建 TSK 对象时,可以重设该对象的堆栈大小以覆盖此项的默认设置,TSK 对象系统预估计最小堆栈显示在 DSP/BIOS 配置工具窗口的状态栏。

(3) Default task priority:指定利用 DSP/BIOS 配置工具静态创建或在运行时利用 TSK_create 函数动态创建的 TSK 对象默认的优先级。

(4) TSK tick driven by:指定 TSK 刻度驱动方式,可选 PRD 选项或 USER 选项。默认 PRD 表示使用 PRD 模块驱动的系统时钟,如果选择 USER,则需要调用 TSK_tick 和 TSK_itick 函数驱动。

5) RTDX 管理器

RTDX 管理器用于设置 RTDX 技术的相关属性,在 DSP/BIOS 配置工具中选择工作区树形显示区域的 "RTDX - Real Time Data Exchange Settings" 节点,可按 Alt + Enter 或使用右键菜单选择 Properties 命令将弹出 RTDX 管理器属性对话框,主要属性如下。

(1) Enable Real-Time Data Exchange (RTDX):指定是否使用 RTDX 技术,如果要在应用程序中支持 RTDX 技术此复选框必须选中。

(2) RTDX Mode:选择在主机和目标 DSP 芯片之间建立通信的模式,默认为 JTAG 连接。如果使用软件仿真器,需要设置此项为 Simulator。若选择 HS-RTDX 选项,此时连接使用 HS-RTDX 硬件仿真器技术。如果此项设置不正确,在下载目标应用程序将显示信息 ""RTDX target application does not match emulation protocol" when you load the program.",提醒 RTDX 设置与仿真协议不匹配。

(3) RTDX Buffer Size (MAUs):用于指定 RTDX 缓冲区的大小,单位 MAU(对于 C54x 系列 DSP 芯片为 16 位)。

6) 主机通道(HST)管理器

在 DSP/BIOS 配置工具中可以选择主机通道(HST)管理器对话框设置 HST 模块的全局属性,主要设置 Host Link Type 项,用于指定主机和目标应用程序之间主机通道连接方法,若选择 RTDX 选项,可以在主机和目标 DSP 之间实时传递信息。如果选择 NONE 选项,则在主机和目标 DSP 之间不能实时传递信息,DSP/BIOS 分析工具只有在程序暂停时,如遇到断点的情况下,主机才能更新获取的数据,此时由于 DSP/BIOS 应用程序不用包含 RTDX 代码,因而代码量会小些。

7) 其他管理器

在 DSP/BIOS 配置工具窗口中,还有其他 DSP/BIOS 模块管理器,例如 IDL 管理器、LOG 管理器、STS 管理器、SWI 管理器等,可以设置其对应模块的全局属性。

3. 创建 DSP/BIOS 对象

DSP/BIOS 配置工具的一个重要功能是可以静态地创建 DSP/BIOS 对象,创建一个 DSP/BIOS 对象可以采用如下步骤。

(1) 在 DSP/BIOS 配置工具窗口中选择要创建的 DSP/BIOS 对象的管理器,例如创建一个 SWI 对象时，需要选中工作区左侧树形结构中的 "SWI - Software Interrupt Manager" 节点。

(2) 选择菜单 Object→Insert 命令或者选择右键快捷菜单中的 Insert XXX 命令(其中 XXX 代表 DSP/BIOS 模块名称)，将在该 DSP/BIOS 对象管理器节点下生成一个新的子节点，即一个 DSP/BIOS 对象。

(3) 如果需要，可以选中新创建的 DSP/BIOS 对象修改其名称，方法是选择 Object→Rename 命令或者选择右键快捷菜单中的 Rename 命令。

(4) 修改 DSP/BIOS 对象属性，方法是选择 Object→Properties 命令或者选择右键快捷菜单中的 Properties 命令，根据 DSP/BIOS 应用程序需求进行相应的属性设置。

4. DSP/BIOS 对象及其属性设置

利用 DSP/BIOS 配置工具窗口可以静态地创建 DSP/BIOS 对象，同时也提供一些预定义的 DSP/BIOS 对象。在 DSP/BIOS 应用程序设计过程中，既可以利用自定义的 DSP/BIOS 对象也可以利用默认提供的 DSP/BIOS 对象。当使用自定义的 DSP/BIOS 对象时需要进行属性设置，使之满足 DSP/BIOS 应用程序设计需求。

1) 存储块(MEM)对象

MEM 对象用于指定处理器的代码和数据存储空间中一个连续的地址范围。在 DSP/BIOS 配置工具中已经预定义多个存储块，使用的配置文件生成模板不同，预定义的存储块也有差别，在 C54x 系列 DSP 芯片一般预定义表 5-2 中的几个典型的 MEM 对象。

表 5-2　预定义的存储块

存储块名称	存储块类型
USERREGS	用户暂时存储空间
BIOSREGS	用于 DSP/BIOS 应用的保留的暂时存储空间
VECT	中断向量表
IDATA	内部的数据 RAM
IPROG	内部的程序 RAM
EDATA	外部数据存储空间
EPROG	外部程序存储空间

如果需要可以利用 MEM 管理器加入一个自定义的 MEM 对象，然后进行下面主要属性的设置，设置时注意各个 MEM 对象对应存储地址不能重叠。如果与预定义的 MEM 对象对应存储地址发生重叠，可以修改预定义 MEM 对象属性或修改新的 MEM 对象以解决该问题。

(1) base：用于输入该存储块的起始地址，该值以十六进制显示，即输入非十六进制数显示时将自动转换为相应的十六进制数。

(2) len：用于输入该存储块的长度，单位 MAU，该值以十六进制数显示。

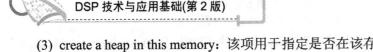
(3) create a heap in this memory：该项用于指定是否在该存储块中创建堆。如果选中该复选框，可以在该存储块中创建一个堆用于程序运行时动态分配存储空间。注意当 MEM 管理器属性中选中 No Dynamic Memory Heaps 复选框，此项禁用。

(4) heap size：此项仅当"create a heap in this memory"复选框被选中时生效，用于输入在该存储块创建的堆的大小，单位 MAU。

(5) space：指定存储块的类型，下拉列表框中选项为 data、code、io、other，用于设定该存储块用于存储数据、代码等。

2) 日志(LOG)对象

在 LOG 管理器中预定义一个 LOG 对象 LOG_system，用于存储显示在执行图中系统事件的日志消息。在 DSP/BIOS 应用程序运行时，可以调用 LOG_printf 函数利用自定义的 LOG 对象向主机输出信息，自定义的 LOG 对象属性设置对话框如图 5.8 所示。

图 5.8　LOG 对象属性设置对话框

(1) buflen［words］：用于指定 LOG 对象日志缓冲区的大小，单位字(16 位)。

(2) logtype：用于指定日志类型，可选 circular 或 fixed 类型，默认 circular 类型。当日志缓冲区满时，如果选择 circular 类型，新的信息将覆盖最早的信息，日志缓冲区中总是保留最近的日志消息。如果选择 fixed 类型，当日志缓冲区满时将停止接收新的日志消息，即日志缓冲区中保留最先发生的日志消息。

3) 统计(STS)对象

在 STS 管理器中预定义了一个 STS 对象 IDL_busyObj，该对象用于计算 CPU 负荷统计信息。用户可以创建自定义的 STS 对象，并设置以下属性。

(1) prev：输入使用该 STS 对象时的 32 位初始值。

(2) unit type：该项用于选择 STS 对象记录单位，具有以下几个选项。

① Not time based：如果选择此项，在统计观察工具窗口中显示的统计信息的值没有进行任何转换。

② High-resolution time based：如果选择此项，默认情况下在统计观察窗口中显示的统计数据单位是指令周期。

③ Low-resolution time based：当选择此项时，默认情况下在统计观察工具窗口中显示的统计数据单位是时钟中断次数。

4) 时钟(CLK)对象

在 CLK 管理器中预定义一个 CLK 对象 PRD_clock,默认情况下为 PRD 对象产生一个刻度(tick)。CLK 管理器允许创建任意数量的 CLK 对象,每个 CLK 对象对应一个时钟函数,由 CLK 定义的时钟定时器中断周期性调用。利用 CLK 对象的属性设置对话框中 function 项,定义该 CLK 对象的时钟函数。如果该时钟函数利用 C 语言编写,输入时必须在 C 语言函数名前加一个下划线。

注意: 时钟对象处理函数由于需要周期执行,因此代码量必须要小。所有的 CLK 对象时钟函数以同样的周期调用执行,当要获得不同周期运行的处理函数时,可以选用 PRD 对象。

5) 周期函数(PRD)对象

PRD 对象可以周期地调用处理函数,创建一个 PRD 对象后,通过图 5.9 所示的 PRD 对象属性设置对话框可以设置处理函数、周期等参数。

图 5.9 PRD 对象属性设置对话框

(1) period (ticks):指定函数调用的周期,单位刻度(tick),一个刻度对应 CLK 对象的一个周期。

(2) mode:如果选择 continuous 选项,每隔指定的周期(ticks)调用 PRD 对象处理函数。如果选择 one-shot 选项,则当 PRD_tick 函数调用后立刻执行 PRD 对象处理函数。

(3) function:用于指定 PRD 对象的处理函数,如果是使用 C 语言编写的函数,则输入 C 语言函数名时必须在前边加一个下划线。

(4) arg0、arg1:指定传递给 function 项设置的 PRD 对象处理函数的参数,最多可以指定两个,分别填写在 arg0 文本框、arg1 文本框,输入时如果使用 C 语言标号,需要在前边加入一个下划线。

(5) period (ms):用于显示上边 PRD 对象处理函数调用周期,单位是毫秒。

6) 硬件中断(HWI)对象

在 HWI 管理器中不能建立一个新的 HWI 对象,大多数由 DSP 硬件结构支持的中断对应一个预设的 HWI 对象,表 5-3 列出了 C54x 系列 DSP 芯片预设的 HWI 对象和其默认的中断源,其中 HWI 对象命名与中断名相同。

表 5-3　HWI 对象信息

中　断　名	中断标识(intrid)	中　断　类　型
HWI_RS	0	复位中断
HWI_NMI	1	非屏蔽中断
HWI_SINT17-30	2～15	用户自定义的软件中断#17～#30,这些中断服务处理子程序仅仅通过应用程序中调用 intr 指令触发,当这些软件中断被触发时,该中断服务处理子程序立刻运行
HWI_INT0	16	外部中断 0
HWI_INT1	17	外部中断 1
HWI_INT2	18	外部中断 2
HWI_TINT	19	内部时钟中断
HWI_SINT4	20	串口 A 接收中断
HWI_SINT5	21	串口 A 发送中断
HWI_SINT6	22	串口 B 接收中断
HWI_SINT7	23	串口 B 发送中断
HWI_INT3	24	外部用户中断 3
HWI_HPIINT	25	主机接口中断
HWI_BRINT1	26	带缓冲串口接收中断
HWI_BXINT1	27	带缓冲串口发送中断

除表 5-3 预设的 HWI 对象外,一些 HWI 对象被预设为确定的 DSP/BIOS 模块使用,例如 CLK 对象实质上为一个 HWI 对象。

在实际应用中,可以采用 DSP/BIOS 配置工具中提供的图 5.10 所示的 HWI 对象属性对话框设置以下 HWI 对象属性。

(1) function:输入用于处理对应中断的中断处理子程序(或函数)。如果使用 HWI 调度器,该函数可以用 C 语言或汇编语言编写,也可以由 C 语言和汇编语言混合编写,但不能调用 HWI_enter/HWI_exit 函数。如果不使用 HWI 调度器,则该函数必须包含汇编语言编写的代码,此时可以调用 HWI_enter 函数,但必须在影响其他 DSP/BIOS 对象的 DSP/BIOS API(如发送软件中断 SWI 等)调用之前,且 HWI_exit 函数是与 HWI_enter 函数成对出现的,调用 HWI_enter 函数后必须调用 HWI_exit 函数。

(2) Use Dispatcher:复选框,用于设定是否使用 HWI 调度器。

(3) Arg:当选中 Use Dispatcher 复选框时,可以在此文本框处输入一个有效整数或者应用程序中定义的一个符号,作为传递给与该 HWI 对象对应的中断处理函数的唯一参数。

(4) Interrupt Bit Mask:用于显示或输入中断掩码,当 Interrupt Mask 项被设置为"bitmask"时该项可写,可以输入一个十六进制整数作为中断掩码。

7) 软件中断(SWI)对象

在 SWI 管理器中已经预定义一个 SWI 对象 KNL_swi，用于调用 TSK 调度程序。利用 SWI 对象管理器可以创建多个 SWI 对象，在图 5.11 所示的属性对话框中一般需要设置下列属性。

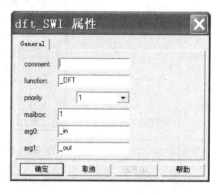

<table>
<tr><td>图 5.10　HWI 对象属性对话框</td><td>图 5.11　SWI 对象属性对话框</td></tr>
</table>

(1) function：指定发生软件中断时要执行的中断处理函数，如使用 C 语言定义的函数，输入时必须在该函数名前加一个下划线。

(2) priority：该项用于指定 SWI 对象的数字优先级。软件中断共有 15 个数字优先级，从 0 到 14。其中最高优先级为 SWI_MAXPRI(14)，最低优先级为 SWI_MINPRI(0)，即随着优先级数字值增大其优先级随之升高。其中数字优先级 0 被软件中断中预设的 KNL_swi 对象保留，该对象调用 TSK 对象调度程序。

SWI 的数字优先级可以不通过设置 Priority 项调整，另一种调整方法是在 DSP/BIOS 配置工具工作区左侧树形列表中利用鼠标左键选中 SWI - Software Interrupt Manager 项，工作区右侧窗口中将显示以优先级分类的 SWI 对象，在该窗口中选中一个 SWI 对象按下鼠标左键拖动到相应的优先级树形列表中对应的节点，即可改变被拖动的 SWI 对象数字优先级为该节点对应的数字优先级。

(3) mailbox：用于输入一个 16 位整数作为邮箱的初始值，该邮箱值用于判定是否触发软件中断，规定当邮箱值为 0 时触发对应软件中断。

(4) arg0、arg1：用于输入两个指针参数作为 SWI 的中断处理函数输入参数，如果使用 C 语言应用程序中的符号，则必须在该符号前加一个下划线。

8) 任务(TSK)对象

在 TSK 管理器中预定义一个 TSK 对象 TSK_idle，当没有更高优先级的 DSP/BIOS 占用 CPU 而且没有其他 TSK 对象准备就绪时，TSK_idle 对象将调用_IDL_loop 函数，进行空闲处理。用户可以自定义 TSK 对象用于某一任务处理，需要通过图 5.12 所示的 TSK 对象属性对话框设置处理函数等主要属性。

图 5.12　TSK 属性对话框

Gerneral 选项卡的选项和内容如下。

(1) automatically allocate stack.: 如果选中此复选框,TSK 对象可以自动分配私有堆栈,当高优先级 TSK 阻塞当前 TSK 运行时,当前 TSK 对象的上下文信息保存在私有堆栈中。

(2) stack size: 如果选中 Automatically allocate stack 复选框,此项用于输入此 TSK 对象分配的堆栈空间大小,单位 MAU,该大小必须满足 TSK 对象占用的 CPU 被高优先级 TSK 对象抢占时保存的上下文信息,默认值由 TSK 管理器指定。

(3) priority: 指定该 TSK 对象的优先级,可以像 HWI 对象一样,通过拖动 SWI 对象到指定优先级的节点来改变该 SWI 对象的优先级。

Function 选项卡的选项和内容如下。

(1) Task function: 指定当 TSK 对象运行时调用的处理函数,如果指定的函数是采用 C 语言编写,输入时需要在 C 语言函数前加一个下划线。

(2) Task function argument 0～7: 指定传递给 TSK 对象处理函数的参数,最多可以指定 8 个参数,如果输入的传递参数是 C 语言编写程序中的变量,输入时需要在变量名称前加入一个下划线。

9) 其他 DSP/BIOS 对象

在 DSP/BIOS 配置工具中除了可以创建上述 DSP/BIOS 对象外,还可以创建其他 DSP/BIOS 对象,例如旗语(SEM)对象、邮箱(MBX)对象、主机通道(HST)对象、管道(PIP)对象、流输入/输出(SIO)对象、设备(DEV)对象等。每个 DSP/BIOS 对象被用户创建后,将继承该对象管理器中共有的属性设置,还可以利用 DSP/BIOS 对象属性对话框设置一些具体属性,使其满足 DSP/BIOS 应用程序需求。

5.3　DSP/BIOS 应用程序执行顺序和组成

利用 DSP/BIOS 实时内核的 DSP/BIOS 应用程序设计过程中,DSP/BIOS 应用程序的执行顺序是其设计的基础,而 DSP/BIOS 应用程序的组成是实现其设计的一个关键。

5.3.1 DSP/BIOS 应用程序执行顺序

对于以 C54x 芯片为核心的应用系统而言，当开始运行 DSP/BIOS 应用程序时，在文件 boot.s54 中的指令和函数调用语句将决定程序启动后的执行顺序，该文件的编译版本在 biosi.a54 或 biosi.a54f 库文件中提供。DSP/BIOS 配置文件保存时，自动产生的链接配置文件中的链接指示部分将加入-lbiosi.a54 或-lbiosi.a54f 语句，编译链接后将进入 DSP/BIOS 应用程序，下面介绍 DSP/BIOS 应用程序的执行顺序。

1. 初始化 DSP

一个 DSP/BIOS 应用程序运行时，首先调用 C 入口点函数 c_int00，对 DSP 进行初始化，包括设置堆栈指针(Stack Pointer，SP)到.stack 段末尾、初始化 ST0 和 ST1 寄存器。当复位时复位中断向量指针同样指向 C 入口点函数 c_int00。

2. 用.cinit 段记录初始化.bss 段

当堆栈指针 SP 设置完成后，将调用初始化子程序利用.cinit 段记录初始化.bss 段。

3. 调用 BIOS_init 子程序

BIOS_init 子程序是由 DSP/BIOS 配置工具产生，位于自动产生的 XXXcfg.s54 文件(XXX 表示 DSP/BIOS 配置文件名，例如 dft3.cdb 文件保存时自动产生的 dft3cfg.s54)中，调用 DSP/BIOS 应用程序使用到的每个 DSP/BIOS 模块的 MOD_init 函数(其中 MOD 代表对应模块名)对各 DSP/BIOS 模块进行初始化，主要包括以下 MOD_init 函数。

(1) GBL_init：在 BIOS_init 子程序中调用最早，主要用于 DSP/BIOS 全局参数设置，包括片级支持库初始化函数(CSL_init 和 CSL_cfgInit)调用。如果用户在 DSP 全局属性设置中的 User Init Function 项输入了自定义的初始化函数，则该函数最先被调用。由于此时 DSP/BIOS 模块还没被初始化，因此该函数中不能调用任何 DSP/BIOS API 函数。

(2) IDL_init：在 DSP/BIOS 配置工具 IDL 管理器中选中 Auto calculate idle loop instruction count 复选框，调用该函数计数 IDL 对象处理函数指令数，用于计算 CPU 负荷。

(3) 任意 Dxx_ini 宏：运行对应的设备驱动初始化程序。

(4) HWI_init：设置中断选择寄存器，清除 IFR。

(5) HST_init：初始化主机输入/输出通道接口。

4. 处理.pinit 表

.pinit 表包含一些初始化函数指针(例如 C++程序中类构造函数)，此时调用这些初始化函数进行必要的初始化工作。

5. 调用 main 函数

在 DSP/BIOS 所有模块初始化完成后，DSP/BIOS 应用程序的 main 函数被调用运行。启动程序传递 3 个参数给 main 函数：argc、argv 和 envp，分别记录 C 命令行参数个数、命令行参数数组和环境变量数组，详细信息可以参考标准 C 手册或相关教程。由于此时软件中断和硬件中断都被禁用，main 函数常用于对应用系统进行特定的初始化工作，即在 main 函数中调用应用系统需要自定义的一些初始化函数。

6. 调用 BIOS_start 运行 DSP/BIOS

和 BIOS_init 子程序一样，BIOS_start 子程序是由 DSP/BIOS 配置工具产生的，位于自动产生的 XXXcfg.s54 文件(XXX 代表 DSP/BIOS 配置文件名)中，该子程序调用发生在 main 函数调用之后，用于使能 DSP/BIOS 应用程序使用的 DSP/BIOS 模块并调用对应模块的 MOD_startup 函数(其中 MOD 代表对应模块名)。MOD_startup 函数主要包括以下函数。

(1) CLK_startup：当在 CLK 管理器属性中选中 Enable CLK Manager 复选框时将调用该函数，用于设置 PRD 寄存器，使能 CLK 管理器中选择的时钟定时器，最后启动该时钟定时器。

(2) PIP_startup：可以为每个创建的 PIP 对象调用 notifyWriter 函数。

(3) SWI_startup：使能软件中断。

(4) HWI_startup：在 C54x 系列 DSP 应用系统中，用于清零 ST1 寄存器的 INTM 位使能硬件中断。

(5) TSK_startup：如果 DSP/BIOS 配置工具中的 TSK 管理器属性中选中 Enable TSK Manager 复选框，则 TSK_starup 函数被调用，使能 TSK 调度并运行已经就绪的 TSK 中优先级最高的 TSK。如果目标应用程序中没有 TSK 准备就绪，将执行 TSK_idle 对象调用 IDL_loop 子程序。一旦 TSK_startup 子程序被调用，应用程序便开始执行，从 TSK_starup 子程序不再返回。

7. 执行空闲处理循环

DSP 目标应用程序可以通过两种方法进入空闲处理循环。

(1) 当 TSK 管理器属性中选中 Enable TSK Manager 复选框时，TSK 任务调度将运行 TSK_idle 处理程序调用 IDL_idle 子程序进入空闲处理循环。

(2) 如果 TSK 管理器被禁用时，将从 BIOS_starup 函数调用返回，然后调用 IDL_idle 子程序。

一旦调用 IDL_idle 子程序，DSP/BIOS 应用程序进入空闲处理循环。此时硬件中断、软件中断发生时将抢占 CPU，完成中断处理程序处理后，返回空闲处理循环。在空闲处理时，由于空闲处理循环管理着主机和目标应用程序之间的通信，可以在主机和 DSP 程序之间传递数据。

根据上述 DSP/BIOS 执行顺序，用户可以根据实际需要对开发系统进行初始化，然后按优先级执行各个任务线程。各个任务线程受 DSP/BIOS 核实时调度，将按不同的优先级抢占 CPU 进行运行，当无任务线程占用 CPU 时进入空闲处理循环。DSP/BIOS 应用程序主要支持 4 种程序线程，每种线程具有不同的优先级和抢占 CPU 的特点，以优先级为序从高到低依次分为以下 4 种情况。

(1) 硬件中断(Hardware Interrupt, HWI)：当硬件中断被使用而且外部触发该硬件中断时，将调用硬件中断服务程序(Interrupt Service Routine, ISR)进行中断响应。使用 DSP/BIOS 配置工具可以配置发生中断时调用的 ISR。CLK 模块受硬件定时器中断控制，CLK 模块对应处理函数优先级同硬件中断一致。

(2) 软件中断(Software Interrupt, SWI)：由 SWI 模块创建，可划分为 0～15 级优先级，

数值越大优先级越高。软件中断的优先级仅次于硬件中断，可以抢占 TSK 占用的 CPU。PRD 模块属于一种特殊的软件中断模块。

(3) 任务线程(TSK)：由 TSK 模块管理并创建，优先级比硬件中断、软件中断低，但比后台空闲处理程序高。TSK 是 DSP/BIOS 中唯一支持阻塞机制的线程，即与硬件中断、软件中断处理子程序不同的是当遇到阻塞时，例如读取的数据未准备好等情况，TSK 处理子程序将等待直到所需达到满足不再阻塞时为止。

(4) 后台空闲处理线程(IDL)：优先级最低，可以通过 IDL 管理器进行配置，也可以增加自定义的空闲处理子程序。当 DSP/BIOS 中没有其他非空闲线程准备就绪时，将循环调用后台空闲处理线程。

5.3.2　DSP/BIOS 应用程序组成和开发过程

设计 DSP/BIOS 应用程序过程中，可以分模块进行设计，先设计程序框架并测试验证关键算法的有效性，当算法达到要求时继续其他模块设计。具体设计时，可以采用以下步骤。

(1) 建立一个工程文件，例如命名为 dft3.pjt。

(2) 利用 DSP/BIOS 配置工具建立 DSP/BIOS 配置文件并保存在当前工程文件夹中，DSP/BIOS 要求 DSP/BIOS 配置文件名和目标可执行文件名(.out 文件)相同，默认情况下.out 文件名与工程文件名相同，因此本例存储 DSP/BIOS 配置文件为 dft3.cdb。

(3) 将 dft3.cdb 文件加入工程中，此时 dft3.cdb 文件自动产生的一些相关文件也自动加入到工程中。

(4) 根据需求分析要求，创建 DSP/BIOS 对象编写源程序文件，并加入工程。下列步骤没有先后之分，可以根据实际情况合理安排。

① 利用 DSP/BIOS 配置工具创建需要的 DSP/BIOS 对象，设置 DSP/BIOS 对象属性。

② 利用 C 语言或汇编语言编写 DSP 源程序文件，编写各个任务的处理函数，可以调用 DSP/BIOS 创建的对象(包括 DSP/BIOS 配置工具静态创建的对象和程序运行时动态创建的对象)，注意必须在源程序文件中包含 DSP/BIOS 配置文件生成时自动产生的头文件，例如在 C 语言编写的源程序文件中加入"#include dft3cfg.h"语句。

③ 修改 DSP/BIOS 配置文件中 DSP/BIOS 对象的相关属性，把处理函数和 DSP/BIOS 对象关联。

(5) 将 DSP/BIOS 配置文件自动产生的链接配置文件(本例为 dft3cfg.cmd)加入到工程中。如果需要使用自定义的链接配置文件，必须在自定义的链接配置文件的链接指示部分加入链接自动产生的链接配置文件的语句(例如"-l df3cfg.cmd")。注意，两个配置文件中定义的内容不能相互冲突。

(6) 正确设置编译、链接选项，对工程进行编译链接，生成目标应用程序。

(7) 下载 DSP 程序并运行，利用 DSP/BIOS 分析工具对目标应用程序运行进行实时分析，以及其他分析工具对程序进行调试分析。

(8) 如果达到要求，则程序或算法开发设计完成。如果达不到要求，需要重做第(4)～(7)步骤。

以 dft3.pjt 工程为例，在整个程序设计过程中建立 DSP/BIOS 应用程序必须包含以下几个文件。

① dft3.pjt 文件。工程文件，记录工程包含的文件信息、编译连接等信息。

② 源程序文件。可以利用 C 语言编写(*.c 和*.h 文件)，也可以利用汇编语言编写(*.asm 文件)。

③ dft3.cdb 文件以及自动产生的相应文件。

④ dft3cfg.cmd 文件。该文件也是 DSP/BIOS 配置文件自动产生的链接配置文件但不会随着 DSP/BIOS 配置文件 dft3.cdb 一起自动加入到工程中，使用时需要手动加入该文件到工程中，用户也可以使用自定义的链接配置文件，但文件必须链接 DSP/BIOS 配置文件自动产生的链接配置文件。

⑤ DSP/BIOS API 头文件。如果要调用 DSP/BIOS 的函数或对象，必须在源程序文件中包含使用到的模块对应的 DSP/BIOS API 头文件(特定的*.h 或*.h54 文件)。

与第 3 章不采用 DSP/BIOS 的 DSP 程序设计相比，使用 C 语言开发时不需要加入运行时支持库文件，这是由于 DSP/BIOS 配置文件中自动产生的链接配置文件(dft3cfg.cmd 文件)中已经在其链接指示部分自动加入了 "-l rtsbios.a54" 或 "-l rtsbios.a54f" 语句，用于在链接时将 C 语言的运行时支持库链接进入目标应用程序。

5.4 基于 DSP/BIOS 的 DFT 频谱分析程序设计

在第 3 章介绍的 DSP 应用程序设计过程中，主要采用基本的程序结构(顺序结构、选择结构、循环结构)完成 DSP 应用程序功能，但实际应用中常常遇到很多复杂的问题，采用这些基本的程序结构很难实现其要求的功能。例如这样一个应用功能需求。

(1) 以 1kHz 采集数据。

(2) 采集 16 次数据后对数据进行预处理。

(3) 2 次预处理后的数据进行离散傅里叶频谱分析。

(4) 以 1Hz 的频率检测调整 CPU 负荷的参数是否改变。

如果选择第 3 章的方法利用基本的程序结构解决上述问题，解决各个任务要求的时序调度问题是比较困难的。可以采用 DSP/BIOS 实时内核进行程序设计，利用 DSP/BIOS API 函数和对象解决这类应用问题，采用 DSP/BIOS 的具体解决方法可以按下面的步骤方法完成。

1. 建立工程

启动 CCS 集成开发环境，选择 Project→New 命令，建立一个新的工程，命名为 dft_bios，选择类型为可执行程序(生成.out 文件)。

2. 建立应用程序框架源程序文件

在 CCS 集成开发环境中选择 File→New→Source File 命令或按快捷键 Ctrl+N，在 CCS 中弹出一个空文件，保存到工程 dft_bios 的文件夹中，类型为 C 源程序文件(.c 文件)，例如命名为 dft.c，然后加入到 dft_bios 工程中。

根据本例应用需要编写主函数和任务处理函数框架，在 dft.c 中定义以下函数。

(1) main( )函数，C 语言源程序的主函数。

(2) dataIn( )函数，用于"以 1kHz 采集数据"任务处理。

(3) processing(int *input)函数，用于处理"采集 16 次数据后对数据进行预处理"的任务。

(4) change_load( )函数，用于处理"以 1Hz 的频率检测调整 CPU 负荷的参数是否改变"的任务。

(5) DFT(Int *p_in,Int *p_out)函数，用于处理"2 次预处理后的数据进行离散傅里叶频谱分析"的任务。

3. 建立 DSP/BIOS 配置文件

在 CCS 集成开发环境中选择 File→New→DSP/BIOS Configuration 命令以 dsk5416.cdb 为模板建立一个新的 DSP/BIOS 配置文件，保存该 DSP/BIOS 配置文件到 dft_bios 工程所在的目录并命名为 dft_bios.cdb。为了在 dft_bios 工程中使用新建的 DSP/BIOS 配置文件，需要把 dft_bios.cdb 文件加入工程中，此时由 DSP/BIOS 配置文件自动产生的一些文件将自动加入到工程中。特别注意自动产生的链接配置文件 dft_bioscfg.cmd 不会自动加入到工程中，必须手动把 dft_bioscfg.cmd 加入到 dft_bios 工程中，作为该工程的链接配置文件。

在 DSP/BIOS 配置文件中根据本例各个任务调度需求以及程序调试需要，需要加入下列 DSP/BIOS 对象。

(1) LOG 对象。在 DSP/BIOS 的 LOG 管理器中添加一个 LOG 对象，默认名为 LOG0，用于输出一些 DSP/BIOS 应用程序运行信息。

(2) CLK 对象。在 DSP/BIOS 的 CLK 管理器中添加一个 CLK 对象，默认名为 CLK0，用于调用 dataIn 函数进行数据采集。

为满足 1kHz 的采集数据要求，需要设置 CLK 管理器属性。在 CLK 管理器属性窗口中，选中 Use high resolution time for internal timings 复选框并在 Microsectonds/Int 文本框中输入 1000，表示时钟定时器的中断间隔为 1000 μs，即调用时钟定时器中断的频率为 1kHz 满足任务要求。同时，需要设置 CLK0 对象的属性，在 fuction 文本框中输入"_dataIn"，表示当发生时钟中断时调用 dataIn 函数进行数据采集。注意，输入时在 dataIn 函数前加一个下划线，这是在 DSP/BIOS 配置工具中使用 C 语言编写的函数的约定。

(3) PRD 对象。由于所有 CLK 对象使用同样的频率进行调用，1Hz 的频率调用 change_load 函数不能利用 CLK 对象完成，可以采用 PRD 对象。在 PRD 管理器中新建一个 PRD 对象，默认名为 PRD0，可以重新命名(例如 PRD_changeLoad)。

为了实现以 1Hz 频率调用 chang_load 函数，首先选中 PRD 管理器属性设置对话框中的 Use CLK Manager to drive PRD 对话框，使用时钟定时器驱动 PRD 对象，其时钟定时器中断间隔为 1000 μs。然后设置 PRD_changeLoad 对象属性，其中，Period(ticks)选项决定 PRD 对象调用处理函数的时间间隔(周期)，此处输入数字 1000，表示 1000 个刻度(tick)触发一次 PRD 对象处理函数，在 Period(ms)项显示为 1000ms，即调用频率为 1Hz。在 function

文本框中输入"_change_load",表示 PRD 对象的处理函数为 change_load 函数,用于以 1Hz 的频率检测调整 CPU 负荷的参数是否改变。

(4) SWI 对象。在 SWI 管理器中新建两个 SWI 对象,修改其名称(例如 dft_SWI 和 processing_SWI),分别用于调用预处理函数 procesing 函数和频谱分析函数 dft 函数。本例中两个处理函数没有给定处理频率,而是给定了各个任务之间的调度关系,这种可以使用 SWI 对象实现。

在 processing_SWI 对象的属性设置对话框中,设置表 5-4 所列的属性。

表 5-4　processing_SWI 属性设置

属性选项	属　性　值	作　　用
function	_processing	当 SWI 对象触发时,调用 processing 函数
mailbox	16	邮箱初始值,可以调用 SWI_dec(&processing_SWI)指令使输入参数 processing_SWI 对象的邮箱减 1,当该值减为 0 时,触发 SWI 中断,并重设邮箱值为初始值
arg0	_in	传递给 processing 函数的第一个实参,由于使用 C 语言中的数组名,DSP/BIOS 中要求在该数组名前加一个下划线
arg1	_out	传递给 processing 函数的第二个实参,由于使用 C 语言中的数组名,DSP/BIOS 中要求在该数组名前加一个下划线

在 dft_SWI 对象的属性设置对话框中,设置表 5-5 所列的属性。

表 5-5　dft_SWI 属性设置

属性选项	属　性　值	作　　用
function	_DFT	当 SWI 对象触发时,调用 DFT 函数
mailbox	2	邮箱初始值,可以调用 SWI_dec(&dft_SWI)指令使输入参数 dft_SWI 对象的邮箱减 1,当该值减为 0 时,触发 SWI 中断,并重设邮箱值为初始值
arg0	_in	传递给 DFT 函数的第一个实参,由于使用 C 语言中的数组名,DSP/BIOS 中要求在该数组名前加一个下划线
arg1	_out	传递给 DFT 函数的第二个实参,由于使用 C 语言中的数组名,DSP/BIOS 中要求在该数组名前加一个下划线

为满足任务调度要求,在 dataIn 函数中需要加入 SWI_dec(&processing_SWI)语句,可以实现"采集 16 次数据后对数据进行预处理"的任务。同理,在 processing 函数中需要加入 SWI_dec(&dft_SWI)指令,可以实现"2 次预处理后的数据进行离散傅里叶频谱分析"的任务。

(5) STS 对象:在 STS 管理器中,新建一个 STS 对象,默认名为 STS0,可以对其重命名(例如 processingLoad_STS)。使用该 STS 对象可以对感兴趣的代码段进行统计分析,其结果可以使用 DSP/BIOS 分析工具 Statistics View 进行观察。

4. 修改 C 语言源程序文件，调用 DSP/BIOS 对象

为了在 C 语言源程序文件 dft.c 中使用在 DSP/BIOS 配置文件 dft_bios.cdb 中静态创建的 DSP/BIOS 对象，以及在需要的情况下动态创建的 DSP/BIOS 对象，在本例中的 dft.c 的代码头部加入"#include "dft_bioscfg.h""语句。其中 dft_bioscfg.h 文件是 dft_bios.cdb 文件自动产生的头文件，文件中包含 DSP/BIOS 对象外部声明、DSP/BIOS 数据类型定义、DSP/BIOS API 头文件。根据使用的 DSP/BIOS 配置文件不同，#include 宏中使用的自动产生的头文件也必须作相应的变化。C 语言源程序如下面代码所示。

```c
#include <stdio.h>
#include <math.h>
#include <rtdx.h>
#include "dft_bioscfg.h"      //在 dft.h 中使用 DSP/BIOS 数据类型,所以应该放在
                              //dtf.h 前
#include "dft.h"
int control = MINCONTROL;
main()
{
    LOG_printf(&LOG0,"bios example started\n");      //利用 LOG0 对象输出信息

    return 0;
}
void dataIn()
{
    //此处加入数据采集命令
    SWI_dec(&processing_SWI);
}
void DFT(Int *p_in,Int *p_out)
{
    COMPLEX dft1;
    int i,j;
    float arg;
    for (i=0;i<N;i++)
    {
        dft1.re=0;
        dft1.imag=0;
        for(j=0;j<N;j++)
        {
                arg=-2*pi*i*j/N;
                dft1.re  += p_in[j]*cos(arg);
                dft1.imag += p_in[j]*sin(arg);
        }
        p_out[i]=sqrt(dft1.re*dft1.re+dft1.imag*dft1.imag);
    }
    LOG_printf(&LOG0,"DFT");
}
void processing(int *input)
{
```

```
    int  n=N,x;
    while(n--)
    {
        x=*input*gain;
        *input++=x;
    }
    n=processingLoad;
    if (TRC_query(TRC_USER0) == 0)
    STS_set(&processingLoad_STS, CLK_gethtime());
    while(n--)
    {
        x=processingLoad;
        while(x--){}
    }
    if (TRC_query(TRC_USER0) == 0)
    STS_delta(&processingLoad_STS, CLK_gethtime());
    SWI_dec(&dft_SWI);
}
void change_load()
{
    if ((control < MINCONTROL) || (control > MAXCONTROL))
    // MINCONTROL 和 MAXCONTROL 是 dft.h 中定义的符号常量
        LOG_printf(&LOG0,"Control value out of range");
    else
    {
        processingLoad = control;
        LOG_printf(&LOG0,"Load value = %d",processingLoad);
    }
}
```

1) 利用 LOG 对象输出信息

在 DSP/BIOS 应用程序运行过程中如果需要向主机输出信息,可以使用 LOG 对象,例如调用"LOG_printf(&LOG0,"beginning")"语句。与 C 语言的基本输入/输出语句例如 puts 语句相比,使用 LOG 对象输出信息时占用指令周期很少,可以使用剖析工具 profiler 进行比较。

2) 输入信号和负荷参数 processing_Load 的修改

在 DSP/BIOS 应用程序运行过程中,可以使用 File I/O 工具、Data Load 工具等进行输入信号的模拟。本例采用 change_load 函数以 1Hz 频率检测 control 全局变量的值用于设置负荷参数 processing_Load。

3) 利用 processingLoad_STS 对象对相应代码进行统计

(1) TRC_query 函数:用于检查指定 16 位 TRC 掩码是否被使能,当返回值为 0 时表示掩码被使能,否则掩码没有使能。

(2) TRC_USER0:16 位掩码,用于使能或禁止在 DSP/BIOS 配置工具中静态创建的 TRC 对象。可以利用 DSP/BIOS 工具中的 RTA Control Panel 工具使用或禁用 TRC_USER0。

(3) CLK_gettime 函数:返回当前高精度时钟周期数,用一个 32 位数值表示。当数值达到 32 位可以表示的最大数后将返回 0 重新开始计数。

(4) STS_set 和 STS_delta 函数：两个函数可以联合使用，用于监测一段代码执行的性能。STS_set 函数用于设置 STS 对象对应值为传入参数值(本例中为 CLK_gettime 函数返回值)，STS_delta 函数从传入参数值中减去先前保存的值并将该结果值作为输入参数调用 STS_add 函数。

(5) STS_add 函数：该函数利用传入参数的数值更新指定 STS 对象的 Total、Count、Max 域的值。

5. 加入链接配置文件

把 DSP/BIOS 配置文件自动产生的链接配置文件(例如 dft_bioscfg.cmd)加入到工程中。

6. 编译、链接、生成目标应用程序

在 DSP/BIOS 配置工具全局属性设置中，默认函数调用方式为"near"。若选择函数调用方式为"far"，必须在工程的编译选项中设置远调用选项。

7. 下载运行

当生成目标应用程序(dft_bios.out)文件后，选择 File→Load Program 命令下载 dft_bios.out 并运行该程序。可以使用 File I/O 工具输入已知信号给 DSP 程序，并通过 Watch 窗口修改 control 变量更新负荷参数，运行结果如图 5.13 所示。

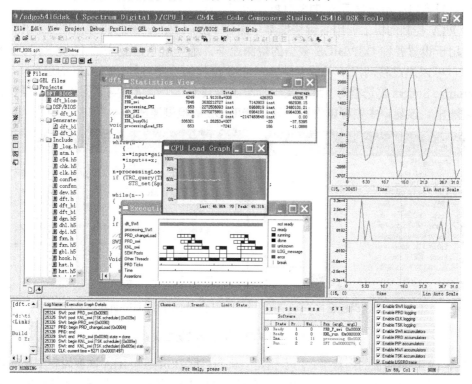

图 5.13　dft_bios 工程窗口

8. 实时分析

在 CCS 集成开发环境中，可以调用 DSP/BIOS 分析工具进行分析，分析结果利用 DSP/BIOS 应用程序空闲时间传送到主机实时分析工具窗口，具体使用方法见 5.5 节。

9. 保存工作区，保存当前 CCS 集成开发环境设置

5.5 DSP/BIOS 分析工具应用

CCS 集成开发环境中利用 DSP/BIOS 分析工具作为通用调试工具的补充，可以对 DSP/BIOS 应用程序的运行情况进行实时分析，有利于进行调试、性能优化。本节以 5.4 节 dft_bios 工程分析为例，介绍各个 DSP/BIOS 分析工具的应用。

1. RTA 控制面板(RTA Control Pannel)

在 CCS 集成开发环境的 DSP/BIOS 菜单中选择 RTA Control Panel 命令，或者在 DSP/BIOS 工具栏中单击 🖭 按钮，将弹出图 5.14(a)所示的 RTA 控制面板窗口。在 DSP/BIOS 应用程序运行时，可以利用 RTA 控制面板选中或取消选中各个选项前的复选框，使能或禁止各个选项对应的日志或统计信息的跟踪，一般情况下各个复选框默认选中。在 5.4 节 DSP/BIOS 分析工程中，如果不选中 Enable USER0 trace 复选框，将禁用 processingLoad_STS，在统计分析窗口中不再显示该 STS 对象。

在 RTA 控制面板上调用右键快捷菜单选择 Properties 命令，将弹出图 5.14(b)所示对话框，用于设置各种 DSP/BIOS 数据的检测速率。选择图 5.14(b)中的 Host Refresh Rates 选项卡，可以通过移动滑动条或者输入一个数值作为检测各种跟踪数据的速率。当选中 Synchronize Sliders 复选框时，滑动某一个滑块时其他几个滑块将与之同步调整，默认不选中此复选框。该窗口主要可以设置下列 DSP/BIOS 的检测速率。

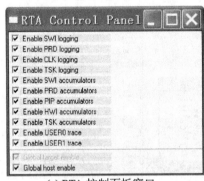

(a) RTA 控制面板窗口

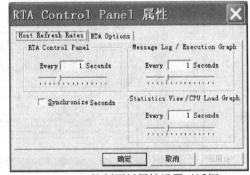

(b) RTA 控制面板属性设置对话框

图 5.14 RTA 控制面板及其属性设置

(1) RTA 控制面板的刷新率。用于指定主机向目标 DSP 通知 RTA 面板设置变化的频率。

(2) 日志/执行图刷新率。用于指定主机获取目标 DSP 的用户或系统信息的频率，其中系统日志消息可以在执行图观察窗口进行图形化显示，也可以在日志观察工具中进行文本显示。

(3) 统计/CPU 负荷刷新率。用于指定主机获取目标 DSP 中统计信息的频率，其中统计信息主要显示在统计观察窗口，并用于计算在 CPU 负荷图观察窗口中显示的 CPU 负荷。

如果设置某项的刷新率为 0，主机不会自动通知或获取目标 DSP 的相关信息，各个工具窗口需要通过右键快捷菜单中的 Refresh Windows 命令进行手动刷新。

2. 日志观察工具(Message Log)

在 CCS 集成开发环境的 DSP/BIOS 菜单中选择 Message Log 命令，或者在 DSP/BIOS 工具栏中单击 按钮将弹出图 5.15(a)所示的日志查看对话框，可以查看用户或者系统的日志消息。

在图 5.15(a)中，Log Name 下拉列表框中选择用户自定义的 DSP/BIOS 日志对象(如 LOG0)，将在日志显示区域显示与该日志对象相关的日志消息，例如调用 LOG_printf 函数输出信息。其中左侧第一列显示日志消息的序列号，该序列号存储在该日志消息的第一个字中，当序列号达到一个字能表述的最大值后将从 0 开始重新计数。如果在 Log Name 下拉列表框中选择 Execution Graph Detaills 选项将显示系统日志消息。当在 RTA 控制面板取消选中日志相关选项(SWI、PRD、CLK、TSK 等日志)时用户定义的 LOG 对象对应的日志消息仍然会显示，但对应的系统日志信息将不再显示。

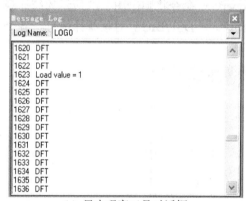

(a) 日志观察工具对话框　　　　　　　　(b) 日志观察工具属性设置对话框

图 5.15　日志观察工具及其属性设置

在日志消息观察对话框中调用右键快捷菜单选择 Propertiers 命令将弹出图 5.15(b)所示的属性设置对话框，可以指定一个文件用于存储日志消息。单选按钮 Append 和 Overwrite 用于指定向存储日志消息文件中重新写入日志消息时采取的工作方式，即选择 Append 时将保留原有日志消息，新的消息将附加在该文件的末尾，选中 Overwrite 单选按钮时将清除原有日志消息，写入新的日志消息，该项仅在选择时或重新下载 DSP/BIOS 应用程序时起作用。

3. 统计观察窗口(Statistics View)

在 CCS 集成开发环境的 DSP/BIOS 菜单中选择 Statistics View 命令，或者在 DSP/BIOS 工具栏中单击 按钮将弹出图 5.16 所示的统计观察窗口，用于查看 STS、PIP、PRD、SWI

和 HWI 对象的统计信息，5.4 节中 DSP/BIOS 应用程序的 processingLoad_STS 的统计数据即可通过该工具查看。

图 5.16　统计观察窗口

在图 5.17 中，每个 DSP/BIOS 对象的统计信息主要包括 Count、Total、Maximum、Average 这 4 项。

(1) Count：目标 DSP 中 DSP/BIOS 对象对应统计数据的观察次数。

(2) Total：DSP/BIOS 对象对应统计数据的累加和。

(3) Maximum：DSP/BIOS 对象对应数据在统计过程中遇到的最大值。

(4) Average：该值在统计观察窗口中利用 Total 和 Count 项由主机计算显示。

在统计观察窗口中调用右键快捷菜单选择 Propertiers 命令将弹出图 5.17 所示的统计观察属性设置对话框，可以指定统计观察窗口中显示哪些 DSP/BIOS 对象统计信息、各个 DSP/BIOS 对象统计信息的单位。

图 5.17　统计观察属性设置

4. 执行图观察窗口(Execution Graph)

在 CCS 集成开发环境的 DSP/BIOS 菜单中选择 Execution Graph 命令，或者在 DSP/BIOS 工具栏中单击 按钮将弹出图 5.18 所示的执行图观察窗口，以图形的方式显示运行的 DSP/BIOS 应用程序中各个活动线程信息，该图形显示的系统数据与日志观察窗口中 Execution Graph Details 项信息一致。在执行图观察窗口中各个图像数据的更新速率由 RTA 控制面板的属性窗口进行设置，如果在 RTA 面板中禁止某个 DSP/BIOS 对象类型日志跟踪，执行图观察窗口将不再更新对应图形数据。此外，在图形观察窗口中还显示周期函数刻度 (tick)、时钟模块刻度(tick)等图形信息。

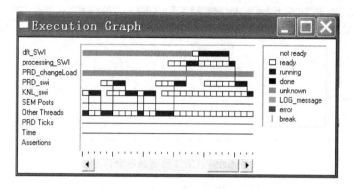

图 5.18 执行图观察窗口

在图 5.18 中左侧一栏采用优先级从高到低排列显示各个线程名称，即 dft_SWI 的优先级最高，Other Threads 优先级最低。中间部分采用图形方式利用不同颜色小方块显示各个线程最近的工作状态，拖动下边的滚动条可以检查各个线程的历史工作状态。右侧一栏显示各个颜色方块和线程工作状态的对应关系，具体如下。

(1) 没有小方块：表示一个线程是非活动线程或未准备就绪。

(2) 白色小方块：表示一个线程被请求或准备就绪。

(3) 蓝色小方块：表示线程正在运行，或者说线程正在占用 CPU。

(4) 黑色小方块：表示线程已经完成执行。

(5) 蓝绿小方块：表示到该点处系统收集的日志信息中不包含该线程信息。

(6) 亮绿小方块：表示 DSP/BIOS 应用程序调用 LOG_message 函数，该函数可以写用户信息到系统日志。

(7) 红色小方块：表示发生一个错误，在图形区域双击红色小方块可以弹出对应的错误信息。

(8) 红色 | 线：表示线程从目标 DSP 中读取数据暂停。

5. CPU 负荷观察窗口(CPU Load Graph)

在 CCS 集成开发环境的 DSP/BIOS 菜单中选择 CPU Load Graph 命令，或者在 DSP/BIOS 工具栏中单击 按钮将弹出图 5.19 所示的 CPU 负荷显示窗口，以图形的方式显示目标应用程序运行过程中的 CPU 负荷。所谓 CPU 负荷，是指目标应用程序进行处理工作时所占 CPU 的指令周期百分比，计算如式(5-1)所示。所有的 CPU 活动都可以分为工作时间、空闲时间两种，其中 t_w 表示 DSP/BIOS 应用程序的工作时间，t_i 表示空闲时间。在 DSP/BIOS 应用程序中，下列 CPU 工作消耗的时间记作工作时间。

$$CPUload = \frac{t_w}{t_w + t_i} \tag{5-1}$$

(1) 运行硬件中断处理子程序、软件中断处理子程序、TSK 对象处理函数、PRD 对象的周期调用函数所占用的 CPU 时间。

(2) 在空闲循环外运行用户自定义函数所占用的 CPU 时间。

(3) 通过 HST 对象向主机传送数据占用的 CPU 时间。

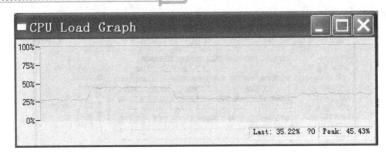

图 5.19 　CPU 负荷显示窗口

(4) 传递实时分析数据信息到主机所占用的 CPU 时间。

在调试分析 5.4 节 dft_bios 工程时，利用 Watch 窗口修改 control 的值，如修改为 200，change_Load 函数将以 1Hz 的频率利用 control 值设置 processingLoad。在 DSP/BIOS 应用程序中 processingLoad 值用作 processing 函数的循环变量上限，修改 processingLoad 值将改变 CPU 的工作时间，即改变了 CPU 负荷，在 CPU 负荷观察窗口中的图形将发生相应变化。该窗口的状态栏中右下角显示到目前位置 CPU 负荷的峰值信息，其前一个信息显示最近的 CPU 负荷信息。

6. 内核/对象观察窗口(Kernel/Object View)

在 CCS 集成开发环境的 DSP/BIOS 菜单中选择 Kernel/Object View 命令，或者在 DSP/BIOS 工具栏中单击 按钮将弹出图 5.20 所示的内核/对象观察窗口，可以观察当前运行的 DSP/BIOS 应用程序中 DSP/BIOS 对象的配置、状态。在图 5.20 中显示内核/对象观察窗口包含以下几个选项卡。

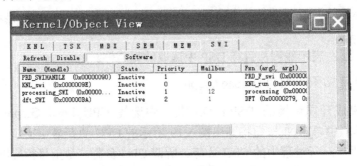

图 5.20 　内核/对象观察窗口

(1) KNL 选项卡：显示系统信息。

(2) TSK 选项卡：显示 TSK 对象线程信息。

(3) MBX 选项卡：显示邮箱对象信息。

(4) SEM 选项卡：显示旗语对象信息。

(5) MEM 选项卡：显示存储块信息。

(6) SWI 选项卡：显示软件中断线程信息。

在内核/对象观察窗口的每个选项卡的右上角存在一个 Refresh 按钮，用于刷新内核/对象观察窗口中的数据信息与目标 DSP 保持同步。当 DSP/BIOS 应用程序运行时，单击

Refresh 按钮，程序将暂停，内核/对象观察窗口收集要显示的数据信息，然后继续该程序。当目标应用程序遇到断点等情况暂停时，内核/对象观察窗口中的信息会自动进行更新。和 Watch 观察窗口等工具一样，当内核/对象观察窗口中显示的信息被更新时，变化的信息将用红色文本显示。

7. 主机通道控制窗口(Host Channel Control)

在 CCS 集成开发环境的 DSP/BIOS 菜单中选择 Host Channel Control 命令，或者在 DSP/BIOS 工具栏中单击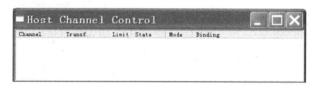按钮将弹出图 5.21 所示的主机通道控制窗口，可以观察当前运行的 DSP/BIOS 应用程序中定义的主机通道(HST 对象)，而且利用该窗口可以绑定通道到文件、启动通道的数据传输并控制传输数据量。在图 5.21 中选择一个通道右击调用快捷菜单，其中具有下列专用于主机通道控制的命令。

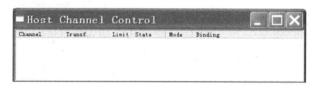

图 5.21　主机通道控制窗口

(1) Bind：选择该命令将打开一个文件选择窗口，用于在主机上选择与选中通道绑定的文件。对于输入通道，需要选择一个已存在数据文件，其内容被读取并传递给目标 DSP。对于输出通道，目标应用程序向选择文件写入数据。该文件可以使用不存在的文件或者已存在的文件，如果选择一个已存在的文件，CCS 将提示是否覆盖该文件。

(2) Unbind：选择该命令将取消选中通道当前的绑定，然后可以选择其他文件绑定当前选中通道。

(3) Start：选择该命令将通知目标应用程序输入通道要读取的数据已经准备就绪或者接收输出通道输出信息的文件已经准备就绪。

(4) Stop：选择该命令将停止选中通道的数据传输，如果同时选中多个通道，所有选中通道的数据传输同时停止。

5.6　CCS5.x 中 DSP/BIOS 简介

最新的 DSP/BIOS 5.42.xx 版本兼容 DSP/BIOS 5.41 版本，但使用时必须重新编译升级到 DSP/BIOS 5.42 版本。特别要注意 DSP/BIOS 5.42 不再支持 TMS320C54xx DSP，如果用户要对 TMS320C54xx DSP 进行基于 DSP/BIOS 的程序设计，必须使用 DSP/BIOS 5.31.xx 或者更老的版本。所以研发 TMS320VC54xx DSP 基于 DSP/BIOS 的 DSP 应用程序，建议使用 CCS3.x 版本。

图 5.22 所示是 CCS5.x 创建 DSP/BIOS 配置文件界面，与 CCS3.x 等低版本的 DSP/BIOS 配置工具一样，其使用方法可参考 5.2 节。创建时默认文件名为"当前工程文件名.tcf"，保证 DSP/BIOS 配置文件名与工程文件名相同。

图 5.22　CCS5.1 中的 DSP/BIOS 配置界面

小　　结

利用 DSP 芯片进行嵌入式系统应用设计的开发过程中，可以利用集成于 CCS 中的 DSP/BIOS 实时内核进行各个任务线程的实时调度。DSP/BIOS 相当于一个准实时操作系统，可以按照各个线程的优先级进行任务调度，优先级高的线程抢占 CPU 运行，优先级低的线程等待。本章主要介绍利用 DSP/BIOS 设计 DSP 应用程序的基本方法，包括介绍 DSP/BIOS 应用程序执行顺序、DSP/BIOS 应用程序工程的组成、DSP/BIOS 配置文件生成方法、DSP/BIOS 对象的静态创建及相关属性的设置方法、如何在源代码文件中调用 DSP/BIOS 对象及相关模块的 API 函数、DSP/BIOS 分析工具的应用以及显示结果的分析等。

本章为帮助理解 DSP/BIOS 具体应用，以数据采集、数据预处理、数据 DFT 频谱分析等基本应用为例，按照规定的任务处理顺序和时间要求利用 DSP/BIOS 进行相应的 DSP/BIOS 应用程序开发，具体介绍 DSP/BIOS 应用程序开发的步骤和注意事项，如 DSP/BIOS 配置文件及自动产生文件的命名规则、链接配置文件处理等。具体步骤可以归纳如下，其中第(2)、(3)步不同用户可以根据习惯调整先后顺序。

(1) 建立工程。

(2) 在需求分析的基础上，利用 DSP/BIOS 配置工具创建对象、配置对象及其管理器属性，保存 DSP/BIOS 配置文件并加入到工程中。

(3) 根据需求分析编写源代码文件，在加入 DSP/BIOS 配置文件自动生成的包含文件(.h 或.h54)后，即可在该源代码文件中调用 DSP/BIOS API 函数及配置文件中创建的 DSP/BIOS 对象。注意要调整第(2)步中一些 DSP/BIOS 对象(如 SWI 对象、TSK 对象)的处理函数，使其与源文件处理函数一致，并把源文件加入到工程中。

（4）加入链接配置文件到工程中，可以使用 DSP/BIOS 配置文件自动生成的链接配置文件，也可以自定义链接配置文件，但自定义的链接配置文件中必须链接 DSP/BIOS 配置文件自动生成的链接配置文件。

（5）设置编译选项，对工程进行编译链接生成可执行的目标应用程序。

（6）下载、运行目标应用程序。

（7）调试分析 DSP/BIOS 应用程序，可以使用 CCS 提供的一般分析方法，也可以使用 DSP/BIOS 分析工具进行特定的分析。

本章在调试分析过程中，利用 File I/O 模拟 DSP/BIOS 应用程序的输入信号，根据分析结果可以评判该 DSP/BIOS 应用程序的工作状态。

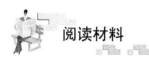

阅读材料

操 作 系 统

操作系统(Operation System，OS)目前广泛地应用于微型计算机系统、嵌入式系统中，是在系统硬件基础上的第一层软件，在系统应用程序开发过程中占有重要地位。操作系统设计过程中主要考虑下列目标。

1. 方便性

所谓方便性即为用户提供方便，对于程序设计人员来说，可以降低应用程序设计的难度、提高程序设计的效率；对于终端用户来说，不需要详细了解硬件知识，即可使用系统的应用程序。

2. 有效性

要求操作系统可以有效管理系统的软硬件资源，包括存储空间分配、CPU 任务调度、设备管理等，可以提高硬件资源的使用效率，合理调度 CPU 完成各个任务操作。

3. 扩展性

要求操作系统进行模块化设计，各个模块彼此相互独立，随着技术发展可以通过改进升级旧模块和增加新模块扩展操作系统的功能。

此外应用于嵌入式系统的操作系统，由于受存储空间所限要求操作系统在保证功能的基础上代码量要尽可能的小。

操作系统发展到今天经历了多种类型，其中包括实时操作系统。所谓实时，简单来说就是及时，在规定的时间完成需要的操作。所以实时操作系统就是指操作系统可以实时地处理各个任务的请求，控制所有实时任务协调有序地运行处理。操作系统的核心称为操作系统内核，不同的操作系统内核功能有所不同，但绝大多数操作系统包括以下功能。

（1）支撑功能。包括操作系统最基本功能，例如中断处理、时钟管理等功能。

（2）资源管理功能。包括存储器管理、设备管理等功能，在嵌入式系统中还包括片上外设管理等功能。

（3）任务调度功能。操作系统的目标是处理各个操作任务，任务调度功能的好坏直接影响操作系统的应用和推广，在操作系统中任务一般对应进程或线程。

特别注意任务调度过程中，常常提到 3 种状态：就绪状态、执行状态、阻塞状态。就绪状态是指任务已经准备好除 CPU 外的所有资源，一旦获得 CPU 将立刻运行。在一个操作系统中同时可有多个任务进入就绪状态，组成就绪队列。执行状态即任务获得 CPU 开始执行任务规定的操作。阻塞状态是指正在执行状态的任务在发生某些事件时(如 I/O 处理时 I/O 对象还未准备好)，任务执行暂停进入阻塞状态，或称"等待"状态。任务可分为阻塞任务和非阻塞任务，任务基本的运行方式如图 5.23 所示。

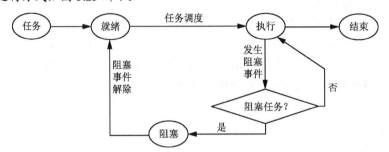

图 5.23　任务基本运行方式

习　　题

1．DSP/BIOS 的特点及组成是什么？

2．DSP/BIOS 配置工具的作用是什么？

3．DSP/BIOS 配置文件命名规则以及相应自动生成哪些文件？

4．基于 DSP/BIOS 的应用程序开发过程及建立 DSP/BIOS 应用程序的工程中文件组成是怎样的？

5．DSP/BIOS 应用程序的执行顺序是怎样的？

6．DSP/BIOS 应用程序由 DSP/BIOS 对各个线程进行调度，试按线程优先级高低排列下列线程：HWI 线程、SWI 线程、TSK 线程和 IDL 线程。

7．DSP/BIOS 具有哪些分析工具？各个分析工具作用是什么？

8．若要以 500Hz、100Hz 和 1Hz 调用 C 语言编写的 Fun1、Fun2 和 Fun3 函数，利用 DSP/BIOS 配置工具如何实现以上功能？

实验三　基于 DSP/BIOS 的 DFT 频谱分析

1．实验目的

(1) 熟悉 CCS 集成开发环境，掌握工程的建立、编译、链接等方法。

(2) 熟悉 DSP/BIOS 配置工具的使用方法。

(3) 掌握利用 DSP/BIOS 设计 DSP 应用程序的基本方法和工程文件组成。

(4) 掌握 RTDX 技术的应用基本方法。

2．实验内容

(1) 实现以 500Hz 获取输入信号调用 dataIn 函数、以 100Hz 对输入信号处理调用 processing 函数、以 50Hz 对输入信号进行 DFT 频谱分析调用 DFT 函数。

(2) 编写 DFT 函数。

(3) 利用 DSP/BIOS 配置工具创建 DSP/BIOS 配置文件以及对应的 DSP/BIOS 文件。

(4) 编写 DSP 源程序文件、利用 FILE I/O 等工具模拟数据输入。

(5) 分析输出结果，查看是否和构造的输入信号频率构成相对应(验证 DFT 算法的正确性)。

(6) 对 DSP/BIOS 程序进行剖析。

3．实验原理

1) 输入信号构造方法

离散时间信号可以由若干个幅值不同的正弦信号叠加而成，单个正弦信号的离散时间表示方式为　$x(n) = \sin(n \times 2\pi \times \dfrac{f}{f_s})$，其中，$f$ 表示信号频率，f_s 表示采样频率。

2) 离散傅里叶变换公式

$$X(k) = \sum_{n=0}^{N-1} x(n) \cdot W_N^{kn}，\text{ 其中，} W_N^{kn} = \mathrm{e}^{-\mathrm{j}\frac{2\pi}{N}kn}，0 \leqslant k \leqslant N-1。$$

离散傅里叶变换的目的是把信号由时域变换到频域，在频域分析信号特征，是数字信号处理领域的常用方法。

4．实验设备

(1) PC 一台。

(2) TMS320VC5416 DSK 一套。

5．实验步骤

(1) 选择 Project→New 命令，设置保存路径、工程名(如 DFTbios)，建立一个工程。

(2) 利用 DSP/BIOS 配置工具建立 DSP/BIOS 配置文件，根据实验要求创建需要的 DSP/BIOS 对象，并进行相应的属性设置，保存 DSP/BIOS 配置文件到当前工程文件夹，存储文件名需与工程文件名一致(如 DFTbios.tcf)，然后把 DSP/BIOS 配置文件加入到工程中。

(3) 选择 File→New→Source File 命令，建立源代码文件，编写 DSP 应用程序源代码。在源代码文件中包含 DSP/BIOS 配置文件自动产生的头文件，即可调用 DSP/BIOS 的对象和 API 函数。保存源文件到当前工程所在的文件夹，然后在工程窗口中选择当前工程，调用右键快捷菜单，选择 Add Files to Project 命令打开一个文件选择对话框，选择刚保存的源文件加入到工程中。

(4) 修改 DSP/BIOS 配置文件中相应 DSP/BIOS 对象的属性，使其调用的函数与 DSP/BIOS 应用程序源代码文件中的函数名一致。

(5) 需要把 DSP/BIOS 配置文件自动产生的链接配置文件加入到工程中。

(6) 选择 Project→Build Options 命令修改工程的编译链接选项，特别注意当在 DSP/BIOS 配置文件全局设置中函数调用选择为"far"时(默认为"near")，必须在 Build Options 对话框的 Compiler 选项卡的 Advanced。选项页中选择使用远调用，即设置编译选项使用远调用(-mf)。

(7) 对当前工程进行编译、链接，生成可执行程序。

(8) 利用 File I/O 进行输入信号模拟。

(9) 在 CCS 中使用图形分析工具，观察输入信号和输出信号。

(10) 保存工作区。

(11) 在源代码程序设计时可以分别调用 printf 指令和 LOG_printf 指令，编译链接、下载运行 DSP 应用程序后，可以利用剖析工具对两个函数进行剖析，比较两个函数消耗的指令周期。

6. 实验要求

(1) 提交完整的程序源代码。

(2) 提交实验分析测试数据。

(3) 提交完整的实验报告。

第 **6** 章

汇编语言程序设计

 本章知识架构

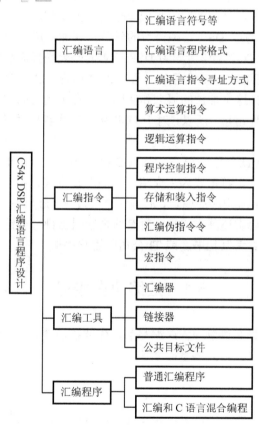

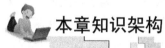 内 容 要 点

- 汇编指令的格式、寻址方式、指令系统是怎样的?
- 汇编程序文件的结构是怎样的?
- 如何编写与调试汇编程序?

实际设计中，要在指令周期为 1 μs 的单片机中，利用定时器 1 在工作方式 1 的模式下产生一个 1ms 的定时中断，若采用汇编语言编写，则程序及注释如下。

```
MOV A,TMOD          ;获得原始 TMOD 值
ANL A,#0FH          ;保证定时器 0 的工作方式不变
ADD A,#0010000B     ;设置定时器 1 的工作方式为 1(GATE=0, C/T=1, M1、M0=01)
MOV TH1,#0FCH       ;设置定时器的定时长度(65536-X=1000, 1000 为 1ms；则 X=FC18)
MOV TL1,#018H       ;
SETB    ET1         ;取消定时器 1 的中断屏蔽
SETB    TR1         ;启动定时器 1，开始定时
```

由这个例子可以看出，汇编语言是和芯片硬件紧密相关的，汇编语言的操作直接面向芯片硬件，与高级语言相比更有效率。所以，很多有关芯片硬件设施的嵌入式编程使用的都是汇编语言。在使用汇编语言编程时，编程人员能够感知芯片的运行过程和原理，从而能够对芯片硬件和应用程序之间的联系形成一个清晰的认识。

这样，DSP 初学者通过 DSP 汇编语言的学习，就能形成一个软、硬兼备并互相印证的 DSP 技术体系，这对 DSP 初学者学习 DSP 技术的好处是显而易见的。同时汇编语言也能够让 DSP 初学者更好地理解高级语言，尤其是 C 语言。C 语言中最令人头疼的就是指针和内存的概念，即指针这个抽象的概念和实际的内存单元之间的映射关系，而汇编语言对内存的操作恰恰是一件常事。所以，对于 DSP 初学者或者自学者来说，汇编语言的重要性无可替代。

本章主要介绍 C54x DSP 汇编语言。C54x DSP 汇编语言指令的书写有两种形式：助记符和代数形式。本章以助记符形式为主介绍汇编的书写格式、寻址方式、指令系统、汇编程序的相关文件系统、汇编程序的编辑、汇编和链接过程，最后完成完整的汇编程序设计。由于篇幅限制，本章主要讲述基本原理，对有些内容只做部分介绍，没有进行深入全面的讲解，有兴趣的读者可参考其他书籍或 TI 公司的用户手册。

6.1　汇编语言概述

在进行汇编语言的指令讲解和程序编写前，先要搞清楚 C54x DSP 汇编语言支持的常量、字符类型、格式、寻址方式等基础知识。

6.1.1　汇编语言常量

C54x DSP 汇编器支持多种常量，如二进制、八进制、十进制、十六进制整数常量，浮点数常量、字符常量、汇编时常量等。汇编器一般会把常量认为是 32 位的。

1. 整数常量

二进制整数常量最多由 16 位二进制数组成，以后缀 B(b)表明。如 1000B、0000000000001000B、0B、1b 等。

八进制整数常量最多由 6 位八进制数组成，以后缀 Q(q)表明。如 1000Q、001000Q、0Q、1q 等。

十进制整数常量由十进制数组成，范围为-32768～32767 或 0～65535，以后缀 D(d)表明或省略。如 8、-8、0d、1D 等。

十六进制整数常量由 4 个十六进制数组成，以后缀 H(h)或前缀 0X(0x)表明。如 1A00H、01C1h、0xE101、0XE101 等。

2. 浮点数常量

浮点数常量的表达方式如下。

```
+(-)nnn.nnnE(e)+(-)nnn
```

其中：nnn 表示十进制数，小数点必须要有。如 8.2E3 表示 8.2×10^3。其他如 3.2、4.0、56.1234、-32.1e-3、3.2E2 等。

3. 字符常量

由单引号括出的一个或多个字符组合是字符常量。字符在机器内部由 ASCII 码表示。如'1'、'A'、'12' 等。

由双引号括出的一串字符的组合是字符串。如"1"不是字符，表示长度为 1 的字符串 1。"AA DD"表示长度为 5 的字符串 AA DD。"C"D""表示长度为 4 的字符串 C"D"。

4. 汇编时常量

书写汇编程序时，用.set 伪指令给一个符号定义一个值，此符号以后就表示这个值，这种情况称为汇编时常量，例如：

```
s_r        .set              4                    ;s_r 以后就表示常量 4
```

6.1.2　汇编语言中的符号

C54x DSP 中的符号最多可以是 32 位符号串(符号由 A～Z、a～z、0～9、_和$组成)。一个有效符号的第一位不能是数字，字符之间不能有空格。符号一般区分大小写，但在汇编器中选用-C 选项就可以使汇编器不区分符号的大小写。

汇编语言中的符号一般用于表明程序地址或位置的标号，代表一些重要数据的常量或表示一定意义的字符。表 6-1 列出了 TMS320C54x 的指令系统符号和意义。

表 6-1　指令系统符号及意义

符　号	意　义
A	累加器 A
ALU	算术逻辑单元
AR	辅助寄存器通用用法
ARX	指定的辅助寄存器(0≤x≤7)
ARP	ST0 中辅助寄存器指针位：这 3 位指向当前辅助寄存器

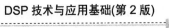
符　号	意　义
ASM	ST1 中的 5 位累加器移位方式位(-16≤ASM≤15)
B	累加器 B
BRAF	ST1 中的块循环有效标志位
BRC	块循环计数器
BITC	4 位数字(0≤BITC≤15)决定位测试指令对指定的数据存储单元中的哪一位进行测试
C16	ST1 中的双 16 位/双精度算术运算方式位
C	ST0 中的进位位
CC	2 位条件代码(0≤CC≤3)
CMPT	在 ST1 中的修正方式位
CPL	ST1 中的直接寻址编译方式位
cond	用在条件执行指令中，表示某一条件的操作数
[D]	延时选择
DAB	D 地址总线
DAR	DAB 地址寄存器
dmad	16 位立即数数据存储器地址(0≤dmad≤65535)
Dmem	数据存储器操作数
DP	在 ST0 中的 9 位数据存储器页指针(0≤DP≤511)
dst	目的累加器 A 或 B
dst_	另一个目的累加器：如果 dst 为 A，则 dst_为 B；如果 dst 为 B，则 dst_为 A
EAB	E 地址总线
EAR	EAB 地址寄存器
extpmad	23 位立即数程序存储器地址
FRCT	在 ST1 中的小数方式位
Hi(A)	累加器 A 的高位部分(bit31～16)
HM	在 ST1 中的保持模式位
IFR	中断标志寄存器
INTM	ST1 中的中断屏蔽位
K	少于 9 位的短立即数
K3、K5、K9	3 位立即数(0≤K3≤7)、5 位立即数(-16≤K5≤15)、9 位立即数(0≤K9≤511)

符 号	意 义
1K	16 位长立即数
Lmen	使用长字寻址的 32 位单数据存储器操作数
Mmr、MMR	存储器映射寄存器
MMRx、MMRy	存储器映射寄存器，AR0~AR7 或者 SP
n	在 XC 指令后的字数，n=1 或 2
N	指定在 RSBX 和 SSBX 指令中修改的状态寄存器。N=0，状态寄存器 ST0；N=1，状态寄存器 ST1
OVA	在 ST0 中的累加器 A 的溢出标志
OVB	在 ST0 中的累加器 B 的溢出标志
OVdst	目的累加器(A 或 B)的溢出标志
OVdst_	另一个目的累加器(A 或 B)的溢出标志
OVsrc	源累加器(A 或 B)的溢出标志
OVM	在 ST1 中的溢出模式
PA	16 位端口立即地址(0≤PA≤65535)
PAR	程序地址寄存器
PC	程序计数器
pmad	16 位立即程序存储器地址(0≤pmad≤65535)
Pmem	程序存储器操作数
PMST	处理器工作模式状态寄存器
prog	程序存储器操作数
[R]	凑整选项
RC	循环计数器
REA	块循环结束地址寄存器
rnd	凑整
RSA	块循环状态地址寄存器
RTN	RETE[D]指令中使用到的快速返回寄存器
SBIT	在指令 RSBX、SSBX、XC 中修改的状态寄存器位数，用 4 位数表示(0≤SBIT≤15)
SHFT	4 位移位数(0≤SHFT≤15)

符 号	意 义
SHIFT	5 位移位数(-16≤SHIFT≤15)
Sind	使用间接寻址的单数据存储器操作数
Smem	16 位单数据存储器操作数
SP	堆栈指针
src	源累加器(A 或 B)
ST0,ST1	状态寄存器 0，状态寄存器 1
SXM	在 ST1 中的符号扩展方式位
T	临时寄存器
TC	在 ST0 中的测试/控制标志
TOS	堆栈顶
TRN	状态转移寄存器
TS	T 寄存器中的 5 位数确定的移位数(-16≤TS≤31)
uns	无符号数
XF	在 ST1 中的外部标志状态位
XPC	程序计数器扩展寄存器
Xmem	使用在双操作数指令和一些单操作数指令中的 16 位双数据存储器操作数
Ymem	使用在双操作数指令中的 16 位双数据存储器操作数
--SP	堆栈指针自减 1
[x]	在中括号中的操作数是可选的
x→y	x 的值被送入寄存器
<< nn	左移 nn 位
‖	并行指令
\\	循环左移
//	循环右移

6.1.3 汇编语言中的表达式

表达式是一系列常数、符号、运算符的组合。表达式内容在圆括号内的最先运算；没有圆括号影响的情况下按优先级(表 6-2)次序运算；没有圆括号影响且是同级运算的，则遵循从左到右的运算次序。

表 6-2　表达式运算符及其优先级

符　号	意　义	优　先　级
+, -, ~	取正、取负、按位取反	
*, /, %	乘、除、求模	
<<, >>	左移、右移	
+, -	加、减	
>, >=	大于、大于等于	
<, <=	小于、小于等于	高 低
! =, =	不等于、等于	
&	按位与	
^	按位异或	
|	按位或	

6.1.4　汇编语言程序格式

汇编语言格式一般分 4 个部分：标号、指令、操作数、注释，具体如下。

标号：　指令　操作数列表　　;注释

例如：

S_begin:　　　LD　　　#23, DP　　　　　;把立即数 23 送入寄存器 DP

标号为 S_begin，指令为 LD，操作数为 DP，分号后为注释。

1. 标号

标号可用来提供程序其他部分的调用，或者是用于程序的划分、便于程序员理解或设计程序。除了伪指令.set 和.equ 外，其他情况下可以不用标号。标号和它所指向语句所在的单元的值(地址或汇编时程序计数器的值)是相同的。

标号最多允许 32 个字符，组成标号的有效字符为 A~Z、a~z、0~9、_和$。标号第一个字符不可以是数字，区分大小写(如果汇编时，用-C 选项，则不区分)。标号后的冒号可以不写(不写时，汇编语言的第一列必须是空格、分号或星号)。

2. 指令

指令不能从第一列开始，一旦从第一列开始，它会被认为是标号。指令包括下列指令码之一。

(1) 助记符指令(如 STM、MAC、STL 等)。

(2) 伪指令(如.data、list 等)。

(3) 宏指令(如.macro 等)。

(4) 宏调用。

3. 操作数

操作数可以是常量、符号或常量和符号的混合表达。操作数之间用逗号隔开。操作数使用前缀来指定操作数是地址还是数字。

1) 前缀#

指定后面的操作数为立即数。例如：

```
ADD #11,A        ; #11 为立即数
```

立即数符号#一般用在汇编语言指令中，也可以用在伪指令中。如果在伪指令中使用立即数，可以不用#号。例如：

```
.byte  11              ;11 为立即数,用来初始化一个字节
```

2) 前缀*

指定后面的操作数为间接地址。例如：

```
LD      *AR0, A ; AR0 为间接地址，表示把以 AR0 的值为地址所指定的内容送入 A
```

3) 前缀@

指定后面的操作数是采用直接寻址(如使用 DP)或绝对寻址的地址。直接寻址产生的地址是@后操作数和数据页指针或堆栈指针的组合。

4. 注释

注释是在一行中用";"或"*"指定后面的内容不参加编译。

6.1.5 汇编语言指令寻址方式

指令的寻址方式是指当 CPU 执行指令时，寻找指令所指定操作数的方法。C54x 共有 7 种数据寻址方式：立即寻址、绝对寻址、累加器寻址、直接寻址、间接寻址、存储器映射寄存器寻址和堆栈寻址。

1. 立即寻址

立即寻址就是在指令中已经包含执行指令所需要的操作数。在立即寻址中，数字前面加#，表示一个立即数。例如：

```
LD         #60,A                 ;将立即数 60 送入 A
```

2. 绝对寻址

绝对寻址就是在指令中包含要寻址存储单元的 16 位地址。在绝对寻址中，一般用*来表示后面的是地址。例如：

```
MVKD       DATA,*AR0         ;将数据存储器 DATA 里的数据送入 AR0 的值为地址所指
                             ;向的数据存储器单元
```

MVPD	TABLE,*AR0	;将程序存储器 TABLE 里的数据送入 AR0 的值为地址所指 ;向的数据存储器单元
PORTW	*AR0,BOFO	;将 AR0 为地址所指向的数据存储器单元中的数据写入 BOFO ;端口
LD	*(DATA),A	;将 DATA 为地址所指向的数据存储器单元中的数据写入累 ;加器 A

3. 累加器寻址

累加器寻址是用累加器中的数作为地址来读/写程序存储器的。仅有两条指令READA、WRITA 可采用累加器寻址。

4. 直接寻址

直接寻址就是在指令中包含数据存储器地址的低 7 位，这 7 位是作为偏移地址值与基地址值(由数据页指针 DP 或堆栈指针 SP 决定)一起构成 16 位数据存储器地址的。

具体使用 DP 还是 SP 作为基地址是由状态寄存器 ST1 中的编译方式位 CPL 来决定的。若 CPL=0，则 9 位 DP 值和指令中的 7 位地址组成 16 位数据存储器地址(DP 值在高位，指令中的地址在低位)；若 CPL=1，则将 16 位堆栈指针 SP 值和 7 位地址值相加形成 16 位数据存储器地址。具体如图 6.1 所示。

例如，下列程序段将 3 页的 30H 单元的内容送入累加器 A 的高 16 位。

RSBX	CPL	;CPL=0
LD	#3,DP	;DP 指向 3 页
LD	30H,16,A	;将 3 页的 30H 单元的内容送入累加器 A 的高 16 位

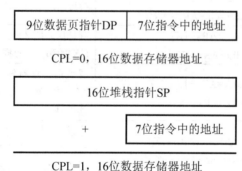

图 6.1 直接寻址地址生成图

5. 间接寻址

间接寻址是按辅助寄存器的内容寻址数据存储器的。间接寻址有两种方式：单操作数寻址和双操作数寻址。

单操作数寻址是一条指令中只有一个存储器操作数。表 6-3 列出了单操作数寻址的类型。

表 6-3 单操作数寻址类型

MOD 域	操作码语法	功 能	说 明
0000	*ARx	Addr=ARx	ARx 中为数据存储器地址
0001	*ARx-	Addr=ARx；ARx=ARx-1	寻址后，ARx 中的地址减 1
0010	*ARx+	Addr=ARx；ARx=ARx+1	寻址后，ARx 中的地址加 1
0011	*+ARx	Addr=ARx+1；ARx=ARx+1	在寻址前，ARx 中的地址加 1
0100	*ARx-0B	Addr=ARx；ARx=B(ARx-AR0)	寻址后，以位码倒序进位的方式从 ARx 中减去 AR0
0101	*ARx-0	Addr=ARx；ARx=ARx-AR0	寻址后，从 ARx 中减去 AR0
0110	*ARx+0	Addr=ARx；ARx= ARx+AR0	寻址后，把 AR0 加到 ARx 中
0111	*ARx+0B	Addr=ARx；ARx=B(ARx+AR0)	寻址后，以位码倒序进位的方式把 AR0 加到 ARx 中
1000	*ARx-%	Addr=ARx；ARx=circ(ARx-1)	寻址后，以循环寻址的方式把 ARx 中的地址减去 1
1001	*ARx-0%	Addr=ARx；ARx=circ(ARx-AR0)	寻址后，以循环寻址的方式把 ARx 中的地址减去 AR0
1010	*ARx+%	Addr=ARx；ARx=circ(ARx+1)	寻址后，以循环寻址的方式把 ARx 中的地址加 1
1011	*ARx+0%	Addr=ARx；ARx=circ(ARx+AR0)	寻址后，以循环寻址的方式把 AR0 加到 ARx 中
1100	*ARx(1K)	Addr=ARx+1K；ARx=ARx+1K	寻址后，把 ARx 的内容加上 16 位长度偏移值(1K)的和作为数据存储地址。ARx 的值不变
1101	*+ARx(1K)	Addr=ARx+1K；ARx=ARx+1K	寻址前，把有符号的 16 位长偏移(1K)加到 ARx 中，然后用新的 ARx 的值作为数据存储器的地址
1110	*+ARx(1K)%	Addr=circ(ARx+1K)；ARx=circ(ARx+1K)	寻址前，把有符号的 16 位的长偏移以循环寻址的方式加到 ARx 中，然后用新的 ARx 的值作为数据存储器的地址
1111	*(1K)	Addr=1K	用无符号 16 位数字的长偏移来作数据存储器的绝对地址

例如，下列程序段表示将 AR1 的值为地址所指向的数据存储器单元中的数据送入累加器 A，然后将 AR1 的值加 1(即 AR1 表示的地址加 1)。

```
LD        *AR1+,A
```

下列程序段用到了循环寻址方法。

```
LD        *+AR2(9)%,A
STL       A,*+AR2(9)%
```

循环寻址一般可用在卷积、自相关、FIR 滤波等诸多算法中的循环缓冲区设置中。循环寻址的主要参数如下。

　　(1) 长度计数器 BK：定义循环缓冲区的大小 $R(R<2^N)$。当 BK=0 时，"%"内容被忽略。

　　(2) 有效基地址 EFB：定义缓冲区的起始地址，即 ARx 的低 N 位设为 0 后的值。

　　(3) 尾地址 EOB：定义缓冲区的尾部地址。

　　(4) 缓冲区索引 index：当前 ARx 的低 N 位。

　　(5) 步长 step：一次加到辅助寄存器或从辅助寄存器中减去的值。

　　循环寻址的算法如下。

```
If 0≤index+step<BK;
    index=index+step;
Else if index+step≥BK;
    index=index+step-BK;
Else if index+step<0;
    index=index+step+BK;
```

　　若 BK=10，AR2=100H。由 $R<2^N$ 得到 N=4，因为 AR2 的低 4 位为 0，得到 index=0，循环寻址*+AR2(9)%步长 step=9。则执行第一条指令时，index=index+step=9，寻址 109 单元；执行第二条指令时，index=index+step=9+9=18>BK，index=index+step-BK=9+9-10=8，寻址 108 单元。

　　下列程序段用到了位码倒序寻址方法。

```
RPT      #9            ;循环执行下一条语句 9+1 次
PORTW    *AR1+0B, PA   ;PA 为外设端口，AR0 以位码倒序方式加入
```

　　位码倒序主要用于 FFT 运算。FFT 运算要求采样点输入是倒序时，输出才是顺序的，若输入是顺序的，则输出就是倒序。采用位码倒序寻址的方式正好符合 FFT 运算对输入倒序的要求。以 16 点 FFT 为例，见表 6-4。

表 6-4　位码倒序寻址

存储单元地址	FFT 变换结果	位码倒序寻址	位码倒序输出结果
0000	X(0)	0000	X(0)
0001	X(8)	1000	X(1)
0010	X(4)	0100	X(2)
0011	X(12)	1100	X(3)
0100	X(2)	0010	X(4)
0101	X(10)	1010	X(5)
0110	X(6)	0110	X(6)
0111	X(14)	1110	X(7)

存储单元地址	FFT 变换结果	位码倒序寻址	位码倒序输出结果
1000	X(1)	0001	X(8)
1001	X(9)	1001	X(9)
1010	X(5)	0101	X(10)
1011	X(13)	1101	X(11)
1100	X(3)	0011	X(12)
1101	X(11)	1011	X(13)
1110	X(7)	0111	X(14)
1111	X(15)	1111	X(15)

若辅助寄存器都是 8 位字长,假设 AR1 中存放数据存储器的基地址为 01100000B,指向 X(0)的存储单元,AR0 的值是 FFT 长度的一半。对 16 点 FFT 执行上述指令,则第 0 次循环 AR0 的值为 0000B,把 01100000B 地址里的内容送入 PA(X(0));第 1 次循环 AR0 的值是 1000B,把 01101000B 地址里的内容送入 PA(X(1));第 2 次循环 AR0 的值是 0100B,把 01100100B 地址里的内容送入 PA(X(2));第 3 次循环 AR0 的值是 1100B,把 01101100 地址里的内容送入 PA(X(3))等;第 4 次循环 AR0 的值是 0010B,把 01100010 地址里的内容送入 PA(X(4))等,即完成位码倒序寻址的指令执行。

双操作数寻址用在完成两个读或一个读一个写的指令中。这些指令只有一个字长,只能以间接寻址的方式工作。表 6-5 列出了双操作数间接寻址类型。

表 6-5 双操作数间接寻址类型

操作码语法	功 能	说 明
*ARx	Addr=ARx	ARx 为数据存储器地址
*ARx-	Addr=ARx;Addr=ARx-1	寻址后,ARx 中的地址减 1
*ARx+	Addr=ARx;Addr=ARx+1	寻址后,ARx 中的地址加 1
*ARx+0%	Addr=ARx;ARx=circ(ARx+AR0)	寻址后,以循环寻址的方式把 AR0 加到 ARx 中

6. 存储器映射寄存器寻址

存储器映射寄存器(MMR)寻址用来修改存储器映射寄存器而不影响当前数据页指针 DP 或堆栈指针 SP 的值。只有以下 8 条指令能使用存储器映射寄存器寻址。

```
LDM      MMR,dst       ;把 MMR 的内容送入累加器
MVDM     dmad,MMR      ;把数据存储器单元的内容送入 MMR
MVMD     MMR,dmad      ;把 MMR 的内容送入数据存储器单元
MVMM     MMRx,MMRy     ;MMRx、MMRy 是 AR0~AR7
STLM     src,MMR       ;把累加器的低 16 位送入 MMR
```

STM	#1K,MMR	;把一个立即数送入 MMR
POPM	MMR	;把 SP 指定单元内容送入 MMR,然后 SP 自加 1
PSHM	MMR	;把 MMR 的内容送入 SP 指定单元,然后 SP 自减 1

7. 堆栈寻址

堆栈寻址在发生中断或子程序调用时用来保护现场或传送参数,如自动保存程序计数器 PC 中的值。C54x 的堆栈是从高地址向低地址方向生长的,用 16 位存储器映射寄存器堆栈指针 SP 来管理。

堆栈寻址遵循先进后出的原则,SP 始终指向堆栈中最后一个存放的数据。在把 1 个数据压入堆栈时,先将 SP 减 1,然后将数据压入;在把 1 个数据弹出堆栈时,先将其弹出,后将 SP 加 1。有以下 4 条指令采用堆栈寻址方式。

POPD	;从堆栈弹出一个数至数据存储单元
POPM	;从堆栈弹出一个数至 MMR
PSHD	;把数据存储器中的一个数压入堆栈
PSHM	;把一个 MMR 中的值压入堆栈

6.2 汇编指令系统

TM320C54x DSP 指令系统被分成以下 4 个基本的操作类型。

(1) 算术运算指令。

(2) 逻辑运算指令。

(3) 程序控制指令。

(4) 存储和装入指令。

6.2.1 算术运算指令

算术运算指令可分为 6 小类:加法指令、减法指令、乘法指令、乘加指令、双数/双精度指令、特殊应用指令。

1. 加法指令

加法指令见表 6-6。

表 6-6 加法指令

语　法	表　达　式	字/周期	说　明
ADD Smem,src	src=src+Smem	1/1	操作数和源累加器相加
ADD Smem,TS,src	src=src+Smem<<TS	1/1	操作数移位后加到源累加器中
ADD Smem,16,src[,dst]	dst=src+Smem<<16	1/1	左移 16 位后的操作数加到累加器中

语　法	表　达　式	字/周期	说　明
ADD Smem[,SHIFT],src[,dst]	dst=src+Smem<<SHIFT	2/2	移位后的操作数加到累加器中
ADD Xmem,SHFT,src	src=src+Xmem<<SHFT	1/1	移位后的操作数加到源累加器中
ADD Xmem,Ymem,dst	dst=Xmem<<16+Ymem<<16	1/1	分别左移 16 位后的两个操作数相加到目的累加器中
ADD #1K[,SHFT],src[,dst]	dst=src+#1K<<SHFT	2/2	移位后的长立即数加到累加器中
ADD #1K,16,src[,dst]	dst=src+#1K<<16	2/2	左移 16 位的长立即数加到累加器中
ADD src[,SHIF][,dst]	dst=dst+src<<SHIFT	1/1	移位后源累加器和目的累加器相加
ADD src,ASM[,dst]	dst=dst+src<<ASM	1/1	移动 ASM 的值的位数后源累加器和目的累加器相加
ADDC Smem,src	src=src+Smem+C	1/1	带进位位的源累加器和操作数相加
ADDM #1K,Smem	Smem=Smem+#1K	2/2	把长立即数加到存储器中
ADDS Smem,src	src=src+uns(Smem)	1/1	无符号位扩展加法

下列程序段把 AR2 的内容加 5 后的值作为地址，将其所指向的内容和 A 的值带进位位相加，并把和存放在累加器 A 中。

```
ADDC    *+AR2(5),A
```

	操作前		操作后
A	00 0000 0013	A	00 0000 0018
C	1	C	0
AR2	0100	AR2	0105

数据存储器

0105H	0004	0105H	0004

下列程序段将 A 的内容左移-8(右移 8 位)位与 B 相加，结果送入 B。

```
ADD    A,-8,B
```

	操作前			操作后
A	00 0000 1200		A	00 0000 1200
B	00 0000 1800		B	00 0000 1812
C	1		C	0

2. 减法指令

减法指令见表 6-7。

表 6-7　减法指令

语　　法	表　达　式	字/周期	说　　明
SUB Smem,src	src=src-Smem	1/1	从源累加器中减去一个操作数
SUB Smem,TS,src	src=src-Smem<<TS	1/1	移动由 T 寄存器 0～5 位所确定的位数，然后与源累加器相减
SUB Smem,16,src[,dst]	dst=src-Smem<<16	1/1	移动 16 位后再与累加器相减
SUB Smem,[,SHIFT],src[,dst]	dst=src-Smem<<SHIFT	2/2	操作数移位后再与累加器相减
SUB Xmem,SHFT,src	src=src-Xmem<<SHFT	1/1	操作数移位后再与源累加器相减
SUB Xmem,Ymem,dst	dst=Xmem<<16-Ymem<<16	1/1	两个操作数分别左移 16 位后再相减
SUB #1K[,SHFT],src[,dst]	dst=src-#1K<<SHFT	2/2	长立即数移位后再与累加器相减
SUB #1K,16,src[,dst]	dst=src-#1K<<16	2/2	长立即数左移 16 位后再与累加器相减
SUB src[,SHIFT][,dst]	dst=dst-src<<SHIFT	1/1	移位后的源累加器与 dst 相减
SUB src,ASM[,dst]	dst=dst-src<<ASM	1/1	源累加器移动是由 ASM 决定移动的位数后再与目的累加器相减的
SUBB Smem,src	src=src-Smem-C	1/1	带借位的源累加器减去操作数
SUBC Smem,src	if(src-Smem<<15)>=0 src=(src-Smem<<15)<<1+1 else　src=src<<1	1/1	条件减法
SUBS Smem,src	src=src-uns(Smem)	1/1	与源累加器作无符号的扩展减法

下列程序段利用 SUBC 指令将 A 的内容减去 0302H 指向的已经左移 15 位后的数据，其差小于 0，则 A 的内容左移一位。

```
SUBC        2,A
```

	操作前		操作后
A	00 0000 0004	A	00 0000 008
C	X	C	0
DP	006	DP	006

数据存储器

0302H	0001	0302H	0001

下列程序段利用 SUB 指令将以 AR1 为地址的数值左移 14 位后被 A 减，其差存放在 A 中，同时 AR1 的内容自加 1。

```
SUB        *AR1+,14,A
```

	操作前		操作后
A	00 0000 1200	A	FF FAC0 1200
C	X	C	0
SXM	1	SXM	1
AR1	0100	AR1	0101

数据存储器

0100H	1500	0100H	1500

3. 乘法指令

乘法指令见表 6-8。

表 6-8 乘法指令

语　法	表　达　式	字/周期	说　明
MPY Smem,dst	dst=T*Smem	1/1	T 寄存器与单数据存储器操作数相乘
MPYR Smem,dst	dst=md(T*Smem)	1/1	T 寄存器与单数据存储器操作数相乘并凑整(四舍五入)
MPY Xmem,Ymem,dst	dst=Xmem*Ymem,T=Xmem	1/1	2 个数据存储器操作数相乘
MPY Smem,#1K,dst	dst=Smem*#1K,T=Smem	2/2	长立即数与单数据存储器操作数相乘
MPY #1K,dst	dst=T*#1K	2/2	长立即数与 T 寄存器相乘

语　　法	表　达　式	字/周期	说　　明
MPYA dst	dst=T*A(32-16)	1/1	A 的高端与 T 寄存器相乘
MPYA Smem	B=Smem*A(32-16),T=Smem	1/1	单数据存储器操作数与 A 的高端相乘
MPYU Smem,dst	dst=uns(T)*uns(Smem)	1/1	无符号的 T 寄存器数与无符号数相乘
SQUR Smem,dst	dst=Smem*Smem,T=Smem	1/1	单数据存储器操作数的平方
SQUR A,dst	dst=A(32-16)*A(32-16)	1/1	A 的高端的平方

下列程序段利用 MPY 指令将 T*Smem 的积左移一位后给 A(FRCT 需要将乘法器的结果左移一位)，Smem 为地址，其值是 DP 和 13 的组合(040DH)，见直接寻址。

```
MPY      13,A
```

	操作前		操作后
A	00 0000 0036	A	00 0000 0054
T	0006	T	0006
FRCT	1	FRCT	1
DP	0008	DP	0008

数据存储器

040DH	0007	040DH	0007

4. 乘加指令

乘加指令见表 6-9。

表 6-9　乘加指令

语　　法	表　达　式	字/周期	说　　明
MAC Smem,src	src=src+T*Smem	1/1	操作数与 T 寄存器相乘后再和源累加器相加
MAC Xmem,Ymem,src[,dst]	dst=src+Xmem*Ymem, T=Xmem	1/1	双操作数相乘再和源累加器相加
MAC #1K,src[,dst]	dst=src+T*#1K	2/2	T 寄存器与长立即数相乘再和源累加器相加
MAC Smem,#1K,src[,ds]	dst=src+Smem*#1K, T=Smem	2/2	操作数与长立即数相乘再和源累加器相加

语　法	表 达 式	字/周期	说　明
MACA T,src[,dst]	dst=src+T*A(32-16)	1/1	T 寄存器与 A 高端相乘再和源累加器相加
MACAR Smem[,B]	B=md(B+Smem*A(32-16)), T=Smem	1/1	与 A 高端相乘再加到 B 中，凑整(四舍五入)
MACAR T,src[,dst]	dst=md(src+T*A(32-16))	1/1	T 寄存器与 A 高端相乘再加到源累加器中，凑整(四舍五入)
MACD Smem,pmad,src	src=src+Smem*pmad, T=Smem,(Smem+1)=Smem	2/3	操作数与程序存储器操作数相乘的积和源累加器相加
MACP Smem,pmad,src	src=src+Smem*pmad, T=Smem	1/1	操作数与程序存储器操作数相乘的积和源累加器相加
MACSU Xmem,Ymem,src	src=src+uns(Xmem)*Ymem, T=Xmem	1/1	带符号数与无符号数相乘再累加
MAS Smem,src	src=src-T*Smem	1/1	源累加器减去操作数与 T 寄存器相乘的积
MASR Smem,src	src=md(src-T*Smem)	1/1	源累加器减去操作数与 T 寄存器相乘的积，凑整(四舍五入)
MAS Xmem,Ymem,src[,dst]	dst=src-Xmem*Ymem, T=Xmem	1/1	源累加器减去双操作数相乘的积
MASR Xmem,Ymem,src[,dst]	dst=md(src-Xmem*Ymem), T=Xmem	1/1	源累加器减去双操作数相乘的积，凑整(四舍五入)
MASA Smem[,B]	B=B-Smem*A(32-16), T=Smem	1/1	从 B 中减去单数据存储器操作数和 A 高端的乘积
MASA T,src[,dst]	dst=src-T*A(32-16)	1/1	从源累加器中减去 T 与 A 高端的乘积
MASAR T,src[,dst]	dst=md(src-T*A(32-16))	1/1	从源累加器中减去 T 和 A 高端的乘积，凑整(四舍五入)
SQURA Smem,src	src=src+Smem*Smem, T=Smem	1/1	双操作数平方后和源累加器相加
SQURS Smem,src	src=src-Smem*Smem, T=Smem	1/1	源累加器减去双操作数平方的积

　　下列程序段利用 MAC 指令将以 AR5 内容为地址的数送入 T，然后 T 与"#1234H"相乘，其积与 A 原来的值相加，其和赋给 A，AR5 的内容自加 1。

```
MAC *AR5+,#1234H,A
```

	操作前			操作后
A	00 0000 1000		A	00 0626 1060
T	0000		T	5678
FRCT	0		FRCT	0
AR5	0100		AR5	0101

数据存储器

0100H	5678		0100H	5678

下列程序段利用 MAC 指令将"#345H"和 T 相乘,其积左移一位(当 FRCT=1,乘法器输出被左移一位以消去多余的符号位),再和 A 相加,然后把和放入 B 中。

```
MAC #345H,A,B
```

	操作前			操作后
A	00 0000 1000		A	00 0000 1000
B	00 0000 0000		B	00 001A 3800
T	0400		T	0400
FRCT	1		FRCT	1

5. 双数/双精度指令

双数/双精度指令见表 6-10。

表 6-10 双数/双精度指令

语 法	表 达 式	字/周期	说 明
DADD Lmem,src[,dst]	if C16=0 dst=Lmem+src if C16=1 dst(39-16)=Lmem(31-16)+src(31-16) dst(150-0)=Lmem(15-0)+src(15-0)	1/1	把源存储器中的内容加到32位长数据存储器操作数中
DADST Lmem,dst	if C16=0 dst=Lmem+(T<<16+T) if C16=1 dst(39-16)=Lmem(31-16)+T dst(15-0)=Lmem(15-0)-T	1/1	32位长立即数和T的值相加

续表

语　　法	表　达　式	字/周期	说　　明
DRSUB Lmem,src	if C16=0 　src=Lmem-src if C16=1 　src(39-16)=Lmem(31-16)-src(31-16) 　src(15-0)=Lmem(15-0)-src(15-0)	1/1	从 32 位长数据存储器操作数中减去源累加器的值
DSADT Lmem,dst	if C16=0 　src=Lmem-Lmem if C16=1 　src(39-16)=Lmem(31-16)-T 　src(15-0)=Lmem(15-0)+T	1/1	从 32 位长数据存储器操作数的高位中减去 T 的值，从 32 位长数据存储器操作数的低位中加上 T 的值
DSUB Lmem,src	if C16=0 　src=Lmem-src if C16=1 　src(39-16)=Src(31-16)-Lmem (31-16) 　src(15-0)=Src(15-0)-Lmem(15-0)	1/1	从源累加器中减去 32 位长数据存储器操作数
DSUBT Lmem,dst	if C16=0 　src=Lmem-(T<<16+T) if C16=1 　dst(39-16)=Lmem(31-16)-T 　dst(15-0)=Lmem(15-0)-T	1/1	从 32 位长数据存储器操作数中减去 T 的值。

下列程序段利用 DADD 指令将 AR3 指向的内容与 A 作双字节加，并把和放入 B 中，AR3 寻址后减 2。

```
DADD        *AR3-,A,B
```

操作前　　　　　　　　　　　　　　　操作后

A　　| 00 5678 8933 |　　　　　A　　| 00 5678 8933 |

B　　| 00 0000 0000 |　　　　　B　　| 00 6BAC BD89 |

C16　| 1 |　　　　　　　　　　C16　| 1 |

AR3　| 0100 |　　　　　　　　　AR3　| 00FE |

数据存储器

0100H　| 1534 |　　　　　　0100H　| 1534 |

0101H　| 3456 |　　　　　　0101H　| 3456 |

下列程序段利用 DSUB 指令将 A 的内容减去 AR3 指向的内容，将差放入 A 中。AR3
寻址后加 2。

```
DSUB        *AR3+,A
```

	操作前		操作后
A	00 5678 8933	A	00 4144 54DD
C16	0	C16	0
AR3	0100	AR3	0102

数据存储器

0100H	1534	0100H	1534
0101H	3456	0101H	3456

6. 特殊应用指令

特殊应用指令见表 6-11。

表 6-11　特殊应用指令

语　　法	表　达　式	字/周期	说　　明
ABDST Xmem,Ymem	B=B+|A(32-16)| A=(Xmem-Ymem)<<16	1/1	求绝对值
ABS src[,dst]	dst=|src|	1/1	求累加器的绝对值
CMPL src[,dst]	dst=~src	1/1	求累加器的反码
DELAY Smem	(Smem+1)=Smem	1/1	存储器延时
EXP src	T=number of sign bits(src)-8	1/1	求累加器指数
FIRS Xmem,Ymem,pmad	B=B+A*pmad A=(Ymem+Xmem)<<16	2/3	对称 FIR 滤波器
LMS Xmem,Ymem	B=B+Xmem*Ymem A=A+Xmem<<16+2^{15}	1/1	求最小均方值
MAX dst	dst=max(A,B)	1/1	求累加器最大值
MIN dst	dst=min(A,B)	1/1	求累加器最小值
NEG src[,dst]	dst=-src	1/1	求累加器的反值
NORM src[,dst]	dst=src<<TS dst=norm(src,TS)	1/1	带符号数归一化

续表

语 法	表 达 式	字/周期	说 明
POLY Smem	B=Smem<<16 A=md(A(32−16)*T+B)	1/1	求多项式的值
RND src[,dst]	dst=src+2^{15}	1/1	求累加器的凑整(四舍五入值)
SAT src	saturate(src)	1/1	对累加器作饱和计算,成 32 位
SQDST Xmem,Ymem	B=B+A(32−16)*A(32−16) A=(Xmem−Ymem)<<16	1/1	求两点之间距离的平方

下列程序段利用 ABS 指令将 A 的内容求绝对值,然后把绝对值放入 B 中。

```
ABS        A,B
```

操作前   操作后

A   FF FFFF FFCB   −53   A   FF FFFF FFCB

B   FF FFFF FC18   −1000   B   00 0000 0035   +53

6.2.2 逻辑运算指令

逻辑运算指令分为 5 小类,它们是:与指令、或指令、异或指令、移位指令、测试指令。

1. 与、或、异或指令

与、或、异或指令见表 6-12。

表 6-12 与、或、异或指令

语 法	表 达 式	字/周期	说 明
AND Smem,src	src=src&Smem	1/1	单数据存储器操作数和源累加器相与
AND #1K[,SHFT],src[,dst]	dst=src&#1K<<SHFT	2/2	长立即数移位后和源累加器相与
AND #1K,16,src[,dst]	dst=src&#1K<<16	2/2	长立即数左移 16 位后和源累加器相与
AND src[,SHIFT][,dst]	dst=dst&src<<SHIFT	1/1	源累加器移位后与目的累加器相与
ANDM #1K,Smem	Smem=Smem&#1K	2/2	单数据存储器操作数和长立即数相与
OR Smem,src	src=src|Smem	1/1	单数据存储器操作数和源累加器相或
OR #1K[,SHFT],src[,dst]	dst=src|#1K<<SHFT	2/2	长立即数移位后和源累加器相或
OR #1K,16,src[,dst]	dst=src|#1K<<16	2/2	长立即数左移 16 位后和源累加器相或
OR src[,SHIFT][,dst]	dst=dst|src<<SHIFT	1/1	源累加器移位后与目的累加器相或

续表

语　　法	表　达　式	字/周期	说　　　明
ORM #1K,Smem	Smem=Smem|#1K	2/2	单数据存储器操作数和长立即数相或
XOR Smem,src	src=src^Smem	1/1	单数据存储器操作数和源累加器相异或
XOR #1K[,SHFT],src[,dst]	dst=src^#1K<<SHFT	2/2	长立即数移位后和源累加器相异或
XOR #1K,16,src[,dst]	dst=dst^#1K<<16	2/2	长立即数左移 16 位后和源累加器相异或
XOR src[,SHIFT][,dst]	dst=dst^src<<SHIFT	1/1	源累加器移位后和目的累加器相异或
XORM #1K,Smem	Smem=Smem^#1K	2/2	单数据存储器操作数和长立即数相异或

下列程序段利用 AND 指令将 AR3 的值为地址指向的内容与 A 相与，然后把结果放入 A 中。AR3 寻址结束后自加 1。

```
AND      *AR3+,A
```

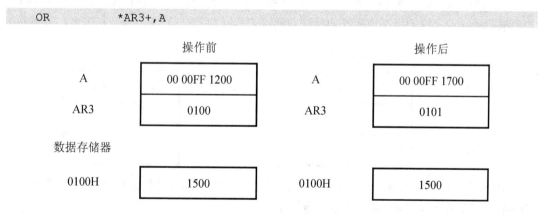

下列程序段利用 OR 指令将 AR3 的值为地址指向的内容与 A 相或，然后把结果放入 A 中。AR3 寻址结束后自加 1。

```
OR       *AR3+,A
```

操作前　　　　　　　　　　　　　　　操作后

	操作前		操作后
A	00 00FF 1200	A	00 00FF 1700
AR3	0100	AR3	0101

数据存储器

0100H	1500	0100H	1500

2. 移位、测试指令

移位、测试指令见表 6-13。

表 6-13　移位、测试指令

语　　法	表　达　式	字/周期	说　　明
ROL src	Rotate left with carry in	1/1	源累加器循环左移
ROLTC src	Rotate left with TC in	1/1	源累加器带 TC 位循环左移
ROR src	Rotate right with carry in	1/1	源累加器循环右移
SFTA src,SHIFT[,dst]	dst=src<<SHIFT {arithmetic shift}	1/1	源累加器算术移位
SFTC src	if src(31)=src(30) then src=src<<1	1/1	源累加器条件移位
SFTL src,SHIFT[,dst]	dst=src<<SHIFT {logical shift}	1/1	源累加器逻辑移位
BIT Xmem,BITC	TC=Xmem(15-BITC)	1/1	测试指定位
BITF Smem,#1K	TC=(Smem&&#1K)	2/2	测试由立即数指定位
BITT Smem	TC=Smem(15-T(3～0))	1/1	测试由 T 寄存器指定位
CMPM Smem,#1K	TC=(Smem==#1K)	2/2	比较单数据存储器操作数和立即数的值

下列程序段利用 ROL 指令将 A 的内容左移一位，移出位进入 C。

```
ROL      A
```

操作前　　　　　　　　　　　　　　　操作后

A | 5F B000 1234 　　　A | 00 6000 2468

C | 0 　　　C | 1

下列程序段利用 ROLTC 指令将 A 的内容左移一位，移入位来自 TC，移出位进入 C。

```
ROLTC       A
```

操作前　　　　　　　　　　　　操作后

A | B1 C000 5555 　　A | 00 8000 AAAB

C | X 　　C | 1

TC | 1 　　TC | 1

下列程序段利用 CMPM 指令将由 AR4 的值指定的内容与常数比较是否相等,若相等，TC=1，否则 TC=0，AR4 寻址结束后自加 1。

```
CMPM        *AR4+,0404H
```

	操作前		操作后
TC	1	TC	0
AR4	0100	AR4	0101

数据存储器

0100H	4444	0100H	4444

6.2.3 程序控制指令

程序控制指令分为 7 小类，它们是：分支指令、调用指令、中断指令、返回指令、重复指令、堆栈操作指令、其他程序控制指令。

1. 分支指令

分支指令见表 6-14。

表 6-14 分支指令

语 法	表 达 式	字/周期	说 明
B[D] pmad	PC=pmad(15-0)	2/4[2]	无条件转移
BACCD[D] src	PC=src(15-0)	1/6[4]	指针指向源累加器所指地址
BANZ[D] pmad,Sind	if(Sind！=0) then PC=pmad(15-0)	2/4[2]	当 AR 不为 0 时转移
BC[D] pmad,cond[,cond][,cond]	if(cond(s)) then PC=pmad(15-0)	2/5[3]	条件转移
FB[D] extpmad	PC=pmad(15-0); XPC=pmad(22-16)	2/4[2]	无条件远程转移
FBACC[D] src	PC=src(15-0),XPC=src(22-16)	1/6[4]	远程转移到源累加器所指地址

下列程序段利用 B 指令将当前程序直接跳转到 2000H 处。

```
B          2000H
```

	操作前		操作后
PC	1F45	PC	2000

下列程序段利用 BACC 指令将当前程序跳转到 A 指向的地址。

```
BACC          A
```

	操作前		操作后
A	00 0000 2000	A	00 0000 2000
PC	1F45	PC	2000

2. 调用指令

调用指令见表 6-15。

表 6-15　调用指令

语　　法	表　达　式	字/周期	说　　明
CALA[D] src	--SP,PC+1[3]=TOS, PC=src(15-0)	1/6[4]	调用源累加器所指的子程序
CALL[D] pmad	--SP,PC+2[4]=TOS, PC=pmad(15-0)	1/4[2]	无条件调用
CC[D] pmad,cond[,cond] [,cond]	if(cond(s))then--SP, PC+2[4]=TOS, PC=pmad(15-0)	2/5[3]	条件调用
FCALA[D] src	--SP,PC+1[3]=TOS, PC=src(15-0),XPC=src(22-16)	1/6[4]	远程无条件调用
FCALL[D] extpmad	--SP,PC+2[4]=TOS, PC=pmad(15-0), XPC=pmad(22-16)	2/4[2]	远程条件调用

下列程序段利用 CALA 指令将当前程序跳转到 A 指向的地址，同时把原来正常进行的程序地址压栈至当前堆栈中，然后堆栈指针减 1。

CALA　　　　　A

	操作前		操作后
A	00 0000 3000	A	00 0000 3000
PC	0025	PC	3000
SP	1111	SP	1110

数据存储器			
1110H	4567	1110H	0026

3. 中断和返回指令

中断和返回指令见表 6-16。

表 6-16　中断和返回指令

语　法	表　达　式	字/周期	说　明
INTR K	--SP, ++PC=TOS；PC=IPTR(15-7)+K<<2；INTM=1	1/3	非屏蔽软件中断
TRAP K	--SP,++PC=TOS；PC=IPTR(15-7)+K<<2	1/3	软件中断
FRET[D]	XPC=TOS,++SP,PC=TOS；++SP	1/6[4]	远程返回，并允许中断
RC[D] cond[,cond][,cond]	if(cond(s))then PC=TOS,++SP	1/3[3]	条件返回
RET[D]	PC=TOS,++SP	1/5[3]	返回
RETE[D]	PC=TOS,++SP,INTM=0	1/5[3]	返回，并允许中断
RETF[D]	PC=RTN,++SP,INTM=0	1/3[1]	快速返回，并允许中断

下列程序段利用 INTR 指令软件触发 3 号中断，程序跳转到当前 IPTR 和中断号指向的中断入口地址，同时把原来正常进行的程序地址压栈至当前堆栈中，然后堆栈指针减 1。

```
INTR          3
```

	操作前		操作后
PC	0025	PC	FF8C
INTM	0	INTM	1
IPTR	01FF	IPTR	01FF
SP	1000	SP	0FFF

数据存储器

0FFFH	9563	0FFFH	0026

下列程序段利用 RET 指令结束子程序，PC 指针回到调用子程序时保存在堆栈中的程序地址，然后堆栈指针加 1。

```
RET
```

	操作前		操作后
PC	2112	PC	1000
SP	0300	SP	0301

数据存储器

0300H	1000	0300H	1000

4. 重复指令

重复指令见表 6-17。

表 6-17　重复指令

语　　法	表　达　式	字/周期	说　　明
RPT Smem	Repeat single,RC=Smem	1/3	循环执行下一条指令，计数为单数据存储器操作数
RPT #K	Repeat single,RC=#K	1/1	循环执行下一条指令，计数为短立即数
RPT #K	Repeat single,RC=#1K	2/2	循环执行下一条指令，计数为长立即数
RPTB[D] pmad	Repeat block,RSA=PC+2[4], REA=pmad,BRAF=1	2/4[2]	可以选择延迟块循环
RPTZ dst,# K	Repeat single,RC=#1K,dst=0	2/2	循环执行下一条指令且对目的累加器置 0

下列程序段利用 RPT 指令把下条指令重复 3 次。

```
RPT        #2
```

	操作前		操作后
RC	0	RC	0002

下列程序段利用 ST 和 RPTB 指令设置循环参数。

```
ST      #99,BRC        ;循环计数赋值
RPTB    end_block-1    ;end_block 为循环块的底部
```

	操作前		操作后
PC	1000	PC	1002
BRC	1234	BRC	0063
RSA	5678	RSA	1002
REA	9ABC	REA	end block-1

5. 堆栈操作指令

堆栈操作指令见表 6-18。

表 6-18 堆栈操作指令

语 法	表 达 式	字/周期	说 明
FRAME K	SP=SP+K	1/1	按立即数大小移动堆栈指针位置
POPD Smem	Smem=TOS,+=SP	1/1	把数据从栈顶弹入数据存储器
POPM MMR	MMR=TOS,++SP	1/1	把数据从栈顶弹入存储器映射寄存器
PSHD Smem	--SP,Smem=TOS	1/1	把数据存储器的值压入堆栈
PSHM MMR	--SP MMR=TOS	1/1	把存储器映射寄存器的值压入堆栈

下列程序段利用 PSHD 指令把 AR3 指向的内容压入堆栈，同时 AR3 自加 1，SP 指针自减 1。

```
PSHD        *AR3+
```

	操作前		操作后
AR3	0200	AR3	0201
SP	8000	SP	7FFF

数据存储器

0200H	07FF	0200H	07FF
7FFFH	0092	7FFFH	07FF

6. 其他程序控制指令

其他程序控制指令见表 6-19。

表 6-19 其他程序控制指令

语 法	表 达 式	字/周期	说 明
IDLE K	idle(K)	1/4	保持空闲直到中断发生
MAR Smem	if CMPT=0,then modify ARx if CMPT=1 and AR! =AR0,then 　modify ARx,ARP=x if CMPT=1 and ARx=AR0,then 　modify AR(ARP)	1/1	修改辅助寄存器
NOP	no operation	1/1	空指令
RESET	software reset	1/3	软件复位

语　　法	表　达　式	字/周期	说　　明
RSBX N,SBIT	STN(SBIT)=0	1/1	状态寄存器复位
SSBX N,SBIT	STN(SBIT)=1	1/1	状态寄存器置位
XC n,cond[,cond][,cond]	if (cond(s)) then execute the next n instructions;n=1 or 2	1/1	条件执行

下列程序段利用 RESET 指令复位 CPU，PC 指针获取复位中断入口地址。

```
RESET
```

该指令实现软件复位。对 PMST、ST0、ST1 复位，这些寄存器中各位的赋值情况如下。

```
(IPTR)<<7→PC    0→OVA    0→OVB    1→C      1→TC     0→ARP
0→DP            1→SXM    0→ASM    0→BRAF   0→HM     1→XF
0→C16           0→FRCT   0→CMPT   0→CPL    1→INTM   0→IFR
0→OVM
```

操作前

PC	0025
INIT	0
IPTR	1

操作后

PC	0080
INIT	1
IPTR	1

6.2.4　存储和装入指令

存储和装入指令分为 8 小类，它们是：装入指令、存储指令、条件存储指令、并行装入和存储指令、并行装入和乘法指令、并行存储和乘法指令、并行存储和加减指令、其他存储和装入指令。

1. 装入指令

装入指令见表 6-20。

表 6-20　装入指令

语　　法	表　达　式	字/周期	说　　明
DLD Lmem,dst	dst=Lmem	1/1	把 32 位长字装入目的累加器
LD Smem,dst	dst=Smem	1/1	把操作数装入目的累加器
LD Smem,TS,dst	dst=Smem<<TS	1/1	单数据存储器操作数移动由 T 寄存器 (5～0)决定的位数后装入目的累加器
LD Smem,16,dst	dst=Smem<<16	1/1	操作数左移 16 位后装入目的累加器

续表

语　法	表　达　式	字/周期	说　明
LD Smem[,SHIFT],dst	dst=Smem<<SHIFT	2/2	16 位单数据存储器操作数移位后装入目的累加器
LD Xmem,SHFT,dst	dst=Xmem<<SHFT	1/1	操作数移位后装入目的累加器
LD #1K,dst	dst=#1K	1/1	短立即数装入目的累加器
LD #1K[,SHFT],dst	dst=#1K<<SHFT	2/2	长立即数移位后装入目的累加器
LD #1K,16,dst	dst=#1K<<16	2/2	长立即数移动 16 位后装入目的累加器
LD src,ASM[,dst]	dst=src<<ASM	1/1	源累加器移动由 ASM 决定的位数后装入目的累加器
LD Smem,T	T=Smem	1/1	操作数装入 T 寄存器
LD Smem,DP	DP=Smem(8-0)	1/3	9 位操作数装入 DP
LD #K9,DP	DP=#K9	1/1	9 位立即数装入 DP
LD #K5,ASM	ASM=#K5	1/1	5 位立即数装入累加器移位方式寄存器
LD #K3,ARP	ARP=#K3	1/1	3 位立即数装入 ARP
LD Smem,ASM	ASM=Smem(4-0)	1/1	5 位操作数装入 ASM
LDM MMR,dst	dst=MMR	1/1	把存储器映射寄存器值装入目的累加器
LDR Smem,dst	dst=md(Smem)	1/1	操作数凑整后装入目的累加器
LDU Smem,dst	dst=uns(Smem)	1/1	无符号操作数装入目的累加器
LTD Smem	T=Smem,(Smem+1)=Smem	1/1	单数据存储器值装入 T 寄存器,并延迟

下列程序段利用 DLD 指令将 AR3 指向的 32 位内容存放入 A 中,AR3 寻址后自加 2。

```
DLD    *AR3+,A
```

	操作前			操作后
A	00 0000 0000		A	00 6CAC BD90
AR3	0100		AR3	0102

数据存储器

	操作前			操作后
0100H	6CAC		0100H	6CAC
0101H	BD90		0101H	BD90

2. 存储指令

存储指令见表 6-21。

表 6-21 存储指令

语 法	表 达 式	字/周期	说 明
DST src,Lmem	Lmem=src	1/2	把源累加器的值存放到 32 位字长的数据存储器中
ST T,Smem	Smem=T	1/1	存储 T 寄存器的值
ST TRN,Smem	Smem=TRN	1/1	存储 TRN 的值
ST #1K,Smem	Smem=#1K	2/2	存储长立即数
STH src,Smem	Smem=src<<-16	1/1	源累加器高端存放到数据存储器
STH src,ASM,Smem	Smem=src<<(ASM-16)	1/1	源累加器的高端移动由 ASM 决定的位数后再存放到数据存储器
STH src,SHFT,Xmem	Xmem=src<<(SHFT-16)	1/1	源累加器的高端移位后存放到数据存储器
STH src[,SHIFT],Smem	Smem=src<<(SHIFT-16)	1/1	源累加器的高端移位后存放到数据存储器
STL src,Smem	Smem=src	1/1	源累加器的低端存放到数据存储器
STL src,ASM,Smem	Smem=src<<ASM	1/1	源累加器的低端移动由 ASM 决定的位数后存放到数据存储器
STL src,SHFT,Xmem	Xmem=src<<SHFT	1/1	源累加器的低端移位后存放到数据存储器
STL src[,SHIFT],Smem	Smem=src<<SHIFT	2/2	源累加器的低端移位后存放到数据存储器
STLM src,MMR	MMR=src	1/1	源累加器的低端存放到 MMR
STM #1K,MMR	MMR=#1K	2/2	长立即数存放到 MMR

下列程序段利用 STL 指令把 A 的低 16 位内容送入 020BH(DP 作为基址)地址中。

```
STL        A,11
```

	操作前		操作后
A	FF 8765 4321	A	FF 8765 4321
DP	0004	DP	0004

数据存储器

020BH	1234	020BH	4321

3. 条件存储指令

条件存储指令见表 6-22。

表 6-22　条件存储指令

语　法	表　达　式	字/周期	说　明

CMPS src,Smem	if src(31-16)>src(15-0) then
	　Smem=src(31-16)
	if src(31-16)<=src(15-0) then
	　Smem=src(15-0)
		1/1	比较、选择并存储最大值

SACCD src,Xmem,cond	if (cond)Xmem=src<<(ASM-16)	1/1	条件存储源累加器的值
SRCCD Xmem,cond	if (cond)Xmem=BRC	1/1	条件存储循环计数器
STRCD Xmem,cond	if (cond)Xmem=T	1/1	条件存储 T 寄存器的值

4. 并行装入和存储、乘法指令

并行装入和存储、乘法指令见表 6-23。

表 6-23　并行装入和存储、乘法指令

语　法	表　达　式	字/周期	说　明
ST src,Ymem‖LD Xmem,dst	Ymem=src<<(ASM-16) ‖dst=Xmem<<16	1/1	存储移位后的源累加器和把移位后的操作数装入目的累加器并行执行
ST src,Ymem‖LD Xmem,T	Ymem=src<<(ASM-16) ‖T=Xmem	1/1	存储移位后的源累加器和把操作数装入 T 寄存器并行执行
LD Xmem,dst ‖MAC Ymem,dst_	dst=Xmem<<16 ‖dst_=dst_+T*Ymem	1/1	把移位后的操作数装入目的累加器和乘加操作并行执行
LD Xmem,dst ‖MACR Ymem,dst_	dst=Xmem<<16 ‖dst_=rnd(dst_+T*Ymem)	1/1	把移位后的操作数装入目的累加器和乘加操作并行执行，凑整
LD Xmem,dst ‖MAS Ymem,dst_	dst=Xmem<<16 ‖dst_=dst_-T*Ymem	1/1	把移位后的操作数装入目的累加器和乘减操作并行执行
LD Xmem,dst ‖MASR Ymem,dst_	dst=Xmem<<16 ‖dst_=rnd(dst_-T*Ymem)	1/1	把移位后的操作数装入目的累加器和乘减操作并行执行，凑整

5. 并行存储和加减、乘法指令

并行存储和加减、乘法指令见表 6-24。

表 6-24　并行存储和加减、乘法指令

语　　法	表　达　式	字/周期	说　　明
ST src,Ymem ‖ADD Xmem,dst	Ymem=src<<(ASM-16) ‖dst=dst_+Xmem<<16	1/1	存储移位后的源累加器和加法并行执行
ST src,Ymem ‖SUB Xmem,dst	Ymem=src<<(ASM-16) ‖dst=(Xmem<<16)-dst_	1/1	存储移位后的源累加器和减法并行执行
ST src,Ymem ‖MAC Xmem,dst	Ymem=src<<(ASM-16) ‖dst=dst+T*Xmem	1/1	存储移位后的源累加器和乘加并行执行
ST src,Ymem ‖MACR Xmem,dst	Ymem=src<<(ASM-16) ‖dst=md(dst+T*Xmem)	1/1	存储移位后的源累加器和乘加并行执行，凑整
ST src,Ymem ‖MAS Xmem,dst	Ymem=src<<(ASM-16) ‖dst=dst-T*Xmem	1/1	存储移位后的源累加器和乘减并行执行
ST src,Ymem ‖MASR Xmem,dst	Ymem=src<<(ASM-16) ‖dst=md(dst-T*Xmem)	1/1	存储移位后的源累加器和乘减并行执行，凑整
ST src,Ymem ‖MPY Xmem,dst	Ymem=src<<(ASM-16) ‖dst=T*Xmem	1/1	存储移位后的源累加器和乘法并行执行

6. 其他装入和存储指令

其他装入和存储指令见表 6-25。

表 6-25　其他装入和存储指令

语　　法	表　达　式	字/周期	说　　明
MVDD Xmem,Ymem	Ymem=Xmem	1/1	数据存储器内的数据传送
MVDK Smem,dmad	dmad=Smem	2/2	数据存储器目的地址寻址的数据传送
MVDM dmad,MMR	MMR=dmad	2/2	从数据存储器向 MMR 传送数据
MVDP Smem,pmad	pmad=Smem	2/4	从数据存储器向程序存储器传送数据
MVKD dmad,Smem	Smem=dmad	2/2	数据存储器源地址寻址的数据传送
MVMD MMR,dmad	dmad=MMR	2/2	从 MMR 向数据存储器传送数据
MVMM MMRx,MMRy	MMRy=MMRx	1/1	存储器映射寄存器内部传送数据
MVPD pmad,Smem	Smem=pmad	2/3	从程序存储器向数据存储器传送数据
PORTR PA,Smem	Smem=PA	2/2	从端口读出数据
PORTW Smem,PA	PA=Smem	2/2	向端口写入数据
READA Smem	Smem=A	1/5	把由 A 寻址的程序存储器单元中的值读出数据单元
WRITA Smem	A=Smem	1/5	把数据单元中的值写入由 A 寻址的程序存储器

下列程序段利用 MVDD 指令把 AR3 所指的内容传送至 AR5 所指的地址，然后 AR3、AR5 自加 1。

```
MVDD        *AR3+,*AR5+
```

	操作前		操作后
AR3	8000	AR3	8001
AR5	0200	AR5	0201

数据存储器

0200H	ABCD	0200H	1234
8000H	1234	8000H	1234

6.3 汇编伪指令和宏指令

C54x DSP 汇编语言中除了包含一般的汇编指令外，还包含伪指令(assembler directives)和宏指令(macro directives)。

6.3.1 汇编伪指令

指令区以"."号开始且为小写的字符为汇编伪指令。其中用于形成常数和变量的汇编伪指令，当其控制汇编或链接过程时，可以不占用存储空间。C54x DSP 的伪指令有以下几种。

(1) 对各种段定义的伪指令。

(2) 对内容(数据和存储器)进行初始化的伪指令。

(3) 段程序计数器 SPC 伪指令。

(4) 输出列表文件格式的伪指令。

(5) 引用其他文件的伪指令。

(6) 宏定义伪指令。

(7) 控制条件汇编的伪指令。

(8) 在汇编时定义符号的伪指令。

(9) 其他伪指令。

1. 段定义伪指令

段定义伪指令是把汇编语言程序的不同部分归类到相应的段中(段可以认为是一个指令或数据的集合，以方便将来把同一性质的内容放到指定的一个内存中去)。段定义伪指令共有 7 条伪指令。

(1) **.bss** symbol,size in words [,blocking] [.alignmemt]：表示把未初始化的指定大小的变量空间汇编入.bss 段。

(2) **.clink** ["section name"]：对当前的或指定的段使能条件链接。

(3) **.data**：把已初始化的数据汇编入.data 段。

(4) **.sect** "section name"：把已初始化的内容汇编入一个自命名段。

(5) **.csect** "section name"：把已初始化的内容汇编入一个自命名代码段。

(6) **.text**：把执行代码汇编入.text 段。

(7) **.usect** "section name", size in words [,blocking][.alignmemt]：把未初始化的指定大小的变量空间保留到自命名段中。

2. 初始化伪指令

(1) **.bes** size in bits：在当前段保留指定尺寸的位。

(2) **.byte** value [,…,value n]或.char value [,…,value n]：在当前段初始化一个或多个 8 位数字。

(3) **.double** value [,…,value n]或.ldouble value [,…,value n]：初始化一个或多个 64 位双精度浮点数。

(4) **.field** value [,…,value n]：初始化一个可变化长度域。

(5) **.float** value [,…,value n]：初始化一个或多个 32 位单精度浮点数。

(6) **.half** value [,…,value n]或**.short** value [,…,value n]或**.int** value,[,…,value n]：初始化一个或多个 16 位整数。

(7) **.long** value [,…,value n]：初始化一个或多个 32 位整数。

(8) **.pstring** "string" [,…, "string n"]或**.string** "string" [,…, "string n"]：初始化一个或多个文本字符串。

(9) **.space** size in bits：在当前段保留指定长度的位。

(10) **.ubyte** value[,…,value n]或**.uchar** value [,…,value n]：在当前段中初始化一个或多个连续字节。

(11) **.uhalf** value [,…,value n]或**.ushort** value [,…,value n]或**.uint** value [,…,value n]：初始化一个或多个无符号 16 位整数。

(12) **.ulong** value [,…,value n]：初始化一个或多个无符号 32 位整数。

(13) **.uword** value [,…,value n]：初始化一个或多个无符号 16 位整数。

(14) **.word** value[,…,value n]：初始化一个或多个 16 位整数。

(15) **.xfloat** value [,…,value n]：初始化一个或多个 32 位单精度浮点数。

(16) **.xlong** value[,…,value n]：初始化一个或多个 32 位整数。

3. 段程序计数器 SPC 伪指令

(1) **.align**[size in word]：让 SPC 对准由参数设定的 1 个字的边界。这保证了紧接该指令的代码从一个整数字或页的边界开始。

(2) **.even**：让 SPC 对准一个字的边界。

4．输出列表文件格式伪指令

(1) **.drlist/.drnolist**：在汇编指令中使能/关闭列表文件。

(2) **.fclist/.fcnolist**：允许/禁止假条件块出现在列表中。

(3) **.length** page length：设置源列表的页长度。

(4) **.list/.nolist**：打开/关闭列表文件。

(5) **.mlist/mnolist**：打开/关闭宏和块循环列表文件。

(6) **.option**{B|L|M|R|T|W|X}：输出列表特性选择。B 表示把**.byte** 指令的列表放在一行里；L 表示把**.long** 指令的列表放在一行里；M 表示关掉列表中的宏扩展；R 表示复位 B、M、T、W 的选项；T 表示把**.string** 指令的列表文件放在一行里；W 表示把**.word** 指令的列表文件放在一行里；X 表示产生一个交叉参考列表。

(7) **.page**：在源列表中产生一页。

(8) **.sslist/.ssnolist**：允许/禁止替代符号扩展到列表。

(9) **.tab** size：设置 tab 表尺寸。

(10) **.title** "string"：打印一个标题在列表页首。

(11) **.width** page width：设置源列表页宽度。

5．引用其他文件伪指令

(1) **.copy**["]filename["]**nclude** ["]filename["]：通知汇编器从其他文件引用源语句。

(2) **.def** symbol$_1$ [,…,symbol$_n$]：在当前模块定义一个或多个符号，且此符号可以被其他模块使用。

(3) **.global** symbol$_1$ [,…,symbol$_n$]：定义一个或多个全局(外部)符号。

(4) **.ref** symbol$_1$ [,…,symbol$_n$]：定义一个或多个在当前模块使用并可被其他模块定义的符号。

6．宏定义伪指令

(1) **.macro**：定义一个宏。

(2) **.mlib** ["]filename["]：定义宏库文件。

(3) **.mexit**：跳转到宏结束。

(4) **.endm**：结束宏代码块。

(5) **.var**：定义当前宏的替代符号。

7．控制条件汇编伪指令

(1) **.break**[well-defined expression]：当条件为真时，结束循环。

(2) **.else**：当.if 条件为假时，.esle 部分被执行。

(3) **.elseif**[well-defined expression]：当.if 条件为假，并且.elseif 条件为真时，.elseif 部分被执行。

(4) **.endif/.endloop**：结束.if 代码块。

(5) **.if** [well-defined expression]：**.if** 条件为真时，执行**.if** 条件代码块。

(6) **.loop** [well-defined expression]：开始循环汇编代码块。

8. 在汇编时定义符号伪指令

(1) **.asg**["]character string["],substitution symbol：指定一个字符串给一个替代符号。

(2) **.equ/.set**：把一个值和符号等同起来。

(3) **.label** symbol：在一个段里定义一个标签。

(4) **.struct/.endstruct**：开始/结束结构定义。

(5) **.tag**：把结构特性赋给一个符号。

(6) **.union/.endunion**：开始/结束联合定义。

9. 其他伪指令

(1) **.arms_on,.arms_off**：指定被汇编成 ARMS 模式的代码块的开始和结束位置。

(2) **.emsg** string：发送用户定义的错误信息到输出设备。

(3) **.end**：结束程序。

(4) label：**.ivec**[address[,stack mode]]：初始化整个中断向量表。

(5) **.far_mode**：表明调用和转移来自远调用。

(6) **.mmregs**：定义存储器映射寄存器的替代符号。

(7) **.mmsg** string：发送用户定义的信息到输出设备。

(8) **.version** [value]：指定指令运行的处理器型号。

(9) **.wmsg** string：发送用户定义的警告信息到输出设备。

(10) **.dp** DP_value：指定 DP 寄存器的值。

6.3.2 汇编宏指令

程序中常常要多次执行某个程序功能，那么可以将这个程序功能定义为一个宏。这样就可以通过调用宏来执行这个功能，进而简化和缩短源程序。宏的使用通过 3 步来完成，包括定义宏、调用宏、展开宏。

1. 定义宏

使用宏之前需要定义宏。宏定义有两种情况，一种宏可以在宏库中定义。宏库里每个文件都包含一个与文件名相对应的宏定义，宏名必须与文件名相同。用.mlib 指令访问宏库，其语法为：

```
.mlib 宏文件名
```

另一种宏定义格式如下。

```
macname        .macro [parameter1][,…, parametern]
               model statements or macro directives
               [.mexit]
               .endm
```

macname：定义宏名。

.macro：宏定义伪指令。

Parameter n：宏调用时使用的参数。

model statements：汇编语言或汇编伪指令。

macro directives：用来控制展开宏。

.mexit：功能类似于 goto .endm。.mexit 在确认宏展开失败时使用。

.endm：结束宏定义。

2. 调用宏

宏调用格式为：

```
macname [parameter1][,…, parameterₙ]
```

3. 展开宏

调用宏后，编译器把变量传给宏参数，展开宏，执行宏功能。一个完整的定义宏、调用宏、展开宏的例子如下。

```
MY_MIN              .macro  AVAR,BVAR      ;定义宏,求最小值
            LD      AVAR,A
            SUB     #BVAR,A
            BC      M1,ALT
            LD      #BVAR,A
            B       M2
M1          LD      AVAR,A
M2

            .endm


            MY_MIN     50,100            ;调用宏,比较 50 和 100 两个值哪个小,展开宏
            LD      50,A
            SUB     #100,A
            BC      M1,ALT
            LD      #100,A
            B       M2
M1          LD      50,A
M2
```

6.4　汇编器、链接器和公共目标文件 COFF

汇编源程序写好后，需要使用汇编器和链接器汇编链接成符合目标 DSP 要求的可执行目标文件或仿真测试文件，主要过程如图 6.2 所示。

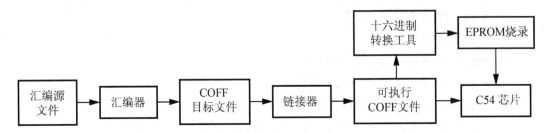

图 6.2　汇编语言编译链接成可执行文件的过程

6.4.1　汇编器

1．汇编器的功能

TMS320C54x 汇编器 cl500 有以下功能。

(1) 处理文本形式的源程序，形成可重新定位的 C54x 目标文件。

(2) 根据要求可产生源列表文件，并可控制该列表文件。

(3) 可将代码分段，并可为目标代码的每个段保持一个段程序计数器 SPC。

(4) 可定义和引用全局符号并可根据要求将交叉列表引用到源列表中。

(5) 支持宏调用，支持用户在程序或库内定义宏。

2．汇编器的调用

调用汇编器，需要输入下列格式的指令。

```
cl500[asm500] [input file[object file[listing file]]] [options]
```

cl500[asm500]：调用汇编器的命令。

input file：汇编源文件的名称。

object file：汇编器建立的 C54x 目标文件的名称。

listing file：汇编器能建立的可选列表文件的名称。

options：定义用户将要使用的汇编参数。汇编参数不分大小写，在汇编器名称后面，可以出现在命令行的任何部分，不带参数的单字字符选项可以组合使用。部分参数如下。

(1) -@：链接符号，链接文件名称。

(2) -a：建立一个绝对列表。

(3) -c：在汇编语言文件中忽略大小写。

(4) -d：设置名称符号。

(5) -g：在源编译器中使能汇编器。

(6) -h、-help、-?：这些参数可以作为一个参数显示在汇编器参数选项列表中。

(7) -hc：告诉汇编器从汇编模式中复制指定文件。

(8) -hi：告诉汇编器从汇编模式中引用指定文件。

(9) -l：产生一个列表文件。

(10) -i：汇编器能找到被.copy、.include、.mlib 命名的文件路径。

(11) -mc：通知汇编器在执行源文件期间，CPL 状态位将被使能。

(12) -mf：指定汇编器使用扩展地址进行调用。

(13) -mk：指定 C54x 的存储器模式。

(14) -s：把所有定义的符号送入目标文件符号表。

(15) -v：决定哪个处理器的指令被建立。

(16) -x：产生一个交叉汇编表并附在列表文件的结束处。

3．汇编器调用举例

```
asm500 ex1.asm -c -l
```

该条指令表示把 ex1.asm 文件汇编，汇编时对大小写不敏感，汇编后产生目标文件 ex1.obj 和列表文件 ex1.lst。注意此处是直接利用 asm500 命令来调用汇编器的。

6.4.2　链接器

1．链接器的功能

TMS320C54x 链接器允许用户把输出段有效地分配到经过配置的目标存储器中，它执行下列任务。

(1) 分配段至配置好的目标系统存储器中。

(2) 重新定位符号和段来最后确定它们的地址。

(3) 处理在输入文件之间未定义的外部引用。

链接器主要通过 MEMORY 和 SECTIONS 两个指令来完成上述功能。

2．链接器的调用

调用链接器的语法格式为：

```
link500 [options] filename₁ , … filenameₙ
```

link500：调用链接器的命令。

filename：链接器链接的一个或多个文件。可以是目标文件、链接文件、文件库。

options：链接器参数选择，可以出现在链接器命令行的任何部分。部分参数如下。

(1) -a：产生一个绝对地址的可执行模块。

(2) -ar：产生一个可重定位的可执行目标模块。

(3) -c：使用 TMS320C54x C/C++编译器的 ROM 自动初始化链接器。

(4) -e global_symbol：定义一个全局符号，这个符号指定输出模块的主要入口点。

(5) -g global_symbol：保持一个全局符号的全局性。

(6) -j：禁止条件链接。

(7) -m filename：产生输入或输出段的一个.map 文件或列表文件。

(8) -o filename：命名可执行输出模块。

(9) -w：当一个未定义输出段被建立时禁止一个消息。

3. 链接器调用举例

链接器的调用有两种办法，一种是使用命令行，另一种是编写命令文件.cmd 文件。采用命令行链接 file1.obj、file2.obj 两个文件的指令如下。

```
link500 file1.obj,file2.obj -o prog.out -m prog.map
```

采用命令文件.cmd 文件的代码如下。

```
file1.obj  file2.obj                    /*输入文件名*/
-o prog.out -m prog.map                 /*可选参数*/

MEMORY                                   /*存储器分配*/
{
    PAGE0    RAM:      origin=100h       length=0100h
    PAGE1    ROM:      origin=01000h     length=0100h
}
SECTIONS                                 /*段分配*/
{
    .text:>ROM
    .data:>RAM
    .bss:>RAM
}
```

6.4.3 COFF 文件

C54x DSP 汇编器和链接器的建立是采用(Common Object File Format)COFF 格式的目标文件。COFF 文件的核心是用段的概念组织代码和数据，并由此进行目标存储器的分配。

段(Section)就是把汇编程序的代码或数据按段组织，每行汇编语言都归属于一个段，并由段伪指令表明该段的属性。每个 COFF 文件中的每个段都是不同的。COFF 文件中段的类型就是前文论述到的：.text 段、.data 段、.bss 段、.sect 段、.usect 段。

汇编器在汇编时，根据汇编段伪指令把各部分程序代码和数据分成块，构成目标文件。链接器的一个任务就是根据段来对程序分配存储单元，把各个段定义到目标存储器中，如图 6.3 所示。

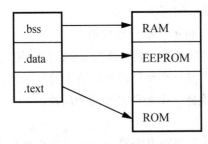

图 6.3 目标文件中段与目标存储器之间的关系

6.4.4　汇编器对 COFF 的处理

汇编器对段的处理是通过段伪指令来完成的。假如汇编程序中一个段伪指令都没有，汇编器会把程序中的内容都汇编到.text 段中。汇编器可以把 COFF 文件中的段分为未初始化段、初始化段、自定义段 3 种。

(1) 汇编语言中的未初始化段是由.bss 和.usect 伪指令来建立的。未初始化段的作用就是在目标存储器中预先保留空间，以便程序运行过程中作为变量的临时存储空间。

(2) 初始化段是由.text、.data、.sect 伪指令来建立的。.text 段用来保存可执行代码，.data 段用来保存初始化的数据。

(3) 自定义段由.usect、.sect 伪指令来建立。自定义段是由用户自己建立的，可以等同其他段一样使用。.usect 段用来保留数据，.sect 段用来保留数据和代码。

段可以通过叠加的方式来建立。如在汇编器第一次遇到.data 伪指令时，第一条.data 指令后的语句都被归纳到.data 段中，直到遇到其他伪指令(如.text 和.sect)。如果在遇到了其他伪指令后又遇到.data 伪指令，汇编器会再把后面的语句继续归纳到第一个.data 段中。这样，汇编程序中虽然出现了多个.data 段，但汇编器只创建一个.data 段，这样多个.data 段的内容将来就可以被连续分配到一块内存中。

段程序计数器 SPC 表示一个程序代码段或数据段内当前的地址。SPC 初始值为 0，当汇编器将程序或数据段加到段内时，SPC 增加。

下面是汇编语言段伪指令使用的例子。在这个汇编例子中，列 1 表示汇编行数，列 2 表示 SPC 值，列 3 表示目标代码，列 4 表示汇编源代码。其中.text 段被第 1~8 行代码初始化；.data 段被第 9~16 行代码初始化；var_defs 被第 17、18 行代码初始化；.bss 段被第 19 行代码初始化；.usect 段被第 20 行代码初始化。

```
1                     *************************
2                     *     开始汇编入.text 段     *
3                     *************************
4   000000                .text
5   000000  0001      .word      1,2
    000001  0002
6   000002  0003      .word      3,4
    000003  0004
7
8                     *************************
9                     *     开始汇编入.data 段     *
10                    *************************
11  000000                .data
12  000000  0009      .word      9,10
    000001  000A
13  000002  000B      .word      11,12
    000003  000C
14
15                    ****************************
16                    *     开始汇编入一个命名初始化段   *
17                    *     名称为"var_defs"          *
```

```
18                      *********************************
19   000000                     .sect        "var_defs"
20   000000   0011             .word        17,18
21
22                      *********************************
23                      *        开始再汇编入.data 段       *
24                      *********************************
25   000004                     .data
26   000004   000D             .word        13,14
     000005   000E
27   000000             .bss        sym,19        ;在.bss 段中保留空间
28   000006   000F             .word        15,16        ;这个内容依然在.data 段中
     000007   0010
29
30                      *********************************
31                      *        开始再汇编入.text 段       *
32                      *********************************
33   000004                     .text
34   000004   0005             .word        5,6
     000005   0006
35   000000             usym     .usect      "xy",20       ;在 xy 中保留空间
36   000006   0007             .word        7,8          ;依然在.text 段中
     000007   0008
```

6.4.5 链接器对 COFF 的处理

链接器在处理 COFF 文件时,主要是将汇编器产生的 COFF 文件中的段分配到配置好的目标系统存储器中,形成可执行文件。链接器在链接命令文件(*.cmd)中有两条链接命令来完成上述任务。

(1) MEMORY:定义目标系统的存储器配置,包括对配置的存储器命名,规定它们的起始位置和长度。

(2) SECTIONS:将输入段组合成输出段。包括将输出段存放在配置好的存储器中。在链接文件中若不使用链接命令,则链接器将使用目标处理器的默认配置。

1. MEMORY 命令

MEMORY 命令的语法格式为:

```
MEMORY
{
    PAGE0:name 1[(attr)]:        origin=constant,length=constant;
    PAGE1:name n[(attr)]:        origin=constant,length=constant;
}
```

PAGE:定义存储空间。如果用户不指定一个 PAGE,链接器就使用 PAGE0。每个 PAGE 表示一个独立的完整的地址空间。在 PAGE0 上配置的存储空间可以重叠配置在 PAGE1 上。通常 PAGE0 为程序存储空间,PAGE1 为数据存储空间。

name：一个存储范围的名称。

attr：对命名范围指定 4 个属性中的一个。属性指定是可选项。4 个属性是 R(指定存储空间能被读)、W(指定存储空间能被写)、X(指定存储空间能包含可执行代码)、I(指定存储空间能被初始化)。

origin：指定一个存储空间范围的开始地址。

length：指定一个存储空间范围的长度。

fill：指定填充满字符于一个存储空间范围。

下面是一个使用 MEMORY 命令进行存储空间分配的例子。

```
MEMORY
{
    PAGE 0:     ROM:        origin=0B00H,length=1000H
    PAGE 1:     STAB:       origin=0160H,length=20H
                SCODE:      origin=0180H,length=0200H
}
```

PAGE0 为程序存储空间，名称为 ROM，起始地址为 0B00H，长度为 1000。

PAGE1 为数据存储空间，分为两个，名称分别为 STAB 和 SCODE，起始地址为 0160H 和 0180H，长度为 20 和 200。

2. SECTIONS 命令

SECTIONS 命令的语法格式为：

```
SECTIONS
{
    name:[property,property,property,…]
    …
    name:[property,property,property,…]
}
```

SECTIONS 是将段装载到配置好的存储器中。每个段都以段名 name 开始。段名后是说明段的内容和如何给段分配存储单元的参数。这些参数说明如下。

(1) **load allocation**：定义哪个存储空间分配给段。其语法格式为：

```
load=allocation(表示存储空间地址)
或者 load>allocation
```

(2) **run allocation**：定义哪个存储空间分配给段运行。其语法格式为：

```
run=allocation
或者 run>allocation
```

链接器为每个输出段在目标存储器中分配两个地址，一个是代码存储地址，另一个是代码执行地址。一般来说这两个地址是一致的，但有时不一致。不一致的情况如将代码存储到 ROM 中，系统运行时，把代码调入到 RAM 中执行。

(3) **input sections**：定义组成输出段的输入段。其语法格式为：

```
{input_section}
```

(4) **section type**：给指定段类型定义标记。其语法格式为：

```
        type=COPY
或者    type=DSECT
或者    type=NOLOAD
```

(5) **fill value**：给未初始化的空洞定义填充值。其语法格式为：

```
        fill=value
或者 name:…{…}=value
```

下面是一个使用 SECTIONS 命令的例子：

```
file1.obj   file2.obj            /*输入文件*/
-o prog.out                 /*选项*/
SECTIONS
{
  .text:     load=ROM,run=800H
  .const:    load=ROM
  .bss:      load=RAM
  .vectors: load=FF80H
     {
            t1.obj(.intvec1)
            t2.ogj(.intvec2)
            endvec=./;
     }
  .data:align=16
}
```

.bss 段把来自 file1.obj 和 file2.obj 的.bss 段组合起来定位到 RAM 中。

.data 段把来自 file1.obj 和 file2.obj 的.data 段组合起来定位到 RAM 中，并对准 16 位字边界。

.text 段把来自 file1.obj 和 file2.obj 的.text 段组合起来定位到 ROM 中，程序运行时，该段被送入地址 0800H 中执行。

.const 段把来自 file1.obj 和 file2.obj 的.const 段组合起来定位到 ROM 中。

.vectors 段把来自 t1.obj 的.intvec1 段和来自 t2.obj 的.intvec2 段组合起来定位到 ROM 中起始地址为 FF80H 的存储空间中。

3. MEMORY 和 SECTIONS 命令的默认用法

```
MEMORY
{
  PAGE 0: PROG: origin=0x0080       length=oxFF00
  PAGE 1: DATA: origin=ox0080       length=oxFF00
}
SECTIONS
```

```
{
  .text:PAGE=0
  .data:PAGE=0
  .cinit:PAGE=0
  .bss:      PAGE=1
}
```

在未使用 MEMORY 和 SECTIONS 命令的情况下，链接器将所有的.text 输入段组合成一个.text 输出段；所有的.data 输入段组合成一个.data 输出段；所有的.bss 输入段组合成一个.bss 输出段。将.text 和.data 段定位到 PAGE0 的存储空间上；将.bss 段定位到 PAGE1 的存储空间上。如果输入文件中包含自定义的初始化段(.cinit 段)，则链接器将其定位到 PAGE0 的存储空间上。如果输入文件中包含自定义的未初始化段，则链接器将其定位到 PAGE1 的存储空间上。

6.5 汇编语言程序设计

6.5.1 汇编和 C 语言混合编程

使用汇编语言编程具有程序效率高、执行速度快、硬件资源利用方便合理的优点，但其开发难度大、开发周期长、可读性和可移植性差。若使用 C 语言进行软件开发则具有降低开发难度、开发周期变短、程序可读性和可移植性高的优点，但和汇编程序相比，又有程序效率低的问题。

汇编语言和 C 语言的混合编程则可以充分利用两者的优点，避免两者的缺点，以达到最佳利用 DSP 资源的目的。汇编语言和 C 语言的混合编程主要有以下几种方法。

(1) 在 C 程序中内嵌汇编语句。

(2) 将 C 语言编译成汇编代码后，再手工修改。

(3) 在项目中独立编写汇编程序和 C 程序等。

1. 在 C 程序中内嵌汇编语句

在 C 程序中嵌套汇编语句一般用于 C 语言程序中的硬件控制工作，具体使用格式为"ASM(汇编语句)"。下面用 C 语言编写一个控制 XF 管脚输出高低电平的程序，其中 XF 管脚的控制使用嵌套汇编语言。

```
void  delay ();
main()
{
  while(1)
  {
     delay();                  //延时子程序调用
     asm(" ssbx  xf");         //使用汇编嵌套语言
     delay();
     asm(" rsbx  xf");
  }
```

```
}
void delay()                      //延时子程序
{
  int i=0;
  for (i=0;i<1000;i++)            //延时常数可以灵活定义
  {
  }
}
```

2. 在项目中独立编写汇编程序和 C 程序

独立编写汇编程序和 C 程序这种方法比较灵活，下面仍以一个延时程序控制 XF 输出为例进行说明。此例中源程序主要由两个文件构成：c_main.c 文件(C 语言写的主程序)、asm_xf.asm 文件(汇编语言写的 XF 管脚控制程序)。

```
/*C语言程序文件，文件名为c_mian.c*/
void  delay ();
extern void  xf_high();
extern void  xf_low();
main()
{
  while(1)
{
      delay();                   //延时子程序调用
      xf_high();                 //使用汇编嵌套语言
      delay();
      xf_low();
}
}
void delay()                     //延时子程序
{
  int i=0;
  for (i=0;i<1000;i++)           //延时常数可以灵活定义
  {
  }
}
/*汇编语言程序文件，文件名为asm_xf.asm*/
  .mmregs
  .global   _ xf_high
  .global   _ xf_low

_xf_hig:
  ssbx  xf
  ret

_ xf_low:
  rsbx  xf
  ret
```

在实际使用独立编写汇编程序和 C 程序的混合编程方式时,除了遵循有关 C 语言函数调用规则和寄存器规则、维护好各汇编模块的入口和出口代码外,一般还要注意以下几个细节。

(1) 在汇编语言文件中,将要在 C 语言文件中使用到的变量和函数名需加上前缀"_"。如果仅在汇编中使用,则不需要加下划线,即使其与 C 程序中定义的对象名相同。

(2) 任何在汇编语言文件中声明的,将要在 C 语言文件中使用的对象或函数,都必须在汇编语言文件中用.global 伪指令声明为全局变量。同样,任何在 C 语言文件中声明,而将要在汇编语言文件中使用的对象或函数,在汇编语言文件中也必须用.global 伪指令声明。

6.5.2 汇编编程举例

例 6.1:初始化数组 $x[6]=\{1,1,1,1,1,1\}$。

```
        .bss    x,6         ;为 x 变量分配 6 个字空间
        STM     #x,AR0      ;把 x 变量首地址赋给 AR0
        LD      #1,A        ;A 累加器置 1
        RPT     #5          ;后面的代码循环做 6 次
        STM     A,*AR0+     ;x 变量被赋值
```

例 6.2:计算 $y=x1+x2+x3+x4+x5+x6$。

```
        .bss    x,6         ;为 x 变量分配 6 个字空间
        .bss    y,1         ;为 y 变量分配 1 个字空间
        STM     #x,AR0      ;把 x 变量首地址赋给 AR0
        STM     #5,AR1      ;把给 AR1 赋值 5,以便循环作加法
        LD      #0,A        ;A 累加器清零
LOOP:   ADD     *AR0+,A     ;把 x 变量逐个相加
        BANZ    LOOP,*AR1-
        STL     A,@y
```

例 6.3:$y=a1+a2+a3$,采用子程序的方式。具体运行时,这个例子是调用子程序 c_sum 作了 $y=a1+a2+a3$ 的运算。

```
            .title      "a.asm"
d_stack     .usect      "d_stack",10H   ;定义堆栈空间
            .bss        a_i,3               ;在.bss 段中定义数据空间 a,共 3 个字长度
            .bss        y,1
            .def        s_start
            .data
d_table     .word       1,2,3           ;在.data 段中定义了 3 个初始化数据
            .text
s_start     STM         #0,SWWR         ;不增加等待时间
            STM         #d_stack+5H,SP  ;设置堆栈指针地址
            STM         #a_i,AR0        ;把 a 的值赋给 AR0
            RPT         #2              ;后面的指令重复做 3 次
            MVPD        d_table,*AR0+   ;把在 d_table 中初始化的 3 个数放到数据空间 a 中
            CALL        c_sum           ;调用子程序
end:        B           end             ;死循环
```

```
c_sum:      STM     #a_i,AR1            ;子程序,a 的内容赋给 AR1
            STM     #0,AR2             ;x 的内容赋给 AR2
            LD      #0,A              ;A 累加器清零
            RPT     #2
            ADD     *AR1+,0,A          ;加运算
            STL     A,@y
            RET                       ;子程序结束
            .end
```

例6.4：把地址为 1000H～1007H 内存数据填充为 BBBBH，然后把 1000H～1007H 内存中的 BBBBH 转移到地址为 1008H～100FH 内存中。

```
            *File Name:file1.asm*
            .mmregs
            .global _main
_main:
            STM     1000h,AR1          ;把内存地址 1000H 赋值给 AR1
            RPT     #07h              ;后面的代码执行 8 次
            ST      0BBBBh,*AR1+        ;给地址以 1000H 开始的内存赋值 BBBBH
            STM     7h,AR3
            STM     1000h,ar1
            STM     1008h,ar2
LOOP:
            LD      *AR1+,t            ;把地址以 1000H 开始的内存数据搬移到 t 中
            ST      t,*AR2+           ;把 t 的数据搬移到地址以 1008H 开始的内存中
            BANZ    LOOP,*AR3-
HERE:
            B       HERE
            .end
```

下面是该汇编源程序的链接文件。该程序在链接后形成.out 文件，在调试时，PC 指针首先指向 0x8000。

```
MEMORY
{
    PAGE 0: PROG:      origin = 0x80,          len = 0x980
    PAGE 1: DATA:      origin = 0x0a00,        len = 0x0a00
}
SECTIONS
{
    .text:  {} > PROG PAGE 0
    .cinit: {} > PROG PAGE 0
    .switch:{} > PROG PAGE 0
    .bss:   {} > DATA PAGE 1
    .const: {} > DATA PAGE 1
    .sysmem:{} > DATA PAGE 1
    .stack: {} > DATA PAGE 1
    .data:  {} > DATA PAGE 1
}
```

例 6.5: 求 $y = \sum_{i=1}^{3} a_i x_i$ 值。

```
            .mmregs
stack       .usect      "stack",10
            .bss        a_i,3
            .bss        x,3
            .bss        y,1
            .def        start
table:      .word1,2,3,4,5,6
            .text
start:      STM         #0,SWWSR
            STM         #stack+10,SP
            STM         #a_i,AR1              ;把1、2、3、4、5、6赋给a和x
            RPT         #5
            MVPD        table,*AR1+
            CALL        SUM
END:        B           end
SUM:        STM         #a_i,AR3
            STM         #x,AR4
            RPTZ        A,#2
            MAC         *AR3+,*AR4+,A
            STL         A,@y
            RET
            .end
```

例 6.6: 产生方波程序。编写一个延时子程序，然后在给 XF 置高低电平时调用此子程序，在 XF 管脚上输出方波。此方波的周期主要由延时子程序决定。

```
            *File Name:file2.asm*
            .MMREGS
            .global _main
            .text
_main:
            STM         #3000h,SP            ;定义堆栈指针位置
            SSBX        xf                  ;给管脚 XF 置高低电平
            CALL        delay               ;调用延时子程序
            RSBX        xf
            CALL        delay
            B           _main               ;跳转到主程序入口
            nop
delay:                                      ;延时子程序,延时时间为AR3×AR4
            STM         #270fh,AR3
loop1:
            STM         #0f9h,AR4
loop2:
            BANZ        loop2,*AR4-
            BANZ        loop1,*AR3-
            RET
```

```
        nop
        .end
```

例 6.7：产生方波程序。利用定时器在 XF 管脚输出周期为 2s 的方波。设定 CLK=100MHz，定时器最大周期为：$1/100\text{MHz} \times 2^4 \times 2^{16} \approx 10\text{ms}$。要输出周期为 2s 的方波，可设置定时器中断周期为 10ms。再在中断程序加软计数器进行 100 次计数，达到 1s 改变输出波形的电平、2s 周期性输出方波的时间要求。10ms 的定时中断参数为：$10\text{ns} \times (1+15) \times (1+62499) = 10\text{ms}$。

```
S_counter   .set    100                         ;计数 200 的次数
S_period    .set    62499                       ;设置定时器计数值
            STM     #S_counter,AR1              ;软计数器值给 AR1
            STM     #0000000000001000B,TCR     ;停止计数器
            STM     #S_period,TIM              ;TIM 赋值 62499
            STM     #S_period,PRD              ;PRD 赋值 62499
            STM     #0000001111101111B,TCR     ;启动定时器工作,PSC、TDDR
                                                ;赋值为 15
            STM     #0000000000001000B,IMR     ;开总中断
End:        NOP
            B       End
T0_ISR:                                         ;中断服务子程序
            PSHM    ST0                         ;压栈,保护 ST0
            BANZ    NEXT，*AR1-                 ;每中断一次,软计数器减 1,
                                                ;判断软计数器是否为 0,不为 0
                                                ;退出中断,为 0 给 XF 赋值
            STM     #S_counter,AR1
            BIFT    *AR2,#1
            BC      C_XF,TC
S_XF:       SSBX    XF                          ;设置 XF 为高
            ST      #1,*AR2
            B       E_END
C_XF:       RSBX    XF                          ;设置 XF 为低
            ST      #0,*AR2
E_END:      POPM    ST0
            RETE
            end
```

例 6.8：C5416 DSP PLL 时钟设置应用举例。C5416 上电复位时钟方式寄存器由外部 3 个管脚决定，从而决定芯片的工作时钟。具体见表 6-26。CLKMD1～CLKMD3 外部管脚是在硬件复位管脚是低电平时被采样去决定时钟发生器工作情况的。随着复位，时钟发生器模式可以通过软件写内部时钟模式寄存器来重新配置时钟发生器模式。

表 6-26 C5416 上电复位时钟模式

CLKMD1	CLKMD2	CLKMD3	CLKMD 复位值	时钟模式
0	0	0	0000H	1/2(PLL 禁止)
0	0	1	9007H	PLL×10

续表

CLKMD1	CLKMD2	CLKMD3	CLKMD 复位值	时钟模式
0	1	0	4007H	PLL×5
1	0	0	1007H	PLL×2
1	1	0	F007H	PLL×1
1	1	1	0000H	1/2(PLL 禁止)
1	0	1	F000H	1/4(PLL 禁止)
0	1	1	-	保留

从 PLL×3 模式切换到 PLL÷2 模式:

```
            STM      #0b,CLKMD                       ;进入 DIV 模式
TstStatu:   LDM      CLKMD,A
            AND      #01b,A                          ;测试 STATUS 状态位
            BC       TstStatu,ANEQ
            STM      #0b,CLKMD                       ;如果状态位是 DIV 模式,
                                                     ;复位 PLLON/OFF
```

从 PLL×X 模式切换到 PLL×1 模式:

```
            STM      #0b,CLKMD                       ;进入 DIV 模式
TstStatu:   LDM      CLKMD,A
            AND      #01b,A                          ;测试 STATUS 状态位
            BC       TstStatu,ANEQ
            STM      #0000001111101111b,CLKMD        ;进入 PLL×1 模式
```

小　结

　　通过本章的学习,读者需要了解 TMS320C54x DSP 汇编语言的书写格式、寻址方式,理解指令系统、汇编程序的汇编和链接过程,尤其要理解 COFF 文件的概念及其对汇编程序的处理方法。对于文中大量的指令和相关设置参数在学习时都不需要刻意去记忆,因为在实际的汇编程序编写或调试过程中,遇到忘记的指令、不理解的参数意义、调试环境出错或语法出错时,完全可以继续参考相关书籍或技术手册。因此,本章的学习应该以理解为主。

　　在理解了基本概念以后,还需要进行大量的汇编程序设计锻炼。只有经过实际的汇编程序设计,才能验证自己对概念理解得是否正确。同时在汇编程序设计中要反复使用各种指令、参数,调试时要处理出现的各种问题,在实践中提高自己,这样就能在不知不觉中让设计者真正地掌握各种指令、参数、编译链接环境的使用,最终设计出成功的汇编程序。

　　DSP 初学者开始时最好不要看太多和太复杂的例程。看得太多思绪会比较乱,抓不住关键或重点,对程序没有深刻的体会,进而得不出自己的看法。看得太复杂会心浮气躁,既浪费了宝贵时间、往往最后还没完全看懂,又严重打击了学习 DSP 的信心和热情。所以,

建议 DSP 初学者重点看几个简单的程序,真正地弄懂了,然后自己摸索编写相类似的简单程序。等这样的程序写多了,写熟了,然后再试着读或写相对复杂的程序,由此循序渐进、由点到面、最终掌握 DSP 编程技术。

阅读材料

汇编语言的创始人格雷斯·霍波博士

格雷斯·霍波(Grace Hopper)是杰出的女数学家和计算机语言领域的带头人。她是世界妇女的楷模和骄傲,也是计算机界值得崇拜的偶像人物,被世人尊称为"计算机软件之母"。

霍波 1906 年 12 月 9 日生于美国纽约市一个海军世家,其祖父军衔曾达到少将。而她的外祖父则是纽约市的高级土木工程师,常常带着她去上班、工作,她也十分高兴地去帮着扶红白相间的测量杆,这培养了她对几何学和数学的兴趣。霍波从小就像男孩那样爱摆弄机械电器,7 岁那年,为了弄清闹钟的原理,曾把家中的闹钟一连拆散 7 架。霍波的父亲因患动脉硬化导致双腿截肢,长期住院,这使作为长女的霍波从小就更懂事和勤奋。从女子中学毕业以后,霍波进入了位于普凯泼茜的著名的女子学院——Vassar 学院,1928 年毕业后进入耶鲁大学,1930 年获得硕士学位,1934 年获得博士学位,她是耶鲁大学第一位女数学博士。作为一个女性,获得数学博士学位是一个很大的成就,因为在数学上取得成就而获得博士学位本身就是很困难的。据统计,在 1862 到 1934 年间,全美国总共授予 1279 个博士学位,平均每年才 17 个,而女性获得数学博士学位的就更是凤毛麟角了。在求职上,女数学家通常只能到高中教课,极难希望上大学讲台,但霍波做到了,她被母校 Vassar 学院聘任,短短几年就从助教一直升到副教授。

珍珠港事件爆发以后,霍波同许多美国妇女一样志愿参军同法西斯斗争。1943 年,日军偷袭珍珠港后,她加入海军预备队,在马萨诸塞州北安普敦的海军军官学校培训以后,1944 年 6 月她被授予上尉军衔,并被分配到装备局。考虑到她是一个数学家,她被派到哈佛大学艾肯教授手下参与 Mark I 的研制工作,任务是编程,用她自己的话来说,她成为"第一台大型数字计算机的第三位程序员"。在毫无计算机和编程知识背景的情况下,霍波通过刻苦钻研和虚心好学,很快成为一名优秀的程序员并赢得了同事的尊敬。其间,她为海军编制的程序找到了最佳的海上布雷方案;为 Mark I 编写了操作手册;建立了也许是世界上第一个"子程序库",这是霍波和她的同事将经过试用证明为正确的一些程序,例如计算正弦、余弦、正切等的程序收集起来,记录在笔记本上形成的。

战后,霍波本来要求继续留在海军服务,但因已超过服役的最大年龄 38 岁而被拒绝,海军颁给她"武器发展奖"以后让她退役但保留为后备役军官。她的母校 Vassar 学院邀请她回校工作,并答应给她教授头衔,但已经爱上计算机编程这一行的霍波决意留在哈佛艾肯所创建的计算机实验室,参与 Mark II、Mark III 的研制。1947 年夏天,在为 Mark II 排除一次故障的过程中,霍波和她的同事在继电器簧片中间找到了一只飞蛾,这使得"bug"(小虫)和"debug"(除虫)这两个本来普普通通的名词成了计算机专业中特指莫明其妙的"错误"和"排除错误"的专用名词而流传至今。战后,艾肯鼓励咨询保险公司在其业务中使用计算机,霍波为此编写了该公司的一些业务处理程序。计算机在商业上的应用这一新的领域从此吸引了霍波的兴趣,因为这比科学和工程计算这类应用复杂得多。

1949 年，霍波离开哈佛，加盟由第一台电子计算机 ENIAC 发明人埃克特和莫齐利开办的电脑公司，为第一台储存程序的商业电子计算机 UNIVAC 编写软件。这期间，她开发出了世界上第一个将高级符号语言转变为机器语言的编译器 A—0(1952 年)，第一个处理数学计算的编译器 A—2(1953 年)，第一个自动翻译英语的数据处理语言的编译器 B—0(也叫 Flow‑Matic，1957 年)。这是第一个用于商业数据处理的类似英语的语言。后来以 Flow‑Matic 为基础开发 COBOL 语言，于 1959 年问世，它是第一批高级程序设计语言之一，广泛用于大型机和小型机电脑的高级商业程序设计。COBOL 文本诞生后，霍波又率先实现了 COBOL 的第一个编译器，因此，有人把霍波称为 "COBOL 之母"。据 20 世纪 80 年代初的统计，全美国在运行中的程序有 80% 是用 COBOL 语言编写的，由此可见这种语言对计算机应用发展所起的作用。在电脑软件的进展中，格雷斯·霍波女士做出了很大的贡献。她的努力使电脑在商用化和产业化方面取得了长足的进步。

20 世纪 50 年代计算机存储器非常昂贵，为了节省内存空间，霍波开始采用 6 位数表示日期，即年、月、日各两位，随着 COBOL 语言影响日益扩大，这一习惯被沿用下来，到 2000 年居然成为危害巨大的 "千年虫" 问题，这是她始料不及的。

在海军方面，霍波一直积极为之服务直到 1966 年她 60 岁时退休。但很快，海军发现离了霍波还不行——有个工资管理程序重写了 823 次还不能正常运行。因此，霍波刚从海军退休半年就又被海军召回重新服役，负责海军系统计算机高级语言的标准化和普及工作，并且一干就是 20 年，直到 1986 年 8 月 14 日才正式退休。这期间她的军衔一再提升，1985 年被提升为少将。由于这违反了法律规定的美国军官服役年龄，为此美国国会还通过了专门的法律使对霍波的任命合法化。在波士顿的 "宪法号" 战舰上向霍波授予 "杰出服务奖" 并为霍波举行了隆重的退休仪式，霍波在致辞中自豪地说她是 WAVES 成员中最后一个离开岗位的人；当她 40 岁时就被告知她太老了不宜继续在部队中工作，而她却仍然穿着制服又干了整整 4 个 10 年！当年聪明伶俐的女上尉如今已经成了威严持重、受人尊敬的美国历史上第一位女性海军少将。

霍波一生致力于发展程序设计技术，同时培养了大量青年人。霍波自己就曾说过，与其说她的最大贡献是发展了程序设计技术，不如说是培养了大批程序设计人才，这是她最骄傲的。霍波生前办公室中挂的钟是逆走的，这常使人莫明其妙，但是仔细想来，倒走的钟与顺走的钟不是一样能指示时间吗？所以霍波这一看似怪异的行为其实是教导我们不要墨守成规，解决一个问题可以有多种方法。

霍波传奇的一生中赢得了无数荣誉和奖励。她先后被 40 多所大学授予荣誉博士学位，其中包括宾州大学、芝加哥大学、华盛顿大学、马里兰大学等知名学府。各种妇女和社会团体和学术组织都曾授予霍波各种称号和奖励。1971 年，为了纪念现代数字计算机诞生 25 周年，美国计算机学会特别设立了 "格雷斯·霍波奖"，颁发给当年最优秀的 30 岁以下的青年计算机工作者。1980 年她获得国际 IEEE 组织颁发的首届计算机先驱奖。1991 年，布什总统在白宫授予霍波的 "全美技术奖" 是其中的最高奖，也是至今美国女性中唯一获此殊荣的人。1994 年，霍波被追授为 "美国女名人"，进入 "全国女名人堂"。

习　　题

1. 汇编语言指令的书写有哪两种书写形式？
2. C54x 汇编器的作用是什么？

3. C54x 链接器的作用是什么?

4. COFF 文件是什么? 它的主要构成是什么?

5. 链接器中 MEMORY 和 SECTIONS 命令的作用是什么?

6. C54x 有哪些寻址方式?

7. C54x 段伪指令的意义是什么?

8. 代码 "STM #70,AR3" 是什么意思?

9. 代码 "STH A,10",操作前各地址内容如下,操作后各地址内容是什么?

	操作前		操作后
A	FF 8765 4321	A	
DP	004	DP	

数据存储器

020AH	1234	020AH	

10. 代码 "ADDS *AR2-,B",操作前各地址内容如下,操作后各地址内容是什么?

	操作前		操作后
B	00 0000 0003	B	
C	x	C	
AR2	0100	AR2	

数据存储器

0100H	F006	0104H	

实验四　FIR 数字滤波器

1. 实验目的

(1) 掌握汇编语言编程。

(2) 熟悉汇编语言混合编程。

(3) 了解 DSP 指令系统。

(4) 熟悉 FIR 滤波器的滤波的原理。

2. 实验内容

(1) 设计一个截止频率为 1500Hz,阻带衰减为 50dB 的 FIR 低通滤波器。

(2) 采用汇编语言编程实现该 FIR 滤波器。

(3) 观察分析滤波处理情况。

3. 实验原理

数字滤波是将输入的数字信号序列，按规定的算法处理，从而得到所要求的输出序列。一个线性位移不变系统数学的关系式为

$$y(n) = \sum_{i=0}^{N-1} b_i x(n-i) - \sum_{i=1}^{M} a_i y(n-i) \qquad n \geq 0$$

式中，$x(n)$ 为输入序列；$y(n)$ 为输出序列；a_i 和 b_i 为滤波器系数；N 为滤波器阶数。若 a_i 为 0，则得到 FIR 滤波器的差分方程为

$$y(n) = \sum_{i=0}^{N-1} b_i x(n-i)$$

对上式作 Z 变换，得到 FIR 滤波器的传递函数为

$$H(z) = \frac{Y(z)}{X(z)} = \sum_{i=0}^{N-1} b_i z^{-i}$$

由此可见，FIR 滤波实际上是一种乘法累加运算，即

$$y(n) = b_0 x(n) + b_1 x(n-1) + b_2 x(n-2) + \cdots + b_{n-1} x(n-N+1)$$

它从输入端读入 $x[n]$，延时和 z^{-1} 做乘法累加，最后输出 $y[n]$。FIR 滤波无反馈回路，是一种无条件稳定系统。

在 DSP 芯片中，FIR 滤波器的实现可采用两种方法：一种是线性缓冲法；另一种是循环缓冲区法。

1) 线性缓冲法

线性缓冲法又可以称为延迟线性法。其原理是：为 N 阶 FIR 滤波器在数据存储器中开辟一个 N 个单元的缓冲区，用来存放最新输入的 N 个输入样本；这样，DSP 每读取一个样本，就将此样本向下移动，直到读完所有的样本；此时最新的样本处于缓冲区的顶部。

线性缓冲法求 $y(n) = \sum_{i=0}^{7} b_i x(n-i)$ 的过程如下。

地址	数据存储器	地址	数据存储器	地址	数据存储器	…
缓冲区顶部	$x(n)$	缓冲区顶部	$x(n+1)$	缓冲区顶部	$x(n+2)$	…
	$x(n-1)$		$X(n)$		$x(n+1)$	…
	$x(n-2)$		$x(n-1)$		$x(n)$	…
	$x(n-3)$		$x(n-2)$		$x(n-1)$	…
	$x(n-4)$		$x(n-3)$		$x(n-2)$	…
	$x(n-5)$		$x(n-4)$		$x(n-3)$	…
	$x(n-6)$		$x(n-5)$		$x(n-4)$	…
	$x(n-7)$		$x(n-6)$		$x(n-5)$	…
	$y(n)$		$y(n+1)$		$y(n+2)$	…

2) 循环缓冲区法

循环缓冲区法的原理是：为 N 阶 FIR 滤波器在数据存储器中开辟一个 N 个单元的缓冲区，用来存放最新输入的 N 个输入样本；DSP 从最新的样本开始读取，直到读完所有的样本后，输入最新的样本替代最老的样本，其他位置样本不变。

循环缓冲区法求 $y(n) = \sum_{i=0}^{7} b_i x(n-i)$ 的过程如下。

地址	数据存储器		地址	数据存储器		地址	数据存储器	
缓冲区顶部	$x(n)$		缓冲区顶部	$x(n)$		缓冲区顶部	$x(n)$	...
	$x(n-1)$			$x(n-1)$			$x(n-1)$	...
	$x(n-2)$			$x(n-2)$			$x(n-2)$	...
	$x(n-3)$			$x(n-3)$			$x(n-3)$	...
	$x(n-4)$			$x(n-4)$			$x(n-4)$	...
	$x(n-5)$			$x(n-5)$			$x(n-5)$	...
	$x(n-6)$			$x(n-6)$			$x(n+2)$	...
	$x(n-7)$			$x(n+1)$			$x(n+1)$	...
	$y(n)$			$y(n+1)$			$y(n+2)$	...

4. 实验设备

(1) PC 一台；

(2) TMS320C5416 DSK 或 SEED5416 DTK 实验开发平台；

(2) CCS 软件一套。

5. 实验步骤

(1) 编写程序。主程序用 C 语言书写，FIR 滤波用汇编语言编写。FIR 滤波系数采用数据表的形式，被滤波的源信号采用外部数据文件形式。

① FIR 滤波系数。FIR 滤波系数在汇编文件中用数据表 FIR_Coeff 表示。滤波器是截止频率为 1500Hz，阻带衰减为 50dB 的低通滤波器。

② 源信号。可以采用 C 语言形成。

```
float sine[256]; int sinedata[256]
for(i=0;i<N;i++)
{
    sine[i]=(0.5*sin(2.0*3.1416*3700*i/10000)+0.3*sin(2.0*3.1416*400*i/
        10000));
    sinedata[i]=(sine[i]*16384*2+0.5);
}
```

sine[i]是频率为 3700Hz 和 400Hz，采样频率为 10000Hz，点数为 256 的数字 sine 源信号。sinedata[i]是浮点数 sine[i]转换后的 16 位数，以便将来进行 FIR 滤波。sinedata-int.data

文件是使用 CCS 的 File→Data→Save 功能保存的 sinedata 数据。

(2) 把编译通过的程序调入 DSP 中运行。当程序运行至"call my_fir1"语句前，使用"Probe"功能把"sinedata-int.data"数据导入"input"中，如图 6.4 所示。

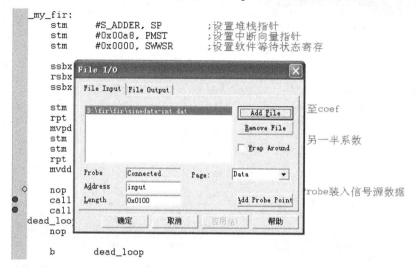

图 6.4　FIR 程序运行调试图 1

(3) 执行程序至"call my_fir2"。选择 View→Graph 命令，观察输入信号波形。输入源信号时域图形设置如图 6.5 所示，获得时域图形如图 6.6 所示。然后继续选择 View→Graph 命令，在图 6.5 的基础上修改"Display Type"，如图 6.7 所示，获得输入波形的频域图形，如图 6.8 所示。

图 6.5　FIR 程序源信号时域图设置

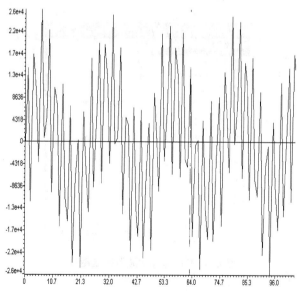

图 6.6　FIR 程序源信号时域图

图 6.7　FIR 程序源信号频域图设置

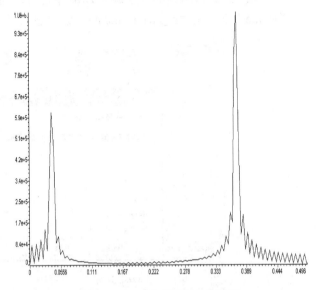

图 6.8　FIR 程序源信号频域图

(4) 在第(3)步的基础上，同样设置 FIR 滤波器时域、频域图形和源信号经过 FIR 滤波器滤波后的时域、频域图形。具体时域设置如图 6.9、图 6.10 所示。

(5) 最终，获得"my_fir1"子程序执行的 FIR 滤波器输入信号、滤波器、输出信号的时域、频域图形如图 6.11、图 6.12 所示。

图 6.9　FIR 程序滤波器时域图设置

图 6.10　FIR 程序输出信号时域图设置

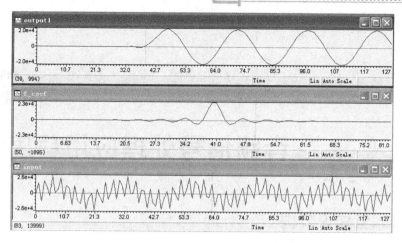

图 6.11　FIR 滤波器各信号时域图形

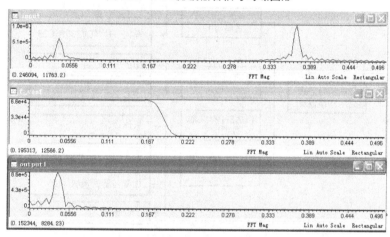

图 6.12　FIR 滤波器各信号频域图形

6.　实验要求

(1) 提交完整的程序源代码。

(2) 提交实验分析测试数据。

(3) 提交完整的实验报告。

第 **7** 章
音频信号处理应用程序设计

本章知识架构

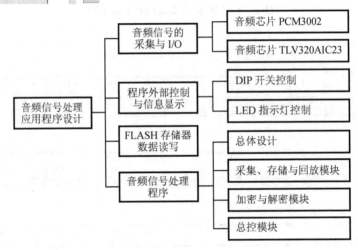

音频信号处理应用程序设计
- 音频信号的采集与I/O
  - 音频芯片 PCM3002
  - 音频芯片 TLV320AIC23
- 程序外部控制与信息显示
  - DIP 开关控制
  - LED 指示灯控制
- FLASH 存储器数据读写
- 音频信号处理程序
  - 总体设计
  - 采集、存储与回放模块
  - 加密与解密模块
  - 总控模块

内 容 要 点

- 如何通过 PCM3002 实现音频信号的输入与输出？
- 如何通过 DIP 开关与 LED 指示灯完成程序功能的选择控制与信息提示？
- 如何通过 FLASH 存储器实现数据的断电保护存储？
- 如何设计并实现一个具有保密通信功能的音频信号处理应用程序？

在设计开发一个 DSP 应用系统的软件时，除了核心的信号处理部分，一般还会包括信号的采集、输入/输出处理、外部程序控制以及程序运行信息与结果的提示等，如图 7.1 所示。另外，像移动电话等应用系统还需要能保存电话簿等用户数据而不受断电影响，以便在下次系统启动后仍然有效。解决以上这些问题的具体方法很多，但技术原理都是一致的。本章将通过基于实验开发平台 TMS320VC5416 DSK 的音频处理应用程序来说明如何实现以上这些具体处理。

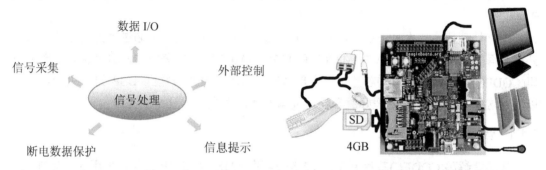

图 7.1　应用系统软件的一般构成以及系统示意图

音频信号主要指语音和音乐，是最基本的多媒体信号。音频信号处理包括音频压缩、音频编码与通信、语音识别、语音合成和语音增强等。本章的例子是音频信号的保密通信，包括音频的立体声输入与输出控制处理以及音频信号的保密通信，即通过加密使音频信号无法被理解，但通过解密又能恢复为原始的音频信号，如图 7.2 所示。

图 7.2　音频信号处理功能示意图

要实现这样一个音频信号处理程序，需要考虑音频信号的采集与输入、音频信号的加密与解密处理、音频信号的回放输出。另外，需要对音频信号的采集进行控制，对声音的输出进行控制，对加密与解密进行控制，还需要对程序的不同运行阶段给出信息提示。其中，加密与解密的处理必须首先确立相应的算法，并通过编程来实现，这部分是 DSP 的核心处理程序模块，完全由 DSP 处理器来完成；音频信号的采集与 I/O 则需要由程序来控制音频编解码(CODEC)芯片，例如 PCM3002 或者 TLV320AIC23 等来完成；而各种处理的执行控制则可以通过键盘和 DIP 开关等来实现；信息的提示可以通过 LED 指示灯、显示屏和声音等来实现。

7.1　音频信号的采集与 I/O

DSP 应用系统所处理的音频信号有 3 种形式，即程序合成音频、线路输入音频和麦克风输入音频。程序合成音频是通过程序代码产生的声音，这种音频包括简单的单频正弦信号、语音或者 MIDI 音乐，不需要从外部采集输入。线路输入音频一般是指功率比较大的声音信号，这种声音一般不需要经过放大就可以被采集，例如，从计算机音频口输出的声音对 DSP 应用系统而言就是线路输入音频。麦克风输入音频是指通过麦克风输入的音频信号，主要是语音信号，需要经过放大才能被系统所采集和输入。

语音信号的有效频率分布在 50Hz～4kHz 之间，因此采样频率必须大于 8kHz。音乐信号包含更多的音频细节，通常高保真音乐的频率分布上限为 22kHz，所以采样频率应该大于 44kHz。

DSP 处理器芯片本身一般是不带 ADC 与 DAC 模块的，而必须通过另外的芯片来实现外部数据的采集与 I/O 处理。PCM3002 和 TLV320AIC23 是 TI 公司的两款高保真音频编解码(CODEC)芯片，通过这些芯片可以实现音频信号的采集并传输到 DSP 进行处理，也可以通过这些芯片将 DSP 处理好的音频信号输出到扬声器。

7.1.1 音频芯片 PCM3002

音频编解码(CODEC)芯片 PCM3002 是 24 引脚的双排 SSOP 封装，采用 ΔΣ 调制方式进行 A/D 和 D/A 转换，模拟输入与输出信号都是单边方式，采样频率可以在 6～48kHz 之间选择，量化位可以选择 16 或 20，信噪比达到 90dB 以上，其结构如图 7.3 所示。

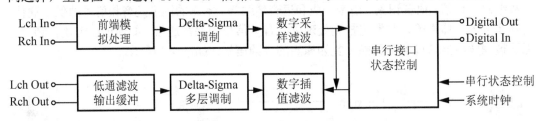

图 7.3　PCM3002 结构图

TMS320VC5416 DSK 实验开发平台使用了音频芯片 PCM3002 来完成立体声音频信号的采集与输入/输出。麦克风和线路输入模拟信号被 PCM3002 采样，并转换成数字信号输出送给 DSP 进行处理，当 DSP 处理结束后，输出数字信号经过 PCM3002 转换为模拟信号并输出到线路或扬声器。该芯片采用两个串行通道进行数据传输与控制通信。CPLD 寄存器 CODEC L 和 CODEC H 在控制通道中产生控制串行数据流，而 McBSP2 则用作数据传输通道。默认的数据通道配置是 48kHz 采样和 16bit 量化，但可以通过芯片的内部寄存器 3 选择 16bit 或者 20bit 作为量化位，而采样率则通过 CPLD 寄存器 CODEC CLK 进行设置。在数据传输时左右声道都是 32 位数据格式，两个声道的数据以同步方式连接在一起形成一帧 64 位数据一起传输。但是，实际有效的数据位是根据当前的量化位来确定的，只有前 16 位或者 20 位是有效的。

PCM3002 内部有以下 4 个寄存器，用来进行音频信号输入/输出时的音量、数据格式、滤波和循环回放等控制。寄存器的具体定义见表 7-1。

	B15	B14	B13	B12	B11	B10	B9	B8	B7	B6	B5	B4	B3	B2	B1	B0
REGISTER 0	res	res	res	res	res	A1	A0	LDL	AL7	AL6	AL5	AL4	AL3	AL2	AL1	AL0
REGISTER 1	res	res	res	res	res	A1	A0	LDR	AR7	AR6	AR5	AR4	AR3	AR2	AR1	AR0
REGISTER 2	res	res	res	res	res	A1	A0	PDAD	BYPS	PDDA	ATC	IZD	OUT	DEM1	DEM0	MUT
REGISTER 3	res	res	res	res	res	A1	A0	res	res	res	LOP	res	FMT1	FMT0	LRP	res

表 7-1　PCM3002 寄存器定义

寄存器名	比 特 位	说　　　明
Register 0	A (1：0)	寄存器地址 "00"
	res	预留，必须为 0
	LDL	L 左通道输出增益衰减控制，1——当前值 AL 有效；0——无效
	AL (7：0)	衰减值
Register 1	A (1：0)	寄存器地址 "01"
	res	预留，必须为 0
	LDR	R 左通道输出增益衰减控制，1——当前值 AR 有效；0——无效
	AR (7：0)	衰减值
Register 2	A (1：0)	寄存器地址 "10"
	res	预留，必须为 0
	PDAD	ADC Power——Down 控制，1——有效；0——无效(默认)
	PDDA	DAC Power——Down 控制，1——有效；0——无效(默认)
	BYPS	ADC 高通滤波控制，0——有效(默认)；1——无效
	ATC	DAC 衰减数据模式控制，0——分别模式(默认)；1——公共模式
	IZD	DAC 无输出控制，1——有效；0——无效(默认)
	OUT	DAC 输出有效性控制，0——有效(默认)；1——无效
	DEM (1：0)	DAC 去增强控制，01——无效(默认)；其他——有效
	MUT	Lch and Rch 静音控制，0——无效(默认)；1——有效
Register 3	A (1：0)	寄存器地址 "11"
	res	预留，必须为 0
	LOP	ADC/DAC 模拟回放控制，0——无效；1——有效
	FMT (1：0)	ADC/DAC 数据格式控制，00——16 位(默认)；其他——20 位
	LRP	ADC/DAC 极性控制，0——左高右低(默认)；1——左低右高

在 TMS320VC5416 DSK 中设计了两个音频输入插口,分别用于立体声音频信号的线路输入和麦克风输入。同时设计了两个音频输出插口,一个用于立体声音频信号的线路输出,另一个用于立体声扬声器输出。所有插口都采用工业标准的 3.5mm 规格。

7.1.2 PCM3002 的应用程序接口

为了方便应用程序的开发,TMS320VC5416 DSK 提供了板级支持库 dsk5416.lib,其中包含了各个外设模块的 C 语言应用程序接口(API)。其中一个是关于 PCM3002 音频 CODEC 芯片的 API 集,共有 14 个应用程序函数供开发者调用。

```
DSK5416_PCM3002_openCodec()          打开指定名称的音频 CODEC 设备
DSK5416_PCM3002_closeCodec()         释放指定名称的音频 CODEC 设备
DSK5416_PCM3002_config()             配置音频 CODEC 的寄存器参数
DSK5416_PCM3002_read16()             从音频数据流中读入 16 位数据
DSK5416_PCM3002_read32()             从音频数据流中读入 32 位数据
DSK5416_PCM3002_write16()            向音频 CODEC 写入 16 位数据
DSK5416_PCM3002_write32()            向音频 CODEC 写入 32 位数据
DSK5416_PCM3002_rset()               设置音频 CODEC 的控制寄存器
DSK5416_PCM3002_rget()               读取音频 CODEC 寄存器数据
DSK5416_PCM3002_outGain()            设置音频 CODEC 的输出增益
DSK5416_PCM3002_loopback()           控制音频 CODEC 的硬件回放模式
DSK5416_PCM3002_mute()               控制音频 CODEC 的静音模式
DSK5416_PCM3002_powerDown()          控制音频 CODEC 的省电模式
DSK5416_PCM3002_setFreq()            设置音频信号的采样率
```

在利用这个库进行程序设计时程序应该包含头文件 dsk5416.h 和 dsk5416_pcm3002.h,并在程序开始时采用函数 dsk5416_init( )进行初始化。如果要采用远调用方式,则需要在链接支持库中说明 dsk5416f.lib。定义音频 CODEC 设备句柄名称的语句为:

```
DSK5416_PCM3002_CodecHandle  myCodec;
```

1. CODEC 寄存器的配置

对音频 CODEC 的一次性配置可以通过以下结构说明。一般这样的配置位于程序的开始位置,主程序之前,但其作用却是在打开设备时完成的。

```
DSK5416_PCM3002_Config setup =
{
    0x1ff,          //寄存器 0 的配置,设置左声道 DAC 的衰减
    0x1ff,          //寄存器 1 的配置,设置右声道 DAC 的衰减
    0x000,          //寄存器 2 的配置,设置控制位
    0x000,          //寄存器 3 的配置,设置数据格式
}
```

2. DSK5416_PCM3002_openCodec( )

初始化音频 CODEC 设备并对其进行设置。DSK5416_PCM3002_Config setup 中的具体配置说明只有在这条语句执行之后才生效。

```
语法:    DSK5416_PCM3002_openCodec(int id, DSK5416_PCM3002_Config *Config)
参数:    id - 指定音频 CODEC 代号,TMS320C5416 DSK 的 id=0。
         Config - 指定 CODEC 配置结构的名称。
返回值:音频 CODEC 的句柄,这个句柄将被用于其他函数的调用。
范例:
         // 以 setup 结构指定的配置打开音频设备
         DSK5416_PCM3002_CodecHandle  myCodec;
         myCodec = DSK5416_PCM3002_openCodec(0, &setup);
```

3. DSK5416_PCM3002_closeCodec( )

这个函数由句柄指定的音频设备关闭。关闭之后,音频 CODEC 的一切操作就不能再执行,只有重新打开后才能恢复使用。

```
语法:    DSK5416_PCM3002_closeCodec(DSK5416_PCM3002_CodecHandle hCodec)
参数:    hCodec  - 指定音频设备的句柄。
返回值:  无。
范例:
         DSK516_PCM3002_closeCodec(myCodec);
```

4. DSK5416_PCM3002_config( )

改变音频 CODEC 内部寄存器参数,从而改变对音频输入与输出的控制。例如,改变音量大小、静音状态、数据格式等。本质上,所有音频 CODEC 的功能都是可以通过改变寄存器的参数值来实现的。

```
语法:    DSK5416_PCM3002_config(DSK5416_PCM3002_CodecHandle hCodec,
         DSK5416_ PCM3002_Config *Config)
参数:    hCodec  - 指定音频设备的句柄。
         Config - 指定 CODEC 配置结构的名称。
返回值:  无。
范例:
         DSK5416_PCM3002_Config setup1 =
         {
             0x1ff,    //寄存器 0 的配置,设置左声道 DAC 的衰减
             0x1ff,    //寄存器 1 的配置,设置右声道 DAC 的衰减
             0x001,    //寄存器 2 的配置,设置 mute 位有效
             0x000,    //寄存器 3 的配置,设置数据格式
         }
         // 重新配置 CODEC 寄存器使静音有效
         DSK5416_PCM3002_config(0, &setup1);
```

5. DSK5416_PCM3002_read16( )

从 CODEC 的数据通道读取一个有符号的 16 位数据。当从 PCM3002 读取数据时,信号数据将根据当前设置的 CODEC 数据格式自动转换为双极性有符号 16 位数据。这个函数应该在 CODEC 设置为 16 位数据格式的情况下采用。

```
语法:    CSLBool DSK5416_PCM3002_read16(DSK5416_PCM3002_CodecHandle
```

```
hCodec, Int16 *val)
```
参数:　　hCodec — 指定音频设备的句柄。
　　　　　val — 存储 16 位有符号数据的变量地址。
返回值:　TRUE — 读取有效;FLASE — 设备忙。
范例:

```
Int16 data;
// 读取 16 位数据至变量 data
while(!DSK5416_PCM3002_read16(myCodec, &data));
```

6. DSK5416_PCM3002_read32()

从 CODEC 的数据通道读取一个有符号的 32 位数据。当从 PCM3002 读取数据时，信号数据根据当前设置的格式自动转换为双极性有符号 32 位数据。这个函数在 CODEC 设置为 16 位和 20 位数据格式的情况下都可以采用。

语法:　　CSLBool DSK5416_PCM3002_read32(DSK5416_PCM3002_CodecHandle
　　　　　hCodec, Int32 *val)
参数:　　hCodec — 指定音频设备的句柄。
　　　　　val — 存储 32 位有符号数据的变量地址。
返回值:　TRUE — 读取有效;FLASE — 设备忙。
范例:

```
Int32 data;
// 读取 32 位数据至变量 data
while(!DSK5416_PCM3002_read32(myCodec, &data));
```

7. DSK5416_PCM3002_write16( )

向 CODEC 的数据通道写入一个有符号的 16 位数据。这个函数在 CODEC 设置的为 16 位和 20 位数据格式的情况下都可以采用，信号数据会根据当前设置的 CODEC 数据格式进行自动转换。

语法:　　CSLBool DSK5416_PCM3002_write16(DSK5416_PCM3002_CodecHandle
　　　　　hCodec, Int16 val)
参数:　　hCodec — 指定音频设备的句柄。
　　　　　val — 16 位有符号数据,可以是变量或常数。
返回值:　TRUE — 写入有效;FLASE — 设备忙。
范例:

```
Int16 data;
data = 0x1234;
//向 CODEC 写入 16 位数据 0x1234
while(!DSK5416_PCM3002_write16 (myCodec, data));
```

8. DSK5416_PCM3002_write32( )

向 CODEC 的数据通道写入一个有符号的 32 位数据，信号数据会根据当前设置的 CODEC 数据格式自动转换为 16 位或者 20 位数据形式。由于 32 位是一个相对 16 位和 20 位较大的数据，因此，要注意在写入时避免产生溢出现象，这可以通过在写入前预先将数据归一化到相应数据范围的办法来解决。

```
语法:    CSLBool  DSK5416_PCM3002_write32(DSK5416_PCM3002_CodecHandle
         hCodec, Int32 val)
```
参数:　　hCodec － 指定音频设备的句柄。

　　　　　val － 32 位有符号数据,可以是变量和常数。

返回值:　TRUE － 写入有效;FLASE － 设备忙。

范例:
```
         Int32 data;
         data = 0x12345678;
         //向 CODEC 写入 32 位数据 0x12345678
         while(!DSK5416_PCM3002_write32 (myCodec, data));
```

9. DSK5416_PCM3002_rset( )

与前面 CODEC 配置函数不同,当需要对音频 CODEC 的某一个寄存器进行设置时采用这一函数比较方便。当然,通过改变某个寄存器的值来改变音频采集或 I/O 的方式只有在某些特殊情况下才需要。

```
语法:    DSK5416_PCM3002_rset(DSK5416_PCM3002_CodecHandle hCodec, Uint16
         regnum, Uint16 regval)
```
参数:　　hCodec － 指定音频设备的句柄。

　　　　　regnum － 寄存器号。

　　　　　regval － 需要向寄存器写入的 16 位数据,可以是变量和常数。

返回值:　无。

范例:
```
         //设置左右声道的输出衰减值为 0x40
         DSK5416_PCM3002_rset(myCodec, 0, 0x40);
         DSK5416_PCM3002_rset(myCodec, 1, 0x40);
```

10. DSK5416_PCM3002_rget( )

与前一个函数相反,这是一个获取指定音频 CODEC 寄存器值的函数。很少需要这样做,因为这些寄存器的值都不是自动设置的,无须读取程序就应该知道当前的值。但某些程序或许在不同的条件分支中作不同的寄存器设置,当结束条件分支时就无法清楚地知道当前寄存器的具体值,这个函数就可以帮助获取寄存器数据。

```
语法:    Uint16  DSK5416_PCM3002_rget(DSK5416_PCM3002_CodecHandle hCodec,
         Uint16 regnum)
```
参数:　　hCodec － 指定音频设备的句柄。

　　　　　regnum － 寄存器号。

返回值:　指定寄存器的值。

范例:
```
         Uint16 value;
         // 读取寄存器 1 的值
         value = DSK5416_PCM3002_rget(myCodec, 1);
```

11. DSK5416_PCM3002_outGain( )

这是一个直接设置音频 CODEC 输出增益的函数,相当于对寄存器 0 和寄存器 1 的低 4 位进行设置。这个函数也许在实时控制输出音量时非常有用,但一般情况下输出增益都是预先设置好的，没有必要在程序运行的过程中去改变。

```
语法:    DSK5416_PCM3002_outGain(DSK5416_PCM3002_CodecHandle hCodec,
         Uint16 outGain)
参数:    hCodec — 指定音频设备的句柄。
         outGain — 输出增益值。
返回值:  无。
范例:
         // 设置输出增益值为 0x40
         DSK5416_PCM3002_outGain(myCodec, 0x40);
```

12. DSK5416_PCM3002_ loopback( )

对音频 CODEC 的硬件直接控制来设置或改变回放功能的有效性。当需要在输入音频信号的同时检测实际信号内容时，这个函数是很有用的。当然也可以采用其他类型的程序代码来实现，但这个硬件回放功能的好处是不占用代码执行时间。

```
语法:    DSK5416_PCM3002_loopback(DSK5416_PCM3002_CodecHandle hCodec,
         CSLBool mode)
参数:    hCodec — 指定音频设备的句柄。
         mode — TRUE (有效);FALSE(无效)。
返回值:  无。
范例:
         // 启动硬件回放功能
         DSK5416_PCM3002_loopback(myCodec, TRUE);
```

13. DSK5416_PCM3002_ mute( )

这个函数控制音频 CODEC 芯片的输出是否采用静音方式。大部分情况下都可以通过程序来控制声音的输出按照预先设定的方式进行，而在一些人机交互的场合下，通过外部控制信号是否输出时，这个函数就有意义了。

```
语法:    DSK5416_PCM3002_mute(DSK5416_PCM3002_CodecHandle hCodec, CSLBool
         mode)
参数:    hCodec — 指定音频设备的句柄。
         mode — TRUE (有效);FALSE(无效)。
返回值:  无。
范例:
         // 使静音功能失效
         DSK5416_PCM3002_mute(myCodec, FALSE);
```

14. DSK5416_PCM3002_ powerDown( )

设置音频 CODEC 的省电模式是否有效。在一个控制字中的两个最低位用来分别控制 ADC 和 DAC 的省电模式。如果最低位设置为 1 表示 DAC 省电模式有效，否则无效。而次低位设置为 1 则表示 ADC 的省电模式有效，否则无效。

```
语法:    DSK5416_PCM3002_powerDown(DSK5416_PCM3002_CodecHandle hCodec,
         Uint16 mode)
```

参数：　　hCodec　—　指定音频设备的句柄。
　　　　　mode　—　ADC 有效("10")；DAC 有效("01")；
　　　　　　　　　　　全部有效"11"；全部无效("00")。
返回值：　无。
范例：

```
// 全部采用省电模式
DSK5416_PCM3002_ powerDown (myCodec, 3);
```

15. DSK5416_PCM3002_setFreq( )

设置音频 CODEC 的采样频率，采样频率可以在 6kHz、8kHz、12kHz、24kHz 和 48kHz 这些值之间选择。如果要选择一个其他值，则将自动处理为 48kHz。这个函数非常有用，在音频信号输入前可以根据实际信号的频率分布和采样定理来选取合适的采样频率。

语法：　　DSK5416_PCM3002_setFreq(DSK5416_PCM3002_CodecHandle hCodec,
　　　　　Uint32 freq)
参数：　　hCodec　—　指定音频设备的句柄。
　　　　　freq　—　采样频率值,可以是 6kHz、8kHz、12kHz、24kHz 或者 48kHz。
返回值：　无。
范例：

```
// 设置采样频率为 8kHz
DSK5416_PCM3002_ setFreq (myCodec, 8000);
```

7.2　程序外部控制与信息提示

一个应用系统往往需要通过人机交互方式实现对程序的外部控制执行，并通过 LED 指示灯、显示屏等给出信息提示。例如，具有多个可选功能的 DSP 应用系统会将一个功能菜单显示在屏幕上供选择，用户通过键盘选择相应功能。

实验开发平台 TMS320VC5416 DSK 提供的人机交互方式是 DIP 开关和 LED 指示灯，用户可以通过 4 个 DIP 开关在外部控制程序的运行，程序的运行状态则可以通过 4 个 LED 指示灯给出。

7.2.1　DIP 开关控制

每个 DIP 开关有两个状态，一个是 UP，另一个是 DOWN。UP 表示 DIP 开关处于原始状态，没有被按下；而 DOWN 表示 DIP 开关处于按下状态。TMS320VC5416 DSK 提供的支持库 dsk5416.lib 中包含了一个 DIP 开关的控制模块，共有两个 C 语言 API 程序。

```
DSK5416_DIP_init()        初始化所有 DIP 开关
DSK5416_DIP_get()         读取指定 DIP 开关的状态
```

这些 API 程序可以被应用程序调用，实现对程序的外部控制，但是，调用前必须在程序头部包含两个头文件 dsk5416.h 和 dsk5416_dip.h，并且在连接库中加上 dsk5416.lib 或 dsk5416f.lib。

1. DSK5416_DIP_init( )

这个函数实现对 DIP 开关模块的初始化处理，必须是应用程序中第一个被执行的 DIP 开关 API 函数。

```
语法:    DSK5416_DIP_init()
参数:    无。
返回值:  无。
范例:
         // 初始化 DIP 开关模块
         DSK5416_DIP_init();
```

2. DSK5416_DIP_get( )

这个函数检测指定 DIP 开关的当前状态，并通过函数值返回。应该注意的是，人机交互中 DIP 开关的按下或者回复需要一定的时间，因此，在应用程序中根据等待检测还是瞬时检测，其设计是不同的，前者需要一个循环结构，而后者只需要一条语句。

```
语法:    Uint32 DSK5416_DIP_get(Uint32 dipNum)
参数:    dipNum - DIP 开关号(从里往外 0～3)。
返回值:  处于 DOWN 状态(0);处于 UP 状态(1)。
范例:
         // 检测 DIP 开关 2 的状态
         if (DSK5416_DIP_get(2) == 0)
         {
             // DIP 开关处于 DOWN
         else
         {
             // DIP 开关处于 UP
         }
```

7.2.2 LED 指示灯控制

4 个绿色 LED 指示灯可以提供应用程序简单的信息提示功能，其中每一个指示灯有 ON 和 OFF 两种状态。TMS320VC5416 DSK 提供的支持库 dsk5416.lib 中包含了一个 LED 指示灯的控制模块，共有 4 个 C 语言 API 程序。

```
DSK5416_LED_init()       初始化 LED 指示灯模块
DSK5416_LED_off()        将指定的指示灯 OFF
DSK5416_LED_on()         将指定的指示灯 ON
DSK5416_LED_toggle()     使指定的指示灯闪烁
```

与 DIP 开关一样，这些 LED 指示灯 API 程序被应用程序调用前必须在程序头部包含两个头文件 dsk5416.h 和 dsk5416_led.h，并且在连接库中加上 dsk5416.lib 或 dsk5416f.lib。

1. DSK5416_LED_init( )

这个函数对 LED 模块实行初始化处理。在应用程序调用所有其他 LED 指示灯 API 之前必须先执行这个 API 程序。

```
语法:    DSK5416_LED_init()
参数:    无。
返回值:  无。
范例:
        // 初始化 LED 指示灯模块
        DSK5416_LED_init();
```

2. DSK5416_LED_off( )

这个函数将指定的 LED 指示灯熄灭。指示灯的序号从 0～3，按从里到外的顺序排列。

```
语法:    DSK5416_LED_off(Uint32 ledNum)
参数:    ledNum - LED 指示灯号(从里往外 0～3)。
返回值:  无。
范例:
        // 熄灭 3 号指示灯
        DSK5416_LED_off(3);
```

3. DSK5416_LED_on( )

这个函数将指定的 LED 指示灯点亮。指示灯的序号从 0～3，按从里到外的顺序排列。

```
语法:    DSK5416_LED_on (Uint32 ledNum)
参数:    ledNum - LED 指示灯号(从里往外 0～3)。
返回值:  无。
范例:
        // 点亮 2 号指示灯
        DSK5416_LED_on (2);
```

4. DSK5416_LED_toggle ( )

这个 API 函数使特定的指示灯以一定的频率闪烁。如果要以其他不同的频率使指示灯闪烁，必须由用户通过应用程序来完成。

```
语法:    DSK5416_LED_ toggle (Uint32 ledNum)
参数:    ledNum - LED 指示灯号(从里往外 0～3)。
返回值:  无。
范例:
        // 使 1 号指示灯闪烁
        DSK5416_LED_ toggle (1);
```

7.3 FLASH 存储器数据的读/写

FLASH 存储器是一种可读写的非易失性可编程存储器。由于 FLASH 存储器中的数据在系统掉电后仍然可以保存不变，因此具有很大的应用价值并得到了越来越广泛的应用。在 DSP 应用系统设计中几乎都要使用 FLASH 存储器来保持数据，例如，系统引导程序、提示语音数据、重要的模型数据等。

TMS320VC5416 DSK 使用了一片 256K 字的 FLASH 芯片 Am29LV400B。

7.3.1 FLASH 存储器结构与基本特性

Am29LV400B 是 AMD 公司采用 0.32μm 的 CMOS 工艺技术制造的存储器产品,采用 FBGA 或 TSOP 封装,其数据保存时间长达 20 年,可擦写次数达 100 万次以上,其逻辑结构如图 7.4 所示。

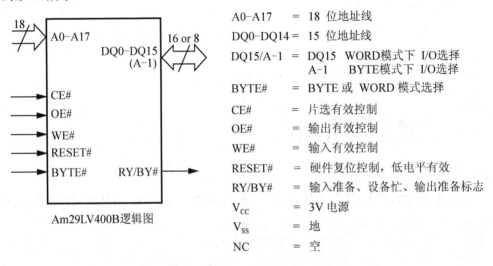

A0–A17	= 18 位地址线
DQ0–DQ14	= 15 位地址线
DQ15/A–1	= DQ15 WORD 模式下 I/O 选择
	A–1 BYTE 模式下 I/O 选择
BYTE#	= BYTE 或 WORD 模式选择
CE#	= 片选有效控制
OE#	= 输出有效控制
WE#	= 输入有效控制
RESET#	= 硬件复位控制,低电平有效
RY/BY#	= 输入准备、设备忙、输出准备标志
V_{cc}	= 3V 电源
V_{ss}	= 地
NC	= 空

Am29LV400B逻辑图

图 7.4 Am29LV400B 的逻辑结构

在 Am29LV400B FLASH 存储器中包含有内部数据区和有关存储器操作的物理层控制代码,应用程序需要向存储器发出控制指令来完成一系列数据读/写操作。在进行这些操作时,可以选择字节(BYTE)或字(WORD)方式进行。字节方式下的逻辑地址范围为:00000H～7FFFFH,共有 512K 字节,字方式下逻辑地址范围为:00000H～3FFFFH,有 256K 字。FLASH 存储器是作为 5416 DSP 的片外存储器使用的,在对存储器读/写时其逻辑地址通过映射到 DSP 数据空间的 8000H～FFFFH 或者程序空间进行,此时,相应的 DSP 系统寄存器 PMST 必须设置为外存储器模式。由于 5416 DSP 的数据空间 8000H～FFFFH 只有 32K 字的寻址空间,因此,在 FLASH 处于字方式下每次只可以对其逻辑地址的一部分进行读/写。FLASH 的 256K 字逻辑空间被划分成 8 个页面,5416 DSP 通过额外的地址控制方式来选择不同的页面对这些不同的存储区进行操作,例如,在 TMS320VC5416 DSK 实验开发系统中通过 CPLD 中的 DM_CNTL 寄存器来选择不同的页面。

在设计 FLASH 读/写程序时很重要的一点是利用 FLASH 自身提供的控制码,通过对 FLASH 写入特定控制码来完成存储器的擦除、写数据、读数据等操作。应该注意的是写入和擦除一定要检验,只有擦除干净的存储区才能被写入数据。同时,还要注意 FLASH 的慢速特点,与 DSP 和内部存储器相比,FLASH 的读/写速度低许多。因此,在进行 FLASH 操作时应该在系统操作周期中插入一些空操作周期,或者降低 DSP 的运行速度,使两者的速度尽可能匹配。例如,Am29LV400B 一个字写入的操作时间大概是 15μs,而读的速度要快许多。在对 FLASH 进行擦除时,一般有两种擦除方式可以选择,一种是整片 FLASH 擦除，另一种是分页擦除。前者适合对 FLASH 存储器中的所有数据进行整体清除的情况，后者适合对 FLASH 进行局部数据清除的情况，大部分情况下采用分页擦除以保护已经存储的数据。FLASH 擦除是所有操作中需要最多时间的一个操作，例如，Am29LV400B 需要的时间一般是 0.7s，而且有一个 50μs 的起始时间，如果在这个起始时间内出现其他 FLASH 操作指令，则很可能导致擦除失败。

SST39VF400 是 SST 公司采用 CMOS 工艺技术制造的 FLASH 存储器，采用 48 引脚的 FBGA 和 TSOP 封装。FLASH 存储器都采用标准的指令格式，结构也基本一致，但 SST39VF400 具有一个 2K 字的区域擦除方式，并且擦除的速度是 0.018s，相对 Am29LV400B 要快许多。

7.3.2 FLASH 存储器的应用程序接口

FLASH 应用程序接口(API)函数可以在应用程序中需要 FLASH 数据读/写时调用。本节介绍 TMS320C5416 DSK 的 FLASH 存储器 API，该 API 是用 C 语言编写的。

1. TMS320VC5416 DSK 的 FLASH 操作

关于 FLASH 存储器的读/写操作，实验开发系统 TMS320VC5416 DSK 并没有像音频 CODEC 那样提供相应的应用程序接口(API)，这使语音识别这样需要在 FLASH 存储器中保存语音模型数据的应用程序设计变得困难。为此，作者设计了如下 5 个 FLASH 操作 API 函数供应用程序设计时使用。

```
DSK5416_FLASH_init()        初始化 FLASH 操作
DSK5416_FLASH_setpage()     选择 FLASH 页面
DSK5416_FLASH_read()        从 FLASH 读取一个字的数据
DSK5416_FLASH_write()       将一个字的数据写入 FLASH
DSK5416_FLASH_erase()       擦除一个 FLASH 页面中的数据
```

在一个应用程序中如果调用这些 API 函数，则应该在程序头部包含 DSK5416.h 文件，并指定连接库为 dsk5416.lib 或者远调用的 dsk5416f.lib。这些 API 函数也可以集中起来放在一个文件中，例如 DSK5416_FLASH.h，然后在应用程序的头部包含这个头文件(7.4 节的应用程序实例就是采用这种方式设计的)。

1) DSK5416_FLASH_init()

这个函数初始化 FLASH 的操作，主要包括设置 FLASH 为外部存储器，并将其 0 页面映射到 DSP 的数据存储器，同时设置操作等待参数，为后面的其他操作做好准备。

```
函数:    void DSK5416_FLASH_init()
         {
             DSK5416_DM_CNTL = DSK5416_DM_CNTL & 0x00;
             *((unsigned *)(0x28)) = 0x4e92;
         }
参数:    无。
返回值:  无。
范例:
         DSK5416_FLASH_init();
```

DSP 技术与应用基础(第2版)

2) DSK5416_FLASH_ setpage()

选择FLASH存储器的某个32K字页面映射到DSP的数据存储器空间8000H~FFFFH。页面号可以从0~7，共8个页面。

```
函数:    void DSK5416_FLASH_setpage(unsigned pageno)
         {
             *((unsigned *)(0x1D)) = 0x7fa4;
             DSK5416_DM_CNTL= (DSK5416_DM_CNTL & 0xe0) | (pageno & 0x1f);
             *((unsigned *)(0x1D)) = 0x7fac;
         }
参数:    pageno - 页面号(0~7)。
返回值:  无。
范例:

         // 选择2号页面
         DSK5416_FLASH_setpage(2);
```

3) DSK5416_FLASH_ read( )

从当前 FLASH 存储器页面指定地址读取一个字的数据。地址在 DSP 的数据空间8000H~FFFFH 中选择，并通过函数返回数据值。实际的 FLASH 逻辑地址可以通过当前页面号乘以 32K 字加上地址值计算得到。

```
函数:    int  DSK5416_FLASH_read(unsigned flashAdd )
         {
             int x;
             *((unsigned *)(0x1D)) = 0x7fa4;
             x= *((unsigned *)flashAdd);
             *((unsigned *)(0x1D)) = 0x7fac;
             return x;
         }
参数:    flashAdd - FLASH 存储器对应的 DSP 空间相对地址 8000H~FFFFH。
返回值:  存储器地址中的数据值。
范例:

         // 从0x8000中读取一个字
         int x;
         x=DSK5416_FLASH_ read(0x8000);
```

4) DSK5416_FLASH_ write( )

将一个 16 位有符号数写入当前 FLASH 存储器页面的指定地址。函数中地址的解释与前一个函数一样，都是指 FLASH 在 DSP 空间的映射逻辑地址。

```
函数:    void DSK5416_FLASH_write(unsigned flashAdd, int flashData )
         {
             unsigned FLASH_CTL_55, FLASH_CTL_2A;
             FLASH_CTL_55 =( 0x0555 | 0x8000 );
             FLASH_CTL_2A =( 0x02aa | 0x8000 );

             *((unsigned *)(0x1D)) = 0x7fa4;
             while(*((unsigned *)flashAdd)!=flashData)
             {
```

258

```
                    *((unsigned *)FLASH_CTL_55)=0xAA;
                    *((unsigned *)FLASH_CTL_2A)=0x55;
                    *((unsigned *)FLASH_CTL_55)=0xA0;
                    *((unsigned *)flashAdd)=flashData;
                }
                *((unsigned *)(0x1D)) = 0x7fac;
            }
```

参数:　　　flashAdd – FLASH 存储器对应的 DSP 空间相对地址 8000H～FFFFH。
　　　　　　flashData – 写入的数据。
返回值:　　无。
范例:

```
            // 将一个 0x6666 存入 0xA001 中
            DSK5416_FLASH_ write (0xA001,0x6666);
```

5) DSK5416_FLASH_erase( )
擦除 FLASH 当前页面中的所有数据。这个操作一定要在向指定页面写入数据前先执行，否则，数据无法写入，并会导致错误产生。

函数:　　　void DSK5416_FLASH_erase ()
```
            {
                unsigned FLASH_CTL_55, FLASH_CTL_2A;
                FLASH_CTL_55 =( 0x0555 | 0x8000 );
                FLASH_CTL_2A = ( 0x02aa | 0x8000 );
                *((unsigned *)(0x1D)) = 0x7fa4;
                *((unsigned *)FLASH_CTL_55)=0xAA;
                *((unsigned *)FLASH_CTL_2A)=0x55;
                *((unsigned *)FLASH_CTL_55)=0x80;
                *((unsigned *)FLASH_CTL_55)=0xAA;
                *((unsigned *)FLASH_CTL_2A)=0x55;
                *((unsigned *)0x8000)=0x30;
                *((unsigned *)(0x1D)) = 0x7fac;
                TSK_sleep(150);
            }
```
参数:　　　无。
返回值:　　无。
范例:

```
            // 擦除第 3 页
            DSK5416_FLASH_setpage(3);
            DSK5416_FLASH_erase ();
```

7.4　音频信号处理程序

　　假设需要一个基于 DSP 的音频信号保密通信系统，能将发送端的音频信号进行加密处理，使得在信道中传输时窃听者无法理解，而在接收端经过解密后又能恢复原始音频，那么，如何来设计并实现这样的系统呢？显然，这样一个系统需要有音频信号的采集与输入/输出，需要有加密与解密处理，需要有相应的控制以及信息提示，也需要数据的缓冲与存储。本节的内容将集中在音频信号保密通信系统的应用程序设计上，以此为背景介绍基于实验开发系统 TMS320VC5416 DSK 的应用程序设计与实现方法。

7.4.1　总体设计

实际应用系统的程序分成发送端和接收端两个模块，前者负责原始音频信号的输入、实时加密和发送，后者负责接收加密音频信号并解密恢复，在发送端和接收端都有一个 DSP 分别负责处理这两大模块。这里把两个模块程序综合在一起进行设计，其总体流程如图 7.5 所示。

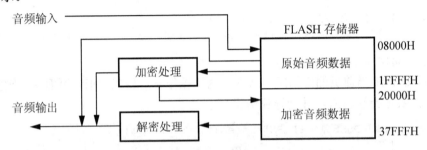

图 7.5　音频信号保密通信程序模块

原始音频信号采集输入后直接存入 FLASH 存储器。当选择加密处理时，从 FLASH 读出数据并加密，然后将加密数据存入 FLASH 并输出加密音频试听。当选择解密处理时，从 FLASH 读出加密音频信号进行解密并输出恢复音频试听。当然，原始音频信号的采集输入和输出也应该可以控制选择，以便更新原始音频信号和进行回放试听。因此，系统的应用程序共有音频信号采集与存储、加密、解密、音频信号回放输出 4 个子模块和一个总控模块需要设计。

FLASH 的数据存储应该有合理配置。总共 256K 字，8 个页面(0～7 页)的空间，前面 32K 字(第 0 页)留给实验开发系统的引导程序，最后 32K 字(第 7 页)预留不用。这样，实际可以使用的空间为 6 页共 192K 字，前面 3 页(1～3 页：08000H～1FFFFH)存原始音频数据，后 3 页(4～6 页：20000H～37FFFH)存加密音频数据，每个部分的空间为 96K 字，在 8kHz 采样时可以存放 12.288s 单声道 16 位音频数据。

为了提高程序的效率，程序采用基于 DSP/BIOS 的方式设计。另外，为了使程序结构更加清晰，所有的 FLASH 操作 API 函数都放在一个头文件中，这样程序头部只要包含这个文件就可以调用相应的 API 函数了。在基于实验开发系统 TMS320VC5416 DSK 的情况下，头文件是 DSK5416_FLASH.h，这个头文件不仅是函数的声明，还包括了函数的代码。

7.4.2　音频信号的采集与存储

音频信号的采集与存储模块功能是从音频 CODEC 设备读入数据并存入 FLASH 中的。这是一个顺序和循环处理的过程，可以使用音频 CODEC 的 API 来设计。在这个模块中需要考虑音频 CODEC 的配置，大部分参数可以采用默认值，例如，PCM3002 和 TLV320AIC23 的量化位默认都是 16。但是，采样率的默认值不是 8kHz，所以应该设定，同时要考虑 FLASH 的初始化和将采集到的原始数据存入 FLASH 指定区域。这部分程序的流程如图 7.6 所示。

图 7.6　音频信号采集与存储处理流程

根据 7.3.2 小节对 FLASH 存储器的配置，原始音频和加密音频的存储空间都是 96K 字，因此，设计中选择 8kHz 采样率来存储单声道 12.288s 的数据，如果采样率提高至 48kHz 就只能存储 2.048s 单声道数据。最后一个框中的处理是一个循环结构，每次从 CODEC 中读入一个声道的数据存储并循环。需要注意的是，CODEC 数据通道中输入的数据总是双声道的，并顺序传输，因此读出时应该舍去另一个声道的数据。

以下是应用于 TMS320VC5416 DSK 的程序源代码。

```
DSK5416_PCM3002_Config setup ={        // 配置音频 CODEC 寄存器参数
    0x1ff,    // 寄存器 0 的参数
    0x1ff,    // 寄存器 1 的参数
    0x000,    // 寄存器 2 的参数
    0x000     // 寄存器 3 的参数
};
Int16 data;    long int p,k;
DSK5416_PCM3002_CodecHandle hCodec;
hCodec = DSK5416_PCM3002_openCodec(0, &setup);
DSK5416_PCM3002_setFreq(hCodec, 8000);
DSK5416_PCM3002_rset(hCodec,3,0);
DSK5416_FLASH_init();
// 以上初始化代码各个子功能模块都需要,最后可放在程序的总控模块中,见 7.4.6 小节总
// 控模块
for(p=1;p<=3;p++)    //开始采集 12.288s 音频数据并存储到 FLASH 的第1~3 页
{
        DSK5416_FLASH_setpage(p);
        DSK5416_FLASH_erase();
        for(k=0; k<32767; k++)
        {
            while (!DSK5416_PCM3002_read16(hCodec, &data));
            while (!DSK5416_PCM3002_read16(hCodec, &data));
            DSK5416_FLASH_write(0x8000+k,data);
        }
}
```

7.4.3　音频信号的回放输出

音频信号回放输出模块的功能是从 FLASH 中读出原始音频信号并输出到音频 CODEC 设备。根据 7.4.1 小节总体设计流程，原始音频数据存放在 FLASH 的前 3 页 08000H~1FFFFH 空间。因此，原始音频信号的回放输出就是一个从 FLASH 读出音频数据并向音频 CODEC 输出的循环过程。这里应该注意的是，由于音频 CODEC 的数据通道中左右声道的数据应该顺序连接，因此，从 FLASH 读出的一个音频数据要连续两次输出

到 CODEC，提供给左右声道输出，否则输出的音频信号就会变快、变短。图 7.7 所示是这一部分程序的流程。

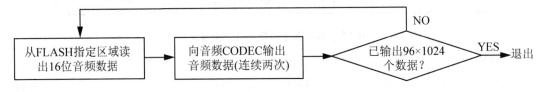

图 7.7　音频信号回放流程

这个模块中有关音频 CODEC 和 FLASH 的初始化可以采用与其他模块一致的方式，因此不需要另外设计。以下是 TMS320VC5416 DSK 的程序源代码。

```
Int16 data;    long int p,k;    // 这条变量定义语句最后放在 7.4.6 小节总控模块中
                                // 定义
// 音频 CODEC 和 FLASH 的初始化与其他模块一样,见 7.4.6 小节总控模块 //
for(p=1;p<=3;p++)    //从 FLASH 第 1~3 页读出 12.288s 音频数据回放
{
    DSK5416_FLASH_setpage(p);
    for(k=0; k<32767; k++)
    {
        data=DSK5416_FLASH_read(0x8000+k);
        while (!DSK5416_PCM3002_write16(hCodec, data));
        while (!DSK5416_PCM3002_write16(hCodec, data));
    }
}
```

7.4.4　音频信号的加密

音频信号加密的功能是将 FLASH 中存储的原始语音进行加密处理，使形成的加密信号无法被理解，然后将加密信号存储到 FLASH 加密区并输出到音频 CODEC 回放试听。

这个模块需要重点考虑的是加密算法以及程序实现，而其中有关内容与前面两小节的音频信号存储与回放是一样的，包括如何从 FLASH 中读出原始音频信号数据，如何将加密音频信号存储到 FLASH 和输出到音频 CODEC 试听等。

用于保密通信的加密算法有许多，在这里不涉及过多复杂的理论问题，而是把问题集中在如何建立一个加密算法使得原始语音变得不可理解。由于音频信号的特殊性，这种不可理解不是指数据本身的扰乱，而主要是指听觉感知上的不可理解性。可以采用循环异或算法来实现数据的加密，其原理是将原始数据与前一个加密后的数据进行异或而形成当前的加密数据，并循环下去直到所有数据都处理完毕。循环异或加密算法的公式如下。

$$y(n) = x(n) \ XOR \ y(n-1) \tag{7-1}$$

当 $n=0$ 时，$y(-1)$ 可以随机取一个值，例如 0。这个算法虽然安全性低一些，但具有简单、加密处理速度快的特点。音频信号加密模块的流程如图 7.8 所示。

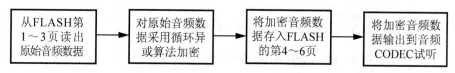

图 7.8　音频信号加密处理流程

　　这个模块处理中涉及的音频 CODEC 和 FLASH 初始化与其他模块是一致的,因此这里可以省去。在这个程序中,加密处理采用直接从 FLASH 的原始音频存储区读出数据,加密后直接写入 FLASH 的加密数据区的方法进行。也可以设置一个临时数组来缓冲数据,加快处理进程。以下是 TMS320VC5416 DSK 的程序源代码。

```
Int16 data,data_orig,data_code;        // 以下两条变量定义语句最后放在7.4.6小节总
                                       // 控模块中定义
long int p,k;
// 音频CODEC 和 FLASH 的初始化与其他模块一样,见 7.4.6 小节总控模块 //
data_code=0x2222;    // 初始密钥
for(p=1;p<=3;p++)    // 开始加密处理
{
    DSK5416_FLASH_setpage(p+3);
    DSK5416_FLASH_erase();    // 擦除加密数据区
    for(k=0; k<32767; k++)
    {
        DSK5416_FLASH_setpage(p);
        data_orig=DSK5416_FLASH_read(0x8000+k);    // 从 FLASH 读出原始数据
        data_code=data_code^data_orig;             // 加密运算
        DSK5416_FLASH_setpage(p+3);
        DSK5416_FLASH_write(0x8000+k,data_code);   // 存储加密数据到FLASH
    }
}
for(p=4;p<=6;p++)    // 从 FLASH 第 4~6 页输出 12.288s 加密数据回放试听
{
    DSK5416_FLASH_setpage(p);
    for(k=0; k<32767; k++)
    {
        data=DSK5416_FLASH_read(0x8000+k);
        while (!DSK5416_PCM3002_write16(hCodec, data));
        while (!DSK5416_PCM3002_write16(hCodec, data));
    }
}
```

　　图 7.9 所示反映了一段原始语音信号和对应的加密信号。从视觉上可以看到二者的明显差异,实际听觉试听也同样说明了加密处理是有效的,经过加密的语音信号已经无法正确理解其含义了。

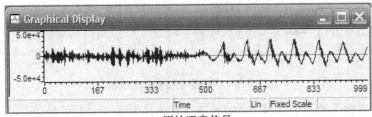

(a) 原始语音信号

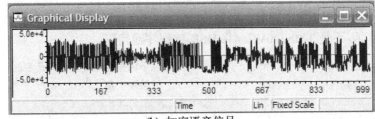

(b) 加密语音信号

图 7.9　原始语音信号与对应的加密信号

7.4.5　音频信号的解密

　　解密模块的功能是从 FLASH 中读出加密音频数据并运用解密算法进行解密后输出到音频 CODEC 设备。正常情况下解密后的音频信号应该能够恢复原始信号，只要解密算法是加密算法的逆运算，那么就可以做到这一点。

　　对于循环异或加密算法，其对应的解密算法也是采用循环异或的方法进行解密。对式(7-1)两边异或 $y(n-1)$ 可以得到下面的解密公式。

$$x(n) = y(n) \qquad \text{XOR} \qquad y(n-1) \tag{7-2}$$

　　解密模块的流程如图 7.10 所示。其中涉及音频 CODEC 以及 FLASH 的初始化同样与其他模块一致，因此这里可以省略。

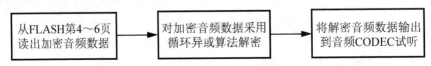

图 7.10　音频信号解密处理流程

　　实际程序中采用一个总体循环结构来实现，每次循环从 FLASH 读取一个加密音频数据，解密后直接输出到音频 CODEC，一直循环到所有加密数据被处理完毕。以下是应用于 TMS320VC5416 DSK 的程序源代码。

```
Int16 data,data_orig,data_code; // 以上两条变量定义语句最后放在 7.4.6 小节总
                                // 控模块中定义

long int p,k;
// 音频 CODEC 和 FLASH 的初始化与其他模块一样,见 7.4.6 小节总控模块 //
data=0x2222;//initial key
for(p=4;p<=6;p++)  // 开始解密处理
{
```

```
DSK5416_FLASH_setpage(p);
for(k=0; k<32767; k++)
{
    data_code=DSK5416_FLASH_read(0x8000+k); /
    data_orig=data_code^data;        // 解密运算
    data=data_code;
    while (!DSK5416_PCM3002_write16(hCodec, data_orig));
    while (!DSK5416_PCM3002_write16(hCodec, data_orig));
}
}
```

实验证明，采用以上解密模块对图 7.9(b)所示的加密音频信号进行解密后完全可以恢复图 7.9(a)所示的原始音频信号。如果要进一步提高加密与解密算法的安全性，则可以提高循环异或的长度，即选择连续的若干信号点进行异或，或者采用混沌序列进行加密等。

7.4.6　总控——功能选择控制与信息提示

如前所述，音频信号处理程序包括了多个子功能模块，这些功能模块的执行并不是一个完全的顺序过程，而是通过选择控制的方式来启动的，并且，应该在执行过程中给予一定的提示。另外，整个应用程序需要一些初始化处理，例如前面介绍的各个子功能模块都需要的音频 CODEC 和 FLASH 初始化等，这些初始化处理可以和功能选择与信息提示一起构成一个总控模块。

在基于 TMS320VC5416 DSK 的设计中，各子功能的选择可以运用 DIP 开关来控制，而其运行信息提示则可以借助 LED 指示灯的闪烁进行。

以下是应用于 TMS320VC5416 DSK 的总控模块程序源代码，可以将前面各小节的子功能模块程序嵌入到这个总控模块中形成一个完整的应用程序，嵌入时要将音频 CODEC 和 FLASH 初始化、宏定义和变量定义等按照总控模块的格式进行，子模块中相应的语句应该去掉。

```
// 在这里应该包含一个应用程序的 DSP/BIOS 配置头文件 *cfg.h  //
#include "dsk5416.h"
#include "dsk5416_pcm3002.h"
#include "dsk5416_led.h"
#include "dsk5416_dip.h"
#include "dsk5416_flash.h"
DSK5416_PCM3002_Config setup ={          // 配置音频 CODEC 寄存器参数
    0x1ff,    // 寄存器 0 的参数
    0x1ff,    // 寄存器 1 的参数
    0x000,    // 寄存器 2 的参数
    0x000     // 寄存器 3 的参数
};
void userApp()    // 音频信号处理程序入口
{
    // 变量定义区,各子模块中的变量都在这里定义  //
    DSK5416_PCM3002_CodecHandle hCodec;
    hCodec = DSK5416_PCM3002_openCodec(0, &setup);
```

```
    DSK5416_PCM3002_setFreq(hCodec, 8000);
    DSK5416_PCM3002_rset(hCodec,3,0);
    DSK5416_FLASH_init();
    while(1)        //等待按下一个开关选择子功能程序执行
    {
        if(DSK5416_DIP_get(0)==0)    //音频采集与输入
        {
            DSK5416_LED_toggle(0);
            // 在这里调用音频采集与输入模块程序 //
            DSK5416_LED_toggle(0);
        }
        if(DSK5416_DIP_get(1)==0)    //原始音频信号回放
        {
            DSK5416_LED_toggle(1);
            // 在这里调用音频回放输出模块程序 //
            DSK5416_LED_toggle(1);
        }
        if(DSK5416_DIP_get(2)==0)    //音频信号加密
        {
            DSK5416_LED_toggle(2);
            // 在这里调用音频信号加密模块程序 //
            DSK5416_LED_toggle(2);
        }
        if(DSK5416_DIP_get(3)==0)    //音频信号解密
        {
            DSK5416_LED_toggle(3);
            // 在这里调用音频信号解密模块程序 //
            DSK5416_LED_toggle(3);
        }
    }
    DSK5416_PCM3002_closeCodec(hCodec);
}
void main()
{
    DSK5416_init();         //初始化开发系统
    DSK5416_LED_init(); //初始化 LED 指示灯
    DSK5416_DIP_init(); //初始化 DIP 开关
}
```

小   结

一个 DSP 应用系统由软件来完成主要的信号处理任务,而这样的应用程序除了核心的数字处理部分之外一般还包括外界数据的采集与 I/O、数据的存储保护、功能的选择控制与信息提示等。本章通过一个具有保密通信功能的音频信号处理程序说明了如何结合具体的硬件平台进行设计的方法。PCM3002 和 TLV320AIC23 是两种常用的音频 CODEC 芯片,可以实现音频信号 ADC 与 DAC,前者能够应用于普通的立体声音频处理,后者则可以实现高保真立体声音频处理。FLASH 存储器与一般 RAM 的区别是可以实现数据的断电保护存储，Am29LV400B 和 SST39VF400 都是具有 256K 字容量的芯片，后者的性能指标要更高些。对于底层的处理，建立 API 应用程序接口并利用这些 API 函数设计上层的应用程序将带来很大的便利，在本章的例子中每一个子模块的设计都利用了这一点。当然，不同的硬件系统下实现相同功能的应用程序是不一样的，DSP 应用系统的软件具有很强的硬件相关性，但抛开具体的 API 函数，总体上相差并不大。

 阅读材料

声码器技术

声码器(Vocoder)是一种对语音进行分析和合成的编、译码器，也称为语音分析合成系统或语音频带压缩系统。由于声码器的参数编码特点，它主要用于窄带数字语音通信，特别是保密语音通信。

人讲话时，气流经过喉头形成声源信号，然后激励由口、鼻腔构成的声道，产生语音信号。声码器发信端的分析器首先对语音信号进行分析，提取主要语音参数：

(1) 声源特性，如声带是否振动(浊-清音)、声带振动时的频率(基频)；

(2) 声道传输信号的特性，或短时频谱。这些语音参数变化很慢，它们所占的总频带比语音本身的频带窄得多，因而对这些参数采样编码时总码率只有几千甚至几百比特/秒，只有语音信号本身编码速率的十几分之一，收信端的合成器可以利用这些参数来合成语音。

声码器最早出现在美国贝尔实验室。这个实验室的 Homer Dudley 在 1928 年提出合成语音的设想，并于 1939 年在纽约世界博览会上首次表演了他取名为声码器的语音合成器，这个合成器后来被用于第二次世界大战时的语音保密通信系统 SIGSALY，如图 7.11 所示。此后，语音合成的原理被用来研究压缩语音频带，声码器的研究工作不断取得进展，数码率已降到 2400 比特/秒或 1200 比特/秒，甚至更低，合成后的语音质量有较大提高。在售价、结构、耗电等诸方面符合商用的声码器已经出现。中国于 20 世纪 50 年代末开始研制声码器，并已用于数字通信。

图 7.11　1943 年用于第二次世界大战时期的语音保密通信系统 SIGSALY

声码器能压缩频带的根本依据是语音信号中存在信息冗余。语音信号只要保留声源和声道的主要参量，就能保证有较高的语音清晰度。

采用频谱包络和基频作为参数的声码器称为信道声码器。除信道声码器外，还有多种其他类型的声码器。它们在合成语音质量、数码率和复杂程度等方面不大一样，主要的差别在于语音参数和提取这些参数的方式不同。例如，用共振峰的位置、幅度和宽度表示频谱包络的，称为共振峰声码器；利用同态滤波技术，如对语音信号进行积分变换、取对数和反变换以获得各参数的，称为同态声码器；直接编码和传输语音的基带(如取 200～600Hz 的频带)以表征声源特性的，称为声激励声码器。此外，还有相位声码器、线性预测声码器等。

声码器明显的优点是数码率低，因而适合于窄带、昂贵和劣质信道条件下的数字语音通信，能满足节约频带、节省功率和抗干扰编码的要求。低数码率对语音存储和语音加密处理也都很有利。声码器的缺点是音质不如普通数字语音，而且工作过程较复杂，造价较高。现代声码器主要用在移动通信和需要通信安全(保密)的场合。随着对人类发音结构和听觉机理的深入研究以及计算机技术和大规模集成电路的发展，声码器的音质和设备小型化将不断得到改进，并将在数字通信中得到更广泛的应用。

习　　题

1. 一个 DSP 应用系统程序通常由哪些部分构成？
2. 音频 CODEC 的主要作用是什么？
3. PCM3002 与 TLV320AIC23 的主要区别是什么？
4. 如何设置 PCM3002 的采用样率和大小？
5. FLASH 存储器一般在什么情况下采用？
6. FLASH 存储器和 SARAM、DARAM 的区别是什么？
7. 在 TMS320BC5416 DSK 中使用的 FLASH 存储器容量是多少？
8. 如果音频处理应用程序需要实现一个将音频信号倒序的功能，试给出算法与程序模块。
9. 如何设计并实现一个更加安全的加密与解密模块？
10. 如何将读入的音频数据变成 8 位数据并存储到 FLASH 中？
11. 如何设计一个低采样率音频输入高采样率音频输出的程序？
12. 声码器的主要特点是什么？

实验五　语音保密通信

1. 实验目的

(1) 掌握一个完整 DSP 应用程序的设计开发原理。

(2) 掌握音频 CODEC 的编程运用。

(3) 掌握 FLASH 存储器的编程运用。

(4) 了解音频信号的加密与解密处理。

2. 实验内容

(1) 利用 CODEC 芯片设计并编程实现语音信号加密处理模块。

(2) 利用 FLASH 设计并编程实现原始语音信号和加密信号的 FLASH 存储。

(3) 根据具体的实验开发平台设计并编程实现程序的总控模块。

(4) 集成各模块实现一个完整的语音信号加密解密处理应用程序。

(5) 调试程序并观察实际运行情况。

3. 实验原理

一个语音信号保密通信系统需要在发送端对语音实现加密，而在接收端对加密语音实现解密，恢复原始语音。

用于保密通信的加密算法有许多，主要目的是通过加密使原始语音变得不可理解。由于语音信号的特殊性，这种不可理解不是指数据本身的扰乱，而主要是指听觉感知上的不可理解性。循环异或算法实现数据加密的原理是将原始数据与前一个加密后的数据进行异或形成当前的加密数据，并一直循环下去直到所有数据都处理完毕。循环异或加密算法的公式为 $y(n) = x(n)$ XOR $y(n-1)$。当 $n=0$ 时，$y(-1)$ 可以随机取一个值，例如 0。

对于循环异或加密算法，其对应的解密算法也是采用循环异或的方法进行解密。加密运算公式两边异或 $y(n-1)$ 可以得到相应的解密公式为 $x(n) = y(n)$ XOR $y(n-1)$。

不同的实验开发平台对于音频的输入/输出、FLASH 数据读/写、流程控制和信息提示的具体方式有所不同，具体编程时可参考各平台的 API 进行设计。

4. 实验设备

(1) PC 一台。

(2) TMS320VC5416 DSK。

(3) CCS 软件一套。

(4) 话筒与扬声器一套。

5. 实验步骤

(1) 建立工程 audio.pjt。TMS320VC5416 DSK 采用 DSP/BIOS 方式，需要建立 audio.cdb。

(2) 建立源程序 audio.c，首先编写总控模块，然后补充各功能模块，可参考本章前面的举例介绍，但总控模块中变量定义等地方需要增加特定语句，功能模块程序中的相应语句要去掉。

(3) 修改 audio.cdb 中的任务，增加 UserApp 用户程序说明。

(4) 编译、链接，调试程序并通过。

(5) 选择功能 1，通过话筒录制一段 12s 左右的语音。

(6) 选择功能 2，通过扬声器回放录制语音。

(7) 选择功能 3，实行原始语音的加密并播放加密语音。

(8) 选择功能 4，对加密语音进行解密并播放解密语音。

(9) 根据自己的理解和思路，尝试修改程序，完成其他特定任务。

6. 实验要求

(1) 提交完整的程序源代码。

(2) 提交实验分析测试数据。

(3) 提交完整的实验报告。

第 **8** 章

DSP 硬件系统设计

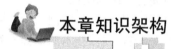

本章知识架构

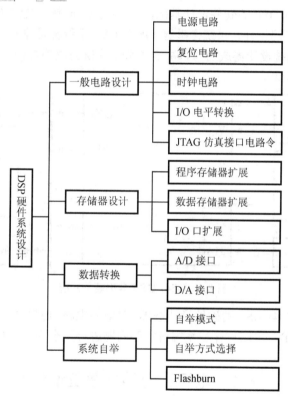

内容要点

- 如何设计电源、时钟、复位电路？
- 如何设计 JTAG 电路与存储器电路？
- 如何设计 ADC 与 DAC 电路？
- DSP 系统的自举，如何设计应用系统的自举控制？

众所周知，在实际系统中若要利用 DSP 强大的性能完成某种功能，是离不开 DSP 硬件支持的。如利用 DSP 对视频进行分析和处理时，在硬件上需要以 DSP 为核心形成一个视频采集、存储、分析和显示系统。此系统中需要有电源对整个电路供电；需要有 A/D 连接 DSP 和摄像头，以便 DSP 获取视频信号；需要有存储器，以便 DSP 存放视频信号、进行视频信号处理；需要 JTAG 接口，以便调试系统；甚至需要一些人机界面来监视和控制整个系统的运行等。具体研发时，只能在有了这个硬件系统后，才能进行软件编写，完成视频的分析和处理。

由此可见，DSP 的最终应用形态都是以一个硬件系统为基础的。在学习、掌握了 DSP 的基本硬件结构和软件知识后，就需要学习 DSP 与外设连接的硬件系统设计。

DSP 与外设的硬件系统设计是 DSP 学习者从理论学习到实践设计的关键一步，无论前面学习得怎么样，这一步掌握的情况将决定 DSP 学习者对 DSP 硬件技术的掌握程度。本章重点讲述了 C54x DSP 的硬件设计基础，包括电源、时钟、复位电路、JTAG 电路、存储器设计、AD/DA 电路设计、系统自举等。所有 DSP 系统都是建立在 DSP 硬件系统基础之上的，DSP 硬件系统设计得成功与否决定了整个系统的成功与否。典型的 C54x DSP 硬件系统图如图 8.1 所示。

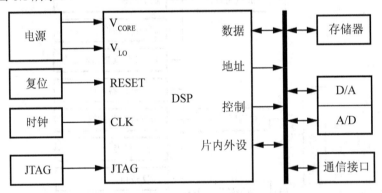

图 8.1 C54x DSP 典型硬件系统

本章重点阐述 C54x DSP 的硬件设计基础，对电源电路、时钟与复位电路、JTAG 电路、存储器的设计、AD/DA 电路设计和系统自举等问题进行了全面的分析。

8.1 电源、时钟与复位设计

8.1.1 电源电路

TMS320C54x DSP 一般都采用双电源、低电压设计。内核电源采用 1.8V、1.6V 或 1.5V，I/O 电源采用 3.3V。这样既可以降低芯片功耗，又可以方便和片外设备连接。

C54x DSP 的电流消耗取决于 DSP 芯片的工作状态和整个 DSP 系统中其他器件消耗电流的情况。在具体设计时需要估算整个系统的功耗情况，然后选择满足电流要求的电源设备。一般来说，整个系统中 DSP 的功耗最大。当 DSP 空闲时，应当尽量让 DSP 工作于等待状态或休眠状态，以减少消耗。

可以作为 DSP 电源的芯片比较多，如 Maxim 公司的 MAX604 和 MAX748，TI 公司的 TPS72X 和 TPS76X 等。这些芯片可分为线性电源和开关电源两种。线性电源使用在对功耗要求不高的场合，且线性电源纹波电压小，对系统干扰小；开关电源的效率高，一般使用在对功耗要求较高的场合，相对线性电源来说，开关电源的纹波电压大，有可能会对系统产生干扰。

　　在实际设计中可采用 5V 输入电源，然后分别产生 3.3V 和 1.8V 的电压。如 TI 公司提供的双路输出 TPS67D325 芯片。此芯片为 2.7～10V 输入(典型 5V 输入)，可调输出(可调范围在 1.5～5.5V 之间)，每路输出最大电流为 1A，同时提供宽度为 200ms 的复位低电平输出，具体电路如图 8.2 所示。

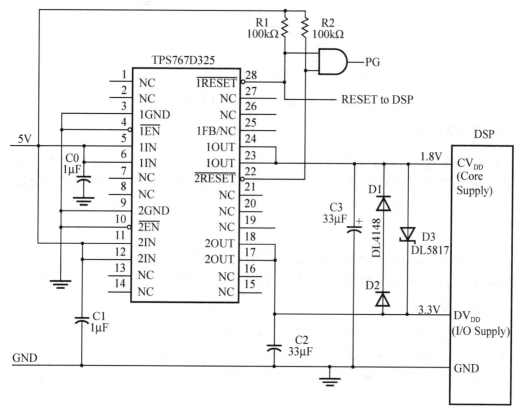

图 8.2　TPS676D325 电源原理图

　　在设计时，也可直接接入 3.3V 电源，然后再产生 1.8V 的电压。如使用 MAX748A 芯片产生 3.3V 的电源，具体电路如图 8.3 所示。

　　在设计 PCB 板时，电源中的数字地和模拟地要分开，要一点连接。通常每个电源引脚加一个旁路电容，旁路电容起电荷池的作用，以平滑电源的波动、减少电源上的噪声，旁路电容一般采用瓷片电容。

　　上电的时候，CPU 内核先于 I/O 上电，后于 I/O 掉电。CPU 内核与 I/O 供电应尽可能同时，二者的时间相差不能太长(一般不能大于 1s，否则会影响器件的寿命或损坏器件)。为了保护 DSP 器件，应在 CPU 内核电源与 I/O 电源之间加一个肖特基二极管。

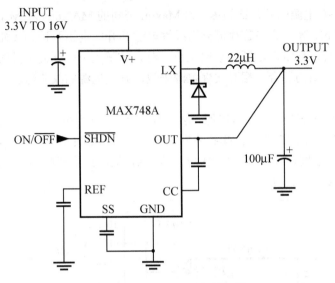

图 8.3　MAX748A 电源原理图

8.1.2　省电方式设计

C54x DSP 省电方式可以使 CPU 临时处于低功耗的休眠状态，但保持 CPU 中的内容，直到省电方式结束，CPU 继续工作。C54x DSP 省电方式可以通过执行 IDLE1、IDLE2、IDLE3 指令，或使 HOLD 管脚为低电平，同时将 HM 状态位置 1 使之进入省电模式。

1. 闲置方式 1

采用 IDLE1 指令进入闲置方式。此时 CPU 除了时钟外所有的操作都停止，片内外设电路继续工作，CLKOUT 引脚保持有效。可采用唤醒中断来结束这种闲置方式。

2. 闲置方式 2

采用 IDLE2 指令进入闲置方式。此时 CPU 和片内外设都停止工作。不能用结束闲置方式 1 的方法来结束闲置方式 2，可用外部中断来结束闲置方式 2。如可将一个脉冲信号加到外部中断引脚 RS、NMI 或 INTx 上，通过外部中断来结束闲置方式 2。闲置方式 2 结束后，所有片内外设将复位。

3. 闲置方式 3

采用 IDLE3 指令进入闲置方式。此时除了与闲置方式 2 同样的功能外，还可以终止锁相环 PLL 的工作，大幅降低系统的功耗。结束闲置方式和结束闲置方式 2 一样，采用外部中断。闲置方式结束后，片内外设被复位。

4. 保持模式

当 HOLD 信号为低，且 HM 信号为 1 时，CPU 停止运行，地址、数据、控制总线进入高阻状态；如果 HM 信号为 0，CPU 继续运行，地址、数据、控制总线进入高阻状态。当 HOLD 信号改变时，结束闲置方式。

5.　其他省电方式

除了上述 4 种省电方式外，还可以通过外部总线关闭和 CLKOUT 关断来实现省电模式。

C54x DSP 通过分区开关控制寄存器 BSCR 的第 0 位置 1 来关断外部接口时钟，使接口处于低功耗模式。复位时，此位清零，外部接口时钟恢复。时钟关断功能使 C54x DSP 可以用软件指令编辑 PMST 的 CLKOFF 位来决定 CLKOUT 是否有效。复位时，CLKOUT 有效。

8.1.3　复位电路

当 C54x DSP 的复位输入引脚 RS 上出现连续 5 个外部时钟周期以上的低电平时就能强制 DSP 进入复位状态，芯片内部所有相关寄存器初始化。复位后程序从指定的存储地址 FF80H 开始运行。若 RS 管脚一直保持低电平，芯片就始终处于复位状态。

C54x DSP 的复位具体有两种方式，即软件复位和硬件复位。软件复位是通过指令方式实现芯片复位的，硬件复位是通过硬件电路实现复位的。硬件复位一般有两种，普通复位和自动复位。

1.　普通复位电路

常见的复位电路利用 RC 电路的延迟特性来产生所需要的低电平。如图 8.4 所示，在系统上电时，由于电容上的电压不能突变，要通过电阻 R 进行充电。充电时间由 R 和 C 参数的乘积决定，R 和 C 的值越大，充电时间越长，复位时间就越长。为了使复位正确，必须使 RS 管脚上的有效信号持续时间满足 DSP 硬件复位信号要求。实际应用中，一般会把 R 和 C 的参数选得比理论值大一些。

精确复位时间由公式 $t = -RC \ln\left(1 - \dfrac{V_O}{V_E}\right)$ 决定。其中，V_O 为电容 C 上的复位阈值电压，V_E 为电容 C 上的最终电压(在图 8.4 中是 3.3V)。

图 8.5 所示是带开关的手动复位电路。系统上电后，闭合开关，电容 C 上的电荷将通过电阻 R_2 释放，使电容上的电压下降；当打开开关，电容 C 通过 R_1 充电，电压上升。

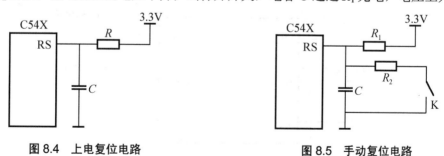

図 8.4　上电复位电路　　　　　　图 8.5　手动复位电路

2.　自动复位电路

对于整个 DSP 系统来说，上电复位电路的好坏直接关系到系统的正常工作。DSP 由于各种干扰而导致系统无法正常工作时，系统若能自动提供一个复位信号就可以重启系统，因此复位电路一般会采用具有监视功能的自动复位电路(看门狗电路)。

自动复位看门狗电路的基本原理是通过某个监视管脚来监视系统的运行。当系统正常运行时，设计人员预先规定由系统在预定的时间周期内给监视管脚发送一个脉冲信号。若在规定的时间周期内监视管脚没有收到脉冲信号，自动复位电路就认为系统运行不正常，会自动复位系统。

具体设计时可采用 TI 公司的复位芯片 TPS3823-33 或 MAX 公司的 MAX706R/S/T 等作为自动复位的芯片。MAX706R 管脚功能见表 8-1。

表 8-1　MAX706R 管脚功能

管脚名称	说　　明	管脚名称	说　　明
$\overline{\text{MR}}$	手动复位输入触发端	$\overline{\text{WDI}}$	看门狗输入端
VCC	电源输入端	NC	不连
GND	电源接地端	RESET	高电平有效复位输出
PFI	电源故障电压监视输入端	$\overline{\text{RESET}}$	低电平有效复位输出
PFO	电源故障输出端	$\overline{\text{WDO}}$	看门狗输出端。当 $\overline{\text{WDI}}$ 在 1.6s 内没接收到脉冲信号时，该管脚变低

MAX706R 和 DSP 的连接如图 8.6 所示。MAX706R 在系统上电、掉电、欠压、不正常工作时，都能复位 DSP，在必要时可以通过开关 K 进行手动复位。系统上电时，MAX706R 将在 $\overline{\text{RESET}}$ 管脚输出复位信号；当系统上电后，MAX706R 的 WDI 端口监视来自 DSP 的约定脉冲输出，若 DSP 不正常工作导致 WDI 管脚在 1.6s 的时间间隔内无法接收到预定脉冲，MAX706 将自动发出复位信号；系统上电后，若 PFI 监视到电源电压不正常，MAX706 也将自动发出复位信号。

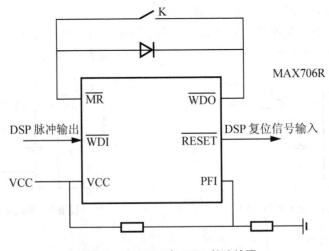

图 8.6　MAX706 与 DSP 的连接图

8.1.4 时钟电路

时钟电路为 TMS320C54x DSP 提供时钟信号，由内部振荡器和锁相环 PLL 组成，外部通过晶振或外部时钟电路驱动。

若采用晶振驱动，在 X1、X2 管脚之间接入晶体，用于启动内部振荡器。此处利用了 DSP 内部振荡器，具体电路如图 8.7 所示。若采用外部时钟驱动，将外部振荡器的输出时钟直接接入 C54x DSP 的 X2/CLKIN 管脚，X1 管脚悬空，此时不使用内部振荡器。

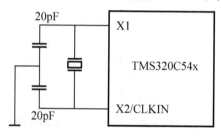

图 8.7　使用内部振荡器

在由外部时钟电路提供系统时钟时，也可采用可编程时钟芯片来提供外部时钟，这种方法的电路简单、占地小、能多个时钟输出、频率范围宽、驱动能力强，但对于单个时钟源来说成本较高。常用芯片有 CY22381(3 个独立的 PLL，3 个时钟输出引脚)、CY2071A(1 个 PLL，3 个时钟输出引脚)。

在制作 PCB 时，一般采用被动元件滤波方式给时钟电路供电，供电电源上加 $10\sim100\,\mu F$ 的钽电容旁路，每个电源引脚加 $0.01\sim0.1\,\mu F$ 的瓷片电容去耦，晶振、电容、PLL 滤波器等应尽可能地靠近时钟器件。在靠近时钟源的地方串接 $10\sim50\,\Omega$ 的电阻，以提高时钟波形的质量。

8.2　I/O 电平转换设计

C54x DSP 的 I/O 电压是 3.3V，和它连接的外设 I/O 电压一般也必须是 3.3V。如果外设的 I/O 电压是 5V 或其他电压，那么外设和 DSP 之间的连接必须考虑不同 I/O 工作电压之间的电平转换问题。

8.2.1 各种电平标准

目前芯片的 I/O 电平主要是 TTL 电平和 CMOS 电平，图 8.8 所示是 TTL 电平和 CMOS 电平的转换标准。V_{OH} 表示输出高电平的最低电压，V_{OL} 表示输出低电平的最高电压，V_{IH} 表示输入高电平的最低电压，V_{IL} 表示输入低电平的最高电压。

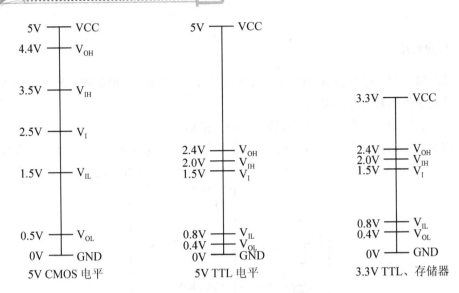

图 8.8　TTL 电平和 CMOS 电平转换标准

8.2.2　3.3V 与 5V 电平转换

在 3.3V 与 5V 接口直接互连时,必须考虑电压和电流是否匹配的问题,即要考虑驱动器件的输出逻辑电平是否符合被驱动器件的输入逻辑电平的要求,又要考虑驱动器件的最大输出电流是否满足被驱动器件的输入电流要求。

当 5V TTL 器件驱动 3.3V TTL(LVC)器件时,由于双方转换电平标准一样,只要 3.3V 器件能承受 5V 电压,并满足电流条件,就可以直接连接,否则需要加转换电路。

当 5V CMOS 器件驱动 3.3V TTL(LVC)器件时,双方的转换电平标准不一样,但满足直接互连电平的转换要求。只要 3.3V 器件能承受 5V 电压,并满足电流条件,就可以直接连接,否则需要加转换电路。

当 3.3V TTL(LVC)器件驱动 5V CMOS 器件时,双方的转换电平标准不一样,且不满足直接互连电平的转换要求,此时需要加入转换电路。

当 3.3V TTL(LVC)器件驱动 5V TTL 器件时,双方转换电平标准一样,且满足直接互连电平的转换要求,只要满足电流要求,就可以直接互连,否则需要加转换电路。

8.2.3　转换电路实现方法

转换电路可以采用总线收发器、总线开关、2 选 1 切换器、CPLD、电阻分压等方式来实现。总线收发器常用器件有 SN74LVTH245A(8 位)、SN74LVTH16245A(16 位)等。其特点是 3.3V 供电,需进行方向控制,3.5ns 转换延迟,-32/64mA 驱动,输入容限 5V,主要应用于数据、地址和控制总线的驱动。

此处为了说明接口互连的问题,选用 AM27C010 EPROM 芯片和 DSP 互连作例子(在实际设计中可以选用和 TMS320VC5416 I/O 电平完全兼容的芯片,以减轻设计难度)。TMS320VC5416 和 AM27C010 的 I/O 电平见表 8-2。

表 8-2　TMS320VC5416 与 AM27C010 电平转换标准

器件\电平	输出高电平	输出低电平	输入高电平	输入低电平
TMS320VC5416	最低 2.4V	最高 0.4V	2.0～3.9V	−0.3～0.8V
AM27C010	最低 2.4V	最高 0.45V	2.0～5.5V	−0.5～0.8V

从表 8-2 中可以看出，TMS320VC5416 与 AM27C010 电平转换标准一致。当 TMS320VC5416 驱动 AM27C010 时，可直接驱动，但 AM27C010 是 5V 器件，TMS320VC5416 是 3.3V 器件。当 AM27C010 驱动 TMS320VC5416 时，VC5416 不能承受 5V 电压。因此 在 AM27C010 向 VC5416 传递信号的通道上要加入电平转换器件。

SN74LVC16245 芯片是一个工作电压为 2.7～3.6V 的双向收发器，可以用作 2 个 8 位 或 1 个 16 位的收发器。其基本功能见表 8-3，VC5416 与 AM27C010 的连接图如图 8.9 所示。

表 8-3　SN74LVC16245 芯片基本功能说明

OE(输出使能控制脚，低电平有效)	DIR(数据方向控制脚，控制数据流向)	说　明
低电平(L)	低电平(L)	B→A
低电平(L)	高电平(H)	A→B
低电平(L)	X	两端隔离

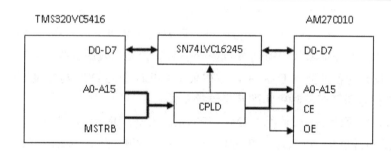

图 8.9　3.3V TMS320VC5416 与 5V AM27C010 的接口电路

8.3　JTAG 仿真接口电路

C54x DSP 有标准的 JTAG(Joint Test Action Group)接口，主要用于 DSP 开发仿真和测 试。TI 公司的单个 DSP 与 JTAG 仿真口的连接如图 8.10 所示。

JTAG 是一种通用标准接口，允许不同类型的 DSP，甚至其他带 JTAG 的非 DSP 芯片 组成 JTAG 链。使用 JTAG 口进行仿真时，要求安装 JTAG 口仿真器的计算机与电路板可 靠接地，不能带电插拔仿真口，仿真口断电前需先退出仿真器的软件调试环境。其管脚功 能分别为：EMU0，JTAG 仿真脚 0；EMU1，JTAG 仿真脚 1；TRST，JTAG 测试复位端； TMS，JTAG 测试方式选择端；TDI，JTAG 测试数据输入；TDO，JTAG 测试数据输出； TCK，JTAG 测试时钟。

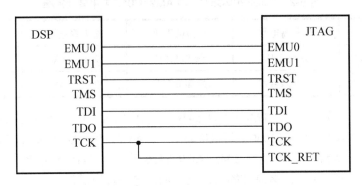

图 8.10　单个 DSP 与 JTAG 仿真口的连接图

8.4　外部存储器和 I/O 扩展设计

C54x DSP 的片内存储器尽管很大，但对于数据运算量和存储容量要求较高的场合，往往需要进行片外存储器和 I/O 扩展。

8.4.1　外部程序存储器扩展

外部程序存储器是用来存储系统代码及数据表格的空间。扩展程序存储器时(包括数据存储器的扩展)，除了要考虑地址空间分配外，还要注意存储器和 DSP 的 I/O 口电压、电流匹配，存储器读写控制和片选控制与 DSP 外部地址总线、数据总线、控制总线的时序匹配(在 TI 公司设计的各种型号 DSK 中，往往采用 CPLD 作为 DSP 与外设的连接桥梁，以对两者接口进行电压匹配、时序匹配及简单控制)。

外部扩展程序存储器一般使用 RAM、EPROM、EEPROM 或 FLASH。RAM 为易失性存储器，但其运行速度快，可以为 DSP 提供运行指令代码和保存临时数据。FLASH 或 EPROM 为非易失性存储器，可以为 DSP 保存代码和数据表。FLASH 与 EPROM 相比，体积小、功耗低、使用方便，且 3.3V 的 FLASH 可直接与 DSP 芯片连接，相对来说具有优势。

下面用 AMD 公司的 512K×8b/256K×16b 容量的 FLASH 芯片 AM29LV400B 与 C54x DSP 连接来说明外部程序存储器扩展的方法。AM29LV400B 存取速度高达 55ns，3.3V 电源，采用 44 脚 SO 封装或 48 脚 FBGA/TSOP 封装。AM29LV400B 引脚功能见表 8-4。

表 8-4　AM29LV400B 引脚功能

引脚名	功能说明	引脚名	功能说明
A0~A17	地址线	DQ0~DQ14	数据总线
DQ15/A-1	DQ15：数据线，字模式 A-1：最低地址输入端，字节模式	BYTE#	字节或字模式选择端

续表

引脚名	功能说明	引脚名	功能说明
CE#	芯片使能	OE#	输出使能，低电平有效
WE#	写使能	RESET#	硬件复位端，低电平有效
RY/BY#	准备好/忙信号输出端	VCC	3V 单电源输入端
VSS	接地端	NC	不连

DSP 外部扩展程序存储器连接图如图 8.11 所示。AM29LV400B 的地址总线、数据总线和 DSP 的地址总线、数据总线直接相连，片选信号和 DSP 的外部程序存储器的片选信号 PS 相连，写信号 WE#和 DSP 的读/写信号 R/W 相连，输出使能信号 OE 接地。当 PS=0、MSTRB=0 时，DSP 可以对 AM29LV400B 进行读操作；当 PS=1 时，AM29LV400B 挂起，地址线和数据线呈高阻态。

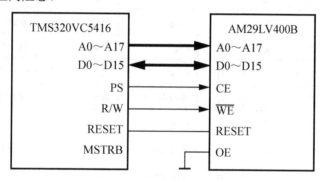

图 8.11　DSP 扩展外部程序存储器连接图

8.4.2　外部数据存储器扩展

TMS320C54x DSP 的型号不同，其内部 RAM 的大小也不同。从程序的运行速度、系统功耗和电路的抗干扰性等方面考虑，在选择芯片时应尽量选择不需要进行外部数据存储器扩展的大容量 DSP。但在一些特殊的时候，还是需要进行外部数据存储器扩展。

可作为外部数据扩展存储器的种类可分为静态存储器 SRAM 和动态存储器 DRAM。如果系统对外部数据存储器的运行速度要求不高，可以采用常规静态存储器，如 TC55V16256FT；如果系统对外部数据存储器的运行速度要求高，一般采用同步动态存储器。

下面以高速静态存储器 IS61LV6416 为例来进行外部数据存储器扩展的说明。ISSI 公司的 IS61LV6416 是 65536×16b(地址线 16 条、数据线 16 条)容量的高速静态 RAM，其工作电压为 3.3V，访问时间最短可达 8ns，TTL 兼容接口电平，三态输出，高字节/低字节数据传输可控制，采用 48 脚 SOJ/TSOP 封装或 48 脚 BGA 封装。其管脚说明及管脚组合功能说明见表 8-5 和表 8-6。

表 8-5　IS61LV6416 管脚说明

管脚名称	功能说明	管脚名称	功能说明
A0~A15	地址输入管脚	I/O0~I/O15	数据输入输出管脚
CE	芯片使能输入管脚	OE	数据输出使能管脚
WE	写使能管脚	LB	低字节控制管脚
UB	高字节控制管脚	NC	不连
VCC	电源	GND	接地

表 8-6　IS61LV6416 管脚组合功能说明

WE	CE	OE	LB	UB	I/O0~I/O7	I/O8~I/O15	MODE
X	H	X	X	X	高阻	高阻	未选择芯片
H	L	H	X	X	高阻	高阻	输出禁止
X	L	X	H	H	高阻	高阻	输出禁止
H	L	L	L	H	数据输出	高阻	读数据线低 8 位
H	L	L	H	L	高阻	数据输出	读数据线高 8 位
H	L	L	L	L	数据输出	数据输出	读数据线 16 位
L	L	X	L	H	数据输入	高阻	写数据线低 8 位
L	L	X	H	L	高阻	数据输入	写数据线高 8 位
L	L	X	L	L	数据输入	数据输入	写数据线 16 位

　　DSP 外部扩展数据存储器连接图如图 8.12 所示。IS61LV6416 的地址线、数据线和 VC5416 的地址线、数据直接连接。由于 IS61LV6416 是数据存储器，CE 信号和 DSP 的 DS 管脚连接，以选通外部数据存储器。WE 信号和 DSP 的 R/W 管脚相连，OE、LB、UB 信号接地，以便 DSP 对 IS61L6416 进行 16 位读写。

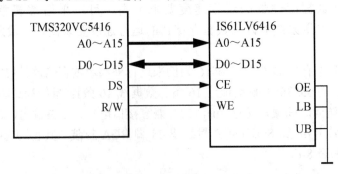

图 8.12　DSP 扩展数据存储器连接图

8.4.3　I/O 口扩展

TMS320C54x DSP 可以采用外部 I/O 扩展的方式和外设硬件连接。TMS320C54x DSP 的 I/O 资源主要由 3 部分构成：通用 I/O 引脚 BIO 和 XF、BSP 引脚、HPI 的 8 条数据线。

BSP 引脚在串口的相应部分处于复位状态(寄存器 SPC[1、2]中的(R/X)IOEN=1)，且串口的通用 I/O 功能被启动(寄存器 PCR 中的(R/X)IOEN=1)时，串口引脚 CLKX、FSX、DX、CLKR、FSR、DR 可用作普通 I/O 口。

在 HPI 接口复位，且 HPIENA 引脚为低电平时，可以用 I/O 控制寄存器 GPIOCR 和通用 I/O 状态寄存器 GPIOSR 来控制 HPI 数据引脚的普通 I/O 功能。表 8-7 为通用 I/O 控制寄存器 GPIOCR 各位功能说明，表 8-8 为通用 I/O 状态寄存器 GPIOSR 各位功能说明。

表 8-7　通用 I/O 控制寄存器 GPIOCR 各位功能说明

位	名　称	复 位 值	功　能
15	TOUT1	0	定时器 1 输出允许
14～8	保留	0	
7～0	DIR7～DIR0	0	I/O 引脚方向位 DIRX=0：HDX 引脚为读入模式 DIRX=1：HDX 引脚为写出模式 (X=0、1、2、…、7)

表 8-8　通用 I/O 状态寄存器 GPIOSR 各位功能说明

位	名　称	复 位 值	功　能
15～8	保留	0	
7～0	IO7～IO0	不定	IOX 引脚状态位，该位反映 HDX 引脚的电平状态。当引脚设置为输入时，该位锁存引脚的输入逻辑电平；当引脚设置为输出时，则根据该位的值驱动引脚输出

下面以键盘连接为例来说明 DSP 外部 I/O 扩展设计。由于 C54x DSP 芯片的 I/O 资源相对较少，通常在使用时需要对 I/O 进行扩展。扩展芯片可以采用 74HC573，表 8-9 为 74HC573 的真值表。图 8.13 所示为 TMS320VC5416 与键盘连接电路图。TMS320C54x DSP 读键盘端口地址为 0BFFFH(A14=0)，写键盘端口地址为 0DFFFH(A13=0)。

表 8-9　74HC573 真值表

输　入			输　出
OE	LE	D	
L	H	H	H
L	H	L	L

续表

输　　入			输　　出
OE	LE	D	
L	L	X	数据
H	X	X	Z

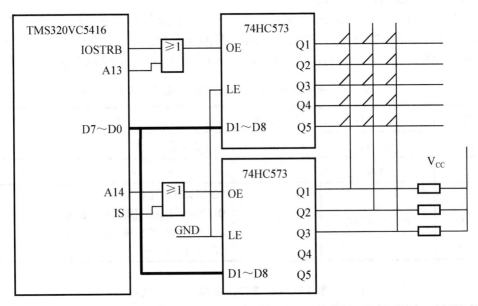

图 8.13　TMS320VC5416 与键盘的连接电路图

TMS320VC5416 键盘部分的驱动程序如下。

```
                    *KEY.ASM*
*键盘识别*
        LD      #KEY_W,DP           ;确定页指针
        LD      KEY_W,A             ;取行输出数据
        AND     #00H,A              ;给 A 送 0
        STL     A,KEY_W             ;送入行输出单元
        PORTW   KEY_W, 0DFFFH       ;全 0 行输出
        CALL    DELAY               ;调用延时程序
        PORTR   0BFFFH,KEY_R        ;读列数据
        CALL    DELAY               ;
        ANDM    #07H,KEY_R          ;屏蔽列数据高位,保留低 3 位
        CMPM    KEY_R,#07H          ;列数和 07 比较
        BC      KEY_NO,TC           ;若相等,无键按下,转 KEY_OK,
                                    ;不等,有键按下,继续执行

*防止键盘抖动*
        CALL    DELAY_10MS          ;延时 10ms,软件防抖动
        PORTR   0BFFFH,KEY_R        ;读列数据
        CALL    DELAY               ;
        ANDM    #07H,KEY_R          ;保留低 3 位
```

```
            CMPM        KEY_R,#07H                          ;判断该行是否有键按下
            BC          KEY_NO,TC
*键盘扫描
KEY_S:
            LD          #X0,A                               ;扫描第 1 行,行代码 X0 送入 A
            STL         A,KEY_W                             ;X0 送行输出单元
            PORTW       KEY_W,0DFFFH                        ;X0 代码写输出
            CALL        DELAY                               ;
            PORTR       0BFFFH,KEY_R                        ;读列代码
            CALL        DELAY                               ;
            ANDM        #07H,KEY_R                          ;屏蔽列数据高位,保留低 3 位
            CMPM        KEY_R,#07H                          ;
            BC          KEY_OK,NTC                          ;若有键按下,转 KEY_OK
            LD          #X1,A                               ;若无键按下,扫描第 2 行
            ...
            LD          #X2,A                               ;若无键按下,扫描第 3 行
            ...
            LD          #X3,A                               ;若无键按下,扫描第 4 行
            ...
            LD          #X4,A                               ;若无键按下,扫描第 5 行
            STL         A,KEY_W                             ;
            PORTW       KEY_W,0DFFFH                        ;
            CALL        DELAY                               ;
            PORTR       0BFFFH,KEY_R                        ;
            CALL        DELAY                               ;
            ANDM        #07H,KEY_R                          ;
            CMPM        KEY_R,#07H                          ;
            BC          KEY_OK,NTC                          ;
KEY_NO:
            ST          #00H,KEY_V                          ;若无键按下,存储 00 标志
            B           KEY_END                             ;返回
KEY_OK:
            SFTA        A,3                                 ;行代码左移 3 位
            OR          KEY_R,A                             ;行代码与列代码组合
            AND         #0FFH,A                             ;屏蔽高位,形成键码
            STL         A,KEY_V                             ;保存键码
KEY_END:
            NOP
            RET
```

8.5　A/D 和 D/A 接口电路

一个典型的 DSP 实时数字信号处理系统如图 8.14 所示，A/D 和 D/A 转换器在系统中是非常重要的。DSP 数字信号处理系统先将模拟输入信号转换成数字信号，数字信号经过 DSP 处理，然后再转换成模拟信号输出。本节主要介绍 A/D、D/A 的使用原理及其接口电路与 DSP 芯片的连接。

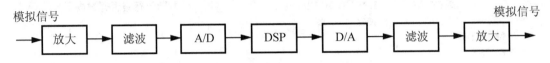

图 8.14 典型的 DSP 实时数字信号处理系统

8.5.1 A/D 接口设计

A/D 的作用是将模拟信号转换成数字信号。对 A/D 的选用要依据转换精度、速率、信号幅度、信号极性、阻抗匹配、数字接口、电源数量、功耗、封装、价格等参数。这里以 A/D 芯片 ADS7841 为例进行说明。

1. ADS7841 芯片

ADS7841 功能框图如图 8.15 所示。它支持单电源,电源范围 VCC 为 2.7～5V,4 通道单端输入或 2 通道差分输入,12 位模拟数据转换,最高 200kHz 转换速率,同步串行输出,可 8 位输出或 12 位输出,有 16 脚 DIP/SSOP 封装。其管脚功能见表 8-10。

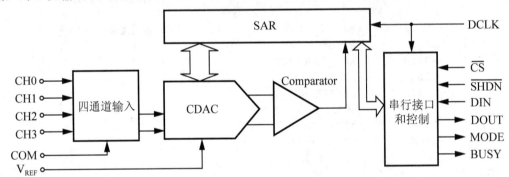

图 8.15 ADS7841 功能框图

1) 模拟输入

ADS7841 使用时需要一个外部参考电压和外部时钟。外部参考电压可以在 100mV 到 VCC 之间,外部参考电压的值决定了模拟输入端的输入信号范围。模拟输入可以以 COM 管脚电压(通常接地)为参考,或者同时使用两个通道(CH0～CH3),形成差分输入。表 8-11 和表 8-12 显示了 A2、A1、A0、SGL/DIF 控制位如何来配置模拟输入通道工作,ADS7841 以+IN 和-IN 的差分电压作为转换的模拟输入电压。

表 8-10 ADS7841 管脚功能

管脚号	管脚名称	功能说明
1	VCC	电源输入端:2.7～5V
2	CH0	模拟输入通道 0
3	CH1	模拟输入通道 1
4	CH2	模拟输入通道 2

管脚号	管脚名称	功能说明
5	CH3	模拟输入通道 3
6	COM	模拟输入端的参考地
7	SHDN	关断模式，当连接低电平时，芯片进入低功耗关断模式
8	VREF	参考电压输入端
9	VCC	电源输入端：2.7~5V
10	GND	接地端
11	MODE	转换模式选择。MODE=0，芯片执行 12 位转换；MODE=1，芯片功能由在控制字节中的模式位决定
12	DOUT	串行数据输出
13	BUSY	忙信号输出
14	DIN	串行数据输入
15	CS	芯片选择
16	DCLK	外部时钟输入

表 8-11　单端模式通道选择(SGL/DIF 高电平)

A2	A1	A0	CH0	CH1	CH2	CH3	COM
0	0	1	+IN				-IN
1	0	1		+IN			-IN
0	1	0			+IN		-IN
1	1	0				+IN	-IN

表 8-12　差分模式通道选择(SGL/DIF 低电平)

A2	A1	A0	CH0	CH1	CH2	CH3	COM
0	0	1	+IN	-IN			
1	0	1	-IN	+IN			
0	1	0			+IN	-IN	
1	1	0			-IN	+IN	

2) 数据接口

图 8.16 所示显示了典型的 ADS7841 数据接口的功能和时序。ADS7841 进行一次完整的转换需要 3 个阶段。第一个阶段，8 个时钟，数字信号经过 DIN 输入，被用来提供控制字(控制字功能见表 8-13)，使 ADS7841 按要求进行转换；第二个阶段，ADS7841 进行 A/D 转换，BUSY 信号送出高电平；第三个阶段，12 个时钟，转换数据输出。

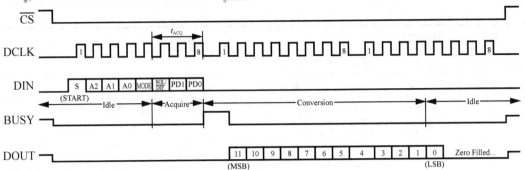

图 8.16　DS7841 数据接口功能时序图

表 8-13　ADS7841 控制字组成及功能

位	名　　称	功能描述
7	S	开始位，控制字节在 DIN 管脚上以高电平开始
6～4	A2～A0	通道选择位
3	SGL/DIF	单端/差分选择位
2	MODE	12 位/8 位转换设置位。如果 MODE 管脚为高电平，则 MODE 位=0：12 位转换。 MODE 位=1：8 位转换。 若 MODE 管脚为低电平，则 MODE 无效，转换为 12 位
1～0	PD1～PD0	低压模式选择位

3) ADS7841 典型电路图

ADS7841 典型电路图如图 8.17 所示。

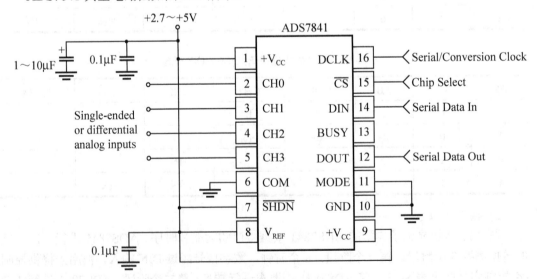

图 8.17　ADS7841 典型电路图

2. ADS7841 与 DSP 的连接

TMS320VC54x DSP 采用 McBSP0 的 SPI 模式控制读取 AD 输出的数据，它与 ADS7841 的连接如图 8.18 所示。利用寄存器把 McBSP0 的工作方式设置为无延迟位的类 SPI 主设备模式，输出时钟为 1MHz。这样每当 DSP 进行 24 位一次 McBSP1 读/写就是 FSX 先送出比 24 个时钟略大的低电平(平时为高电平)；CLKX 在 FSX 送出的低电平内送

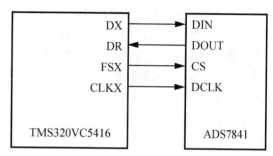

图 8.18　DSP 与 ADS7841 的连接

出 1MHz 的时钟 24 个(平时为高电平)；DX 根据 CLKX 时钟，送出高 8 位为控制命令和低 16 位为 0 的 24 位输出数据(100100110000000000000000)；DR 根据 CLKX 时钟读到 24 位输入数据(其中只有低 16 位中的高 12 位是有效的)。DSP 采用查询方式读/写 McBSP0 口。由此可见，McBSP0 的 SPI 模式恰好可以满足 ADS7841 的 24 个时钟的转换时序要求。实际结果也证明采用这种方法完全能正确控制读/写 AD7841。

8.5.2　D/A 接口设计

D/A 的作用是将数字信号转换为模拟信号。TI 公司为 DSP 芯片提供了多种配套的数模转换芯片，如并行接口的 TLC7528、TLV5619、TLV5639 等，串行接口的 TLC5617、TLV5616 等。这里以 TLV5639 为例进行说明。

1. TLV5639 芯片

TLV5639 是内带微处理器、并行电压输出的 12 位数模转换芯片。它使用包含 4 个控制位和 12 个数据位的 16 位数据编程，支持宽电压 2.7~5.5V，18 管脚 SOIC/TSSOP 封装。其管脚功能见表 8-14。

表 8-14　TLV5639 管脚功能

管脚号	名　　称	功能说明
1~10、19、20	D0~D11	数据输入端
11	VDD	正电源输入端
12	REF	模拟参考电压输入/输出端
13	OUT	D/A 转换模拟信号输出端
14	AGND	模拟地
15	REG	寄存器选择端，数据输入时，被用来控制数据输入方向
16	LDAC	装载端，低电平有效
17	WE	写使能
18	CS	芯片选择

TLV5639 转换时序如图 8.19 所示。在 CS 管脚为低电平时，TLV5639 在 WE 信号的上升沿装载数据。当 REG 为 0 时，装载的数据被送入 TLV5639 锁存器。当 REG 为 1 时，装载的数据被送入控制寄存器。LDAC 管脚信号变低，则用锁存器里的值更新 TLV5639，进行 D/A 转换。在不连续进行数据更新时，LDAC 可以被保持低电平，和数据输入同步。其控制寄存器的说明见表 8-15。

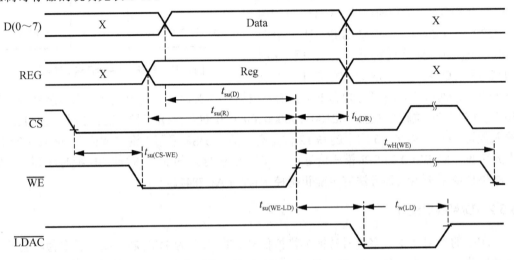

图 8.19　TLV5639 转换时序

表 8-15　TLV5639 控制寄存器说明

位　　数	名　　称	说　　　　明
D11～D5	X	任意数
D4～D3	REF1 REF0	参考源和参考电压决定位 REF1=0，REF0=0：外部参考源 REF1=0，REF0=1：1.024V REF1=1，REF0=0：2.048V REF1=1，REF0=1：外部参考源
D2	X	任意数
D1	PWR	电源控制位。PWR=1：电压下降；PWR=0：正常运行
D0	SPD	速度控制位。SPD=1：快速模式；SPD=0：慢速模式

2. TLV5639 与 DSP 的连接

TMS320VC5416 与 TLV5639 芯片的连接如图 8.20 所示。TLV5639 的 D0～D11 直接和 DSP 的数据线相连；CS 和 DSP 的 A14、IS 的组合相连，地址为 0BFFFH；REG 和 DSP 的 A15、IS 的组合相连，地址为 07FFFH；LDAC 接地；WE 和 DSP 的 R/W 相连。

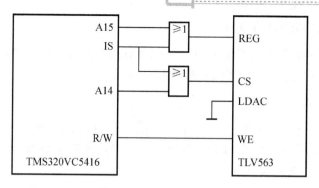

图 8.20 TMS320VC5416 与 TLV5639 芯片的连接

8.6 DSP 系统自举

DSP 系统自举(Bootloader)程序可以解决 DSP 应用程序永久存储和高速运行之间的矛盾，该程序在 DSP 上电复位后将 DSP 应用程序从外部慢速存储设备搬移进入片内映射到程序空间的高速存储设备，从而使 DSP 应用程序得以高速运行。

DSP 的 Bootloader 程序可以由用户自定义编写，也可以使用在 C54x 系列 DSP 芯片的片内 ROM 中掩膜提供的 Bootloader 程序。当 DSP 的 PMST 寄存器中，$\mathrm{MP}/\overline{\mathrm{MC}}=0$，即采用微计算机方式工作时，DSP 复位后将调用程序空间 0FF80H 中断向量，然后转到 0F800H 执行掩膜 ROM 中的 Bootloader 程序，进行系统自举。

8.6.1 DSP 系统自举模式

为满足多种不同的系统需求，C54x 系列 DSP 芯片提供的 Bootloader 程序支持多种自举模式，下列内容介绍 C54x 系列 DSP 芯片 Bootloader 程序支持的几种自举模式。

1. 主机接口(HPI)自举模式

利用外部主机处理器通过 HPI 接口搬移 DSP 应用程序进入 DSP 的片内存储空间。DSP 应用程序的执行入口地址被下载后，程序立即开始运行。

2. 8 位或 16 位并口自举模式

Bootloader 程序通过外部并行接口总线从数据空间读取自举列表(Boot Table)，在自举列表中包括要下载的代码段、每个代码段的目的地址、下载完成后的执行入口地址以及其他的配置信息。

3. 8 位或 16 位标准串口自举模式

Bootloader 程序从一个工作在标准模式的多通道缓冲串口(MCBSP)读取自举列表，然后根据自举列表的信息下载 DSP 应用程序。使用标准串口自举模式时，McBSP0 支持 16 位串行接收模式，McBSP2 支持 8 位串行接收模式，而 McBSP1 被保留用于未来增加的串行自举模式。

4. 8 位串口 EEPROM 自举模式

Bootloader 程序从连接到工作在 SPI 模式的 McBSP2 的串行 EEPROM 中读取自举列表，然后根据自举列表的信息下载 DSP 应用程序。

5. I/O 自举模式

Bootloader 程序采用 XF 和 BIO 信号异步硬件握手协议通过外部并行接口总线读取自举列表，然后根据自举列表的信息下载 DSP 应用程序，这样 Bootloader 程序可以根据外部设备的工作速度进行数据搬移。

注意：在自举列表中常常包括一些 DSP 应用程序相关信息以外的配置信息，使 Bootloader 程序在完成自举工作的同时还可以提供如下附加的功能。

(1) 配置软件等待周期寄存器(SWWSR)。

(2) 配置分区转换控制寄存器(BSCR)。

8.6.2 DSP 选择自举方式的检测次序

当 Bootloader 程序被调用时，该程序首先进行一系列的检测操作，用于决定使用哪种自举模式。Bootloader 程序首先检测 HPI 自举模式的条件是否满足，如果不满足将依次检测其他自举模式的条件是否满足，直到启用一种自举模式进行自举。Bootloader 程序按下列顺序检查各个自举模式是否有效。

1. HPI 自举模式

Bootloader 程序首先检测的是 HPI 自举模式。当发生复位中断后，Bootloader 程序首先初始化数据空间 00007EH 和 00007FH 地址的内容为 0，然后设置主机中断信号 HINT 为低，然后开始检测 HPI 自举模式，具体关于 HPI 自举模式检测的流程如图 8.21 所示。HPI 自举模式主要通过检查 IFR 寄存器的 INT2 标志位是否等于 1 来进行判断。如果 INT2 标志位不等于 1，即 INT2 无效时，Bootloader 程序将依次检测其他自举模式。当没有任何自举模式满足其有效条件时，重新运行 Bootloader 程序，从 HPI 自举模式重新开始进行检测。如果 INT2 有效，Bootloader 程序将忽略其他自举模式，仅仅检测 HPI 自举模式。INT2 有效需要满足下面两个条件之一。

(1) HINT 引脚连接 INT2 引脚。

(2) 如果 HINT 引脚没有连接到 INT2 引脚，则必须在 DSP 复位后的 30 个 CPU 时钟周期内产生 1 个有效的 INT2 中断。

当采用 HPI 自举模式时，Bootloader 程序在主机下载代码进入 DSP 片内 RAM 时周期性地检测片内数据空间 00007FH 地址的内容。当主机完成下载代码进入 DSP 片内 RAM 后，主机将把 XPC 和 PC 的值写入到数据空间的 00007EH 和 00007FH 地址空间(不能为 0)。Bootloader 程序检测到 00007FH 改变后，将利用该 XPC 和 PC 开始执行下载的代码。

2. 串行 EEPROM 自举模式(8 位)

当 INT2 无效时，Bootloader 程序检测串行 EEPROM 自举模式是否有效。采用这种自举方式时，串行 EEPROM 通过 McBSP2 口和 DSP 进行连接，连接方法如图 8.22 所示，虚线表示可选连接。Bootloader 程序主要通过检测外部中断 $\overline{\text{INT3}}$ 信号是否有效，以决定是否采用串行 EEPROM 自举模式。和 HPI 自举模式类似，Bootloader 程序通过检测 IFR 寄存器的 INT3 标志位是否等于 1 来判断是否有效。当满足下面两个条件之一时，INT3 标志位等于 1(有效)。

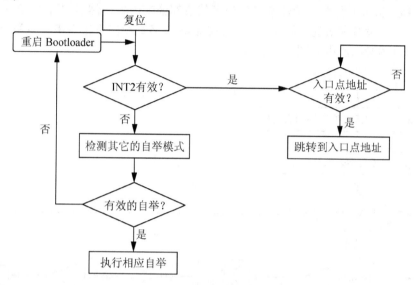

图 8.21　HPI 自举模式检测

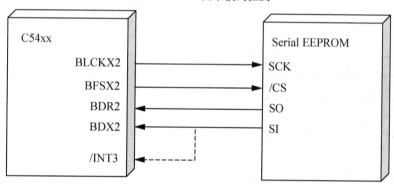

图 8.22　标准 EEPROM 自举模式检测

(1) BDX2 引脚和 INT3 引脚相连。

(2) 当 BDX2 引脚和 INT3 引脚不相连时，必须在 DSP 复位后的 30 个 CPU 时钟周期内产生一个有效的 INT3 中断。

当采用这种自举模式时，Bootloader 程序从串行 EEPROM 的 0H 地址读取数据并检测是否是有效的自举列表。如果是有效的自举列表，Bootloader 读取自举列表的内容。串行 EEPROM 自举模式使用 8 位串行自举模式相同的自举列表，详见 8.6.3 节。

3. 并行自举模式

并行自举模式的自举列表位于数据空间，可放置在数据空间高 32KB 的任意位置(要求复位后 DROM=0，使用外部扩展的数据空间)，Bootloader 程序首先从 I/O 空间的 0FFFFH

地址读取自举列表的地址。在并行自举模式自举列表的开始部分总是包含一个关键字,用来决定是 8 位模式还是 16 位模式自举。8 位模式的关键字是 08AAH,16 位模式的关键字是 10AAH。如果没有发现有效的关键字,Bootloader 程序从数据空间的 0FFFFH 地址读取自举列表的地址,并检测该地址的内容是否是有效的关键字。如果关键字有效(08AAH 或 10AAH),Bootloader 程序继续读取自举列表其余部分的内容,然后实现 DSP 应用程序的并行自举。如果没有有效的关键字,Bootloader 程序将继续向下检查串行自举模式。并行自举模式的自举检测流程如图 8.23 所示。

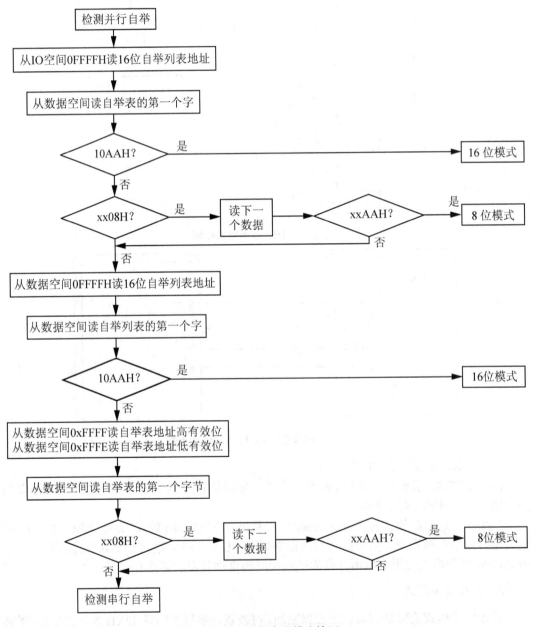

图 8.23 并行自举模式检测

4. 标准串行自举模式

在标准串行自举模式中，Bootloader 首先初始化 C54x DSP 芯片的串口为标准串口，设置 XF 引脚为低电平，表示串口已经准备就绪，正在等待接收数据。然后 Bootloader 程序检测 IFR 寄存器中的标志位 BRINT0 和 BRINT2，以判断哪个 McBSP 有数据输入。如果 McBSP 有数据输入，Bootloader 程序读取数据并检测是否是有效的关键字(例如 08H、0AAH、10AAH)。如果是有效的关键字，则进行对应的标准串行自举。具体检测过程可参照如图 8.24 所示的标准串口自举模式检测流程图。

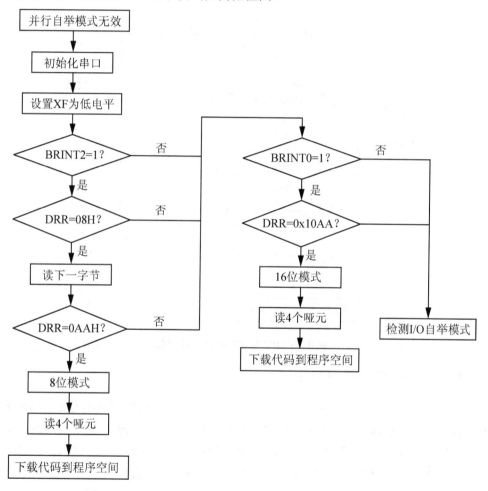

图 8.24　串行自举模式检测流程图

5. I/O 自举模式

I/O 自举模式是利用 0H 地址的 I/O 口借助外部接口实现自举的。在开始 I/O 模式检测前，Bootloader 程序使 XF 引脚输出低电平，然后开始 I/O 模式检测。I/O 自举模式有 8 位、16 位两种模式，根据关键字的不同进行区分，具体检测流程如图 8.25 所示。当外部主机驱动 BIO 引脚为低电平时，Bootloader 程序开始进行 I/O 自举。DSP 利用 BIO 和 XF 引脚和外部设备实现硬件握手协议。当 BIO 输出低电平时，DSP 从 I/O 地址 0H 读取数据，XF 引脚输出高电平时通知外部主机数据已经收到，将读取的输入数据写到目的地址。然后 DSP 等待 BIO 再次出现高低电平变化，在低电平时读取下一个输入数据。I/O 自举模式采用异步通信的方式从 I/O 地址 0H 读取代码进入内部或外部程序空间。I/O 自举模式由于采用硬件握手协议传输数据，支持慢速主机应用。

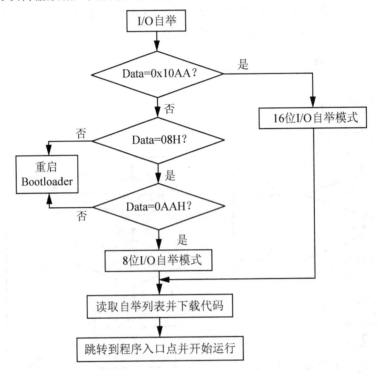

图 8.25　I/O 自举模式检测流程图

8.6.3　Bootloader 程序的自举列表

在几种自举模式之中，除 HPI 自举模式代码直接下载到程序空间不需要自举列表外，其他几种自举模式都需要自举列表，而且各种自举模式的自举列表结构是相同的。表 8-16 是 16 位模式的自举列表通用结构，表 8-17 是 8 位模式的自举列表通用结构。在自举列表中，前 R-1 个字存储关键字，用于初始化寄存器的字(数量由自举模式决定)、应用程序代码的入口点地址。对于下面每个要下载的代码段，在起始处都要一个字存储该代码段的大小和两个字存储该代码段的 23 位下载地址。当 Bootloader 程序遇到一个代码段的大小为 0 的段时，Bootloader 程序切换到 DSP 应用程序代码的入口点地址，开始运行下载 DSP 的目标应用程序。注意，表 8-16、表 8-17 所示自举列表仅是其基本结构，选择不同的自举模式，其自举列表会有所变化，应根据实际自举模式进行分析。

表 8-16　16 位模式的自举列表通用结构

字	存　储　内　容
1	10AAH(关键字，指示为 16 位自举模式)
2	设置寄存器的值(对应特定的自举模式，如 SWWR 寄存器等)
…	……
.	设置寄存器的值
R-2	入口点地址(XPC 值，低 7 位对应 A22～A16)
R-1	入口点地址(PC 值，16 位对应 A15～A0)
R	要下载的第一个代码段的大小
R+1	第一个代码段要下载的目的地址 XPC 值(7 位有效，对应 A22～A16)
.	第一个代码块的目的地址 PC 值(16 位，对应 A15～A0)
.	源程序第一个代码块的第一个字
…	……
.	源程序第一个代码块的最后一个字
.	要下载的第二个代码段的大小
.	第二个代码段要下载的目的地址 XPC 值(7 位有效，对应 A22～A16)
.	第二个代码块的目的地址 PC 值(16 位，对应 A15～A0)
.	源程序第二个代码块的第一个字
…	……
.	源程序第二个代码块的最后一个字
…	……
.	要下载的最后一个代码段的大小
.	最后一个代码段要下载的目的地址 XPC 值(7 位有效，对应 A22～A16)
.	最后一个代码块的目的地址 PC 值(16 位，对应 A15～A0)
…	……
.	源程序最后一个代码块的最后一个字
.n	0000H，表示到达源程序尾部，即完成了应用程序自举

表 8-17   8 位模式的自举列表通用结构

字节	存 储 内 容
1	MSB=08H，是关键字的高有效位，用于指示采用 8 位模式
2	LSB=0AAH，是关键字的低有效位，用于指示采用 8 位模式
3	某寄存器值的 MSB(随自举模式不同，指定的寄存器会有所不同)
4	某寄存器值的 LSB(随自举模式不同，指定的寄存器会有所不同)
…	……
.	某寄存器值的 MSB(随自举模式不同，指定的寄存器会有所不同)
.	某寄存器值的 LSB(随自举模式不同，指定的寄存器会有所不同)
.	程序入口点地址 XPC 的 MSB
.	程序入口点地址 XPC 的 LSB(低 7 位有用)
2R-1	入口点地址 PC 的 MSB
2R	入口点地址 PC 的 LSB
2R+1	要下载的第一个代码段的大小的 MSB
2R+2	要下载的第一个代码段的大小的 LSB
2R+3	要下载的第一个代码段目的地址 XPC 的 MSB
2R+4	要下载的第一个代码段目的地址 XPC 的 LSB(低 7 位有用)
2R+5	要下载的第一个代码段目的地址 PC 的 MSB
2R+6	要下载的第一个代码段目的地址 PC 的 LSB
.	源程序第一个代码段的第一个字的 MSB
…	……
.	源程序第一个代码段的最后一个字的 LSB
.	要下载的第二个代码段的大小的 MSB
…	……
.	源程序第二个代码段的最后一个字的 LSB
…	……
.	要下载的最后一个代码段的大小的 MSB
…	……
.	源程序最后一个代码段的最后一个字的 LSB
2n	00H
2n+1	00H，表示到达源程序尾部，即完成了应用程序自举

使用 TI 提供的 Hex 转换工具可以创建需要的自举列表。对于 C54x 系列 DSP 芯片，其 Hex 转换工具为 hex500.exe 文件，位于 CCS 安装目录\c5400\cgtools\bin 下，随 CCS 集成开发环境软件一起提供。根据选用的启动模式以及 hex500.exe 的设置选项不同，创建的自举列表将自动变化满足要求。使用 hex500.exe 创建自举列表可以选用以下步骤。

(1) 使用-V548 编译选项编译源代码，该选项指定汇编器产生的目标文件是用于增强型 Bootloader 程序的，hex500.exe 利用这些信息创建正确的自举列表。

(2) 链接文件，自举列表中的代码段对应 COFF 文件中的已初始化段，Hex 转换工具不转换未初始化段。

(3) 运行 Hex 转换软件，选择需要的自举模式对应的恰当转换选项，然后运行 Hex 转换工具转换可执行的 COFF 文件(out 文件)形成一个自举列表。

hex500.exe 的调用格式为：hex500 [-options] filename。

其中，filename 可以是 COFF 文件名或链接配置文件的文件名(CMD 文件)，[-options] 是 hex500 的命令选项，该项可以省略。实际应用过程中，常常将 hex500.exe 的命令选项和要转换的 COFF 文件写入到一个 CMD 文件中，然后由 hex500.exe 调用该 CMD 文件。一个简单的 CMD 文件示例如下。

```
Debug\dft_bios.out          /*要转换的 out 文件,路径为当前路径下的 Debug 文件夹*/
-m1                         /*输出的十六进制文件格式为 Motorola-S1 */
-boot                       /*定义转换所有的已初始化段 */
-o dft_bios.hex             /*定义输出的十六进制文件,即自举列表文件 */
-memwidth 16                /* 定义 DSP 系统存储器的宽度 */
-romwidth 16                /*定义转换输出文件的存储器物理宽度*/
-swwsr 0x7fff               /* SWWR 值*/
-bscr  0x8806               /*BSCR 值 */
-e 0x028c02                 /*指定自举完成后开始应用程序执行的入口点地址 */
ROMS                        /*ROM 指示部分*/
{
    PAGE 0 : ROM : o=0x8000, l=0x10000
}
```

转换工具转换输出文件格式选项列表见表 8-18，Hex 转换工具选项的详细信息可查阅 Hex 转换工具的帮助文档。

表 8-18 转换输出文件格式选项

选 项	格 式	支持的地址位数	默认的输出宽度
-a	ASCII-Hex	16	8
-i	Intel	32	8
-m1	Motorola-S1	16	8
-m2 或 -m	Motorola-S2	24	8

选　　项	格　　式	支持的地址位数	默认的输出宽度
-m3	Motorola-S3	32	8
-t	TI-Tagged	16	16
-x	Tektronix	32	8

注意，-e 选项后的地址是程序运行的起始地址(也被称为入口点地址)，可以打开与 DSP 程序(out 文件)同时生成的 map 文件确定，在 map 文件中可以找到类似"ENTRY POINT SYMBOL: "_c_int00"　address: 00028c02"的一行信息，其中 address 后边的即为十六进制的入口点地址值。在编译链接时生成 map 文件的方法是在该工程的编译链接选项对话框中的 Linker 选项卡中，在 Map Filename 文本框中输入要输出的 map 文件名及地址，如".\Debug\dft_map.map"，表示在当前工程文件夹下的 Debug 文件下输出名为 dft_map.map 的 map 文件。

8.6.4　FlashBurn 的应用

利用 FlashBurn 工具可以通过 JTAG 接口将应用程序代码和数据烧入 TMS320VC5416 DSK 的外扩 FlashROM 中实现系统的自举，当 DSK 上电复位后 DSP 应用系统程序可以不依靠 CCS 环境独立地运行。目前这一工具已经集成于 CCS 集成开发环境中。利用 FlashBurn 工具烧写一个用户应用程序进入 FlashROM 可以采用下列步骤。

(1) 启动 CCS for C5416DSK，建立 myburn 工程，编译链接用户的 DSP 程序，生成可执行文件。例如，编写一个 DSP 程序，实现以下功能。

① 按 DSK 上 DIP 开关的 0 号键，实现语音的输入采集，采集的音频立刻输出。

② 按 DSK 上 DIP 开关的 1 号键，输出一固定频率的音频。

③ 按 DSK 上 DIP 开关的 2 号键，DSK 上的 1、3 号 LED 相继闪烁。

④ 按 DSK 上 DIP 开关的 3 号键，DSK 上的 2、4 号 LED 相继闪烁。

为达到上述功能要求，编写源程序如下。

```
#include "myburncfg.h"              //使用 DSP/BIOS 配置工具静态创建的
                                    //DSP/BIOS 对象时,必须包含

#include "dsk5416.h"
#include "dsk5416_pcm3002.h"
#define SINE_TABLE_SIZE   192       //一个周期正弦函数的点数,点数越多,
                                    //对应频率越低

#define PI    ((double)3.1415927)
#define SINE_MAX    0x7FFE
int sinetable[SINE_TABLE_SIZE];
DSK5416_PCM3002_Config setup ={
  0x1ff,
  0x1ff,
  0x000,
  0x000
};
```

```
void userApp()
{
  Int16 data;
    DSK5416_PCM3002_CodecHandle hCodec;
  hCodec = DSK5416_PCM3002_openCodec(0, &setup);
  DSK5416_PCM3002_setFreq(hCodec, 8000);       //设置 PCM3002 的采样频率，默认是
                                               //48kHz
  DSK5416_PCM3002_outGain(hCodec, 0xff);       //设置 PCM3002 输出通道的增益
  while(1)
  {
  if (DSK5416_DIP_get(0)==0)      //实现语音输入后,立刻输出
     while(1)
       {
           while (!DSK5416_PCM3002_read16(hCodec, &data));
           while (!DSK5416_PCM3002_read16(hCodec, &data));
           while (!DSK5416_PCM3002_write16(hCodec, data));
           while (!DSK5416_PCM3002_write16(hCodec, data));
           if (DSK5416_DIP_get(0)!=0)
               break;
       }
  if (DSK5416_DIP_get(1)==0)       //实现输出固定频率的音频
     {
           int i;
            double increment= 0;
            double radian = 0;
            increment = (PI * 2) / SINE_TABLE_SIZE;
            for (i = 0; i < SINE_TABLE_SIZE; i++)
            {
              sinetable[i] = (int)(sin(radian) * SINE_MAX);
              while (!DSK5416_PCM3002_write16(hCodec, sinetable[i]));
                  //for left ch
              while (!DSK5416_PCM3002_write16(hCodec, sinetable[i]))
              radian += increment;
            }
     }
  if (DSK5416_DIP_get(2)==0)   //实现 LED #1,#3 闪烁
     {
           int i;
           while(1)
           {
             for(i=0;i<2;i++)
             {
             DSK5416_LED_on(i*2);
             TSK_sleep(250);
             DSK5416_LED_off(i*2);
             }
              if (DSK5416_DIP_get(2)!=0)
              break;
           }
```

```
      }
   if (DSK5416_DIP_get(3)==0)      //实现 LED #2,#4 闪烁
      {
         int i;
         while(1)
         {
            for(i=1;i<3;i++)
            {
             DSK5416_LED_on(i*2-1);
             TSK_sleep(250);
             DSK5416_LED_off(i*2-1);
            }
            if (DSK5416_DIP_get(3)!=0)
               break;
         }
      }
   DSK5416_PCM3002_closeCodec(hCodec);
   return;
}
void main()
{
   DSK5416_init();
   DSK5416_DIP_init();
}
```

利用 DSP/BIOS 配置工具建立 myburn.cdb 配置文件，建立一个 TSK 对象，设置源文件中 userApp 为其处理函数。在工程的链接选项中设置产生 myburn.map 文件，用于获取生成的 DSP 程序入口点地址，即_c_int00 函数的地址。

(2) 利用 Hex 转换工具创建自举列表文件。FlashBurn 工具可以使用下列格式的扩展名为 hex 的十六进制文件。

① Motorola-S1 格式，在 Hex 转换工具中使用"-m1"选项。

② Motorola-S2 格式，在 Hex 转换工具中使用"-m2"选项。

③ Motorola-S3 格式，在 Hex 转换工具中使用"-m3"选项。

④ ASCII hex 格式，在 Hex 转换工具中使用"-a"选项。

利用 Hex 转换工具进行自举列表创建时，可以先将 hex500.exe 文件复制到 myburn 工程所在的文件夹下，然后使用 Windows 操作系统提供的命令提示符软件，在该环境下切换到 myburn 工程文件夹，输入：hex500 myburn_hex.cmd，将显示如图 8.26 所示信息并生成准备烧入 FlashROM 的 myburn.hex 文件，显示信息表明自举列表创建成功，未见异常。其中 myburn_hex.cmd 可参照 8.6.3 节的示例 CMD 文件编写，其中-e 选项后的地址可以从编译链接时生成的 myburn.map 文件中获取。

(3) 选择 Tools→FlashBurn 命令调用 FlashBurn 工具，将弹出图 8.27 所示的 FlashBurn 工具运行界面。在 FlashBurn 工具软件中选择 File→New 命令，可以创建一个新的 FlashBurn 配置文件。

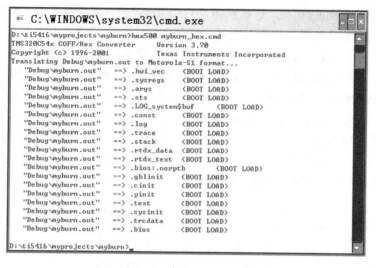

图 8.26　hex500.exe 应用运行结果示例

首先需要设置 Target System 的部分选项，处理器类型选择 54x，通过单击 Browser 按钮弹出打开文件对话框进行 FBTC 程序选择，选择文件为 CCS for dsk5416 安装目录\bin\utilities\FlashBurn\c5400\dsk5416\FBTC5416\FBTC5416.out。FBTC 程序是一个客户化的 DSP 应用程序，FlashBurn 工具通过 FBTC 程序可以和目标 DSP 进行通信。在 Flash Physical 文本框中输入 0x8000，在#Bytes 文本框中输入 0x80000。观察图 8.27 中椭圆线圈标注位置，如果显示"Not Connected"，则必须选择 Program→Download FDBC 命令下载 FBTC5416.out 到目标 DSP 芯片的程序空间，实现 FlashBurn 工具和目标 DSP 通信。此时图 8.27 中圈注区域将显示为"Connected"。

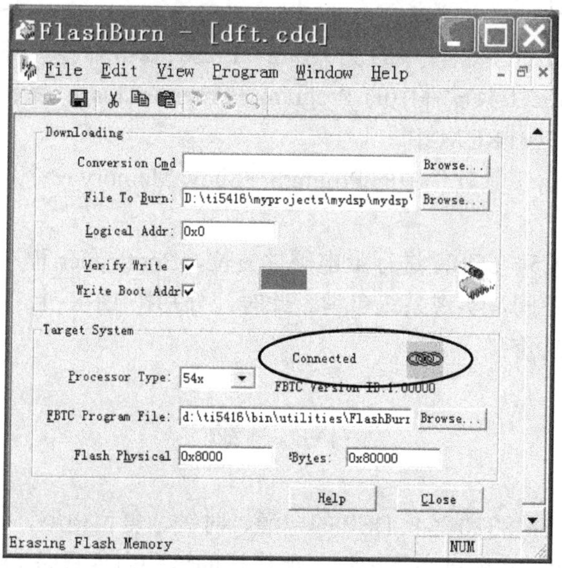

图 8.27　FlashBurn 工具运行界面

然后在 Downloading 区域，选择要烧入 FlashROM 的自举列表文件，即在 File To Burn 文本框通过单击 Browse 按钮浏览该文件，选择 myburn.hex 文件，并在 Logical Addr 文本框中输入 0x0。用户可以选择 File→Save 命令保存当前 FlashBurn 配置文件(扩展名为.cdd)，以备下次应用，可以通过选择 File→Open 命令选用保存过的 FlashBurn 配置文件。

Flash Physical 选项、Logical Addr 选项、十六进制转换文件地址三者决定了烧入地址。当十六进制转换文件格式为 Motorola-S3 种格式时，如果在 FlashBurn 的配置文件中指定 Flash Physical 为 0x8000、Logical Addr 为 0x0，对于.hex 文件中地址为 0x8100 的第一个数据将被烧入的地址是 0x8100。如果 Logical Addr 定义为非 0 值，数据将被烧入更高的地址，即偏移量为 Logical Addr 的值。具体比对见表 8-19。

表 8-19　Motorola-S 格式文件烧入地址

Flash 物理地址	逻辑地址	Hex 文件地址	烧入地址
0x8000	0x0000	S1108100	0x8100
0x8000	0x1000	S1108100	0x9100

如果.hex 文件格式是 ASCII-Hex 格式，烧入地址计算方法和 Motorola-S 格式基本一致，具体见表 8-20。

表 8-20　ASCII-Hex 格式文件烧入地址

Flash 物理地址	逻辑地址	Hex 文件地址	烧入地址
0x8000	0x0000	$A0100	0x8100
0x8000	0x1000	$A0100	0x9100

(4) 利用 FlashBurn 工具软件中的 Program→Erase Flash 命令，擦除 FlashROM 内容。

(5) 利用 FlashBurn 工具软件中的 Program→Program Flash 命令把选中的 myburn.hex 文件内容按规定写进 FlashROM 中。

(6) 利用 FlashBurn 工具软件中的 Program→Show Memory 命令可以显示 FlashROM 中的内容。

(7) 对 TMS320VC5416DSK 进行上电硬件复位，Bootloader 程序将读取 FlashROM 中的代码到指定的程序空间，实现系统自举。此时，分别按 DSK 上 DIP 的各个键，将执行 myburn 工程中设计的功能。

小　　结

本章主要讲述了 TMS320C54x DSP 的电源、时钟、复位电路，JTAG 电路，存储器扩展，AD/DA 电路设计、系统自举等知识。所讲述的这些内容只是 DSP 外围硬件电路的基本知识，并由于篇幅的限制，本章对 DSP 硬件系统设计没有进行全面深入的说明，有兴趣的读者可以在阅读本章时，查阅相关的 DSP 技术文档或其他文献以相互验证，加深理解，达到举一反三的效果。另外，文中为了说明外围电路的设计方法，举了一些电路设计实例。读者可以通过这些例子来理解硬件设计原理，并可在实际的设计中参考。初学者在硬件电路设计的学习中除了要学好基础理论知识外，还需要加强实践锻炼，并要进行控制硬件电路运行的底层软件设计锻炼。只有经过实际设计锻炼，才能真正理解 DSP 的硬件设计技术，才能真正掌握 DSP 硬件系统设计技术。只有经过反复的 DSP 硬件系统设计、调试，才能最终设计出成功的 DSP 硬件系统。

自举是在 DSP 应用系统的电源打开后引导应用程序进入 DSP 芯片内部执行的一个过程。根据不同的应用系统，自举方式有多种选择。基于 TMS320C5416 DSK 的自举可以通过 FlashBurn 工具将应用系统程序写入 FLASH 存储器指定地址来实现。

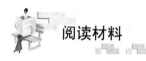
阅读材料

存储技术的现状与未来

高科技产业之所以兴盛，相当重要的原因之一便是数字技术所具有的存储和复制功能。在将复杂的模拟信号转换为简单的数字信号时，由于只有 0 和 1 的信息，因此在存储数据时，只要把具有正负两种特性的物质加以利用就可以了，最明显的就是利用磁性物质的磁场做成的硬磁盘。目前数字存储技术主要分成 3 种：磁式、光电式和半导体式，本文主要探讨的是半导体式的存储技术，不过半导体存储技术基本上又分为挥发性(Volatile)与非挥发性(Nonvolatile)两种。挥发性存储器技术较为成熟，也是目前半导体存储技术的主流，包括 DRAM、SRAM 等；而非挥发性存储器技术包括过去的掩膜 ROM 、EPROM 、EEPROM、FLASH(快闪)，以及新兴的 FRAM(铁电存储器)、MRAM(磁性存储器)与 OUM(相变存储器)等。所谓挥发与非挥发的差别在于，挥发性存储器在电性消失后，存储的数据便消失，但是非挥发性存储器在电性消失后，仍然能够将数据保存下来。近年来，由于便携式电子产品的发展，磁式和光电式的存储元件无法满足轻、薄、短、小的要求，所以半导体存储技术尤其是非挥发性存储器技术的成长相当迅速。本文讨论的范围将锁定在新兴的非挥发性存储器技术领域，针对未来信息市场的发展趋势，非挥发性、存取速度快、成本低、制程简单、数据存储密度高、耗电量低和可无限擦写等特性是未来存储器技术所必须具备的要点。目前没有任何一类存储器技术可以完全达到上述要求，所以需要针对不同的状况采用不同的存储器。如果单一存储器技术具备所有的特性，那何必需要这么多种存储器形式。尽管这个堪称"梦幻存储器"的技术还未出现，就现实环境来说也不可能由单一存储器主宰整个存储器市场，不过上述特性可以说是未来存储器技术努力的方向，以下将就几个具有发展潜力的技术作一探讨。

1. 成熟的 FLASH 存储器

FLASH 是目前非挥发性存储器技术的主流。FLASH 的架构大致上可分为具有程序执行能力的 NOR 架构以及数据储存的 NAND 和 AND 架构，FLASH 与其他新兴非挥发性技术相比，最大的优势在于其可以用一般的半导体制程生产，成本低，但是其读写速度较 DRAM 慢，可擦写次数也有极限，加上在进入纳米制程之后，预期将会碰到物理极限。据业界人士表示，FLASH 在 45nm 以下几乎不可能再有发展，所以尽管在短期内 FLASH 依然会是非挥发性存储器的主流，但地位不见得稳固。NOR FLASH 存储器市场目前由 Intel 和 AMD 公司主导，其主要功能是程序的存储，如 PC 中的 BIOS，便携式产品如手机、PDA 的快速成长是带动近年来 NOR FLASH 快速成长的主要原因，除了量的提升之外，也包括了高容量产品的需求。NOR FLASH 尽管近两年成长不如 NAND FLASH，但是两者原本的市场应用要求就不同，NOR FLASH 因为新兴应用所带来的成长还是相当可观的。NAND 和 AND FLASH 存储器是以存储数据为主要功能的，是目前市场上当红的存储器，近两年来的新兴应用都以此技术为主，包括小型存储卡、随身电子盘等。根据 IDC 公司的调查报告指出，快闪存储卡的全球市场规模随着便携式产品的成长而出现爆发性的需求。不过由于 NAND FLASH 相对属于封闭的市场，专利权掌握在少数厂商手中，以 Toshiba 和 Samsung 公司为主，SanDisk 和 M-System 公司也取得部分专利和技术授权，包括拥有 AND FLASH 专利的 Renesas 公司。而专利权的限制也造成了其他厂商无法插手，这也是许多厂商目前积极投入新兴非挥发性存储器技术研发的原因之一。在技术方面，数据型 FLASH 为提高数据存储密度，也发展 MLC 架构，尽管业界预估 FLASH 在进入 65nm 之后就会出现瓶颈，45nm 制程几乎就是无法突破的瓶颈，但是，在新兴的技术成熟之前，FLASH 依然是市场最佳的选择，而且纳米级的产品要迈入量产还有一段时间，在制程进展到 65nm 之前，技术的再突破并非不可能，对 FLASH 可能被完全取代的看法并不切实际。

2. 新兴的几种存储器

(1) FRAM 存储器：FRAM(Ferroelectric RAM)铁电存储器的耗电量极低，可擦写次数也无限大，FRAM 的架构为 Perovskite 结晶，最能代表铁电存储器的薄膜材料为 PZT，位于结晶中心的锆和钛的原子会随外部的电场变化位置，即使除去电性也能维持，FRAM 是目前新兴的非挥发性存储器当中最早商品化的技术，Symetrix 和 Ramtron 公司拥有大部分的专利技术。不过，尽管该技术已经问世了几年，但与主流非挥发性存储器相比，FRAM 还没有足够的价格竞争力，原因在于其特殊制程在成品率上仍旧难以掌控。另外，FRAM 由于在高密度的发展上不甚顺利，所以目前许多厂商都先由嵌入式应用切入，例如 IC 芯片卡，此类产品需求的存储单元不大，但是 FRAM 的低耗电特性却可以与其相得益彰，所以各类嵌入式应用或许会成为 FRAM 未来主要的应用市场。

(2) MRAM 存储器：MRAM(Magneto-resistive RAM)磁电阻式存储器的技术原理简单地说就是利用电阻在磁场下的变化，磁电阻变化的比例越高，代表存储元件的电子外围发展技术越简单，并更具市场竞争性。事实上 MRAM 早在 20 世纪 80 年代就运用于军事和太空领域，由于导弹在发射时和在外层空间的强大辐射环境下，一般半导体式存储器皆会失效，而 MRAM 以磁性物质来存储数据，因此具有非挥发性和高度的抗辐射性。Honeywell 公司在 20 世纪 80 年代发表的第一代 MRAM 是以磁各向异性(AMR)材料为主的，但磁电阻变化只有 2%左右，因此制程成本高且不具商业市场竞争力。让 MRAM 迈入商业化应用之路是 1988 年巨磁电阻(GMR)的发现及其后穿隧式磁电阻(Tunneling MR)技术的成熟，前者的变化率约 10%，而后者可达 60%左右。纵观目前记录媒体的物理读写机制可以发现，当记录密度达 1000Gb/in^2 以上时，只有磁的读写物理极限还存在，MRAM 因为采用磁性材料为记录媒体，理论上有更高的记录密度，而且读和写是用与 DRAM 相类似的机制，因此不像需要读写头的硬盘机那么复杂和精密。另外，当纳米或次纳米制程技术成熟时，体内自旋电子技术也随之成熟，而 MRAM 是自旋电子科技中的一部分。就目前所有技术的客观条件来说，MRAM 是最接近终极存储器的，但从技术成本和市场成熟度来看，MRAM 至少还需要 4~5 年的时间才会占一席之地。目前 MRAM

技术最为成熟的应该是 Motorola，该公司 2003 年底发表了 4MB 的 MRAM 样品，2004 年就可以进入量产。另外，联邦半导体早在两三年前就已经有 1Mb 产品，但该公司是唯一用类自旋阀材料在其产品上的公司，目前多数厂商采用制程更困难的穿隧式磁电阻材料，因为这是达到高体积容量密度的必然技术架构。另外，包括 IBM、Infineon、ST 和部分日本厂商均有投入。

　　(3) OUM 存储器：OUM(Ovonic Unified Memory)相变存储器是由 Intel 所提出的非挥发性存储器技术，目前发展的状况还停留在实验室阶段，其原理是利用 Ge、Sb、Te 等硫系化合物为材质的薄膜来存储资料，数据存储方式类似于 CD-ROM，利用温度造成的相位变化来存储数据。虽然其发展的进度较慢，投入的厂商也不多，但是由于 Intel 的支持，OUM 也成为市场上相当受关注的新兴非挥发性存储器技术之一。OUM 的优点在于产品体积较小、成本低、可直接复写且制程简单，也就是在写入数据的时候不用将旧有数据擦除，制程与现有半导体类似，唯读写速度和次数不如 FRAM 和 MRAM。另外，如何稳定维持其驱动温度也是一个技术发展的重点。除了上述的存储器技术之外，还有一种 PFRAM(聚合铁电存储器)又名塑料存储器的技术；也有厂商利用纳米晶体技术来开发下一代非挥发性存储器，只是先前所提及的非挥发性存储器技术，除了 FLASH 已经是成熟的技术之外，都还需要一段发展的时间，目前也只有资源较为丰富的大型工厂有能力以压宝的方式抢先占位。

　　3. 未来的存储器

　　从多角度来看存储器或存储元件，可以发现它是逻辑元件与感测元件之间的一种媒介，所以必须具有随机存取的存储功能才能支持系统间各种运算与处理的作业。但是当作业完成后还要具有写入存储的功能，以便把结果记录下来，并作为下一次处理的依据，所以从长远来看，存储元件仍是另一类型态的随机存取媒介。如果把存储器分成挥发性和非挥发性两种，显然运算处理中的系统并不需要太考虑断电时存储是否挥发掉，而必须以处理的速度和容量为主要考虑的因素。当数据量越来越庞大、越来越复杂时，非挥发性的存储器更能发挥关键性的力量。不过，存储器的中介性质，从允许断电时挥发或不挥发、暂存或不暂存，甚至只读或不只读，也更确认所扮演的中间性角色。存储器的技术和发展本身就蕴藏着无限的可能性，以下从 5 个方面来介绍存储器的特殊性、媒介性与功能，同时也希望据此对照出存储器未来发展的方向。

　　1) 通用且单纯的关键性元件

　　由于存储器的中介性质，故所发展出来的各类元件大多能在不同系统间通用。在市场上，存储器甚至是少数能以浮动价格来买卖的通用商品，就像黄金、粮食或石油一样。存储器业者的产销结构和库存控制，则直接影响价格的波动，因此，存储器是典型的资本密集和技术密集的产品。相对于存储器这种系统中不可或缺的关键元件，例如逻辑元件或感测元件，都是相当专用而复杂的元件，某些状况甚至只有一时一地的功用，市场范围和寿命明显小很多。其他如电源控制的元件，则是小量多样化的产品，虽然产品寿命周期较长，但彼此间的替代性很高，业者很难把市场做大，电源也不是一种关键性的元件。相信存储器在系统集成的应用趋势下，通用性和单纯化的走向将越来越明显。以半导体为主要制程的存储器将是这一波轻薄短小系统的最大受益者。

　　2) 数字与模拟并存的模式

　　记录或存储资料的方式并不一定都是数字化的，过去的胶片(Film)、卡带、唱盘或 CD 唱片都是以模拟方式来存储的。现在是数字存储当道的时候，模拟信息纷纷争先恐后地进行数字化的工作，然而数字式存储也有其致命的缺点，主要是档案一有破损就完全无用，不像模拟式还可以从片段中补救或窥其梗概。另外，数字档案也欠缺防伪的能力，复制之后固然完美无瑕，但也无法辨别孰为真品，孰为复制品，这将造成许多难以预知的混乱。当电子技术持续发展之后，微小化(纳米化)的组件将使模拟信号可以直接存储在半导体中。同样，模拟存储也可以内藏数字的资料程序在其中，例如生物的 DNA 密码，便是一典型的数字与模拟并存的模式。人们能够轻易取得 DNA 样本，但复制同样 DNA 的生物却必须透过重新培养与成长。另外，在纯光学或电磁上的存储方式也是相当重要的，因为这样就不需要透过流媒体技术的复杂手续，直接就可以做实时的传输，不必因为编码、译码而浪费资源，更不必因为频宽的问题而造成 QoS 的难以控制，这就是数字与模拟必须并存的道理。

3) 主动与被动皆可的组件

以单纯的资料存取来说，存储器似乎可以界定为一种被动的组件。但这毕竟是静态的存储方式，很多方面不符合自然现象，以及人们习惯的需求。有时候，人们应该让存储器直接引发新的作用，例如在某一时间或配合某种环境来呈现相关的资料，这听起来好像很不可思议，但只要配合数字与模拟存储的并存发展，就很容易了解与实现。从某一个角度来看，存储器可能以随机方式、先进先出方式或后进先出方式来存取，这样便可以说具有主动的功能。如果以存储器为主来思考，可以将类似 SAN(存储局域网络)的架构设计在存储器组件当中，而其中就牵涉许多内部存储的处理，所记录的资料早就经过了复杂的推衍运用，这样的存储器当然既是被动组件，也是一种主动组件。再者，如果存储器能作模拟式的发展，也就能自己产生逻辑驱动或感测分析的力量。相对于应用者而言，就可以做更多元复杂的设计，例如接收到某种信号后，便使电流转向，进而影响相关作业的改变。这些是在未来存储器发展上可着力的方面。

4) 逻辑与感测交互的应用

从广义的角度来看存储作用，信号的有无、增减、强弱、排列与传输，都是以动态暂存的形式来进行的。换言之，逻辑与感测本身就是一种"动态的存储"，而存储本身就会推动信号的发射、转换与连接，逻辑与感测只是一种存储上"承前启后"、"继往开来"的作用。因此，不论是逻辑组件或感测组件，都是已经设计好的存储模式或行为模式；存储器组件则是存储已变化或变化中的信息质量或程序作用，当然也允许未来做进一步的抹除与更改，其中隐含逻辑与感测的能力更是毋庸置疑的。存储器做成逻辑组件来使用已有先例，如 FPGA 的可编程逻辑芯片，便是应用存储器的原理，将新的逻辑电路存储到存储器中，再加上特殊的 I/O 设计，便成为一个不折不扣的逻辑组件。至于存储器变成感测组件的应用，也可以用 FPGA 的观念来如法炮制，还可以存储模拟电路到存储器中，再加上特殊的 I/O 设计，这样便可以产生新的感测组件，但目前并没有看到厂商尝试这样的方法。然而，如果要让存储器达到固定的逻辑或感测功能，乃至为了将目前的逻辑与感测状态保存起来，非挥发性的存储器材料则是必要的选择。

5) 挥发与非挥发的转换

谈到挥发性与非挥发性存储器，其区别主要在断电时的存储是否保存，或有没有必要保存。从人性的观点来看，当然以非挥发性的为好，至少它可以避免因为断电而造成的风险，特别是当运作中的资料越来越庞大、也越来越复杂时，更是如此。但在经济效益上的评估就不见得是这样子，也许加强不断电系统的支持更为妥当有效。另外，从存储器扩展性的应用来看，以非挥发性存储器组成的 RAM 与储存装置便可以做机动性的统合应用，例如随着不同的应用程序来规划 RAM 的大小与额外的储存空间，程序大的、暂存计算需求多的，便自动扩增 RAM 的容量，并减少其他储存空间。再者，当存储器必须扩充为逻辑组件或感测组件使用时，则使用非挥发性存储器材料才能做有效的应用。不过这方面还必须做一些特殊的搭配设计，不大可能把存取资料为主的存储器，立刻就变成不同的功能。在某些状况下，也可能不希望在重新激活系统时，还留有过去残余的资料，否则将增添不必要的困扰，因此挥发性的存储器材料也具有"不可磨灭"的功能。总之，不管挥发或非挥发性存储器，只要适时适当去应用就会有意义。当因为非挥发性存储器材料的开发而增添数种应用功能时，是否想过制造另一种"半挥发性"的存储器材料，除了可以让挥发与非挥发性存储器做自由的转换外，这种"半挥发性"的存储器材料还可能延伸出更多意想不到的作用。例如一般材料在电能传输上可分为导体与非导体(绝缘体)，但开发出"半导体"之后，它的应用范围就大了，如今更成为一个发展前途一片光明的产业。

习　　题

1. 谈谈对 C54x DSP 的电源的认识。
2. 试画出典型的 DSP 系统框图。
3. 试画出 DSP 系统的复位电路。
4. 试画出一个时钟电路。
5. 设计中，什么情况下需要进行电平转换处理？
6. 外部程序存储器扩展需要用到哪些信号？
7. 看门狗是什么意思？
8. DSP 为什么需要进行自举？
9. 在利用 Hex500 转换 out 文件到 FlashBurn 工具可以使用的 Hex 文件过程中，可以使用一个 CMD 文件作为转换文件，该文件中的-e 选项用于设置程序自举后的执行入口地址。该文件编写时，如何确定该地址？

实验六　可自举的音频信号处理系统

1. 实验目的

(1) 熟悉 CCS 集成开发环境，掌握工程的建立、编译、链接等方法。
(2) 掌握利用 DSP/BIOS 设计 DSP 程序的方法。
(3) 掌握利用 DSK 板级支持库实现 DSK 上输入输出处理的方法。
(4) 掌握利用 Hex500 转换生成 DSP 程序自举列表的方法。
(5) 掌握 FlashBurn 烧写 DSP 程序、实现 DSK 上的 DSP 程序系统自举的方法。

2. 实验内容

(1) 利用 CCS 编写 DSP 程序，实现以下功能。
① 按 DSK 上 DIP 开关的 1 号键，实现语音的输入采集，采集的音频立刻输出处理。
② 按 DSK 上 DIP 开关的 2 号键，输出一固定频率的音频。

③ 按 DSK 上 DIP 开关的 3 号键，DSK 上的 1、3 号 LED 相继闪烁。

④ 按 DSK 上 DIP 开关的 3 号键，DSK 上的 2、4 号 LED 相继闪烁。

(2) 利用 DSP/BIOS 配置工具创建 DSP/BIOS 配置文件，配置 McBSP0，创建并配置 TSK 对象。

(3) 调用 DSK 的板级支持库 dsk5416f.lib，访问 DSK 上的 DIP 开关、LED 指示灯。

(4) 调用 Hex500.exe 转换 DSP 程序(out 文件)，生成对应的自举列表文件。

(5) 利用 FlashBurn 工具烧写生成的自举列表文件，理解体会 DSP 程序的系统自举。

3．实验原理

1) 自举列表的生成

选用 Hex500.exe 程序，根据 DSK 板级的 FlashROM，以及 FlashBurn 工具要求，合理设置转换选项，生成自举列表。

2) 利用 FlashBurn 烧写 DSP

FlashBurn 工具可以通过 FBTC5416.out 程序，将按转换生成的自举列表文件规定，将 DSP 程序写进 DSK 板级 FlashROM 中。

4．实验设备

(1) PC 一台。

(2) TMS320C5416 DSK 一套。

(3) 话筒、扬声器。

5．实验步骤

(1) 选择 Project→New 命令，设置保存路径、工程名(如 myburn)，建立一个工程。

(2) 利用 DSP/BIOS 配置工具建立 DSP/BIOS 配置文件，配置 McBSP0 使 DSP 可以和 PCM3002 进行通信，创建一个 TSK 对象(如 TSK0)，保存 DSP/BIOS 配置文件到当前工程文件夹中，存储文件名需与工程文件名一致(如 DFTbios.cdb)，然后把 DSP/BIOS 配置文件加入到工程中。

(3) 选择 File→New→Source File 命令，建立源代码文件，编写 DSP 应用程序源代码。在源代码文件中包含 DSP/BIOS 配置文件自动产生的头文件，即可调用 DSP/BIOS 的对象和 API 函数。保存源文件到当前工程所在的文件夹，然后在工程窗口选择当前工程调用右键菜单。选择 Add Files to Project 命令，打开一个文件选择对话框，选择刚保存的源文件加入到工程中。源代码可以参照 8.6.4 节。

(4) 修改 DSP/BIOS 配置文件中创建的 TSK 的属性，使其调用的函数与 DSP/BIOS 应用程序源代码文件中的函数名一致。

(5) 需要把 DSP/BIOS 配置文件自动产生的链接配置文件加入到工程中。

(6) 选择 Project→Build Options 命令，修改工程的编译链接选项，特别注意当在 DSP/BIOS 配置文件全局设置中函数调用选择为"far"时，必须在 Build Options 对话框的 Compiler 选项卡的 Advanced 选项页中选择使用远调用，即设置编译选项使用远调用-mf。

选择 Linker 选项卡，在 Map Filename 文本框中输入 map 文件的地址和名称，例如 ".\Debug\burn.map"。

(7) 选择 CCS 安装目录\c5400\dsk5416\lib\dsk5416f.lib 加入到工程，即可调用板级支持库函数，访问 PCM3002、DIP 开关、LED 指示灯。也可以选择在编译链接选项中的 Linker 选项卡加入。

(8) 对当前工程进行编译、链接，生成可执行程序。

(9) 下载该 DSP 程序，按不同的 DIP 开关键，检查是否实现需要的功能。如达到要求，DSP 程序设计即完成。

(10) 复制 hex500.exe 文件到工程文件夹。创建转换用 CMD 文件例如 burn_hex.cmd，可参照 8.6.3 小节 CMD 文件样式，修改其中对应选项的值符合当前工程设置，特别注意-e 选项中，入口点地址需要打开本工程链接时生成 map 文件查找 _c_int00 的地址。

(11) 在开始菜单运行命令中输入 cmd 命令，调用命令提示符窗口，切换到当前工程文件夹后，输入转换命令，例如：hex500 burn_hex.cmd，生成 DSP 程序的自举列表。

(12) 在 CCS for DSK 中调用 FlashBurn 软件，下载 FBTC5416.out，实现与 DSK 连接后，可以选择生成的自举列表文件，进行烧写。注意烧写前应先擦除 FlashROM 的内容。

(13) 对 DSK 重新上电复位，按 DIP 开关键，观察 DSK 功能，体会系统自举功能。

6. 实验要求

(1) 提交完整的程序源代码。
(2) 提交实验分析测试数据。
(3) 提交完整的实验报告。

第 **9** 章

DSP 嵌入式系统设计实例

 **本章知识架构**

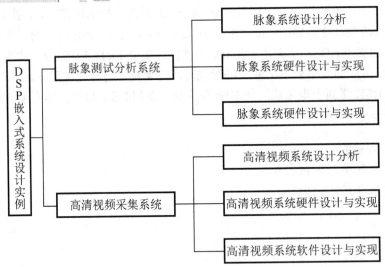

 内 容 要 点

- 如何根据设计目标要求确定系统方案？
- 根据确定的系统方案，如何使用 CAD 软件设计电路？
- 如何对制作好的电路调试？

DSP 嵌入式系统的设计是对 DSP 工程技术人员全方位的考验。DSP 工程技术人员必须非常熟悉任何有关 DSP 的硬件技术、软件技术、行业发展、市场信息才能较好的设计出满足设计目标的 DSP 嵌入式系统。

本章将从硬件技术和软件技术的角度出发，以脉象测试分析系统和高清视频采集系统为例子，把 DSP 嵌入式系统的设计过程进行阐述。

9.1　脉象测试分析系统的设计目标分析

任何一个项目都会有一个预定目标。在项目设计前就要对这个预定目标进行分析，根据现有资源判断是否能实现该目标。

9.1.1　脉象测试分析系统的设计目标

脉诊是中医传统诊断中最主要的一个诊断方法，已有近千年的历史，它是一种无创伤的检测方法，简便易行。但是，传统的诊断方法属于主观诊断。从 50 年代开始许多中外学者与专家进行了客观化方面的研究，运用脉象图进行基础理论和临床方法研究。从最早的人工脉象图识别到应用人工神经网络技术，从单一的时域分析到小波分析，逐步运用信号处理技术实现模拟人脑神经元结构和功能对脉象信号进行识别，广大学者在脉象信号分析方法方面的研究已取得了一系列进展。现设计一套脉象测试分析系统，需要能实现以下目标(为了能更简单说明问题，在设计目标中把一些具体的技术参数去除了)。

(1) 脉象测试分析系统需要能准确获取人体脉象的数字波形，并在 LCD 上显示。

(2) 脉象分析结果能在 LCD 上显示。

(3) 能人工控制脉象的获取和分析。

9.1.2　目标分析

脉象测试分析系统需要能把人体的脉象信息采集到 CPU 中进行脉象分析。根据系统设计的经验能确定本系统需要由脉象采集传感器把人体脉象的物理信号转化成电信号，需要由 AD 把模拟电信号转换成数字信号，需要有 CPU 进行脉象信息的分析，需要 LCD 进行显示，需要键盘方便人工控制，需要电源对整个系统供电。

1. 脉象传感器的确定

通过网络、图书馆、数据库等各种方式查阅有关脉象信号获取的信息，找到多种脉象传感器。这些脉象传感器中有些尚不成熟，有些体积较大，有些结构复杂、很难控制。最终确定了一种带状的由 PVDF 材料构成的，已商用的成熟脉象传感器。该传感器工作电压 5V，模拟输出 0～3V，压力量程-50～+300mmHg，灵敏度：2000uV/mmHg，灵敏度温度系数：$1×10^{-4}$/℃，精度：0.5%，重复性：0.5%，迟滞：0.5%，过载：100 倍。满足脉象测试分析系统需要。

2．AD 的确定

嵌入式系统中 AD 选择的主要参数是转换率、分辨率、精度、量程等参数。尤其是 AD 的转换率，往往和嵌入式系统中的数字信号处理有关，关系到整个嵌入式系统的成败。

本系统从脉象分析软件数字信号处理的角度提出 AD 的采样率必须大于 100kHz，分辨率不小于 12 位。而根据前面脉象传感器的模拟输出要求，AD 的量程必须保证 0～3V。CPU 若采用 DSP 系列芯片，从 DSP 外设特点和使用方便性考虑，AD 最好选用串行数据输出。再根据封装、价格、采购的难易程度，最终确定 AD 的型号为 ADS7841。

ADS7841 单电源支持(2.7～5V)，2 通道差分输入，最大 200kHz 转换率，0～5V 模拟输入，串行控制和数字输出，16 位 SSOP 封装。

3．CPU 的确定

CPU 的确定是由嵌入式系统实现的关键。一般根据嵌入式软件实现需要的速度、容量、功能来选择 CPU 及其最小系统。当然在实际设计中，还要考虑 CPU 的采购渠道、封装形式、功耗、实现难易程度等因素。

脉象分析软件估计 CPU 的运行速度必须大于 1500MIPS。脉象软件分析代码长度大约在 1Mbit 以内，脉象数据空间大约需要 64Mbit。

由此脉象嵌入式系统采用 TI 公司的 TMS320C6713 作为主控芯片。它是 32 位高速浮点型 DSP，时钟最高频率为 300MHz，最高运算速度 2400 MIPS。TMS320C6713 基本性能见表 9-1。

表 9-1 TMS320C6713 芯片基本性能说明

名　　称	内　　容
CPU	1 C67x
Peak MMACS	400 乘法累加器
低电平(L)	两端隔离
Frequency	300 MHz
On-Chip L1/SRAM	4 K-Byte
On-Chip L2/SRAM	256K-Byte
EMIF	1 个 32 位
External Memory Type Supported	SRAM、EPROM、Flash、SBSRAM、SDRAM
Addressable External Memory Space	512 M-BYTE
DMA	16 Channels
HIP	1 路 16-Bit
McBSP	2 路
McASP	2 路

续表

名　　称	内　　容
I2C	2 路
Timers	2 个
Core Supply	1.2V
IO Supply	3.3V
Operating Temperature Range	0～90℃
Packages	272-BGA (GDP)

4. CPU 最小系统的确定

确定了 CPU，往往也意味着要确定 CPD 的最小系统。C6713 最小系统由 SDRAM、FLASH、EEPROM、JTAG、复位电路、时钟电路等构成。SDRAM 用作数据存储器、FLASH 用作程序存储器、EEPROM 作为一些掉电保护的数据存储器使用。根据 3 小节里脉象分析软件的容量要求来选择 SDRAM、FLASH、EEPROM。

SDRAM 采用 MT48LC4M32B2TG 作为 SDRAM 存储器，存储容量为 $1M \times 32bit \times 4bank$。FLASH 采用 AM29LV400B-T-7R-E-I，容量为 4Mbit($512K \times 16bit$)。EEPROM 采用 AT24C32_TSSOP8，容量为 32K(4096×8)，采用 I2C 接口控制。

5. 人机界面的确定

由于设计目标里要把脉象信息显示在 LCD 上，同时系统能被人工控制。由此本系统需要用到 LCD 来显示信息，同时考虑使用键盘来作为人工控制系统的手段。LCD 决定采购普通商用单色 LCD 模块，键盘采用常见的 PS/2 小键盘。

9.2　脉象测试分析系统的方案确定

在确定现有资源能实现相关设计目标后，就要从全局考虑把所有选定的资源组织起来，在理论上实现设计目标，就是形成最终的设计方案。设计方案将是实际设计过程的指导。

9.2.1　方案的分析

在芯片型号基本确定后，需要考虑如何把这些芯片连接起来，形成一个合适的电路系统。在此过程中，往往会发现原来选择的芯片在实现电路中有问题，那就需要设计人员采用各种方法来实现电路。若没有办法来实现电路，那就需要重新选择芯片。这是一个循环反复的过程，直到最终方案的确定或者是证明系统无法实现。

1. 系统地址分配

整个系统都将由 TMS320C6713 控制，那么就需要对 TMS320C6713 进行地址分配。

EMIF 为 TMS320C6713 的外部存储器接口。有 4 个独立的寻址空间，被称为芯片使能空间 (CE0-CE3)。拟设计 SDRAM 占据了 CE3 空间，FLASH 占据了 CE1 空间，其余外设占据了 CE0 空间、CE2 空间，见表 9-2。

表 9-2　TMS320C6713 地址分配

地址范围	存储器类型	内　容
0x00000000—0x00030000	内部存储器	内部存储器
0x00030000—0x80000000	保留或片内外设寄存器	保留或片内外设寄存器
0x80000000—0x90000000	EMIF CE0	CPLD 等外设
0x90000000—0xA0000000	EMIF CE1	FLASH
0xA0000000—0xB0000000	EMIF CE2	SDRAM
0xB0000000—0xC0000000	EMIF CE3	CPLD 等外设

2. 脉象传感器和 AD 的连接

脉象传感器的输出已经在传感器里处理过，ADS7841 只要把模拟输入模式调节成 0～3.3V、差分输入，脉象传感器的 0～3V 输出信号可以直接送入 ADS7841 的模拟差分输入端。

3. AD 和 DSP 的连接

ADS7841 和 DSP 的连接可以参见本文 8.5.1 节。本系统中为了方便电路设计，把 ADS7841 的管脚都通过 CPLD 接入 TMS320C6713 的 McBSP。

4. 人机界面和 DSP 的连接

LCD 和 DSP 的连接需要通过 TMS320C6713 的 EMIF 接口，但 EMIF 的时序和 LCD 的时序及端口电压并不一致，所以考虑使用 CPLD 来协调 EMIF 接口和 LCD 的接连。同时为了方便设计，亦考虑把 PS/2 小键盘也通过 CPLD 连接到 TMS320C6713 的 McBSP 上。

5. 电源设计

经过整个系统的功率计算后，系统的电源管理芯片采用 TI 公司的 TPS70302PWP 芯片。TPS70302PWP 输入+5V，双路输出，输出+1.2V(最大输出电流 1A)、输出+3.3V(最大输出电流 2A)。TMS320C6713 芯片内核采用+1.2V 供电(最大电流消耗 945mA)，I/O 采用+3.3V 供电(100MHz 、75mA)。TPS70302PWP 供电芯片保证了+1.2V 先上电。

LCD 和键盘单独使用外部+5V 供电。

6. DSP 启动设置

TMS320C6713 可以相关管脚的高低电平来决定启动引导过程。系统拟通过配置开关，让用户控制 TMS320C6713 的工作状态。状态配置见表 9-3。

表 9-3　TMS320C6713 配置说明

管　脚	值	说　明
HD4、HD3	00	HPI 引导/仿真器引导
	01	CE1 空间宽度 8bit，外接异步 ROM 默认时序引导
	10	CE1 空间宽度 16bit，外接异步 ROM 默认时序引导
	11	CE1 空间宽度 32bit，外接异步 ROM 默认时序引导
HD8	0	DSP6713 工作在 Big Endian mode
	1	DSP6713 工作在 Little Endian mode
HD12	0	EMIF 数据出现在 ED[7:0]位置，无视 Endian mode 模式
	1	在 Little Endian mode 中，8bit 或 16bit 的 EMIF 数据出现在 ED[7:0]位置；在 Big Endian mode 中，8bit 或 16bit 的 EMIF 数据出现在 ED[31:24]位置

9.2.2　方案的形成

嵌入式系统的设计目标经过分析，然后确定芯片型号和相互直接的连接，很自然地能形成设计方案。本系统最终形成的系统结构如图 9.1 所示。

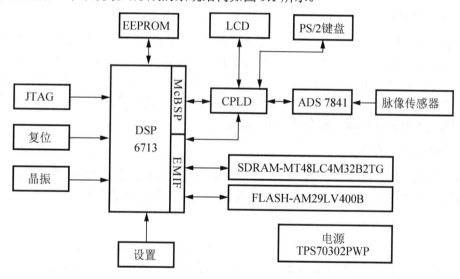

图 9.1　脉象测试分析系统框图

设计人员使用设置电路设置 DSP 工作模式，通过 JTAG 调试 DSP 软件。设计完成的脉象嵌入式系统的代码存放在 FLASH 中；系统启动后，代码从 FLASH 调入内存工作。一些关键的参数保存在 EEPROM 中。LCD 和 PS/2 键盘组成系统的人机界面。脉象传感器把人体脉象信息通过 AD 芯片 ADS7841 传入 DSP 中。当前获取的脉象数据存放在 SDRAM 中，并在 LCD 上实时显示，同时脉象的分析结果也显示在 LCD 上。使用人员通过 PS/2 键盘控制整个系统工作。

具体工作时，用户可以通过 PS/2 键盘经 CPLD 控制 TMS320C6713 工作；TMS320C6713

通过 ADS7841 读取脉象传感器获取的脉象信息，存放在 SDRAM 里，同时实时把脉象信息显示在 LCD 上；TMS320C6713 对当前的脉象信息进行分析，也把分析结果显示在 LCD 上，供用户观察。

9.3　脉象测试分析系统的硬件实现

方案确定后，就要从硬件、软件两个方面实现方案。硬件实现的主要任务有购买元器件、原理图设计、PCB 设计、调试等。

9.3.1　原理图设计

原理图设计需要设计者对使用的 CAD 软件非常熟悉，掌握所有用到器件的工作原理，对设计方案理解非常透彻，这样才能设计出比较成功的电路。同时需要有设计经验。

1．CAD 工具选择

原理图设计首先要考虑使用什么 CAD 软件来进行原理图设计。目前常用的 CAD 软件有 Altium 公司的 ADS9、Cadence 公司的 OrCAD 等。具体选用哪个软件进行原理图设计，根据个人喜好或者项目要求决定。本章以 OrCAD16.3 为例进行说明。

2．原理图设计

设计原理图前需要查阅芯片资料，掌握芯片/器件(元件)的工作和连接原理。设计人员在掌握元件的原理后，在 CAD 软件中制作原理图元件库文件。若元件较大，则需要把元件分块设计。设计人员把原理图库文件中的元件调到原理图中，进行原理图设计。若原理图内容较大，还需要把原理图分块设计。原理图设计完成后，可以用 OrCAD 软件里的 Tools->Design Rules Check…命令进行错误检查。

3．JTAG 接口设计

图 9.2 所示是 TMS320C6713 的 JTAG 接口电路。JTAG 信息具体参见第 8 章内容。图中电阻带"NC"表示电路冗余，在调试的时候不焊接，作为测试使用。

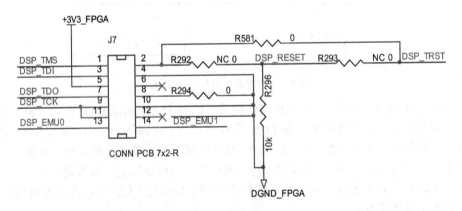

图 9.2　JTAG 接口电路

9.3.2　PCB 设计

PCB 设计的 CAD 软件也有很多种，本章使用 Cadence 公司的 Allegro PCB Design GXL 作为 PCB 设计软件。

设计人员按照元件封装在 Allegro 制作 PCB 元件库文件，同时把 PCB 元件库文件的名称输入原理图中相应位置。设计人员把带有正确 PCB 元件库文件转换成网络表文件，导入到 Allegro 软件中，进行 PCB 设计。

PCB 的设计亦比较复杂，有很多设计规则，受限于本文的篇幅，有兴趣的读者可以自行阅读相关资料。

9.3.3　PCB 焊接和调试

PCB 设计完成后，需要送到 PCB 加工公司制作 PCB 板子。在 PCB 板子制作完成后，可以通过目测或用万用表检测 PCB 是否有短路等不良现象，以初步判断 PCB 是否有焊接价值。

元件焊接分手工焊接和机器焊接两种。机器焊接一般在大批量 PCB 生产时使用。对于在测试阶段的 PCB，一般先采用手工焊接电源部分，用万用表或示波器等仪器检测电源输出是否合理。判断电源输出正常后，再焊接 PCB 上其他电路。手工焊接完成后，用各种仪器判断硬件工作是否正常。初步判断硬件正常后，交给软件设计人员进行软件设计。接下来就需要和软件设计人员协同调试电路，直至系统设计完成。

9.4　脉象测试分析系统的软件设计

根据脉象测试分析系统方案并结合脉象信号分析算法，采用 DSP/BIOS 设计脉象测试分析系统的 DSP 程序，实现脉象信号的采集、分析、存储等功能。

1. 脉象测试分析系统软件设计总体方案

根据脉象测试分析系统需求，系统主要完成脉象信号的采集、分析、脉象信号特征库的存储与匹配、键盘扫描、液晶屏显示等功能，具体采用图 9.3 所示的流程设计软件。

如图 9.3 所示，脉象测试分析系统通过键盘输入决定系统功能。当脉象测试分析系统上电后，DSP 软件首先进行系统初始化，然后根据键盘操作进入对应的处理流程。当键盘输入选择采集脉象信号功能时，系统采集脉象信号并缓存，然后计算脉率；如果选择时域信号显示功能，则在液晶屏上图形化的显示脉象信号和脉率；如果选择频域信号显示功能，则对当前脉象信号进行 FFT 计算，并在液晶屏上图形化显示对数化幅度谱；如果选择脉象诊断分析功能，则提取当前脉象信号特征，并与预存的特征知识库进行匹配，并将匹配结果显示在液晶屏上；如果选择停止采集功能，将取消上述所有功能处理，液晶屏显示初始的提示信息，等待用户键盘输入选取脉象信号采集功能。

根据脉象测试分析系统软件设计流程图，脉象测试分析系统软件由系统初始化模块、脉象信号采集模块、FFT 频谱分析模块、脉象分析诊断模块、信息显示模块和键盘扫描模块等模块构成。

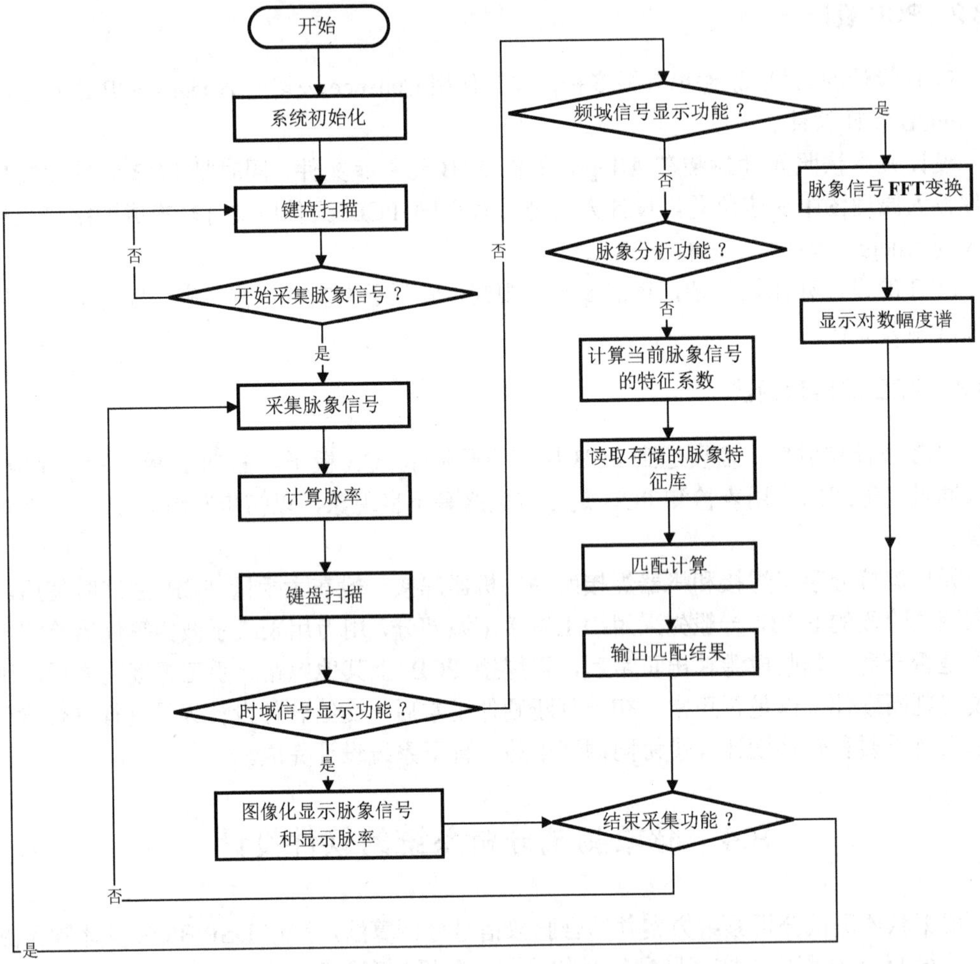

图 9.3　脉象测试分析系统软件设计总体流程图

2. 脉象测试分析系统初始化模块设计

一般来说系统初始化主要由硬件初始化和软件初始化两部分组成，脉象测试分析系统也不例外。

脉象测试分析系统硬件初始化主要包括 PLL 倍频配置、McBSP 工作方式配置、液晶屏初始化配置等工作。

脉象测试分析系统软件初始化主要包括开放中断配置、缓冲区初始化、相似度阈值和功能标志变量初始化等工作，并向液晶屏输出"欢迎使用脉象测试分析系统"等提示信息。

3. 脉象信号键盘扫描模块设计

脉象测试分析系统通过键盘输入决定执行的功能。在键盘扫描模块程序设计中，软件判断 McBSP 口接收的数据，并进行按键判断。然后根据按键不同，调整功能标志变量。系统软件将根据标志变量的值决定执行相应的软件功能模块。

4. 脉象信号采集、FFT 频谱分析和显示模块软件设计

如果功能标志变量指示系统软件进入脉象信号采集功能，软件将读取 ADS7841 采集的脉象信号，存储于脉象信号缓冲区，并每采集 1000 个样本时计算一次脉率，同时根据功能标志变量的指示决定脉象信号进行时域信号显示还是频域信号显示。如果启用时域显示功能，脉象测试分析系统软件将通过显示模块实时刷新液晶屏，从左到右实时显示脉象信号。当一屏脉象信号显示满后，立刻从左到右重新动态显示采集的脉象信号。如果启用频域显示功能，将调用频谱分析模块软件，并对当前脉象信号进行 FFT 变换，然后计算对数幅度谱并发送幅度谱信息给显示模块。

5. 脉象信号分析诊断模块软件设计

脉象测试分析系统提供根据脉象信号特征库进行分析诊断的功能。当功能变量指示系统软件进行脉象信号分析诊断功能时，分析诊断模块的软件将对当前脉象信号进行特征参数提取。在脉象测试分析系统中已经预存脉象信号特征库，可以将当前脉象信号的特征参数与预存的特征库信息相匹配，根据匹配相似度阈值信息得出诊断信息并显示在液晶屏上。

9.5　高清视频采集系统的设计目标分析

随着科学技术的进步、生产生活要求的提高，有关视频技术的应用场合越来越多。本节将以一个高清视频采集系统为例，来说明有关 DSP 嵌入式系统的设计过程。

9.5.1　高清视频采集系统的设计目标

高清视频采集系统要求能实时采集 1024×768 视频，并把视频显示在 24 位真彩色的 LCD 上。操作系统为 Linux，支持自制键盘或鼠标。

9.5.2　目标分析

高清视频采集系统需要能实时采集 1024×768 视频。系统必须有高性能的图像传感器。同时从简化设计的角度考虑，系统 CPU 最好具有视频接口。又由于系统要支持 Linux 操作系统。所以 CPU 必须带有 ARM 核。

1. 图像传感器的确定

目前市场上使用的图像传感器分为两类：基于 CCD 和基于 CMOS 的图像采集传感器。这两类传感器各有优缺点，在高清视频采集系统中均有使用。CCD(Charge Coupled Device)，即 "电荷耦合器件"，是一种感光半导体芯片，在接受光照后，感光元件产生对应的电流，电流大小和光强对应，光照越大，电流越大。CMOS(Complementary Metal Oxide Semiconductor)，即 "互补金属氧化物半导体"。两者工作原理本质上没有区别，只是在制造上的区别，CCD 图像传感器集成在半导体单晶材料上，而 CMOS 图像传感器是集成在金属氧化物半导体材料上。

近几年，随着 CMOS 传感技术的不断发展，CMOS 的性能与 CCD 已经很接近，采集的图像分辨率能够达到 720p 甚至 1080p，且其成本低、数字化、集成容易等特点，被广泛使用。在综合考虑各种因素下，本系统选择 APTINA 公司的 MT9P031 CMOS 图像传感器。该图像传感器的内部结构图如图 9.4 所示。

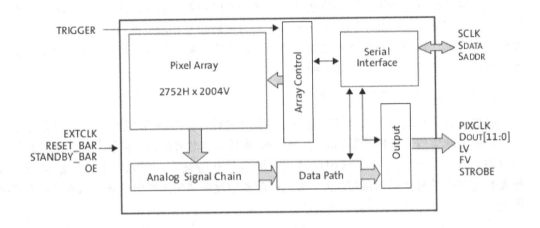

图 9.4　JTAG 接口电路

该传感器最大有效像素为 2593H*1944v，MT9P031 由其内部锁相环产生 6-27M 时钟，最大像素速率达到 96Mp/s，输出模式为 Bayer RGB 模式，支持 binging 和 skipping 模式，12bit 片上 AD。该传感器还具有色彩增益调节，模拟数字增益设置，黑电平校正，偏移补偿，曝光时间控制等功能。系统通过 I^2C 总线对图像传感器写入读取控制。

2．CPU 的确定

为了便于以后程序的开发以及节省成本，首先要选择一个好的硬件平台，好的平台是系统成功的基础。而硬件平台的核心就是微处理器，目前市场上微处理器大约有 1000 多种，如何从中找出合适的微处理器也比较困难。

TMS320DM3730 是 TI 公司推出的一款灵活、高效的片上数字音视频系统微处理器，该处理器是由 1GHz 的 ARM Cortex-A8 Core 和 800MHz 的 TMS320C64x+ DSP Core 的两部分组成，该处理器可以解决 ARM 处理器无法处理高清视频大数据量和 DSP 无法运行功能强大的操作系统问题，且该处理器集成了 3D 图形处理器、视频加速器(IVA)、USB 2.0、支持 MMC/SD 卡、串口等，支持高清 720p、1080p 视频解码。最大支持 60 f/ s 实时视频处理，编码解码能力可达每秒 500 万像素，有前端和后端的视频处理子系统，可支持视频预览、图像缩放、自动聚焦、曝光、白平衡等功能。外围设备集成了非常丰富的视频和网络通信接口。根据以上原因，选择 TMS320DM3730 作为本系统的 CPU。

3．电源的确定

系统选用电源管理芯片 TPS65930，该芯片是 TI 公司推荐的、与 OMAP™系列处理器配套使用的电源芯片。该芯片不仅能够提供各种芯片需要的电压，而且还包括电源管理控制器、USB 高速传输控制、LED 驱动控制、模数转换(ADC)、实时时钟(RTC)和嵌入式时钟管理(EPC)等，此外还包括完整的两路数模转换音频信号和两个 ADC 双语音频道、一路标准的音频采样率时分复用(TDM)接口，可以在立体声下行通道播放标准的音频。电源管理芯片中还包含了一个 USB 高速收发器，所以可以给系统扩展 USB OTG 功能。该电源管理芯片提供的丰富接口可以帮助扩展处理器的功能，并减轻处理器的负担。TPS65930 与处理器之间使用 I^2C 协议通信。

9.6　高清视频采集系统的方案确定

基本器件选型结束后，就要考虑方案的确定。同样在方案确定过程中，若发现原来器件的选型并不符合设计需要，那就需要重新进行目标分析、选型。

9.6.1　方案的分析

系统中微处理器采用的 TI 公司的 OMAP 系列的 TMS320DM3730 处理器，该处理器为双核结构 ARM+DSP，其中 ARM 核为 Cortex-A8 架构，主频为 1GHz，DSP 核为 C64x 架构，主频为 800MHz。图像采集传感器采用的 APTINA 公司的 MT9P031 芯片，该芯片为 CMOS 系列图像传感器，最大可以采集 5Mp 像素的数字图像信号。系统电源由 TI 公司的 TPS65930 电源芯片供应，提供 1.2V、1.8V、3.3V 等电压。外部存储单元采用 Micron 公司的高速 DDR RAM 和 NAND FLASH 实现高速数据传输与存储，同时系统还提供 MMC 接口和 USB2.0 接口，MMC 接口可以用来存储数据以及系统更新使用，USB2.0 接口可以接鼠标操作系统界面。

9.6.2　操作系统的确定

嵌入式操作系统由于其良好的可裁剪性，实时性，多任务处理等优点，为嵌入式系统的开发提供极大的方便，但目前市场上存在多种嵌入式操作系统，每种操作系统针对不同的用途。因此，选择嵌入式操作系统一般从以下几个方面考虑。

(1) 可移植性。目前市场上处理器种类繁多，考虑到以后系统扩展可能需要更换处理器，就必须选用一种可以支持大部分的处理器的通用嵌入式操作系统。

(2) 可裁剪性。嵌入式操作系统一般资源有限，需要对系统的内核进行裁剪，去掉不需要的功能模块，使裁剪出来的嵌入式操作系统最合适本系统。

(3) 实时性。因为本文设计的视频采集与处理系统，采集的视频数据是实时的，且数据量巨大，所以选择的操作系统的实时性一定要很高。

(4) 开发工具和技术支持。项目的开发一般时间都比较紧张，为了更快开发出该系统，必须充分利用系统的资源与技术支持。一个好的开发工具和技术支持，能够减少研发周期，节约成本。

目前市场上存在多种嵌入式操作系统，主要有 VxWorks, Windows CE, uC/OS-II, Linux 等，虽然各个系统都有各自缺点，但是前面 3 个系统的使用都需要付费，会增加项目的成本。而 Linux 系统不仅能够满足上面系统设计需求，而且是遵循 GPL 协议公开源码的免费操作系统。内核能够支持很多种硬件，大部分的硬件驱动都有公开的代码，可以任意修改。

Linux 是一种类 UNIX 的操作系统，已经成为当今最为流行的开源操作系统之一，PC 机 Liunx 系统与嵌入式 Linux 系统内核代码相同，只是开发程序的编译环境不同，在 PC 机上编写的程序，经过特定的编译环境，就可以在嵌入式设备上运行，并通过串口或网络都可以实现对系统软件调试，这很方便程序的开发。综上所述，在考虑开发周期和成本等情况下，最终选用嵌入式 Linux 系统作为高清视频采集系统的嵌入式操作系统。

9.6.3　方案的确定

硬件框图如图 9.5 所示。系统总体的工作流程为，系统首先通过 CMOS 镜头采集高清高速视频数据，通过 ISP 接口输出到 DM3730 的 ARM 核处理单元，由芯片的硬件单元对采集的视频进行去噪，白平衡，黑色补偿等前端与后端硬件处理。如果在人机界面选择需要视频图像处理，如图像增强，人脸跟踪等，则系统将前期处理后的数据送到 DSP 核，再由该 DSP 核对视频数据做算法处理，并将处理的结果送到 ARM 核，由该处理单元将处理后的数据通过 HDMI 接口输出显示。操作系统选用 Linux。

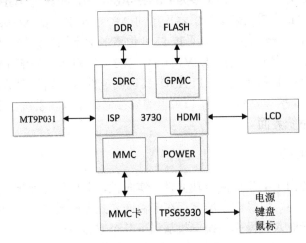

图 9.5　高清视频采集系统框图

9.7　高清视频采集系统嵌入式 Linux 软件的开发

在正式开发软件前需要搭建系统软件开发平台，用于软件开发和交叉编译。该平台主要分为交叉编译环境建立、嵌入式 Linux 系统内核裁剪与移植、系统引导程序编译与移植、根文件系统制作以及 NFS、Samba 服务器安装与配置等。

9.7.1　嵌入式 Linux 开发环境搭建

开发环境的搭建主要包括 PC 机 Linux 系统安装，交叉编译环境的搭建，以及用于调试的 NFS 和 Samba 服务器的安装。

1. 交叉编译环境搭建

建立交叉编译环境是嵌入式 Linux 开发的前提，这是由于嵌入式系统资源有限，程序设计无法直接在嵌入式 Linux 环境下编译，必须将程序在通用计算机上编译生成二进制可执行文件，下载到嵌入式系统中才可以执行。前者通用计算机一般称为宿主机，后者一般称为目标机。编译好的二进制可执行文件一般通过两者之间的连接端口及连接工具如串口、网口、USB 接口及 JTAG 口等进行下载调试。本系统的交叉编译环境如下。

(1) 宿主机开发系统是在 Window 7 主机下的 VMware 虚拟机中安装 Linux 操作系统。该操作系统选用的是 Ubuntu10.04LTS 版本操作系统。该系统是长期支持版本，性能稳定，适合 dm3730 开发。

(2) 目标机是自制高清视频采集系统。目标机中嵌入式 Linux 操作系统使用的是 2.6.23 内核版本。

(3) 由于宿主机是 x86 体系结构而目标机为 ARM 体系结构，在宿主机下编译的程序无法直接在目标板中运行，必须是由交叉编译工具来编译程序，本系统使用的是 arm-eabi-gcc 交叉编译工具。

(4) 串口和网络调试工具使用的是 SecureCRT 调试工具，该调试工具不仅可以作为串口工具使用，设置波特率、数据位、停止位、奇偶校验等，还可以作为网络调试工具，利用 telnet 功能，实现网络调试。

2. NFS 服务配置

NFS(Network File System)网络文件系统，最早是由 Sun 发展出来，它的最大功能就是通过网络，让不同的操作系统共享自己的文件，所以也可以将它看作一个文件服务器(File Server)，这个文件服务器可以让远端的主机通过网络挂载到本地主机上，共享该文件。本系统中建立 NFS 共享文件夹，在串口或网络调试工具中输入挂载命令 mount -t nfs -o nolock 192.168.0.150:/home/nfs /mnt/nfs 挂载到目标板"/mnt/nfs"目录下，那么在目标板中就可以直接调试宿主机中编译好的程序。这种调试方式可以方便系统开发，加快开发进度。NFS 服务器配置方式如下。

(1) Ubuntu 系统中安装软件相对比较简单，只需要在终端中输入命令 sudo apt-get install nfs-kernel-server，系统自动下载安装。

(2) 安装结束后需要配置"/etc/exports"文件，该文件为 NFS 共享目录配置文件，输入命令 sudo vim /etc/exports，在打开的文件最后输入/home/nfs *(rw,sync,no_root_squash)。/home/nfs 是要共享的目录，rw 和 sync 等命令代表对该目录的读写权限，写入方式等配置，以及操作权限设定。

(3) 配置好以后通过下面的命令重启服务。

$sudo /etc/init.d/portmap restart

$sudo /etc/init.d/nfs-kernel-server restart

(4) 目标机上测试 NFS，在调试窗口输入下面命令，查看该文件夹下是否是宿主机目录下的内容，如果有则表示配置成功。

$mount -t nfs -o nolock 192.168.0.150:/home/nfs /mnt/nfs

$ cd /mnt/nfs

$ ls

3. Samba 服务配置

Samba 是 Linux 操作系统与 Windows 操作系统之间架起的一座桥梁，两者之间基于 SMB(Server Message Block)协议，可以实现互相通行。由于系统软件开发是在 Windows 系统下的虚拟机中开发，而编程环境一般使用 SourceInsight 软件在 Windows 下编写，然后在 Linux 环境下进行交叉编译。两者之间的通信就是利用 Samba 服务。

需要在 Linux 建立一个共享文件夹。本文系统中在宿主机"/home/share"目录下建立共享文件夹。Samba 服务器的建立同 NFS 相似，具体步骤如下。

(1) 在 Ubuntu 系统终端中输入命令 sudo apt-get install samba 和 sudo apt-get install smbfs 系统自动下载安装。

(2) 创建共享文件夹方法如下。

$mkdir /home/share

$chmod 777 /home/share

(3) 编辑 Samba 服务配置文件，需要打开"/etc/samba/smb.conf"文件，在末尾添加如下信息。

path = /home/ /share

public = yes

writable = yes

valid users = suda

create mask = 0700

directory mask = 0700

force user = nobody

force group = nogroup

available = yes

browseable = yes

(4) 重启 Samba 服务方法如下。

$ sudo /etc/init.d/samba restart

(5) Samba 测试方法如下。

在 Windows 系统下，打开命令窗口，输入"//192.168.0.150"。其中 IP 地址为 Ubuntu 系统中的 IP 地址。如果输入命令按回车键后，显示 share 共享文件夹，则表明 Samba 服务器配置成功。

9.7.2　嵌入式 Linux 内核裁剪与移植

系统内核是一个操作系统的灵魂，负责系统的进程调度、内存管理、文件系统及网络系统管理等，可以满足嵌入式系统中绝大多数的复杂性要求，但是由于一般嵌入式 Linux

内核大小有 30MB 到 80MB，而嵌入式系统硬件资源有限，就必须对内核进行重新裁剪和配置。内核的裁剪与配置主要针对系统硬件资源和软件设计需求，将内核中不需要的内容删除及重新配置，最后重新编译内核，生成镜像文件，下载到目标机中。

1. 内核的配置

在系统内核编译前需要对系统的内核进行配置，配置时需要根据系统实际需求，认真配置每一项，如果配置不当，直接关系到系统能否正常启动，是否满足系统设计需求等。配置内核除选择必须参数外，还需要将不需要的选项去除，比如视频驱动可能支持很多种设备的驱动，就需要将不需要的驱动去除，以此减少内核空间，但是如果内核里面没有该支持的驱动，就需要添加。如系统共选择的 Linux 操作系统中没有对 MT9P031 图像传感器的驱动支持，就需要在内核配置中对其添加。需要在"defconfig"、"kconfig"和"makefile"3 个文件中添加配置数据。在内核中 3 个文件的存储路径分别为 "/arch/arm/configs/omap3_beagle_defconfig"、"drivers/media/video/Kconfig"和"drivers/media/video/Makefile"。

在 DM3730_beagle_defconfig 配置文件中添加如下配置信息。

CONFIG_SOC_CAMERA=y

CONFIG_SOC_CAMERA_MT9P031=y

在/video/Kconfig 视频驱动配置文件中添加如下配置信息。

config SOC_CAMERA_MT9P031

tristate "mt9p031 support"

depends on SOC_CAMERA && I2C

help

This driver supports MT9P031 cameras from Micron.

在 video/Makefile 编译文件中添加修改如下编译文件信息。

obj-$(CONFIG_SOC_CAMERA_MT9P031)+= mt9p031.o

修改好后，需要对系统内核重新编译。编译通过后，需要配置内核，选择刚才添加的驱动文件，通常配置内核都是通过 make menuconfig 命令来进行图形化配置。如图 9.6 所示，在菜单中选择所需要的功能。

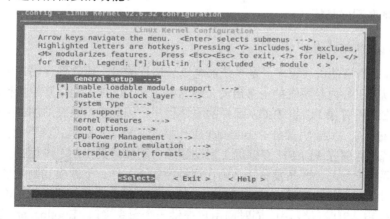

图 9.6　内核配置图像界面

按 Y 键选中功能，并将该驱动功能编译到内核中，系统启动后将添加该功能；N 取消该功能，系统编译时内核将不添加该功能；M 功能为模块化编译功能，系统编译后内核不添加该功能，而是生成*.ko 文件的动态链接库，当系统启动后如果需要使用该功能，就使用 insmod 命令添加该动态库，这种方式可以减少系统内核空间。配置完成后系统会自动生成 config 配置文件。MT9P031 配置界面如图 9.7 所示，为了使初期调试方便，本系统中对 MT9P031 选择 M 模式，这样每次修改驱动文件后，就不需要重新编译内核，但在后期成品时需要将该驱动编译到系统内核。

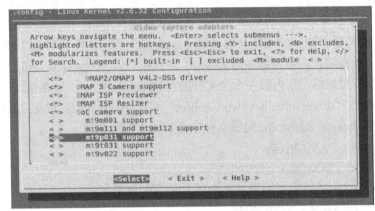

图 9.7   mt9p031 配置界面

2. 内核的编译与移植

内核配置完成以后，就需要对系统内核进行编译，在编译前可以通过命令 export $PATH 来查看交叉编译工具 arm-none-linux-gcc4.4.3 是否添加，如果没有，则需要将该工具添加，使用的命令为 export PATH=$PATH:/opt/arm-q2003/ arm-eabi-4.4.0。确认好编译环境后，开始对内核编译。首先使用命令 make distclean，清除以前编译遗留下的文件，然后输入命令 make 进行编译，编译好后将在 "arch/arm/boot" 目录下生成 uImage 镜像文件。本系统是将该镜像文件拷贝到 TF(MMC)卡上，通过 TF 卡实现系统更新。

9.7.3 引导加载程序移植

1. Bootloader 的作用

Bootioader 为启动引导程序，是系统加电以后运行的第一段软件代码，用于完成硬件的基本配置以及引导内核系统的正常启动，通常从 0x00000000 地址开始执行。在嵌入式系统中，通常并没有像 PC 机 BIOS 那样的固件程序，因此整个系统的加载启动任务就完全由 BootLoader 来完成。大部分 Bootloader 工作模式有启动加载模式和下载模式两种。加载模式是系统将存储在 FLASH 存储器上启动程序自动加载到 RAM 中运行，整个系统启动过程不需要用户参与，产品发布时必须在这种模式下工作。下载模式则是系统上电后通过串口或网口从宿主机上下载文件，下载的文件通常先保存在目标机的 RAM 中，然后再写到目标机的 FLASH 存储器中，同时向用户提供一个命令接口。Bootloader 工作过程一般包含以下步骤。

(1) 硬件设备初始化。主要是为下一阶段执行做准备，包括准备 RAM 空间。

(2) 复制第二阶段代码到 RAM 空间。

(3) 设置堆栈。

(4) 跳转到第二阶段的 C 程序入口点。

(5) 开始第二阶段，初始化硬件设备。

(6) 系统内存映射检测。

(7) 读取 FLASH 中内核镜像及根文件系统到 RAM 空间。

(8) 设备启动参数及调用内核。

Bootloader 可以自己设计开发，但一般都是选用公用的进行裁剪与修改后使用。比较著名的公用 Bootloader 有三星公司的 vivi、摩托罗拉公司的 dBUG、国产软件 RedBoot 和自由软件 u-boot 等。本文选用 u-boot 作为系统引导加载程序。

2. u-boot 编译与参数设置

u-boot 是现在比较流行且功能强大的一款 BootLoader，体积小，易于构造。本文 u-boot 使用的是 03.00.02.07 版本。编译步骤如下。

(1) 解压 u-boot 压缩包，命令为 tar xvf u-boot03.00.02.07.tar.bz2。

(2) $make distclean。

(3) $make omap3_devkit8500_config。

(4) $make。

当系统编译成功后会生成 uboot.bin 文件，可以通过 tftp 下载或拷贝到 TF 卡中，使用 TF 卡实现更新。系统更新后，上电重新启动，按任意键实现对 u-boot 参数配置。参数设置包括 IP 地址设定，内核启动参数以及串口波特率设置等，部分参数设置如下。

#：setenv serverip 192.168.0.150 设置 PC 机 tftp 服务器 IP 地址。

#：setenv ipaddr 192.168.0.103 设置开发板 IP 地址。

#：setenv ethaddr 00:10:20:18:ce:05 设置开发板 MAC 地址。

#：　setenv baudrate 9600。

#：saveenv 保存以上环境参数到 flash。

因为本文系统使用的是 TI OMAP 系列双核处理器，处理的 ARM 核和 DSP 核之间需要互相通信，需要使用 TI 的 DVSDK 开发工具，也需要配置 u-boot 启动参数，主要是对内存的配置，配置命令如下。

#：setenv bootargs console=ttyS2,115200n8 root=/dev/mmcblk0p2 rootfstype=ext3 rw rootwait mpurate=1000 mem=99M@0x80000000 mem=128M@0x88000000 omapdss.def_disp=lcd omap_vout.vid1_static_alloc=y omapfb.varm=0:3M

#:setenv bootcmd' mmc init; fatload mmc 0 80300000 uImage; bootm 80300000'

#:saveenv

配置好后，输入 boot 命令，系统进入内核启动过程，开始正常启动。系统正常启动后将进入系统后台运行界面，这时就可以正常对系统进行开发与测试。

9.7.4 根文件系统制作

1. 根文件系统简介

文件系统是对存储设备上文件操作的一种方法。内核启动后，第一个挂载的文件系统就是根文件系统，内核代码的映像文件都保存在根文件系统当中，如果嵌入式 Linux 系统没有根文件系统将不能正常启动。与 PC 机不同，嵌入式系统一般使用 FLASH 作为自己的存储介质，而不同的 FLASH 存储器有不同的物理特性，所以支持 FLASH 的文件系统有很多，主要有 EXT2、EXT3、JFFS2、CARMFS、UBI 等。本文根据系统的实际需求及硬件配置情况选择了 UBI 文件系统。

Linux 源代码是以文件的形式存放在根文件系统的各个目录中，根文件系统的结构如图 9.8 所示。

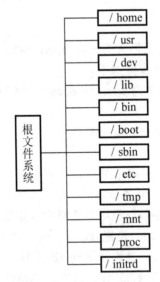

图 9.8　根文件系统结构

2. UBI 文件系统制作

首先在宿主机上建立一个文件夹，将所有生成的文件和子目录都放在该文件夹下，然后通过如下命令将文件拷贝到该目录下。

$ mkdir /home/share/ubi

$ cp /media/cdrom/linux/tools/mkfs.ubifs　/home/share/ubi

$ cp /media/cdrom/linux/tools/ubinize　/home/share/ubi

$ cp /media/cdrom/linux/tools/ubinize.cfg　/home/share/ubi

因为该文件系统支持 OMAP3530 系列的芯片，可以直接进行编译，输入如下。

$ cd /home/share/ubi

$ sudo /home/share/ubi/mkfs.ubifs –r rootfs –m 2048 –e 129024 –c 1996 –o ubifs.img

$ sudo /home/share/ubi/ubinize –o ubi.img –m 2048 –p 128KiB –s 512 /home/share/ubi/ubinize.cfg

执行完以上操作后，在当前目录下会生成所需要的 ubi.img 文件。其中，-o 指定输出的 image 文件名 ubi.img，-e 表示设定擦除块的大小，-m 为页面大小，-p 为物理擦除块大小，-s 为最小硬件输入/输出页面大小。本文文件系统也是通过 TF 卡进行更新。

9.8　高清视频采集系统软件设计

高清视频采集系统软件的开发主要包括底层驱动程序设计、视频采集与显示程序设计以及一些图像算法程序设计等。底层驱动程序主要提供一些与硬件操作相关的接口，将底层与应用层分开，方便不同的人员开发。视频采集与显示程序主要利用底层的接口，对硬件参数进行配置并实时获取视频流。图像算法程序主要是根据具体实际应用实时对视频进行处理，得到不同的应用效果，如边缘检测、图像增强，甚至于其他应用中的人脸识别、车牌识别等。

9.8.1　视频采集驱动程序设计

1. 驱动设备简介及分类

驱动程序位于硬件与应用程序之间，实现对硬件进行控制与读取数据，并将数据通过相应的接口提供给应用程序调用。在嵌入式 Linux 操作系统中所有的设备都可以当成文件，所以应用程序通过驱动程序接口，可以对硬件像操作文件的方式进行操作。驱动程序在系统中主要实现以下功能。

(1) 硬件设备的初始化和内存申请与释放等。

(2) 对硬件设备操作读取数据，并将读取的数据传输到内存缓冲，应用程序可以通过相应接口读取并处理，或者将上层发来的数据传输到硬件，实现对硬件的控制与操作。

(3) 对相应的中断进行检测，并做相应处理。嵌入式 Linux 系统的设备驱动可以分为块设备、字符设备和网络设备等。块设备是指可寻址、以块为访问单位的设备，有请求缓冲区，支持随机访问而不必按顺序读取数据，一般存储设备都属于块设备。常见的块设备有各种硬盘、RAM、FLASH 等。字符设备是指能像字节流一样读取数据的设备，不需要请求缓冲区，只能顺序读写。常见的字符设备有串口、鼠标、键盘等。网络设备是比较特殊的设备，它是面向报文而不是面向流，不支持随机访问，没有请求缓冲区。网络设备也叫做网络接口，应用程序是通过 Socket 套接字而不是设备节点来访问网络设备。本系统设计的 MT9P031 驱动属于字符设备，实现对数据流进行操作。

2. 驱动加载方式

在 Linux 操作系统中将驱动程序加载到内核有两种方式，分别为静态加载和动态加载，这两种方式的开发过程有些不同，也各有特点。

静态加载方式就是将驱动程序的源代码放到内核源代码中，在内核编译时和内核一同编译，使该驱动成为内核的组成部分，系统开机后会自动加载注册驱动。这种静态连接方式会增加内核的大小，且如果修改驱动，还需要重新编译内核，但在系统发布时一般采用该方式。

动态加载方式是指将驱动程序编译成一个可加载和可卸载的目标模块文件，它可以在内核运行时，再动态加载到内核中。用户可以使用 insmod 命令将驱动程序的目标文件加载到内核，在不需要时可以用 rmmod 命令卸载，操作比较方便。在前期开发阶段一般使用这种方式来加载驱动，这样方便系统开发，每次修改驱动后不需要重新编译更新内核，只需要重新编译驱动即可。

3. 驱动程序设计

本系统设计的 MT9P031 图像传感器驱动属于字符设备，图 9.9 表示该驱动在软件系统中的结构。可以看到该驱动在底层硬件与上层内核和应用程序之间，需要实现与底层硬件和上层应用软件之间通信。

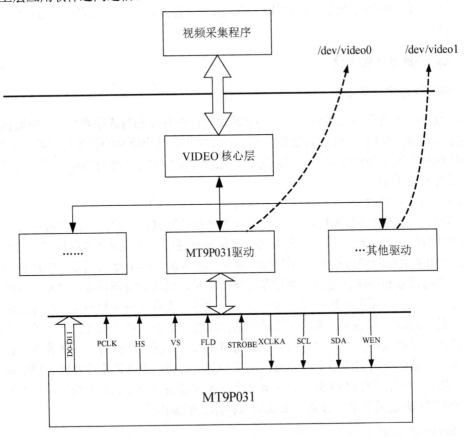

图 9.9 MT9P031 驱动结构图

同一般的视频驱动程序一样，MT9P031 图像传感器的驱动程序分成两部分，分别为传感器驱动和视频功能驱动。传感器驱动为上层硬件接口驱动，实现对硬件初始化与控制。视频功能驱动为硬件设备本身支持的功能。驱动程序被编译后直接加载到内核或生成动态模块(mt9p031.ko)加载，加载注册成功后会生成一个设备节点，通过该设备节点，系统应用程序利用 API 接口来调用设备驱动接口函数，发送命令或者读取实时视频数据。微处理器通过 I^2C 总线配置图像传感器的内部寄存器，实现对图像传感器的参数配置和初始化。

由于视频采集程序将使用 Linux 系统为专门视频设备开发提供的 V4L2(Video 4 Linux 2)架构，该架构为 Linux 下开发视频设备程序提供了一套接口规范。这就要求我们的视频驱动程序要符合 V4L2 标准的规范和要求，所以本系统中的视频驱动程序都是依据 V4L2 标准和规范来设计。

图像传感器驱动设计主要是实现对 MT9P031 芯片的控制，包括对芯片的注册、注销、初始化等操作。处理器的 ISP 接口与 MT9P031 相连，通过 I²C 总线对芯片进行控制。该图像传感器驱动设计主要使用的结构体为 struct i2c_driver mt9p031 _ i2c _ driver，结构体的内容如下。

```
static struct i2c_driver mt9p031_i2c_driver = {
    .driver = {
            .name = "mt9p031",
        },
    .probe    = mt9p031_probe,
    .remove   = mt9p031_remove,
    .id_table = mt9p031_id,
};
```

其中，name 表明该驱动的名称；probe 是驱动程序的探测指针，该函数最重要的操作是通过 soc_camera_host_register 注册一个 struct soc_camera _host，也就是注册一个设备节点，主要功能是在 CMOS 设备上电启动后，将查找相匹配的驱动程序，如果找到 mt9p031_probe( )函数，则完成 mt9p031 图像传感器的初始化和注册；Remove 函数是卸载函数，当通过 remod 等指令卸载驱动程序时，需要调用 mt9p031_remove( )，该函数主要完成内存释放和资源回收工作；id_table 表示该驱动所指的设备类型。

当 mt9p031_i2c_driver 结构体中的函数都正确配置后，系统上电就会调用 V4L2 结构体中的 v4l2_device_register( )将设备注册到内核，并产生设备节点/dev/video0，表明 CMOS 设备注册成功。当卸载该驱动是会调用 V4L2 结构体中的 v4l2_device_ deregister ( )函数，将其注销，设备节点也就随着消失。

视频驱动功能设计主要是实现对 MT9P031 芯片的 V4L2 的标准操作及 ISP DMA 的管理。在 V4L2 的标准操作中主要使用 V4L2 架构下最重要的结构体 struct video_device，该结构体代表一个视频设备。视频设备在系统中被当成一个文件来操作，包括 open( )、release( )、write( )、read( )、mmap( )、ioctl( )等，这些文件操作功能都包含在 file_operations 结构体中。设备上电注册成功后，系统应用程序就可以调用这些函数接口。对 ISP DMA 内存的初始化及内存分配，也是通过 ioctl( )中的接口函数实现。

open( )函数的主要功能是通过 inode 中存储的次设备号来查找视频设备，并为设备申请内存、中断号等资源。open( )函数结构为 int (*open)(struct inode *inode, struct file *filp)。

release( )函数主要是做减少引用次数的清理工作，并释放所申请的资源。

read( )和 write( )函数主要实现对视频数据的读写，将每帧视频数据以视频流的方式送到应用程序可以访问的缓冲区，这是传输视频最有效的方法，但是在视频数据量比较大时，该方式执行比较缓慢，不能满足实现采集实时视频数据的要求，于是采用了 mmap 映射的方式传输数据。mmap( )函数是将内存空间直接映射到应用程序空间,实现由应用程序直接对视频数据操作,而不需要将视频数据读写到应用程序空间,这种方式会使执行效率大大提高。

ioctl( )函数是一个接口函数,主要功能是对芯片操作实现视频采集功能。它是 V4L2 架构中重要的接口函数,视频采集程序获取视频数据都是通过 ioctl( )接口函数与驱动程序进行交互,实现视频数据采集。常用的 ioctl 命令见表 9-4。

表 9-4　ioctl 命令说明

常用 IO 指令	功能
VIDIOC_REQBUFS	分配内存
VIDIOC_QUERYCAP	查询驱动功能
VIDIOC_ENUM_FMT	获取当前驱动支持的视频格式
VIDIOC_S_FMT	设置当前驱动的视频捕获格式
VIDIOC_G_FMT	读取当前驱动的视频捕获格式
VIDIOC_CROPCAP	查询驱动的修剪能力
VIDIOC_QBUF	把数据从缓冲区读取出来
VIDIOC_DBUF	把数据放回缓存队列
VIDIOC_STREAMON	开始视频显示函数
VIDIOC_STREAMOFF	结束视频显示函数
VIDIOC_QUERYSTD	检测当前视频设备支持的标准,例如 PAL 或 NTSC

当把驱动程序编译好后,还需要对这两个文件 board-omap3devkit8500.c 和 board-devkit8500-camera.c 进行配置。该配置主要是对 mt9p031 图像传感器的电源、ISP 接口和时钟等参数的配置,以及对 I²C 总线信息添加。

当上面参数配置好以后,就可以实现将驱动程序编译进内核或者编译成内核模块动态加载到内核,驱动注册成功后会在/dev 文件下生成 video0 设备节点,并在调试窗口打印出芯片 ID 号:1801,如图 9.10 所示。当然这个时候还无法采集实时视频数据,还需要设计视频采集程序。

```
video_reverse
root@dm37x-evm:/usr/lib# insmod mt9p031.ko
mt9p031 2-005d: mt9p031 chip ID 1801
root@dm37x-evm:/usr/lib#
```

图 9.10　驱动加载页面

9.8.2　视频采集与显示程序设计

本节主要介绍在 V4L2 框架下实现实时高清视频采集与显示的程序设计过程,首先对 V4L2 的框架进行介绍,然后分别对视频采集与显示程序设计过程进行分析与介绍。

1. V4L2 介绍

V4L(Video for Linux)，是针对音视频类设备在 Linux 系统中的一套标准编程接口。V4L2 是 V4L 的升级版本，它修正了 V4L 的一些缺陷，使该结构更加灵活，并于 2002 年左右在 Linux2.5.46 版本内核中添加了对该功能的支持，后被不断地发展，可以支持越来越多的设备。V4L2 是驱动程序和应用程序之间的一个标准接口层，支持对大部分音视频设备的采集与处理，包含 CCD/CMOS 图像传感器。V4L2 相关的设备及用途见表 9-5。

表 9-5　V4L2 相关的设备及用途

设备文件	用　途
/dev/vido	视频捕获接口
/dev/radio	AM/FM 音频设备
/dev/vbi	原始 VBI 数据
/dev/vtx	文字点数广播

2. 视频采集程序设计

视频采集程序的设计主要是实现将实时获取的原始视频数据通过 ISP 接口传输到处理器存储单元，并可以实现对视频采集参数的查询与设置，如设置采集视频图像的分辨率，视频格式等。视频采集程序的设计是参照 V4L2 提供的标准接口设计，该规范可以提高程序的可读性和灵活性。

由于 V4L2 中 ioctl 命令都是采用结构化，流程化的方式，所以视频数据的采集也是按照此方式设计，如打开设备、设置获取视频格式、申请缓冲空间、处理数据、开始采集、停止采集、关闭设备等。视频采集程序中对视频数据的读写是采用 mmap 映射方式，而不是 read 和 write 读写方式，这种方式是将缓冲区的地址指针映射到用户空间，应用程序可以直接操作视频数据，而不需要把视频数据读写到用户空间，这种方式可以大大提高处理数据的速度，对高清视频这样大数据量视频数据处理可以起到事半功倍的效果。视频采集程序的设计流程图如图 9.11 所示。

其具体实现的步骤如下。

(1) 打开视频采集设备节点文件。

open((const U8 *) CAPTURE_DEVICE, O_RDWR);

(2) 确认该设备具有的功能，比如是否具有视频输入，或者音频输入输出等。如果采集的设备不具有采集视频的能力等将会打印出错信息。

ioctl(*capture_fd, VIDIOC_QUERYCAP, &capability);

(3) 设置采集视频的制式及格式等，帧的格式包括宽度和高度等，制式包括 YUV，RGB 等。本文系统采集视频格式设置为 V4L2_PIX_FMT_YUYV，视频格式设置为 1280*720。

ioctl(*capture_fd, VIDIOC_S_FMT, fmt);

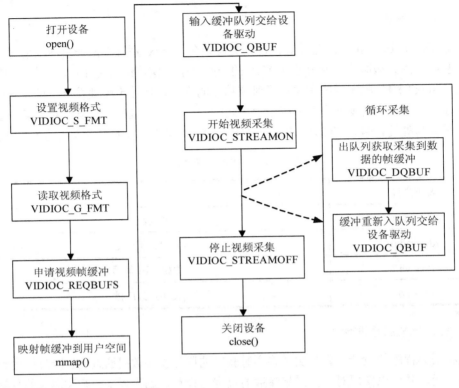

图 9.11　视频采集流程图

(4) 向内核申请采集视频数据帧缓冲,本文系统申请的是 3 个缓冲区,一般不超过 5 个。

ioctl(*capture_fd, VIDIOC_REQBUFS, &reqbuf);

(5) 为了可以直接操作采集到的视频数据,且不需要复制视频数据到用户空间,需要将每帧的帧缓冲数据映射到用户空间。

mmap(NULL, buf.length, PROT_READ | PROT_WRITE, MAP_SHARED, *capture_fd, buf.m.offset);

(6) 为了便于存放采集到的视频数据,需要将所有的帧缓冲入队列。

ioctl(*capture_fd, VIDIOC_QBUF, &buf);

(7) 开始对视频数据进行采集。

ioctl(capture_fd, VIDIOC_STREAMON, &a);

(8) 为了获得采集的原始视频数据,需要将采集数据的帧缓冲出队列。

ioctl(capture_fd, VIDIOC_DQBUF, &capture_buf);

(9) 为了循环采集视频数据,需要将出队列的帧缓冲重新入队列尾。

ioctl(capture_fd, VIDIOC_QBUF, &capture_buf);

(10) 停止对视频数据的采集。

ioctl(capture_fd, VIDIOC_STREAMOFF, &a);

(11) 对视频设备进行关闭，并解除内存映射。

close(capture_fd);

通过以上步骤可以实现将采集到的视频数据送到申请的缓冲区中，并通过映射方式将获取的数据由用户空间操作控制，并进一步对视频数据进行处理或输出显示。

3. 视频显示程序设计

本系统设计采集的视频信号为高清视频信号，需要通过 HDMI 高清视频接口输出显示，而系统内核支持 HDMI 接口输出，只需要在编译内核时选中 VGA 输出功能，所以本程序的设计只需要将获取的高清视频数据或处理后的视频数据读取到输出缓冲区。一般视频数据输出显示通过 Framebuffer 机制的/dev/fb0 设备节点或者/dev/video1 设备节点。

Framebuffer 被称为帧缓冲，可以直接对其数据缓冲区进行读写操作，与一般字符设备没有什么区别，不必关心物理层显示机制和换页机制等问题。应用程序只需要对这块显示缓冲区写入数据，就相当于实现对屏幕的更新。而/dev/video1 设备节点在本系统中与/dev/fb0 设备节点相似，也是作为一个普通设备节点对其操作，只需要对其显示缓冲区进行数据读写也可以实现数据的更新。由于本系统中 fb0 设备节点需要作为界面显示使用，所以使用 video1 设备节点来显示视频数据。视频显示程序也是通过映射方式将显示缓冲区的地址映射到用户空间，设计的流程同视频采集程序设计流程相似，具体实现的步骤如下。

(1) 打开显示 video1 设备节点文件。

open((const char *) DISPLAY_DEVICE, O_RDWR);

(2) 取得显示设备的 capability，确认是否支持该视频格式。

ioctl(*display_fd, VIDIOC_QUERYCAP, &capability);

(3) 设置输出视频的制式及格式等，为了与采集的视频格式一致，本文系统输出视频格式设置为 V4L2_PIX_FMT_YUYV，视频格式设置为 1280*720。

ioctl(*display_fd, VIDIOC_S_FMT, fmt);

(4) 向内核申请采集视频数据帧缓冲，本文系统申请的是 3 个缓冲区。

ioctl(*display_fd, VIDIOC_REQBUFS, &reqbuf);

(5) 通过内存映射，将申请的缓冲区映射到用户空间，用户空间就可以直接对缓冲区数据进行操作。

mmap(NULL, buf.length, PROT_READ | PROT_WRITE, MAP_SHARED, *display_fd, buf.m.offset);

(6) 开启视频输出显示。

ioctl(display_fd, VIDIOC_DQBUF, &display_buf);

(7) 为了获得的处理后的视频数据，需要将采集数据的帧缓冲出队列。

ioctl(capture_fd, VIDIOC_DQBUF, & display_buf);

(8) 读写视频数据。

cap_ptr = capture_buff_info[capture_buf.index].start;

dis_ptr = display_buff_info[display_buf.index].start;

for (h = 0; h < display_fmt.fmt.pix.height; h++)

```
{
    memcpy(dis_ptr, cap_ptr, display_fmt.fmt.pix.width * 2);
    cap_ptr += capture_fmt.fmt.pix.width * 2;
    dis_ptr += display_fmt.fmt.pix.width * 2;
}
```

(9) 为了循环处理后的视频数据,需要将出队列的帧缓冲重新入队列尾。

ioctl(capture_fd, VIDIOC_QBUF, & display_buf);

(10) 关闭视频输出显示接口。

ioctl(display_fd, VIDIOC_STREAMOFF, &a);

(11) 关闭设备,并解除内存映射。

close(display_fd);

按照上述设计的视频采集与显示程序编译后,会生成 mt9p031.o 目标文件,将该文件通过 NFS 或者 U 盘下载到目标板中,输入./mt9p031 命令后就可以实现实时显示 720p/30f 高清视频图像,图 9.12 所示为采集的视频图像。

图 9.12 采集的高清视频图像

9.9 QT 界面的开发

为了更好地实现人机交互,需要设计图形用户界面(Graphical User Interface,GUI)。它是计算机系统不可或缺的一部分。目前有 3 种 GUI 系统在嵌入式系统中比较流行,分别是 OpenGUI、MiniGUI 和 QT/Embedded,每一个 GUI 系统在功能特性,接口都不太相同,存在差异。需要根据具体需求进行选择。OpenGUI 是基于 x86 内核,占用存储空间较小,但是无法进行多线程操作且可移植性差。MiniGUI 侧重于窗口开发,图像引擎比较成熟。

Qt/Embedded(简称 Qt/E)相比较与前两种主要是针对嵌入式系统环境设计的,提供数据库接口,对数据库操作比较方便且移植性较好。在综合考虑移植性和开发时间等情形下,本文系统选择了 Qt/E 来设计人机交互界面,并实现了 OSD 功能。Qt/E 是诺基亚公司开发的一个跨平台的 C++图形用户界面应用程序框架,很容易扩展,并且允许真正地组件编程。OSD(On Screen Display)表示一种在活动视频上叠加图形信息的技术,在日常生活中比如相机、电视等都比较常见。通常视频和 OSD 信息是分开的, 在视频输出时,将视频和界面通过一定的技术叠加在一起,同时显示输出,实现人机交互的目的。

9.9.1 Qt/E 介绍

Qt 原是挪威 TrollTech 公司开发的一个用户界面框架和跨平台应用程序,后被诺基亚公司收购。在被诺基亚公司收购前,TrollTech 公司针对嵌入式环境开发了一套 Qtopia 产品,但是被收购后,在其底层摒弃了 X Window Server 和 X Library,于 2001 年推出的嵌入式系统的 Qt Embedded 版本,即 Qt/E 版本,该版本 Qt 针对运行速度不够快的缺点大力优化底层,大大提高了 Qt/E 的性能。Qt/E 与 Qt 一样,都是采用 C++语言编写。Qt/E 系统架构如图 9.13 所示。

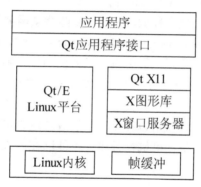

图 9.13　Qt/E 系统架构

Qt/E 具有如下一些特点。

(1) 跨平台、可抑制性好。由于 Qt 与 Qt/E 上层开发接口相同,不涉及底层操作,Qt 程序只需要通过交叉编译,便可以在嵌入式环境下运行,提高系统的移植与开发速度。

(2) 丰富的 API 接口。由于 Qt/E 拥有和 Qt 一样的 API 接口,而其类库是采用 C++封装,可以很方便地对其扩展。开发者只需了解 Qt 的 API,不必关心嵌入式系统具体应用平台,使用十分方便。

(3) 强大的开发工具。Qt 提供了 Kdevelop、Qt Designer 和 Qt Creator 等开发工具。

(4) 拥有自己的图形库。Qt/E 拥有自己的图形引擎,而不需要任何额外的图形库,所以可以直接对底层的 FrameBuffer 进行操作。

(5) 支持不同的输入设备。Qt/E 对输入设备进行抽象,屏蔽不同输入设备,支持将外部事件全部抽象为内部定义的输入设备事件,支持常用的键盘、鼠标等。

9.9.2　Qt/E 界面设计与实现

1．Qt/E 界面设计

为了方便用户使用不同的视频处理功能，需要设计一个人机交互界面，而由于该界面需要实现 OSD 功能，所以要求设计的界面简洁明了。

Qt/E 的应用程序不同于其他 C++的设计，是采用一种比较灵活的信号/槽机制，但也是遵循面向对象的设计方法。该机制主要应用于对象之间的通信，是 Qt/E 编程的核心机制，能携带任意数量和任意类型的参数。信号与槽并不是一一对应的，一个信号可以和多个槽相连，而一个槽也可以和多个信号相连，当某个对象状态发生变化，所有与该信号相关联的槽就会被调用。

本系统界面中按钮之间的通信就是通过信号与槽的机制设计实现，首先在 main( )函数中建立 QApplication 对象，该对象能够控制图形界面。程序通过调用该对象的 exex( )函数开始处理时间，直到收到 exit( )或 quit( )函数信号结束。本文系统的程序设计是采用一个进程多个线程的方式实现的。

界面通过 QT_CREATER 中 UI 来设计，屏幕设计的尺寸为 1280*720，在 UI 中实现对按键的布局，因为需要实现视频叠加，所以 Qt 的背景需要设置成透明的，需要在背景模式中在 style_sheet 属性中添加 background-color:transparent，同样对按键背景颜色的设置同上。为了实现按键的通信与交互，需要设置按键的属性，右击在 go to slot 中选择 click 选项。按钮的控制采集程序执行和关闭时采用 QProcess 类方式，该类可以用来启动外部程序并与之同行。在应用程序中需要在头文件中添加#include <QProcess>头文件。

通过以上的设计，通过编译就可以在 PC 下生成二进制可执行程序，运行该程序可以在 PC 下预览执行的效果，但是该可执行程序并不能够在嵌入式系统下运行，需要对该程序进行重新编译。

2．Qt/E 编译与移植

由于在 PC 下生成的二进制可执行程序并不能够直接在本系统的嵌入式 Linux 操作系统平台下执行，需要重新用嵌入式环境编译工具对其编译。在本文中由于选用的 TI 处理器，该公司提供 DVSDK 工具，里面包含编译所需要的所有的编译环境变量的工具配置，只需要在终端中输入命令 sudo source /dvsdk/linux-devkit/environment-setup，系统将进入 [linux-devkit]:~> 编译环境，此时需要对之前编译好的 Qt 程序重新编译，在当前目录下输入 qmake –project、qmake、make 命令，即可生成在嵌入式环境可运行的二进制程序。可以通过串口、网口、U 盘等方式下载到嵌入式系统中。

系统界面的操作是通过鼠标控制的，由于系统支持对鼠标的驱动，所以只需要对鼠标的控制环境变量进行添加，在/etc/profile 文件中添加 export QWS_MOUSE_PROTO =MouseMan:/dev/input/mice 环境变量命令即可。

3．OSD 功能的设计与实现

OSD(On Screen Display)，表示一种在活动视频上叠加图形信息的技术，在日常生活中比如相机、电视等都比较常见。通常视频和 OSD 信息是分开的，在视频输出时，才将两个通过一定的技术叠加在一起，同时显示输出，可以实现人机交互的目的。在 Linux 系统下视频和图像是分层显示。在 DM3730 处理器上，本系统共分为 3 层，Vid1、Vid2、fb，这 3 层都可以显示视频，但 Qt 界面是显示在 fb 层，所以系统设置为视频显示在 Vid0，Qt 界面显示在 fb 层。

在正常模式下，DM3730 处理器默认的显示顺序为 Vid1、Vid2、fb。Vid2 在最上层，而图形层在最下层。这样如果将视频与图像叠加的话，视频将覆盖图形层。这时就需要利用 DM3730 处理器提供的另外种透明模式(Alpha Mode)。

在透明模式下，图形层位于视频层上面，这样只需要把 Qt 界面背景及 framebuffer 都设置成透明即可以实现 OSD 功能，但是通过此种技术有个缺点，当 Qt 界面设置为全透明时，就只显示视频界面，Qt 界面就看不清楚，当设置为半透明模式时，视频和界面都可以显示，而视频就会被 Qt 界面的阴影遮挡，视频图像显示不清楚。这个现象主要是由于设计的界面为 1280*720 大小的界面，与视频输出的分辨率大小正好相同。为了更好地解决这个问题，可以设计小些的界面，只输出按钮那部分，只需按钮那部分区域显示半透明，或者采用另外一种 Color keying 颜色替换技术。本文系统采用的是 Color keying 技术。

Transparent Key 颜色替换技术，即通过对图形层相应颜色替换成视频的合成显示技术，从而达到合成显示的效果。在本系统中实现的机理是，将 Qt 背景颜色设置成透明模式，同时对 Framebuff 的颜色设置成白色，在透明模式下将 Framebuff 的白色替换成视频，那么就可以实现视频与界面的叠加显示。系统实现方法为在 Linux 系统中输入以下命令：
echo 1 > /sys/devices/ platform/omapdss/ Trans_key_enable，该命令将颜色替换 Trans_key_enable 功能选中，启动 Qt/E 界面可执行程序就会显示出 OSD 效果。通过此技术可以很好地解决全透明模式下存在的不足。图 9.14 所示为实际 OSD 效果图。

图 9.14　OSD 实际效果图

小　结

　　本章阐述了基于 TMS320C6713 的嵌入式脉象测试分析系统的设计过程。包括 DSP 嵌入式系统在具体设计前设计目标分析，设计中的方案确定，具体设计实现中的硬件设计和软件设计，最后完成整个系统的设计。主要为读者提供一个对 DSP 嵌入式系统设计的直观认识，为读者自己设计基于 DSP 的嵌入式系统提供参考。

　　鉴于目前流行的嵌入式系统设计中有关 Linux 内容和视频的设计。本章论述了基于 TI 公司新型号 TMS320DM373 的高清视频采集系统的设计。采用和嵌入式脉象测试分析系统一样的设计方法的同时，重点介绍了 Linux 的开发、Qt 界面的设计等内容。为读者在进行类似的设计时提供一种思路。同时，读者也可以对比学习嵌入式脉象测试分析系统和高清视频采集系统的设计过程和方法。若能对读者自行设计嵌入式系统有帮助或启发，本章的目的也就达到了。

 阅读材料

嵌入式操作系统中常用的操作系统

　　随着各种芯片产品的不断推陈出新，各种嵌入式系统也不断发布和升级，并广泛应用在移动通信、汽车电子、智能多媒体信息处理等领域。而且随着嵌入式系统硬件的不断升级，其处理的事务越来越复杂，因此在嵌入式系统移植操作系统已经成为一种趋势。目前移植到嵌入式系统的操作系统主要有 Linux、Android 和 Windows CE 等，在嵌入式系统设计领域应用比较广泛。

　　1. Linux 操作系统

　　Linux 是一套免费使用和自由传播的类 UNIX 操作系统，是一个基于 POSIX 和 UNIX 的支持多用户、多任务、多线程的操作系统，支持 32 位和 64 位硬件。Linux 操作系统 1991 年 10 月 5 日第一次正式向外公布，目前存在许多不同的 Linux 版本。Linux 不仅可安装在各种计算机硬件设备中，目前也被比较广泛地应用于嵌入式系统中，例如智能多媒体信息处理系统、汽车电子系统等。

　　Linux 系统具有以下特点。

　　1) 完全免费、开源

　　Linux 是完全免费的操作系统，用户可以通过网络或其他途径免费获得，并修改其源代码。正是由于这一点，在嵌入式系统研究中可以对 Linux 系统进行裁减使其在完成执行操作系统功能的基础上达到内核最小和最优。多年来经过全世界的无数程序员参与修改 Linux 并共享成果，Linux 的用户不断壮大。

　　2) 完全兼容 POSIX1.0 标准

　　支持在 Linux 下通过相应的模拟器运行常见的 DOS、Windows 的程序。为用户从 Windows 转到 Linux 奠定了基础。

　　3) 多用户、多任务

　　Linux 支持多用户，各个用户对于自己的文件设备有自己特殊的权利，保证了各用户之间互不影响。多任务是操作系统的基本特征之一，Linux 支持多个程序同时并独立地运行。

4) 良好的界面

Linux 同时具有字符界面和图形界面。在字符界面用户可以通过键盘输入相应的指令来进行操作。它同时提供 X-Window 图形界面，使用户可以像使用 Windows 操作系统一样，使用鼠标对其进行操作。

5) 支持多种平台

Linux 可以运行在多种硬件平台上，如具有 x86、ARM、SPARC、Alpha 等处理器的平台。2001 年 1 月份发布的 Linux 2.4 版内核可以完全支持 Intel 64 位芯片架构。

2. Android 操作系统

Android 是 Google 公司和开放手机联盟开发的一种运行于 Linux kernel 之上的(但不是 GNU/Linux)自由及开放源代码的操作系统，主要使用于嵌入式系统中，如移动设备，智能手机和平板电脑等设备。Android 操作系统最初由 Andy Rubin 开发，主要用作智能手机操作系统。2005 年 8 月由 Google 注资收购。Google 于 2007 年 11 月与 84 家硬件制造商、软件开发商及电信营运商组建开放手机联盟，并共同研发改良 Android 系统。随后 Google 以 Apache 开源许可证的授权方式，发布了 Android 的源代码。2008 年 10 月第一部 Android 智能手机发布。目前，Android 已经扩展到平板电脑及其他领域上，如电视、数码相机、游戏机等。2013 年底，Android 平台手机的全球市场份额已经达到 78.1%。由于在智能手机领域的广泛应用，Android 系统获得了广大的用户群，并逐渐在其他的嵌入式系统中广泛应用。

Android 系统具有以下特点和优势。

1) 开放性

Android 系统开源，使其拥有众多的开发者。而随着用户和应用的日益丰富，Android 系统也逐渐走向成熟。

2) 丰富的硬件支持

由于 Android 开放性，众多的厂商会支持 Android 系统并推出多种产品，当是多个 Android 系统时不会影响到数据同步、甚至软件的兼容，利用智能手机上使用、联系人等资料可以方便地转移。

3) 方便开发

Android 平台提供给第三方开发商一个十分宽泛、自由的环境，不会受到各种条条框框的阻扰。

4) 无缝结合 Google 应用

Android 平台手机将无缝结合 Google 服务如地图、邮件、搜索等等优秀的 Google 服务。

3. Windows CE 操作系统

Windows CE 是 Microsoft 公司在嵌入式、移动计算平台的基础之上研发的一个开放的、可升级的 32 位嵌入式操作系统，可用于掌上型电脑类的电子设备操作系统。Windows CE 中的 C 代表袖珍(Compact)、消费(Consumer)、通信能力(Connectivity)和伴侣(Companion); E 代表电子产品(Electronics)。与 Windows 95/98、Windows NT 不同的是，Windows CE 是所有源代码全部由微软自行开发的嵌入式新型操作系统，其操作界面虽来源于 Windows 95/98，但 Windows CE 是基于 Win32 API 重新开发、新型的信息设备的平台。

Windows CE 系统具有模块化、结构化和基于 Win32 应用程序接口和与处理器无关等特点。Windows CE 不仅继承了传统的 Windows 图形界面，并且在 Windows CE 平台上可以使用 Windows 95/98 上的编程工具(如 Visual Basic、Visual C++等)、使用同样的函数、使用同样的界面风格，使绝大多数的应用软件只需简单的修改和移植就可以在 Windows CE 平台上继续使用。Windows CE 并非是专为单一装置设计的，所以微软为旗下采用 Windows CE 作业系统的产品大致分为 3 条产品线，Pocket PC(掌上电脑)、Handheld PC(手持设备)及 Auto PC。

与 Linux 和 Android 嵌入式操作系统相比较，Windows CE 有不完全开源，并占用内存较多，价格也比较昂贵等缺点。但另一方面 windows CE 也具有以下优点。

Windows CE 的二次开发相对容易，开发周期短。而且内核比较完善，用户主要集中精力开展应用层开发。

(1) Windows CE 具有优秀的图形用户界面，开发工具丰富且完善。

(2) Windows CE 系统维护方便。

习　题

1. 如何获取芯片信息？
2. 如何确定系统中 CPU 的型号？
3. 系统硬件实现的任务主要有哪些？
4. 系统硬件原理图设计软件主要有哪些？
5. 文中提到的 PCB 设计软件是什么？
6. 嵌入式操作系统的选择从哪些方面考虑？
7. 看什么叫交叉编译环境？
8. NFS 服务的作用是什么？
9. 文中视频采集流程是怎样实现的？
10. QT 是什么？

参 考 文 献

[1] Joyce Van de Vegte. Fundamentals of Digital Signal Processing[M]. Prentice Hall, 2002.

[2] http://www.ti.com.cn

[3] TMS320C54x DSP Reference Set, Volume 1: CPU and Perpherals, Literature Number: SPRU131G. TEXAS INSTRUMENTS, March 2001.

[4] TMS320C54x DSP Reference Set Volume 2:Mnemonic Instruction Set, Literature Number: SPRU172C. TEXAS INSTRUMENTS, March 2001.

[5] TMS320VC5416 Fixed-Point Digital Signal Processor Data Manual, Literature Number：SPRS0950. TEXAS INSTRUMENTS, January 2005.

[6] TMS320C54x DSP Functional Overview, Literature Number：SPRU307A. TEXAS INSTRUMENTS, May 2000.

[7] TMS320C54x DSP Reference Set Volume 5：Enhanced Peripherals, Literature Number：SPRU302. TEXAS INSTRUMENTS, June 1999.

[8] TMS320C54x Assembly Language Tools User's Guide,Literature Number:Spru102F. TEXAS INSTRUMENTS, October 2002.

[9] SN74LVC1645 Data Manual. TEXAS INSTRUMENTS, 1995.

[10] TLV5639 Data Manual. TEXAS INSTRUMENTS, 2004.

[11] AM29LV400 Data Manual. AMD, 1999.

[12] IS61LV6416 Data Manual. ISSI, 2000.

[13] ADS7841 Data Manual. BB, 1998.

[14] 刘益成. TMS320C54x DSP 应用程序设计与开发[M]. 北京：北京航空航天大学出版社，2002.

[15] 戴明桢，周建江. TMS320C54X DSP 结构、原理及应用[M]. 北京：北京航空航天大学出版社，2003.

[16] 王军宁，等. 数字信号处理器技术原理与开发应用[M]. 北京：高等教育出版社，2003.

[17] 邹彦，唐冬，宁志刚. DSP 原理及应用[M]. 北京：电子工业出版社，2006.

[18] 俞一彪，孙兵. 数字信号处理——理论与应用[M]. 南京：东南大学出版社，2011.

北京大学出版社本科计算机系列实用规划教材

序号	标准书号	书名	主编	定价	序号	标准书号	书名	主编	定价
1	7-301-10511-5	离散数学	段禅伦	28	38	7-301-13684-3	单片机原理及应用	王新颖	25
2	7-301-10457-X	线性代数	陈付贵	20	39	7-301-14505-0	Visual C++程序设计案例教程	张荣梅	30
3	7-301-10510-X	概率论与数理统计	陈荣江	26	40	7-301-14259-2	多媒体技术应用案例教程	李 建	30
4	7-301-10503-0	Visual Basic 程序设计	闵联营	22	41	7-301-14503-6	ASP .NET 动态网页设计案例教程(Visual Basic .NET 版)	江 红	35
5	7-301-21752-8	多媒体技术及其应用(第2版)	张 明	39	42	7-301-14504-3	C++面向对象与 Visual C++程序设计案例教程	黄贤英	35
6	7-301-10466-8	C++程序设计	刘天印	33	43	7-301-14506-7	Photoshop CS3 案例教程	李建芳	34
7	7-301-10467-5	C++程序设计实验指导与习题解答	李 兰	20	44	7-301-14510-4	C++程序设计基础案例教程	于永彦	33
8	7-301-10505-4	Visual C++程序设计教程与上机指导	高志伟	25	45	7-301-14942-3	ASP .NET 网络应用案例教程(C# .NET 版)	张登辉	33
9	7-301-10462-0	XML 实用教程	丁跃潮	26	46	7-301-12377-5	计算机硬件技术基础	石 磊	26
10	7-301-10463-7	计算机网络系统集成	斯桃枝	22	47	7-301-15208-9	计算机组成原理	娄国焕	24
11	7-301-22437-3	单片机原理及应用教程(第2版)	范立南	43	48	7-301-15463-2	网页设计与制作案例教程	房爱莲	36
12	7-5038-4421-3	ASP .NET 网络编程实用教程(C#版)	崔良海	31	49	7-301-04852-8	线性代数	姚喜妍	22
13	7-5038-4427-2	C 语言程序设计	赵建锋	25	50	7-301-15461-8	计算机网络技术	陈代武	33
14	7-5038-4420-5	Delphi 程序设计基础教程	张世明	37	51	7-301-15697-1	计算机辅助设计二次开发案例教程	谢安俊	26
15	7-5038-4417-5	SQL Server 数据库设计与管理	姜 力	31	52	7-301-15740-4	Visual C# 程序开发案例教程	韩朝阳	30
16	7-5038-4424-9	大学计算机基础	贾丽娟	34	53	7-301-16597-3	Visual C++程序设计实用案例教程	于永彦	32
17	7-5038-4430-1	计算机科学与技术导论	王昆仑	30	54	7-301-16850-9	Java 程序设计案例教程	胡巧多	32
18	7-5038-4418-3	计算机网络应用实例教程	魏 峥	25	55	7-301-16842-4	数据库原理与应用 (SQL Server 版)	毛一梅	36
19	7-5038-4415-9	面向对象程序设计	冷英男	28	56	7-301-16910-0	计算机网络技术基础与应用	马秀峰	33
20	7-5038-4429-4	软件工程	赵春刚	22	57	7-301-15063-4	计算机网络基础与应用	刘远生	32
21	7-5038-4431-0	数据结构(C++版)	秦 锋	28	58	7-301-15250-8	汇编语言程序设计	张光长	28
22	7-5038-4423-2	微机应用基础	吕晓燕	33	59	7-301-15064-1	网络安全技术	骆耀祖	30
23	7-5038-4426-4	微型计算机原理与接口技术	刘彦文	26	60	7-301-15584-4	数据结构与算法	佟伟光	32
24	7-5038-4425-6	办公自动化教程	钱 俊	30	61	7-301-17087-8	操作系统实用教程	范立南	36
25	7-5038-4419-1	Java 语言程序设计实用教程	董迎红	33	62	7-301-16631-4	Visual Basic 2008 程序设计教程	隋晓红	34
26	7-5038-4428-0	计算机图形技术	龚声蓉	28	63	7-301-17537-8	C 语言基础案例教程	汪新民	31
27	7-301-11501-5	计算机软件技术基础	高 巍	25	64	7-301-17397-8	C++程序设计基础教程	郗亚辉	30
28	7-301-11500-8	计算机组装与维护实用教程	崔明远	33	65	7-301-17578-1	图论算法理论、实现及应用	王桂平	54
29	7-301-12174-0	Visual FoxPro 实用教程	马秀峰	29	66	7-301-17964-2	PHP 动态网页设计与制作案例教程	房爱莲	42
30	7-301-11500-8	管理信息系统实用教程	杨月江	27	67	7-301-18514-8	多媒体开发与编程	于永彦	35
31	7-301-11445-2	Photoshop CS 实用教程	张 瑾	28	68	7-301-18538-4	实用计算方法	徐亚平	24
32	7-301-12378-2	ASP .NET 课程设计指导	潘志红	35	69	7-301-18539-1	Visual FoxPro 数据库设计案例教程	谭红杨	35
33	7-301-12394-2	C# .NET 课程设计指导	龚自霞	32	70	7-301-19313-6	Java 程序设计案例教程与实训	董迎红	45
34	7-301-13259-3	VisualBasic .NET 课程设计指导	潘志红	30	71	7-301-19389-1	Visual FoxPro 实用教程与上机指导（第2版）	马秀峰	40
35	7-301-12371-3	网络工程实用教程	汪新民	34	72	7-301-19435-5	计算方法	尹景本	28
36	7-301-14132-8	J2EE 课程设计指导	王立丰	32	73	7-301-19388-4	Java 程序设计教程	张剑飞	35
37	7-301-21088-8	计算机专业英语(第2版)	张 勇	42	74	7-301-19386-0	计算机图形技术(第2版)	许承东	44

序号	标准书号	书　名	主编	定价	序号	标准书号	书　名	主　编	定价
75	7-301-15689-6	Photoshop CS5 案例教程（第 2 版）	李建芳	39	87	7-301-21271-4	C#面向对象程序设计及实践教程	唐　燕	45
76	7-301-18395-3	概率论与数理统计	姚喜妍	29	88	7-301-21295-0	计算机专业英语	吴丽君	34
77	7-301-19980-0	3ds Max 2011 案例教程	李建芳	44	89	7-301-21341-4	计算机组成与结构教程	姚玉霞	42
78	7-301-20052-0	数据结构与算法应用实践教程	李文书	36	90	7-301-21367-4	计算机组成与结构实验实训教程	姚玉霞	22
79	7-301-12375-1	汇编语言程序设计	张宝剑	36	91	7-301-22119-8	UML 实用基础教程	赵春刚	36
80	7-301-20523-5	Visual C++程序设计教程与上机指导(第2版)	牛江川	40	92	7-301-22965-1	数据结构(C 语言版)	陈超祥	32
81	7-301-20630-0	C#程序开发案例教程	李挥剑	39	93	7-301-23122-7	算法分析与设计教程	秦　明	29
82	7-301-20898-4	SQL Server 2008 数据库应用案例教程	钱哨	38	94	7-301-23566-9	ASP.NET 程序设计实用教程(C#版)	张荣梅	44
83	7-301-21052-9	ASP.NET 程序设计与开发	张绍兵	39	95	7-301-23734-2	JSP 设计与开发案例教程	杨田宏	32
84	7-301-16824-0	软件测试案例教程	丁宋涛	28	96	7-301-24245-2	计算机图形用户界面设计与应用	王赛兰	38
85	7-301-20328-6	ASP. NET 动态网页案例教程(C#.NET 版)	江　红	45	97	7-301-24352-7	算法设计、分析与应用教程	李文书	49
86	7-301-16528-7	C#程序设计	胡艳菊	40					

北京大学出版社电气信息类教材书目(已出版)
欢迎选订

序号	标准书号	书名	主编	定价	序号	标准书号	书名	主编	定价
1	7-301-10759-1	DSP技术及应用	吴冬梅	26	47	7-301-10512-2	现代控制理论基础(国家级十一五规划教材)	侯媛彬	20
2	7-301-10760-7	单片机原理与应用技术	魏立峰	25	48	7-301-11151-2	电路基础学习指导与典型题解	公茂法	32
3	7-301-10765-2	电工学	蒋中	29	49	7-301-12326-3	过程控制与自动化仪表	张井岗	36
4	7-301-19183-5	电工与电子技术(上册)(第2版)	吴舒辞	30	50	7-301-23271-2	计算机控制系统(第2版)	徐文尚	48
5	7-301-19229-0	电工与电子技术(下册)(第2版)	徐卓农	32	51	7-5038-4414-0	微机原理及接口技术	赵志诚	38
6	7-301-10699-0	电子工艺实习	周春阳	19	52	7-301-10465-1	单片机原理及应用教程	范立南	30
7	7-301-10744-7	电子工艺学教程	张立毅	32	53	7-5038-4426-4	微型计算机原理与接口技术	刘彦文	26
8	7-301-10915-6	电子线路CAD	吕建平	34	54	7-301-12562-5	嵌入式基础实践教程	杨刚	30
9	7-301-10764-1	数据通信技术教程	吴延海	29	55	7-301-12530-4	嵌入式ARM系统原理与实例开发	杨宗德	25
10	7-301-18784-5	数字信号处理(第2版)	阎毅	32	56	7-301-13676-8	单片机原理与应用及C51程序设计	唐颖	30
11	7-301-18889-7	现代交换技术(第2版)	姚军	36	57	7-301-13577-8	电力电子技术及应用	张润和	38
12	7-301-10761-4	信号与系统	华容	33	58	7-301-20508-2	电磁场与电磁波(第2版)	邬春明	30
13	7-301-19318-1	信息与通信工程专业英语(第2版)	韩定定	32	59	7-301-12179-5	电路分析	王艳红	38
14	7-301-10757-7	自动控制原理	袁德成	29	60	7-301-12380-5	电子测量与传感技术	杨雷	35
15	7-301-16520-1	高频电子线路(第2版)	宋树祥	35	61	7-301-14461-9	高电压技术	马永翔	28
16	7-301-11507-7	微机原理与接口技术	陈光军	34	62	7-301-14472-5	生物医学数据分析及其MATLAB实现	尚志刚	25
17	7-301-11442-1	MATLAB基础及其应用教程	周开利	24	63	7-301-14460-2	电力系统分析	曹娜	35
18	7-301-11508-4	计算机网络	郭银景	31	64	7-301-14459-6	DSP技术与应用基础	俞一彪	34
19	7-301-12178-8	通信原理	隋晓红	32	65	7-301-14994-2	综合布线系统基础教程	吴达金	24
20	7-301-12175-7	电子系统综合设计	郭勇	25	66	7-301-15168-6	信号处理MATLAB实验教程	李杰	20
21	7-301-11503-9	EDA技术基础	赵明富	22	67	7-301-15440-3	电工电子实验教程	魏伟	26
22	7-301-12176-4	数字图像处理	曹茂永	23	68	7-301-15445-8	检测与控制实验教程	魏伟	24
23	7-301-12177-1	现代通信系统	李白萍	27	69	7-301-04595-4	电路与模拟电子技术	张绪光	35
24	7-301-12340-9	模拟电子技术	陆秀令	28	70	7-301-15458-8	信号、系统与控制理论(上、下册)	邱德润	70
25	7-301-13121-3	模拟电子技术实验教程	谭海曙	24	71	7-301-15786-2	通信网的信令系统	张云麟	24
26	7-301-11502-2	移动通信	郭俊强	22	72	7-301-23674-1	发电厂变电所电气部分(第2版)	马永翔	48
27	7-301-11504-6	数字电子技术	梅开乡	30	73	7-301-16076-3	数字信号处理	王震宇	32
28	7-301-18860-6	运筹学(第2版)	吴亚丽	28	74	7-301-16931-5	微机原理及接口技术	肖洪兵	32
29	7-5038-4407-2	传感器与检测技术	祝诗平	30	75	7-301-16932-2	数字电子技术	刘金华	30
30	7-5038-4413-3	单片机原理及应用	刘刚	24	76	7-301-16933-9	自动控制原理	丁红	32
31	7-5038-4409-6	电机与拖动	杨天明	27	77	7-301-17540-8	单片机原理及应用教程	周广兴	40
32	7-5038-4411-9	电力电子技术	樊立萍	25	78	7-301-17614-6	微机原理及接口技术实验指导书	李干林	22
33	7-5038-4399-0	电力市场原理与实践	邹斌	24	79	7-301-12379-9	光纤通信	卢志茂	28
34	7-5038-4405-8	电力系统继电保护	马永翔	27	80	7-301-17382-4	离散信息论基础	范九伦	25
35	7-5038-4397-6	电力系统自动化	孟祥忠	22	81	7-301-17677-1	新能源与分布式发电技术	朱永强	32
36	7-5038-4404-1	电气控制技术	韩顺杰	22	82	7-301-17683-2	光纤通信	李丽君	26
37	7-5038-4403-4	电器与PLC控制技术	陈志新	38	83	7-301-17700-6	模拟电子技术	张绪光	36
38	7-5038-4400-3	工厂供配电	王玉华	34	84	7-301-17318-3	ARM嵌入式系统基础与开发教程	丁文龙	36
39	7-5038-4410-2	控制系统仿真	郑恩让	26	85	7-301-17797-6	PLC原理及应用	缪志农	26
40	7-5038-4398-3	数字电子技术	李元	27	86	7-301-17986-4	数字信号处理	王玉德	32
41	7-5038-4412-6	现代控制理论	刘永信	22	87	7-301-18131-7	集散控制系统	周荣富	36
42	7-5038-4401-0	自动化仪表	齐志才	27	88	7-301-18285-7	电子线路CAD	周荣富	41
43	7-5038-4408-9	自动化专业英语	李国厚	32	89	7-301-16739-7	MATLAB基础及应用	李国朝	39
44	7-301-23081-7	集散控制系统(第2版)	刘翠玲	36	90	7-301-18352-6	信息论与编码	隋晓红	24
45	7-301-19174-3	传感器基础(第2版)	赵玉刚	32	91	7-301-18260-4	控制电机与特种电机及其控制系统	孙冠群	42
46	7-5038-4396-9	自动控制原理	潘丰	32	92	7-301-18493-6	电工技术	张莉	26

序号	标准书号	书名	主编	定价	序号	标准书号	书名	主编	定价
93	7-301-18496-7	现代电子系统设计教程	宋晓梅	36	129	7-301-21607-1	数字图像处理算法及应用	李文书	48
94	7-301-18672-5	太阳能电池原理与应用	靳瑞敏	25	130	7-301-22111-2	平板显示技术基础	王丽娟	52
95	7-301-18314-4	通信电子线路及仿真设计	王鲜芳	29	131	7-301-22448-9	自动控制原理	谭功全	44
96	7-301-19175-0	单片机原理与接口技术	李 升	46	132	7-301-22474-8	电子电路基础实验与课程设计	武 林	36
97	7-301-19320-4	移动通信	刘维超	39	133	7-301-22484-7	电文化——电气信息学科概论	高 心	30
98	7-301-19447-8	电气信息类专业英语	缪志农	40	134	7-301-22436-6	物联网技术案例教程	崔逊学	40
99	7-301-19451-5	嵌入式系统设计及应用	邢吉生	44	135	7-301-22598-1	实用数字电子技术	钱裕禄	30
100	7-301-19452-2	电子信息类专业 MATLAB 实验教程	李明明	42	136	7-301-22529-5	PLC 技术与应用(西门子版)	丁金婷	32
101	7-301-16914-8	物理光学理论与应用	宋贵才	32	137	7-301-22386-4	自动控制原理	佟 威	30
102	7-301-16598-0	综合布线系统管理教程	吴达金	39	138	7-301-22528-8	通信原理实验与课程设计	邬春明	34
103	7-301-20394-1	物联网基础与应用	李蔚田	44	139	7-301-22582-0	信号与系统	许丽佳	38
104	7-301-20339-2	数字图像处理	李云红	36	140	7-301-22447-2	嵌入式系统基础实践教程	韩 磊	35
105	7-301-20340-8	信号与系统	李云红	29	141	7-301-22776-3	信号与线性系统	朱明早	33
106	7-301-20505-1	电路分析基础	吴舒辞	38	142	7-301-22872-2	电机、拖动与控制	万芳瑛	34
107	7-301-22447-2	嵌入式系统基础实践教程	韩 磊	35	143	7-301-22882-1	MCS-51 单片机原理及应用	黄翠翠	34
108	7-301-20506-8	编码调制技术	黄 平	26	144	7-301-22936-1	自动控制原理	邢春芳	39
109	7-301-20763-5	网络工程与管理	谢 慧	39	145	7-301-22920-0	电气信息工程专业英语	余兴波	26
110	7-301-20845-8	单片机原理与接口技术实验与课程设计	徐懂理	26	146	7-301-22919-4	信号分析与处理	李会容	39
111	301-20725-3	模拟电子线路	宋树祥	38	147	7-301-22385-7	家居物联网技术开发与实践	付 蔚	39
112	7-301-21058-1	单片机原理与应用及其实验指导书	邵发森	44	148	7-301-23124-1	模拟电子技术学习指导及习题精选	姚娅川	30
113	7-301-20918-9	Mathcad 在信号与系统中的应用	郭仁春	30	149	7-301-23022-0	MATLAB 基础及实验教程	杨成慧	36
114	7-301-20327-9	电工学实验教程	王士军	34	150	7-301-23221-7	电工电子基础实验及综合设计指导	盛桂珍	32
115	7-301-16367-2	供配电技术	王玉华	49	151	7-301-23473-0	物联网概论	王 平	38
116	7-301-20351-4	电路与模拟电子技术实验指导书	唐 颖	26	152	7-301-23639-0	现代光学	宋贵才	36
117	7-301-21247-9	MATLAB 基础与应用教程	王月明	32	153	7-301-23705-2	无线通信原理	许晓丽	42
118	7-301-21235-6	集成电路版图设计	陆学斌	36	154	7-301-23736-6	电子技术实验教程	司朝良	33
119	7-301-21304-9	数字电子技术	秦长海	49	155	7-301-23754-0	工控组态软件及应用	何坚强	49
120	7-301-21366-7	电力系统继电保护(第 2 版)	马永翔	42	156	7-301-23877-6	EDA 技术及数字系统的应用	包 明	55
121	7-301-21450-3	模拟电子与数字逻辑	邬春明	39	157	7-301-23983-4	通信网络基础	王 昊	32
122	7-301-21439-8	物联网概论	王金甫	42	158	7-301-24153-0	物联网安全	王金甫	43
123	7-301-21849-5	微波技术基础及其应用	李泽民	49	159	7-301-24181-3	电工技术	赵 莹	46
124	7-301-21688-0	电子信息与通信工程专业英语	孙桂芝	36	160	7-301-24449-4	电子技术实验教程	马秋明	26
125	7-301-22110-5	传感器技术及应用电路项目化教程	钱裕禄	30	161	7-301-24469-2	Android 开发工程师案例教程	倪红军	48
126	7-301-21672-9	单片机系统设计与实例开发（MSP430）	顾 涛	44	162	7-301-24557-6	现代通信网络	胡珺珺	38
127	7-301-22112-9	自动控制原理	许丽佳	30	163	7-301-24777-8	DSP 技术与应用基础(第 2 版)	俞一彪	45
128	7-301-22109-9	DSP 技术及应用	董 胜	39					

相关教学资源如电子课件、电子教材、习题答案等可以登录 www.pup6.com 下载或在线阅读。

扑六知识网(www.pup6.com)有海量的相关教学资源和电子教材供阅读及下载(包括北京大学出版社第六事业部的相关资源)，同时欢迎您将教学课件、视频、教案、素材、习题、试卷、辅导材料、课改成果、设计作品、论文等教学资源上传到 pup6.com，与全国高校师生分享您的教学成就与经验，并可自由设定价格，知识也能创造财富。具体情况请登录网站查询。

如您需要免费纸质样书用于教学，欢迎登陆第六事业部门户网(www.pup6.com)填表申请，并欢迎在线登记选题以到北京大学出版社来出版您的大作，也可下载相关表格填写后发到我们的邮箱，我们将及时与您取得联系并做好全方位的服务。

扑六知识网将打造成全国最大的教育资源共享平台，欢迎您的加入——让知识有价值，让教学无界限，让学习更轻松。

联系方式：010-62750667，pup6_czq@163.com，szheng_pup6@163.com，欢迎来电来信咨询。